U0296101

中国科学院大学研究生教学辅导书系列

青藏高原生态学研究

李文华　张宪洲　石培礼　何永涛 等　著

科学出版社

北京

内 容 简 介

本书以中国科学院拉萨农业生态试验站在西藏开展的 20 余年高原生态学研究为基础，同时吸纳了其他同行的研究成果，对青藏高原生态学的研究进展进行了总结。内容涵盖青藏高原植物的光合作用和物质生产、生态系统对全球变化的响应与适应、生态系统服务与生态补偿、生态建设与区域可持续发展等。

本书可供从事青藏高原生态学研究的科研工作者参阅，也可作为相关专业研究生的学习用书。

图书在版编目（CIP）数据

青藏高原生态学研究/李文华等著. —北京：科学出版社，2023.11
中国科学院大学研究生教学辅导书系列
ISBN 978-7-03-077050-9

Ⅰ．①青… Ⅱ．①李… Ⅲ．①青藏高原–生态环境建设–研究生–教材
Ⅳ．①X321.27

中国国家版本馆 CIP 数据核字(2023)第 219618 号

责任编辑：马 俊 付 聪 陈 倩 / 责任校对：胡小洁
责任印制：肖 兴 / 封面设计：刘新新

科 学 出 版 社 出版
北京东黄城根北街 16 号
邮政编码：100717
http://www.sciencep.com
北京建宏印刷有限公司印刷
科学出版社发行 各地新华书店经销
*
2023 年 11 月第 一 版 开本：787×1092 1/16
2024 年 9 月第二次印刷 印张：18 1/2
字数：439 000
定价：268.00 元
(如有印装质量问题，我社负责调换)

《青藏高原生态学研究》著者名单

主要著者： 李文华　张宪洲　石培礼　何永涛

其他著者（以姓氏拼音为序）：

陈　宁	陈宝雄	范玉枝	付　刚
李　芬	李岱青	刘某承	鲁春霞
马维玲	牛　犇	唐　泽	王景升
武建双	肖　玉	谢高地	熊定鹏
徐玲玲	徐世晓	张林波	张扬建
赵　亮	赵海珍	赵新全	宗　宁

前　言

青藏高原面积辽阔，地势高亢，平均海拔超过 4000m，是全球海拔最高的地域单元。由于高、寒、旱的独特自然地理特征，高原生态系统对全球变化敏感且脆弱，正面临前所未有的快速变化。此外，青藏高原的隆起及其特有的自然条件，不仅对本区而且对其毗邻地区的生态系统都产生了深刻的影响。因此，青藏高原作为一个对气候变化敏感且对区域气候具有启动作用的地区，其生态系统对全球变化的响应与反馈研究具有特别重要的意义。

长期以来，青藏高原生态学的研究一直受到世界各国的关注。在生物多样性保护、生态系统与全球变化和可持续发展等方面，青藏高原更是当前研究的热点地区。20 世纪 90 年代以来，特别是进入 21 世纪之后，青藏高原生态学研究得到长足发展，取得了丰硕的成果，为理解高原生态系统的物质循环及其变化机制奠定了基础，这不仅可以为青藏高原生态安全屏障保护与建设、生态保护修复和生态文明高地建设提供理论支撑，而且对人类合理保护与持续利用生物资源也具有重要的科学价值。

在 20 多年前，青藏高原生态学的定位研究工作还比较少，主要基于贡嘎山站、海北站和拉萨站对山地森林、高寒草甸与农田生态系统进行了定位观测及综合研究。我们在“八五”期间（1991～1995 年）开展了青藏高原环境与发展的研究工作，实施了“青藏高原形成演化、环境变迁与生态系统研究”的国家攀登计划，进行了高原生态系统的结构、功能和演化分异，以及从区系和植物群落的调查到生态系统可持续发展的研究，揭示了生物对高寒环境的适应对策、生态系统的稳定性及其演化趋势，并通过试验示范研究探索了各类生态系统的可持续发展优化模式，基于此编撰了《青藏高原生态系统及优化利用模式》。当时中国科学院拉萨农业生态试验站还处于建站之初，主要以西藏“一江两河”流域农田生态系统为核心，开展生产力形成和农业可持续发展的研究。随着中国科学院知识创新工程、战略性先导科技专项和国家各项科技计划的实施，该站研究队伍不断壮大，研究任务多元化，建立了“一站二点三带”监测研究基地，研究对象也从农田生态系统辐射拓展到青藏高原各类典型的生态系统，广泛开展了高原生态学和农牧业可持续发展的研究工作。

本书主要基于中国科学院拉萨农业生态试验站在西藏定位站点，包括拉萨站、当雄站、那曲站和藏北草地样带及当雄山地垂直样带的长期监测和研究结果，并吸纳了其他同行的研究成果，从个体到生态系统水平研究了以农田和高寒草地为主的植物光合作用和物质生产、植物对高寒环境的生理生态适应、生态系统碳交换、生态系统对升温和氮沉降增加的响应，评估了气候变化和人类活动对不同类型草地生态系统生产力的影响，此外，还评估了高原生态安全屏障建设与保护重点生态工程的建设成效，量化了高原生态系统的生态服务功能及生态补偿，最后针对高原生态系统的资源管理和利用提出了可持续发展的路径及建议。

本书由五个部分组成，第一部分是绪论，介绍了青藏高原生态学研究的意义和历史，由李文华、何永涛、刘某承撰写。第二部分介绍了青藏高原植物的光合作用和物质生产，由张宪洲、范玉枝、牛犇和陈宝雄撰写。第三部分是生态系统对全球变化的响应与适应，包括第三章青藏高原草地生态系统碳交换及影响因子，由石培礼、牛犇和徐玲玲撰写；第四章青藏高原植物物候对全球变化的响应及机理，由张扬建、陈宁和唐泽撰写；第五章全球变化对青藏高原生态系统结构和功能的影响，由宗宁和付刚撰写；第六章青藏高原植物对高寒环境的适应，由石培礼、何永涛、武建双和马维玲撰写。第四部分是生态系统服务与生态补偿，包括第七章青藏高原生态系统服务功能，由谢高地、鲁春霞、肖玉和赵海珍撰写；第八章青藏高原的生态补偿，由张林波、李芬和李岱青撰写。第五部分是生态建设与区域可持续发展，包括第九章青藏高原退化植被恢复与生态工程效益，由王景升、武建双和熊定鹏撰写；第十章青藏高原区域可持续发展，由赵新全、赵亮和徐世晓撰写。全书由张宪洲、何永涛统稿。

本书是青藏高原高寒生态系统研究的阶段性成果，以草地和农田生态系统的生态学研究为主，仅是高原生态学研究的一个侧面，希望能抛砖引玉，促进高原生态学研究的发展，同时为从事高原农牧业和高寒地区生态学研究的学者提供参考，也可以作为相关专业研究生的学习用书。

本书的出版得到中国科学院大学教材出版中心资助，在此表示感谢！

中国工程院院士

2022 年 7 月 1 日

目　录

第一章 绪 论

第一节 青藏高原概况及其生态学研究的意义

青藏高原西起喀喇昆仑山脉，东抵横断山脉，北起昆仑山，南至喜马拉雅山脉，面积 250 万 km²，约占我国领土的 1/4。青藏高原平均海拔 4000m 以上，是近几百万年以来地壳强烈隆升的结果。它经历了由海洋向陆地的转变，而陆地则又经历了随地壳上升由低海拔热带和亚热带的湿润、半湿润生态环境向现代的高寒半干旱、干旱生态环境发展演变的过程。区域内地势变化显著，地貌类型复杂多样，既有深邃的高山峡谷，又有平坦辽阔的高原，形成了热带、亚热带、温带、寒带以及湿润、半湿润、半干旱和干旱等多种多样的气候类型，这为多种生物和多样生态系统的形成与发育奠定了基础（李文华和周兴民，1998）。

青藏高原具有独特的自然景观，特殊的地壳、上地幔结构和地质发展史，复杂的生物区系和富饶的自然资源。高原的存在，又对周边地区气候和其他自然条件产生广泛而巨大的影响（孙鸿烈等，1986）。所有这些，使青藏高原在地学、生物学、生态学和资源科学的研究领域中占有极其重要的地位，并为国内外科学工作者所关注。

一、青藏高原自然与生态特点

青藏高原是我国地势上最高的一级台阶，也是地球上最高的一级地貌台阶，有"世界屋脊"之称。自上新世末至距今 400 万～300 万年，青藏地区大面积、大幅度地抬升至现在的高度，经历了由低海拔热带、亚热带环境向高寒环境发展的剧烈演变。除受到全球性冰期与间冰期气候冷暖波动的影响外，海拔剧增对自然地理环境所产生的影响也起着主导作用，形成了青藏高原独特的自然条件，生态环境十分脆弱。

（一）地质地貌

青藏高原的形成与地球上最近一次强烈的、大规模的地壳变动——喜马拉雅造山运动密切相关。近三四百万年间其地壳大面积、大幅度隆起，使之成为地球上最年轻的高原。青藏高原 4/5 以上的地面海拔超过 3000m，平均海拔超过 4000m，拥有世界最高的珠穆朗玛峰，是我国西高东低地势总轮廓中的最高一级地势阶梯。

青藏高原地貌类型多样，既有高大的山脉，又有高原湖盆、山原湖盆、谷地和高山深谷等多种特殊地貌类型。青藏高原四周由起伏度极大的高山峡谷所环绕，一般都以 2500～4000m 的相对高差与外部平原、丘陵或盆地相连接。这种特殊的地貌形态产生青藏高原特有的高原生态边缘效应，这种边缘效应表现为高原边缘山地生态系统垂直结构的复杂性和山地生态系统类型的多样性与特殊性。

（二）气候

高耸的地势,使青藏高原成为我国夏季最凉地区。7月平均气温低于同纬度低地15～20℃,在海拔4500m以上的高原腹地年平均气温更是在0℃以下,从而成为著名的雪域高地。青藏高原最冷月平均气温低达−15～−10℃,高原中、北部1月平均气温低达−18～−15℃。

青藏高原气温日较差比同纬度低地大一倍左右,这是由于高原大气层空气稀薄、洁净、白昼日照丰富、辐射强烈,地面增温迅速,而夜间地面长波辐射散热快,因此气温的日较差较大,可达25～30℃;同时其夏季气温较低,冬季气温下降幅度相对较小,因而气温的年均差较小。

（三）河流水系

青藏高原降水丰沛,冰雪广布,这就使它成为河流的重要发源地。我国主要的15条国际河流中,发源于青藏高原的有8条。高原上河流按其归宿分为外流和内流两大水系,其界线为青藏公路以南沿念青唐古拉山脉、冈底斯山脉,往西止于冈底斯支脉昂龙岗日山、亚龙赛龙日一线。此线西、北为内流水系,东、南为外流水系,在外流水系内零星分布有藏南地区内流水系。外流水系分为太平洋水系和印度洋水系,内流水系分为藏南地区、羌塘、柴达木盆地、南疆及祁连山水系。

（四）冰川与冻土

巨大的海拔有利于冰川、冻土的发育和独特的冰缘与寒冻风化作用。青藏高原是世界上中低纬度地区最大的冰川作用中心,发育有现代冰川36 793条,冰川面积49 873.44km²,冰川冰储量4559.6925km³,分别占我国冰川总数的79.4%、84.0%和81.6%,现代冰川主要分布在昆仑山、喜马拉雅山脉和喀喇昆仑山脉,其数量和规模占冰川总数的一半以上。第四纪古冰川地貌遗迹广布于极高山区周围,部分地区还成为景观的要素(姚檀栋,1993)。

冻土在青藏高原上广泛发育,其中多年冻土连续分布于高原中北部,其分布范围北起昆仑山北坡,南至雅鲁藏布江谷地以南的喜马拉雅山脉,西达国界,东到横断山脉西部及巴颜喀拉山、阿尼玛卿山东南部,面积(含祁连山区)大约为150万km²,占我国冻土总面积的70%左右,是目前世界上中低纬度厚度最大、面积最广的多年冻土区(程国栋和金会军,2013)。

（五）植物区系与生物多样性

青藏高原的植物区系十分丰富,尤以高原东南部种类繁多,区系成分复杂(吴征镒,1987)。青藏高原自东向西横跨9个自然地带(郑度等,1979)。高原特有的三维地带性分异特点,使广阔高原边缘的深切谷地发育了热带季雨林、山地常绿阔叶林、针阔叶混交林及山地暗针叶林等森林生态系统,在宽缓的高原腹地形成了广袤的内陆湖泊、河流以及沼泽等水域生态系统类型(李文华,1985;郑度,1996),

特别是在高亢地势和高寒气候地区孕育了高原特有的高寒草甸、高寒草原与高寒荒漠等生态类型。独特的自然环境格局与丰富多样的生境类型，为不同生物区系的相互交汇与融合提供了特定的条件，使青藏高原成为世界上海拔最高、生物多样性最为丰富和集中的地区之一。青藏高原被称为"珍稀野生动植物天然园和高原物种基因库"，是世界上生物多样性最主要的分化和形成中心及全球 34 个生物多样性分布热点地区之一。

（六）地带性

青藏高原的地理位置特殊，在地貌、生物、气候和土壤方面都跨越了几个地带。因此，青藏高原植物区系的地理分布和种类在不同尺度上具有过渡性和替代性。表现为南北方向为热带成分和温带成分的交错过渡，东西方向为中国-日本成分、中国-喜马拉雅成分和中亚成分的地理替代。

水平地带分布规律：青藏高原上的大气环流主要受到两大基本气流的影响，即夏半年湿热的西南季风和冬半年控制高原面的西风环流，在它们的交替作用以及与高原复杂的地形地貌相互影响和综合作用下，形成了青藏高原由东南向西北降水量递减的潮湿区—湿润区—半湿润区—半干旱区—干旱区的水分分布格局，直接影响植被的地理分布（中国植被编辑委员会，1980）。

垂直地带分布规律：青藏高原的森林呈现典型的垂直分布规律，但不同地区森林垂直分布的规律均有差异，概括起来可分为潮湿森林区、湿润森林区、半湿润森林草甸区和半干旱灌丛草原区四种垂直带类型（李文华，1985）。

（七）生物量和生产力

青藏高原地势高亢，生态系统复杂多样，各种生态系统具有从低到高的生产量的巨大地区分异，在一些有利条件配合下，一些类型的生态系统可展现出较大的生物生产力，例如，青藏高原同一森林植被类型的生物量均高于全国的平均水平，而其生产量基本持平（罗天祥等，1999）。

二、青藏高原生态学研究的意义

青藏高原独特的自然环境特征决定了其在全国乃至世界的生态地位。在《全国主体功能区规划》中，青藏高原是我国最大的生态屏障。它直接影响着我国季风气候的形成和演变，是北半球气候变化的启动区和调节区，素有"生态源""气候源"之称。青藏高原除了保存有珍稀独特的高寒生态系统和珍稀物种外，还是亚洲主要大江大河的水源地，被称为"亚洲水塔"。同时，青藏高原的自然资源和文化遗产都是举世无双的，其独特性和重要性无与伦比。保护青藏高原的生态环境，不仅是保持青藏高原社会经济可持续发展的前提，而且对维系整个江河源地区的生态平衡，促进中下游生态环境的稳定具有重要战略意义。

（一）青藏高原是我国乃至东亚地区的生态保障

青藏高原具有有全球意义的生态系统，是我国乃至整个东亚地区的生态保障。在其 250 万 km² 的区域上，森林生态系统占 8.6%，草地生态系统占 50.9%，农田生态系统占 1.7%，湿地生态系统占 0.1%，湖泊生态系统占 1.2%，其余 37.5% 的面积为冰川雪被、沙漠戈壁和荒漠（谢高地等，2003a）。由于严酷的气候条件和高亢的地势，青藏高原的植被一旦被破坏极易在水蚀和风蚀的综合作用下产生大量的裸露沙地。不仅会给区域生态、环境以及居民生产生活带来严重影响与危害，而且地面粉尘上升后，极易远程传输（方小敏等，2004），从而影响到整个东北亚—西太平洋地区。因此，青藏高原所拥有的高寒草甸、高寒草原和各类森林是遏制土地沙化和土壤流失的重要保障，对高原本身和周边地区起到重要的生态屏障作用（孙鸿烈等，2012）。

1. 青藏高原森林生态系统

森林生态系统服务功能是指森林生态系统与生态过程形成的用以维持人类赖以生存的自然环境条件与效用（Daily，1997），其内涵主要包括有机质的合成与生产、生物多样性的产生与维持、气候调节、养分循环、育土保肥、环境净化、传粉与种子扩散、有害生物的控制、减轻自然灾害等许多方面（李文华等，2002）。

青藏高原地区的森林植物组成丰富、区系成分复杂、单位面积上木材蓄积量巨大，但森林覆被率低，水平分布极不均匀，主要集中在西藏的喜马拉雅山脉、横断山脉和念青唐古拉山脉等地区，且森林垂直分带明显，具有明显的地区分异（李文华，1985）。

青藏高原森林生态系统提供的价值或服务主要体现在提供木材、涵养水源、水土保持、育土保肥、固碳释氧、净化空气、游憩和就业八个方面。按照经济、生态、社会三大效益来分，青藏高原森林年生态产值是直接经济价值的 9 倍。在森林生态系统服务功能价值中，有些价值表现为潜在价值，这种潜在价值能否变成现实的价值，尚受人们的意识、国家的政策、社会经济发展水平、市场的发育程度等诸多因素的限制。同时，森林作为一种可再生资源，在分布上具有区域性特征，在功能发挥或价值实现上也具有明显的地域特征（王景升等，2007）。

2. 青藏高原高寒草地生态系统

青藏高原是我国天然高寒草地分布面积最大的一个区域，这里以畜牧业生产为主，天然高寒草地面积为 $1.28 \times 10^8 hm^2$（谢高地等，2003b）。高寒草地生态系统不仅是发展地区畜牧业，提高农牧民生活水平的重要生产资料，而且对于保护生物多样性、保持水土和维护生态平衡具有重要的生态作用和生态价值。尤其重要的是青藏高原草原生态系统主要分布在黄河、长江等我国主要水系的源头区，对于保护河流源区的生态环境而言，其生态屏障功能是不言而喻的。

高寒草地涵养着我国的五大水系，构成我国最大、最重要的集水区，黄河、长江、澜沧江、怒江、雅鲁藏布江均发源于此，它不仅为人类提供生活资源，而且对调节全国乃至全球气候以及水资源等自然环境起着相当重要的作用。目前这片草地每年生产鲜草约 2×10^8 t，养育 1.3×10^7 头牦牛、4×10^7 只绵羊及其他食草牲畜，每年提供 2×10^5 t 肉食、4×10^5 t 鲜奶及制品，还有两万多吨羊毛，高寒草地在调节气候、涵养水源、防风固沙、保持水土、改良土壤、培育地力、净化空气等方面，均具有非常重要的生态功能（谢高地等，2003b）。

由于生态系统和生态系统服务类型空间分布的异质性，各类草地所据地理区域的光热条件和降雨量不同，单位面积草地生态系统服务功能会有巨大差异。将青藏高原高寒草原分为 5 个亚区进行生态价值估算，其大小依次为喜马拉雅山脉南翼亚区＞青藏高原东部亚区＞祁连山山地亚区＞藏西南山原湖盆亚区＞藏西北高原亚区，这与 5 个亚区沿东南向西北气候由暖湿到干旱寒冷的变化趋势是一致的（谢高地等，2003b）。

3. 青藏高原湿地生态系统

青藏高原是中国乃至亚洲大江大河的源头或源头集水区，湿地面积达 603.65 万 hm^2，主要是天然湿地，约占全国湿地面积的 9.5%，约占全区总面积的 4.9%。常见的类型有湖泊湿地（253.86 万 hm^2）、河流湿地（23.11 万 hm^2）、沼泽和沼泽化草甸湿地（323.00 万 hm^2）、库塘湿地约（1.00 万 hm^2）、森林湿地（1.23 万 hm^2）、地热湿地（1.45 万 hm^2）（贺桂芹等，2007）。

青藏高原湿地生态系统的多样性和湿地景观、环境的异质性，为众多野生动植物的栖息和繁衍提供了场所。据统计，青藏高原地区的湿地水鸟有 130 多种，与湿地密切相关的鸟类有 20 多种。青藏高原湿地植物以草本植物为主，约有 142 种，以嵩草属（*Kobresia*）和薹草属（*Carex*）为代表的沼泽地类型是青藏高原湿地的独特类型。青藏高原湿地生态系统具有巨大的污染物降解能力和气候调节功能，能够有效保持高原环境的洁净和调节高原气候湿度。同时，青藏高原湿地生态系统还能有效地涵养水源，起到防洪蓄水、调节高原地区降水不均、减少自然灾害等作用。

青藏高原特有的"高、寒、旱"自然条件，使得以湿地为主题的高寒湿地生态系统十分脆弱，这种生境下的湿地生态系统是全球比较脆弱的生态系统之一，其结构和功能简单，受到外界干扰时，其自身的调节机制不够健全，恢复能力差（贺桂芹等，2007）。

（二）青藏高原是亚洲重要的河源区，是中国水资源安全战略基地

青藏高原是世界上最庞大的分水岭之一，长江、黄河、澜沧江、怒江等 10 条世界著名大江大河发源于此，流域面积大于 1 万 km^2 的河流有 20 多条。在地球上只有青藏高原这种具备独特地理位置，独有海拔、地貌和气候条件的地区，才可能演化和发展成为亚洲众多大江大河的发源地。

青藏高原是维持我国乃至东亚地区生态系统的重要水塔，高原平均海拔在 4000m 以上，与周边地区形成了巨大的地势差。高原东南部不仅具有丰富的降水，而且在海拔 3500m 以上以冰川雪被形态储存了巨大的水资源（鲁春霞等，2004）。青藏高原水资源总量为 5688.6 亿 m^3，其中地下水资源总量为 1680.7 亿 m^3，水资源总量占全国的 1/5，

人均水资源占有量为 5.6 万 m^3，远远高于全国平均水平。而且水资源污染程度较低，水质状况总体良好。丰富的水资源与巨大的地势差共同作用，使得高耸的青藏高原就如同世界上一个最大的水塔，向周边低地区域输送着大量的水资源，黄河总水量的 49%、长江水量的 25%、澜沧江水量的 10%都来自青藏高原。广布的冰川是青藏高原水资源的主要来源之一，长江和黄河就直接孕育于冰川，因此，青藏高原冰川水资源对我国主要河流的形成与维持、区域社会经济发展和生态环境保护具有重要的支撑功能（鲁春霞等，2004）。

同时，青藏高原湖泊星罗棋布，是我国湖泊数量最多、面积最大的地区，面积在 1km^2 以上的湖泊有 1126 个，总面积达 39 206.8km^2，分别占全国湖泊个数的近 40%和面积的 49%，是世界上最大的高原湖泊群分布区。湖泊储水量达 5.182×10^{11}m^3，其中淡水储量 1.035×10^{11}m^3，占我国湖泊淡水总储量的 45.8%。面积超过 500km^2 的湖泊有 12 个（占全国的近一半），总面积 13 877.5km^2，占高原湖泊面积的 35.4%。高原湖泊中，除鄂陵湖、扎陵湖外，均为内陆咸水湖或盐湖，面积约占青藏高原湖泊总面积的 90%，数量最多的是 1～50km^2 的湖泊，约占总数的 55.5%（洛桑·灵智多杰，2005）。大部分湖泊的湖盆由地质构造运动、冰川侵蚀等形成，因此湖水较深、贮热量多、水温较为稳定。这些湖泊不但对本地区干燥的气候起着非常重要的调节作用，而且相当一部分咸水湖为本地区提供了丰富的盐类资源。

青藏高原水资源密度分布与人口密度分布相一致，为东南多而西北少。但由于河流深切，水资源的农业利用较为困难。青藏高原水能资源的理论蕴藏量为 29 978 万 kW，其中以雅鲁藏布江为最多，其余依次为金沙江、怒江、澜沧江和黄河。总体而言，青藏高原水资源开发利用程度偏低，未来开发空间较大。但不可忽视的是高原东南部深切割的地貌、丰沛的降水、活跃的现代冰川和强烈的寒冻风化作用使岩崩、泥石流、滑坡、雪崩、冰崩等山地灾害广泛发育。

（三）青藏高原是外力作用敏感性程度最高的区域

青藏高原生态环境具有脆弱性特征，脆弱性特征表现为生态系统对外力作用的敏感性。所谓敏感性是指生态系统对人类活动干扰和自然环境变化的响应快慢程度，亦即发生区域生态环境问题的难易程度和可能性大小。青藏高原生态系统是我国最敏感的系统之一，即在相同外力作用下，生态系统变异及由此出现各种生态环境问题的概率比其他地区大，造成的危害及潜在损失价值比其他地区严重。

青藏高原生态环境问题主要表现为土地沙漠化、水土流失、冻融侵蚀等。这些生态环境问题的发生和发展与生态环境敏感性特点有密切关系。相关研究表明，西藏自治区土地沙漠化敏感性面积很大，其中极敏感区和相当敏感区分别占全区面积的 10.1%和 8.9%，敏感区占 36.9%，较敏感区占 28.4%，不敏感区约 15.7%。西藏自治区水土流失敏感性分布有如下特点：极敏感区和相当敏感区分别占自治区面积的 10.5%和 9.1%，敏感区和较敏感区分别占自治区面积的 16.3%和 23.7%；冻融侵蚀敏感区分布面积很大，东部和东北部海拔 4000～4300m 和西部及南部海拔 4400～5000m 均为极敏感区（钟祥浩等，2003；Li et al.，2017）。可见，青藏高原生态环境敏感性特点突出，敏感区域分布范围广。生态环境敏感性程度越高的地区就是生态环境问题越易发生和生态恢复重建越困难的地区。

青藏高原植被生态系统对人为干扰和自然环境变化的敏感性程度极高，分布于西藏北部和南部高原及西部高原山地半干旱、干旱地区的草原、荒漠生态系统生物生产力受气候条件特别是水分和温度的严格制约，水分和温度的稍微变化就可导致生物生产力的改变。根据有关资料，在年平均气温升高 2℃、年降水量减少 20% 的情况下，干旱、半干旱地区生产力降低 0.5～2.0t/(hm²·a)（植物干物质）（郑元润等，1997）。近来，西藏北部高原升温变暖趋势明显，局部地区降水量减少。如果这种变化趋势不变，将会导致上述地区草地生态系统生产力的明显下降，给畜牧业的发展带来重大影响。已有资料表明，目前西藏北部和西部高原半荒漠与荒漠草原年生物量（干物质）产量每公顷不足 1t，若气温持续升高且年降水量继续减少，这些地区荒漠草地将面临消失的危险。气候变暖程度达到年平均气温升高 2℃ 和年降水量减少 20% 时，这些地区草地将计算不到生物量（辛晓平等，2009）。

（四）青藏高原生态环境正经历着前所未有的强烈变化

近 30 年来，在全球变暖的影响下，冰川消融加快，湖泊、湿地退化，冻融、侵蚀加剧，水土流失、土地沙化面积不断扩大，山体滑坡和沟谷泥石流等自然灾害频繁发生。自 20 世纪 80 年代以来，在全球气候变化的影响下，青藏高原变暖趋势在加强，90 年代成为 20 世纪最暖的 10 年，由此导致高原生态环境出现前所未有的强烈变化。喜马拉雅山脉已成为全球冰川退缩最快的地区之一，近 30 年来正以年均 10～15m 的速度退缩，该山脉中段北侧的朋曲流域冰川面积减少了 8.9%，冰储量减少了 8.4%（钟祥浩等，2006）。冰川退缩已经显示出非常严峻的影响，冰湖溃决、洪水泛滥和河流系统的不稳定将成为当地人类经济社会发展的主要问题。1975～1996 年，西藏安多-二道河公路两侧 2km 范围内多年冻土岛的面积缩小 35.6%，高原其他地区自 20 世纪 60 年代以来冻土下界上升幅度达 50～80cm（李晓东等，2011）。冻土的消融带来草地生态系统的退化和冻融侵蚀的加剧。

受全球变暖的影响，部分湖泊湿地水位下降、水量减少、盐度增加，进而导致湖区湿地生态系统退化和物种减少甚至灭绝。例如，近 40 年来，藏北的兹格塘错面积缩小了 4km²，盐度上升了 18%（钟祥浩等，2006）。而另一些地区冰川消融加快导致部分以冰川融水为补给的湖泊水位上涨、面积增大，严重影响到湖周农牧民正常的生产生活。例如，那曲地区班戈、安多两县交界处的蓬错，近年来湖面面积增大了 46.6km²，淹没接羔育幼防抗灾草场基地 4 处，合计面积 5.3km²，一般草场 41.3km²，被迫搬迁居民 40 户，另有 102 户面临搬迁威胁（边多等，2006）。

青藏高原不仅经历着自然环境自身变化带来的各种灾害的威胁与危害，同时还经历着人类自身活动带来的一系列生态环境问题的困扰。全区沙漠化面积已达 21.68 万 km²，占全区总面积的 18.1%，退化草地面积占全区草地面积的 52.2%，荒漠化面积占全区总面积的 36.1%，土地沙漠化和荒漠化面积居全国第三位（潘红星，2007）。阿里地区狮泉河盆地周围数十平方千米的土地几乎全被沙化，一年四季风沙肆虐。雅鲁藏布江上游仲巴县河谷土地沙化严重，县城曾三度搬迁。雅鲁藏布江中部流域地区水土流失面积已达该区面积的 73.5%，仅山南地区 5 县 20 年间因水土流失减少的耕地面积就达 7403hm^2，流入雅鲁藏布江的泥沙量高达 1470 万 t/a，造成河流淤积，沙质漫滩发育，这成为沙尘天气的主要诱因（李海东等，2011）。

第二节　青藏高原生态学研究的历史

青藏高原是地球第三极，是全球海拔最高的生物地理单元。由于其高、寒、旱的生物环境特征，该区的高寒生态系统对气候变化和人类活动非常敏感，为全球变化研究提供了天然的实验室，一直受到国内外专家重视，是生态学和全球变化研究的热点区域。青藏高原生态学研究经历了从朴素认识到机理研究的理论升华，从生物地理格局的科学考察到生态学机理定位研究的范式转变，从个体、群落到生态系统及多学科综合研究的尺度延伸，以及从理论研究到支撑资源有效利用与可持续发展的发展轨迹。

一、朴素的经验积累阶段

19 世纪以前是青藏高原动植物种类及其利用的朴素经验积累阶段，产生了很多有关农耕、医药等方面的记载。例如，在公元 753 年编著成书的藏族医学经典《居悉》（或称《四部医典》）中，就收集了 209 种药用植物，并且按草本、木本和有无气味等进行了分类。大约在 1668 年绘制了该书的彩色附图，形象逼真，至今仍色泽鲜艳，甚至根据某些图就可以鉴定出植物属种（李文华和周兴民，1998）。

二、单学科生物物种的采集鉴定与宏观地理研究阶段

19 世纪后半段至 20 世纪初期，欧美探险者纷纷进入青藏高原地区开展考察活动。其中以横断山区为主体的东喜马拉雅地区是考察的重点，该地区是世界珍稀动植物的宝库，尤其以少量的珍奇高原植物著称。国外探险者，包括乔治·福雷斯特（George Forrest）、弗朗西斯·金登·沃德（Francis Kingdon Ward）和约瑟夫·F. 洛克（Joseph F. Rock）等，对这一地区的动植物进行了广泛的采集与调查，并把许多种植物引种到欧洲。最初的研究结果发表在诸如 *Flora Tangutica*（《唐古特植物志》）、*Flora of Tibet and High Asia*（《西藏及亚洲高地植物志》）等植物区系报告和旅行札记中。尽管他们考察的地区是局部的，资料也是片段的，但是从科学发展的角度来看，他们的考察结果为这一过去世界上极少了解的区域积累了最为基础的科学资料，同时出现了不少影响深远的科学家。

出生于苏格兰的英国冒险家、植物学家福雷斯特，1904 年开始访问云南，历时 32 年，他曾 7 次前往云南、西藏东部探险。经他发现并命名的植物数不胜数，他还把植物幼苗带回英国栽培，对后来的英国园艺有着极大的影响。英国的园艺学家、植物学家兼作家沃德自 1909 年起直到他去世的 1958 年的 50 年中，曾 14 次到青藏高原和东喜马拉雅地区进行考察，长期致力于采集云南西北部、喜马拉雅以东地区的山地植物。沃德每一次

考察后都会写一部书记录其考察经过，在其编撰的 24 本书中，包括 *The Romance of Plant Hunting*（《浪漫的植物采集》）、*The Mystery River of Tibet*（《西藏的神秘河流》）等著作，都是以青藏高原作为写作对象的。在他有关这一地区的著作中包括了 709 种植物标本，而且均有照片和严格、详细的记载（杨梅和贺圣达，2011）。

洛克是美籍奥地利学者，1922 年受美国农业部委托到中国横断山区进行考察，他常年居住在玉龙山下的玉湖村，其任务是考察我国云南的植物和地理。为此，他走遍了丽江及其周边地区的山山水水，并雇用大批本地村民和他一道大量采集动植物标本、进行地理学方面的考察活动。洛克在考察过程中，拍摄了大量的动植物和景观照片，并对照片的时间地点有详细而规范的记载。到 20 世纪 70 年代，我国科学家在横断山区进行科学考察时，根据照片记载的信息，又找到了原来的拍照地点，并用同样的相机拍摄的景物与原来的照片进行对比，居然能准确地定位并看到 50 多年来地理和景观的变化。在洛克所著的一系列著作中，他研读了 8000 多册东巴经书，用时 14 年完成的《中国西南古纳西王国》和《纳西语–英语百科辞典》收录了东巴象形文字词条 4600 个，并附有大量图片，形成了 1094 页的鸿篇巨著，对丽江及其毗邻地区的自然地理和东巴文化研究作出了重要贡献。

这一时期，我国也有部分学者在青藏高原地区进行初步的植被调查活动和资料收集。其中，藏族药学家丹增彭措在青海东部和南部、西藏东部、四川西部一带进行了实地调查，并且编著了《晶珠本草》（1840 年），该书对 774 种植物进行了记载和描述。20世纪初期，我国生物学前辈深入青藏高原，特别是横断山脉及其毗邻地区进行了生物的采集和植被的考察，为填补这一地区相关研究的空白作出了开拓性的贡献，其中著名的代表有陈嵘、方文培、郑万钧、郝景盛、俞德浚、吴中伦等。20 世纪中期，胡先骕、王启无、刘慎谔、吴征镒等先后对我国四川和云南地区的植物地理与植被进行了研究，发表了一系列论文和著作，为其后深入的区系和植被调查奠定了坚实的基础。

三、多学科的科学考察与群落调查阶段

中华人民共和国成立之后，先后组织了多次多学科的青藏高原科学考察。主要由两方面工作组成：一方面是由国家文化教育委员会和中国科学院组织的专项及单学科的科学考察，另一方面是各有关省份的高校、科研单位和农林主管部门开展的工作。考察的内容以农林资源为主，包括农业资源和草场植被、森林资源的更新、病虫害、林型等方面，考察区域涉及青海、甘肃、四川西部、云南西北部、西藏中部等地，为青藏高原农林资源的合理开发利用提供了依据；同时出版了《西藏中部的植被》等著作，为高原生态学研究积累了宝贵的资料（Li et al.，2017）。

四、全面系统的综合科学考察

自 1973 年起，国家开始组织青藏高原综合科学考察，历经 20 余年，对青藏高原地区开展了全面系统的考察和研究。按其研究的地区和内容可以分为两个阶段（Li et al.，2017）。

第一阶段（1973～1980 年）的考察以西藏地区为主，以高原隆起对自然环境和人类活动的影响为主题。考察队对西藏地区自然和人工群落的类型、分布规律、生产力和资源的合理开发利用等方面开展了系统的研究，发表了 37 部系列图书及画册，为西藏地区的动植物种类研究提供了系统的资料，加深了对高原生物区系组成和演化的认识。

第二阶段（1981～1990 年），青藏高原的综合科学考察转移到横断山地区。考察内容包括横断山地区生物区系的组成、起源与演化；横断山自然垂直带的结构及其分异规律；横断山自然保护与自然保护区以及横断山农业自然资源的评价及合理开发利用问题的研究等。考察队撰写了 10 部专著，填补了该区域生态学研究的空白。

1982～1984 年，国家还组织了南迦巴瓦峰科学考察，对喜马拉雅山脉东段的最高山峰和世界最深的峡谷地区的山地生物垂直谱与富饶的森林及野生生物资源进行了考察。1987 年国家又开展了喀喇昆仑山脉—昆仑山地区的综合考察，并对这一独特地区的高寒草原和高寒荒漠植被及其包含的生物类型、生物区系及其地理分布规律首次进行了研究。

与此同时，国际上对青藏高原及其周边地区的研究也始终没有间断过，大量的研究是在与青藏高原毗邻的印度、尼泊尔、巴基斯坦等国境内进行。有关国家的学者，特别是印度和巴基斯坦的学者，在动植物个体生态和群落生态、农林牧资源的合理开发利用方面开展了大量扎实的研究工作。德国、日本、法国和美国的学者也到这些地区进行考察，把植物地理和生态方面的研究推上了新的高度。其中包括一些世界著名的学者如 S. 北村四郎（S. Kitanura）、M. 沼田真（M. Numata）、H. 哈拉（H. Hara）、G. S. 普里（G. S. Puri）、U. 施魏因富特（U. Schweinfurth）、R. S. 特鲁普（R. S. Troup）、J. F. 多布勒梅（J. F. Dobremez）等。他们所进行的工作对青藏高原生态系统研究具有重要的参考价值。1983 年在联合国教科文组织的倡导和支持下，在尼泊尔首都成立了以研究兴都库什—喜马拉雅为重点的国际山地综合发展中心（International Centre for Integrated Mountain Development，ICIMOD），为青藏高原生态学研究提供了重要的国际合作途径。

五、生态系统的定位监测和全球变化研究

在大规模科学考察取得重要成果的基础上，为定位研究青藏高原的一些重要科学问题，国家成立了高原典型生态系统的试验站。中国科学院在 1976 年建立了海北高寒草甸生态系统定位站（简称海北站），率先在高原地区开展了长期的生态系统研究工作；1987 年又建立了贡嘎山高山生态系统观测试验站；1993 年在西藏达孜县建立了农业生态试验站，为在青藏高原开展长期、系统和深入的生态系统研究拉开了序幕。进入 21 世纪以来，青藏高原地区野外生态站发展迅速。2013 年，中国科学院组织青藏高原区域的 17 个野外站（点），联合组建了"高寒区地表过程与环境监测研究网络"（简称 HORN），以期通过对高寒区地表过程与环境变化的长期连续监测，揭示生态系统结构与服务功能变化，促进高原生态安全屏障构建和区域经济社会的可持续发展（Li et al.，2017）。

在开展高原生态系统长期定位监测的同时，针对青藏高原面临的主要生态问题，国家组织开展了一系列重大科技计划，对青藏高原的生态系统开展了深入的研究。在"八

五"国家攀登计划与中国科学院重大基础项目"青藏高原形成演化、环境变迁与生态系统研究"的支持下，科研人员对青藏高原生态系统的结构、功能和演化分异进行了研究，编写了《青藏高原生态系统及优化利用模式》(李文华和周兴民，1998)。近年来，随着全球气候变化的日益显著，青藏高原作为气候变暖的敏感区域，其生态系统的响应和适应成为重要的科学问题。科技部先后启动了三期国家重点基础研究发展计划(973 计划)，包括"青藏高原形成演化及其环境资源效应"(1998～2002 年)、"青藏高原环境变化及其对全球变化的响应与适应对策"(2005～2010 年)和"青藏高原气候系统变化及其对东亚区域的影响与机制研究"(2010～2014 年)。2012 年，中国科学院也组织了战略性先导科技专项"青藏高原多层圈相互作用及其资源环境效应"，重点关注了青藏高原地表关键过程对全球变化的敏感性及其环境影响。

　　一系列重大生态学研究计划的实施，推动了我国青藏高原生态学研究的迅速发展，高质量的科研成果不断涌现，扩大了国际影响力。2000 年以前，中国青藏高原研究的国际论文发表量排名第三，居印度、美国之后；到 2008 年，虽然发表量和引用量达到了第一，但是高质量的文章却很少；2013 年以后，长久积淀的成果开始显现，发表的高质量文章位居世界第一。目前，国内青藏高原研究每年都有文章刊登在《自然》(Nature)、《科学》(Science)和《美国国家科学院院刊》(PNAS)这些顶级的国际期刊上，我国青藏高原生态学研究在世界范围的认可度也在不断增强(彭科峰和张晴丹，2015)。

六、研究展望

　　青藏高原被称为地球第三极，在全球变暖的背景下，它是仅次于北极的气候变暖最为强烈的地区之一。由于高、寒、旱的特点，青藏高原生态系统极为脆弱，在全球变暖和人类活动加剧的条件下，青藏高原植物物种、群落和生态系统发生了前所未有的变化。因此，今后青藏高原生态系统研究将更加聚焦于量化辨识气候变暖和人类活动对生态系统的影响方面，它的重要意义在于优化生态系统的后续管理。在主要受气候变化影响的区域，应采取适应性的方法对生态系统进行管理，而在主要受人类活动影响的区域，则要采取主动的人为干预措施对生态系统进行管理，这一问题的解决对我国青藏高原生态安全屏障保护与建设规划的实施、重大生态工程的布局及其治理技术与模式的选择都有重要的参考意义。为此，今后青藏高原研究应主要加强以下几个方面的研究：一是加强生态系统结构和功能变化的地面监测，包括生物多样性与生物区系的常规调查、标本样品采集、特有与濒危物种遗传多样性调查、植被物候和生产力监测等，同时加强地面定位试验站的建设，目前的定位研究很少，且大多分布在高原东部，对其广阔的腹地还存在盲点；二是加强遥感技术的应用，随着遥感技术的进步和大面积监测的精度进一步提高，遥感技术已经成为实现由点到面监测最为重要的手段与途径，遥感技术通过与地面监测、模型模拟的结合，有利于解决一些区域性的不确定问题；三是加强高原生态系统应对全球变化的对策研究，随着气候变暖和人类活动的加剧，青藏高原经济社会的发展要更多地考虑全球变化的因素，全球变化对高原生态系统影响的研究也要更多地与经济社会发展相结合，整体提高高原地区应对全球变化的能力。

2017 年，第二次青藏高原综合科学考察研究正式启动，其中设置了十大任务，包括亚洲水塔动态变化、生态系统与生态安全、人类活动影响与环境安全、生态安全屏障功能与优化体系、生物多样性保护与可持续利用、西风-季风相互作用及其影响、高原生长与演化、资源能源与远景评估、地质环境与灾害、区域绿色发展途径等，对青藏高原的资源环境进行全扫描式的综合考察和研究。习近平总书记在给科考队的贺信中明确提出"聚焦水、生态、人类活动，着力解决青藏高原资源环境承载力、灾害风险、绿色发展途径等方面的问题，为守护好世界上最后一方净土、建设美丽的青藏高原作出新贡献"。

参 考 文 献

边多, 杨志刚, 李林, 等. 2006. 近 30 年来西藏那曲地区湖泊变化对气候波动的响应. 地理学报, 61(5): 510-518.

程国栋, 金会军. 2013. 青藏高原多年冻土区地下水及其变化水文地质. 工程地质, 40(1): 1-11.

方小敏, 韩永翔, 马金辉, 等. 2004. 青藏高原沙尘特征与高原黄土堆积: 以 2003-03-04 拉萨沙尘天气过程为例. 科学通报, 49(11): 1084-1090.

贺桂芹, 杨改河, 冯永忠, 等. 2007. 西藏高原湿地生态系统结构及功能分析. 干旱地区农业研究, 25(3): 185-189.

李海东, 方颖, 沈渭寿, 等. 2011. 西藏日喀则机场周边风沙源空间分布及近 34 年的演变趋势. 自然资源学报, 26(7): 1148-1155.

李文华. 1985. 西藏森林. 北京: 科学出版社.

李文华, 欧阳志云, 赵景柱. 2002. 生态系统服务功能研究. 北京: 气象出版社.

李文华, 周兴民. 1998. 青藏高原生态系统及优化利用模式. 广州: 广东科技出版社.

李晓东, 傅华, 李凤霞, 等. 2011. 气候变化对西北地区生态环境影响的若干进展. 草业科学, 28(2): 286-295.

鲁春霞, 谢高地, 成升魁, 等. 2004. 青藏高原的水塔功能. 山地学报, 22(4): 428-432.

罗天祥, 李文华, 罗辑, 等. 1999. 青藏高原主要植被类型生物生产量的比较研究. 生态学报, 19(6): 823-831.

洛桑·灵智多杰. 2005. 青藏高原水资源的保护与利用. 资源科学, 27(2): 23-27.

马丽华. 1999. 青藏苍茫: 青藏高原科学考察 50 年. 北京: 生活·读书·新知三联书店.

潘红星. 2007. 加强雅江流域防沙治沙工作, 促进西藏高原生态屏障建设. 林业经济, (8): 34-36.

彭科峰, 张晴丹. 2015. 青藏中心: 撑起地球第三极. 中国科学报, 2015-04-13(5).

孙鸿烈, 李文华, 章铭陶, 等. 1986. 青藏高原综合科学考察. 自然资源, 8(3): 22-30.

孙鸿烈, 郑度, 姚檀栋, 等. 2012. 青藏高原国家生态安全屏障保护与建设. 地理学报, 67(1): 3-12.

王景升, 李文华, 任青山, 等. 2007. 西藏森林生态系统服务功能. 自然资源学报, 22(5): 831-841.

吴征镒. 1987. 西藏植物区系的起源及其演化//吴征镒. 西藏植物志(第五卷). 北京: 科学出版社: 874-902.

谢高地, 鲁春霞, 冷允法, 等. 2003a. 青藏高原生态资产的价值评估. 自然资源学报, 18(2): 189-196.

谢高地, 鲁春霞, 肖玉, 等. 2003b. 青藏高原高寒草地生态系统服务功能评估. 山地学报, 21(1): 50-55.

辛晓平, 张保辉, 李刚, 等. 2009. 1982—2003 年中国草地生物量时空格局变化研究. 自然资源学报, 24(9): 1582-1592.

杨梅, 贺圣达. 2011. 晚清至民国西方人在中国西南边疆调研资料的编译与研究//国家清史编纂委员会编译组. 清史译丛(第十辑). 济南: 齐鲁书社.

姚檀栋. 1993. 青藏高原冰川气候与环境. 北京: 科学出版社.

郑度. 1996. 青藏高原自然地域系统研究. 中国科学(D 辑), 26(4): 336-341.

郑度, 张荣祖, 杨勤业. 1979. 试论青藏高原的自然地带. 地理学报, 34(1): 1-11.

郑元润, 周广胜, 张新时, 等. 1997. 中国陆地生态系统对全球变化的敏感性研究. 植物学报, 39(9): 837-840.

中国植被编辑委员会. 1980. 中国植被. 北京: 科学出版社.

钟祥浩, 刘淑珍, 王小丹, 等. 2006. 西藏高原国家生态安全屏障保护与建设. 山地学报, 24(2): 129-136.

钟祥浩, 王小丹, 李辉霞. 2003. 西藏土壤侵蚀敏感性分布规律及其区划研究. 山地学报, 21(S1): 143-147.

Daily G C. 1997. Nature's Services: Societal Dependence on Natural Ecosystems. Washington, D.C.: Island Press.

Li W H. 2017. An overview of ecological research conducted on the Qinghai-Tibetan Plateau. Journal of Resources and Ecology, 8(1): 1-4.

Li Y Z, Han F S, Zhou H X. 2017. Assessment of terrestrial ecosystem sensitivity and vulnerability in Tibet. Journal of Resources and Ecology, 8(5): 526-537.

第二章　青藏高原植物的光合作用和物质生产

第一节　高原植物叶片光合作用特征

光合作用是植物将太阳能转换为化学能的过程，植物利用太阳光把 CO_2 和水等无机物合成为有机物并释放出 O_2 的过程。在这个过程中，通过对植物叶片净光合速率（P_n）随光、CO_2 变化的光响应和 CO_2 响应曲线的测定，可以获得描述光合作用特征的参数——最大光合速率（P_{max}）、表观量子效率（α）、最大羧化速率（V_{cmax}）和最大电子传递速率（J_{max}）。植被叶片光合特征值对外界环境条件的变化敏感（许大全，2006），研究光合特征值随环境因子的变化特征可以反映光合作用对环境的响应。青藏高原主体平均海拔4000m 以上，太阳辐射强，气压低，温度低，CO_2 密度大多不及平原地区的 2/3。高原植物长期受强辐射、低气压和低温的影响，其叶片光合作用具有显著的高原地域性特点（钟志明，2005；卢存福和贲桂英，1995）。高原植被覆盖面积为 117.7 万 km^2，相当于中国国土面积的 1/10 左右。植被通过光合作用固碳的过程对气候变化和人类活动扰动十分敏感，在全球碳循环调控中发挥重要的作用。青藏高原作为全球气候变化的启动区和敏感区，植被光合作用可能对环境因子的响应更为敏感，使得该区成为研究植被光合作用对气候变化响应的理想区域。

2006～2009 年在西藏达孜（3688m）和当雄（4333m）两个不同海拔地区连续三年盆栽种植高原特有的 C_3 植物——春青稞，生长期间水肥管理模式一致。春青稞挑旗一周后，利用光合仪（LI-COR 6400）对不同海拔生长的春青稞的叶片光合作用进行测定（范玉枝，2009），并分析春青稞叶片光合特征（Fan et al.，2011a，2011b）。

一、高原植物叶片光合作用的光响应

光辐射对光合作用的调节有三个方面：调节光合器官的发育、活化参与光合作用的酶和促使气孔开放，以及提供光合过程中所需的能量（许大全，1988）。在强辐射环境条件下，多数植物的光合器官和结构在长期的进化与适应过程中完善了多种防止及减轻光抑制或光破坏的防御机制。例如，植物叶片为了减少光线的直接穿透，光合器官——叶绿体位置内移，形状趋于圆形（Anderson and Aro，1994）；为了提高强光下 CO_2 摄入量，叶片增加气孔密度（何涛等，2007）；强辐射破坏叶绿体被膜，影响叶绿体基粒的发育，使得叶绿体中的捕光复合物（LHC II）减少，导致叶绿体基粒片层叠垛程度降低，避免捕获过多光能对叶绿体造成潜在伤害（Anderson and Aro，1994；吴学明，1997；魏捷和贲桂英，2000）。青藏高原地区太阳辐射强，日照时间长，植物叶片光合潜力大，光合作用有其特殊性（刘志民等，2000；师生波等，2006）。

在西藏基于两个海拔生长的春青稞叶片光合作用的光响应观测数据，利用直角双曲线模型模拟估算了光合特征参数 P_{max} 和 α，探讨了光合特征参数对环境因子的响应特征。

（一）光响应特征

根据对两个海拔的不同温度下春青稞叶片光响应曲线的测定可以看出（图 2-1），光合有效辐射（PAR）小于 200μmol/(m²·s)时，叶片的净光合速率随光强的升高而线性增加，光合有效辐射达到光饱和点时，净光合速率不再随光强的增加而增加，而是趋于稳定。光饱和点在1500μmol/(m²·s)以上，说明高原植物叶片有很强的光合潜力。海拔高一些的当雄（4333m）春青稞叶片净光合速率高于达孜（3688m）的，说明高海拔植物叶片光合能力并不低于低海拔的，且光合最适温度在15～20℃，反映了高海拔的植物叶片因对低温的长期适应而具有较低的光合最适温度（图 2-1）。

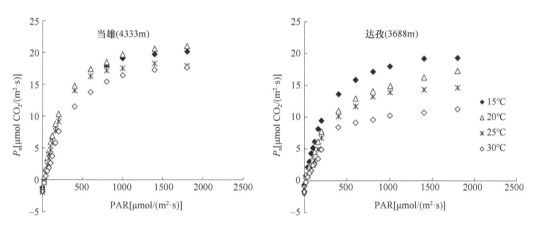

图 2-1 当雄（4333m）和达孜（3688m）春青稞的光响应曲线

（二）最大光合速率

最大光合速率（P_{max}）和表观量子效率（α）是由对不同温度下光响应曲线的直角双曲线拟合而得到的（Fan et al., 2011a），P_{max} 是光饱和时的净光合速率。两个海拔春青稞叶片 P_{max} 随温度变化趋势基本一致，经历先增大后减小两个阶段（图 2-2）。两者 P_{max} 均在叶温接近 20℃ 时达到最大，当雄春青稞 P_{max} 最大值为 22.37μmol CO₂/(m²·s)，低海拔达孜春青稞为 20.81μmol CO₂/(m²·s)。但是，两个海拔春青稞 P_{max} 对叶温变化的敏感性不同，当雄春青稞 P_{max} 的温度动态变化不是很明显，振幅为 1.54μmol CO₂/(m²·s)，而达孜春青稞 P_{max} 的温度动态变化较为明显，振幅为 3.14μmol CO₂/(m²·s)。同时，在四个处理温度下，高海拔春青稞的 P_{max} 均大于低海拔春青稞，平均差值高达 11.84%。在一定环境条件下，叶片的 P_{max} 表示了叶片的最大光合能力（陆佩玲和罗毅，2000），这表明在青藏高原地区较高海拔的春青稞具有较高的光合生产力。P_{max} 的大小取决于植物性状和生长环境，与叶片的厚度和温度密切相关（Penning de Vries et al.，1990），高海拔植物叶片具有较高的 P_{max} 应该与其叶片内部结构有关，有待进一步研究。

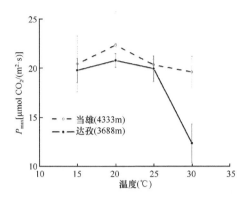

图 2-2 当雄（4333m）和达孜（3688m）春青稞的 P_{max} 的温度响应

（三）表观量子效率

表观量子效率是当光合有效辐射（PAR）处于 0～200μmol/(m²·s)时光合光响应曲线的斜率。高原春青稞叶片的表观量子效率与温度密切相关，在四个温度下，当雄和达孜生长的春青稞叶片表观量子效率随温度的升高而减小（图 2-3）。相比于达孜生长的春青稞，在当雄生长的春青稞表观量子效率较大。随着温度的升高，两个海拔生长的春青稞的表观量子效率差值越来越大。温度为 15℃时，达孜春青稞的表观量子效率比当雄春青稞的小 13%；当温度为 30℃时，差距达 56%左右。当雄春青稞的表观量子效率值较大，但对温度变化的敏感性比较低（图 2-3）。在 15～30℃，当雄春青稞的表观量子效率从 0.059μmol CO_2/μmol photon 降低到 0.042μmol CO_2/μmol photon，降低了 0.017μmol CO_2/μmol photon，即温度每升高 1℃，表观量子效率平均降低 0.0011μmol CO_2/μmol photon；达孜春青稞的表观量子效率从 0.052μmol CO_2/μmol photon 降低到 0.027μmol CO_2/μmol photon，降低了 0.025μmol CO_2/μmol photon，即温度每升高 1℃，表观量子效率平均降低了 0.0017μmol CO_2/μmol photon。这表明，在相同温度下，短时间内的温度升高，较高海拔的 C_3 植被的表观量子效率降低的幅度要小。高海拔春青稞叶片具有更高的初始光利用效率，应该与高海拔低气压下叶片气孔开合度和阻力有关，可能高海拔叶片更大的气孔开合度和较小的气孔阻力促使其具有较高的表观量子效率。

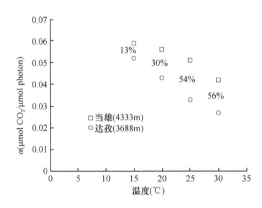

图 2-3 当雄（4333m）和达孜（3688m）春青稞的表观量子效率（α）的温度响应

二、高原植物叶片光合作用的 CO_2 响应

CO_2 对叶片光合作用的影响是通过胞间 CO_2 浓度变化实现的。CO_2 浓度对光合作用的影响主要有两方面：叶片生化水平和气孔水平（Harley et al.，1992）。在生化方面，CO_2 浓度会影响核酮糖-1,5-双磷酸羧化酶/加氧酶（Rubisco）的活性。除其他影响因素外，Rubisco 的活性主要受活性部位 CO_2 分压的影响，气孔随着胞间 CO_2 浓度的提高而减小，从而导致胞间 CO_2 浓度降低，影响酶的活性（王建林等，2005）。在气孔方面，CO_2 从叶片边界层外的大气到同化部位的扩散途径中会遇到一系列的阻力，其中只有气孔阻力和 CO_2 浓度变化具有直接的关系。因此，高原植物光合作用对低 CO_2 环境产生了不同于平原地区植物的响应特征。

青藏高原地区海拔较高，不同海拔的 CO_2 分压有差异。当雄的 CO_2 分压约为 23.5Pa，达孜的 CO_2 分压约为 24.9Pa，皆比内地 CO_2 分压低。长期以来，青藏高原地区低 CO_2 分压被作为植被光合作用的限制因子看待。本研究利用叶片光合生化改进模型 Farquhar-von Caemmerer-Berry（FvCB）模型对两个海拔生长的春青稞叶片光合作用 CO_2 响应观测数据进行模拟，估算了春青稞光合作用对 CO_2 响应的生理参数 V_{cmax} 和 J_{max}，探讨了光合生理参数对 CO_2 和温度等环境因子的响应特征及其机理。

（一）CO_2 响应特征

春青稞叶片净光合速率 CO_2 响应曲线观测时，光合有效辐射（PAR）为 1600μmol/(m²·s)，观测温度分别为 15℃、20℃、25℃ 和 30℃。观测结果表明，达孜和当雄春青稞叶片胞间 CO_2 分压在 15℃时分别可达 72Pa 和 62Pa。随温度升高，胞间 CO_2 分压逐渐减少；到 30℃时，仅分别为 41.5Pa 和 32Pa。虽然同一温度下，当雄春青稞的胞间 CO_2 分压小于达孜春青稞，但当胞间 CO_2 分压相同时，较高海拔春青稞叶片的 P_n 大于较低海拔春青稞（$P<0.05$）（图 2-4）。

光合作用中非气孔限制导致的光合速率变化都是由光合酶活性改变引起的。光合酶的活性主要受控于温度，温度对酶的影响通过光合氧化速率（V_o）和羧化速率（V_c）表现出来。高山植物光合速率对温度的响应表现为，一方面随温度升高，V_c/V_o 降低，光合

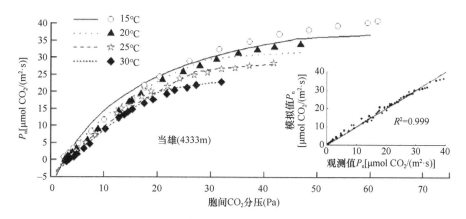

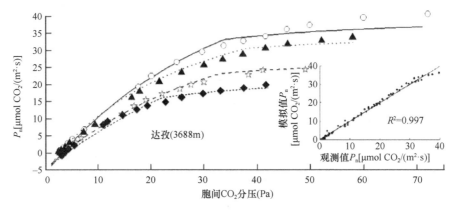

图 2-4　当雄（4333m）和达孜（3688m）春青稞叶片净光合速率（P_n）观测值与胞间 CO_2 分压的散点图及拟合曲线图

酶对 CO_2 的特异性降低，导致光合速率降低（Chen and Spreitzer，1992）；另一方面，在较高海拔的低气压和低温环境下生长的高山植物，单位叶面积的蛋白质含量、气孔密度（Körner et al.，1989）和 CO_2 扩散能力（Gale，1972）等均随海拔升高而增加或增强，抵消或者超过了 CO_2 分压随海拔降低对植被光合作用的负面影响。截至光合观测日，达孜春青稞生长期内平均温度为 17℃，当雄春青稞生长期内平均温度为 15℃。高山植物生理生化特征对低温的响应和适应性，可能是生长在较低温度下的当雄春青稞叶片净光合速率较高的主要原因。

（二）光合参数 J_{max} 和 V_{cmax} 的响应特征

在所有的光合生理模型中，最大羧化速率（V_{cmax}）和最大电子传递速率（J_{max}）是表征植被光合能力的最主要的两个参数。Leuning（2002）和 Medlyn 等（2002）研究发现 J_{max}/V_{cmax} 随温度的降低而降低。在 25℃时，不同物种间的两个参数变化较大，但两者之间具有很强的相关性，J_{max}/V_{cmax} 平均值为 1.67。

模拟参数 J_{max} 和 V_{cmax} 前，需利用最小二乘法估算 CO_2 响应过程中的呼吸速率（R_d），并将其作为固定输入参数，J_{max} 和 V_{cmax} 模拟结果见表 2-1。与高海拔春青稞的光合参数相比，低海拔春青稞的 V_{cmax} 和 J_{max} 分别平均降低了 24% 和 22%（图 2-5）。t 检验发现，虽然两个海拔 J_{max} 存在差异（$P=0.05$），但 V_{cmax} 的差异并不显著（$P=0.169$），而利用温度函数模拟反演的参数曲线表明两个海拔春青稞的参数皆存在极显著差异（$P<0.01$）。

表 2-1　利用最小二乘法对两个海拔观测的春青稞叶片光合参数 V_{cmax} 和 J_{max} 的模拟

温度（℃）	3688m		4333m	
	V_{cmax}	J_{max}	V_{cmax}	J_{max}
15	40.3	100.0	42.0	131.0
20	42.2	109.0	52.1	132.6
25	65.0	124.0	75.7	140.0
30	83.6	103.0	126.0	124.0

注：光合有效辐射为 1600μmol photon/(m²·s)；O_2 分压为 13.5kPa；最大羧化速率（V_{cmax}）单位为 μmol CO_2/(m²·s)；最大电子传递速率（J_{max}）单位为 μmol electron/(m²·s)

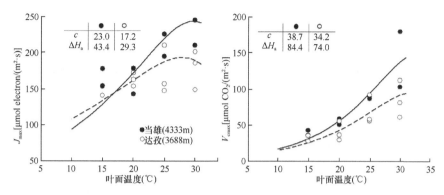

图 2-5 两个海拔处生长的春青稞叶片 V_{cmax} 和 J_{max} 的温度响应
实线为高海拔，虚线为低海拔

J_{max} 和 V_{cmax} 温度函数中包括决定氧化/羧化过程中酶活性、能量转移效率和光化学活性的参数：惰性能（ΔH_d）、熵项（ΔS）、度量常数（c）和活性能（ΔH_a）。在惰性能（ΔH_d）为 200kJ/mol、熵项（ΔS）为 0.65kJ/(mol·K)时，高海拔春青稞两个参数 V_{cmax} 和 J_{max} 的温度函数参数度量常数（c）和活性能（ΔH_a）比低海拔春青稞的高（表 2-2）。

表 2-2　春青稞叶片光合参数 V_{cmax} 和 J_{max} 的特征值

海拔（m）	V_{cmax}				J_{max}			
	c	ΔH_a	R^2	T_{opt}	c	ΔH_a	R^2	T_{opt}
3688	20.51	40.55	0.956	29.40	14.75	24.33	0.902	27.10
4333	28.15	59.32	0.907	31.33	17.59	30.23	0.917	28.05

注：V_{cmax} 单位为 μmol CO_2/(m²·s)；J_{max} 单位为 μmol electron/(m²·s)；ΔH_a 单位为 kJ/mol；T_{opt}（最适温度）单位为℃

在 15~30℃，V_{cmax} 的观测值持续增大，而 J_{max} 的观测值在 30℃时出现下降趋势。用温度函数反演的 V_{cmax} 和 J_{max} 温度响应曲线中，J_{max} 达到峰值的温度在 27~28℃，比 V_{cmax} 达到峰值的温度低 2~3℃。高海拔春青稞叶片光合参数 V_{cmax} 和 J_{max} 的最适温度略大（图 2-5），比低海拔分别平均增加 6.5%和 3.5%。

图 2-6A 表明，J_{max} 和 V_{cmax} 两者之间存在显著的线性关系。当温度从 15℃提高到 30℃时，J_{max}/V_{cmax} 从 4.2 降低到 1.6，高海拔春青稞的 J_{max}/V_{cmax} 值平均比低海拔春青稞的约高 12.7%。

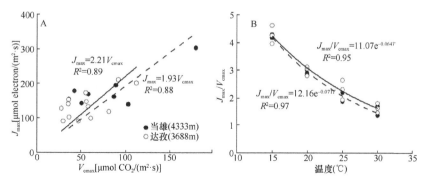

图 2-6　J_{max} 与 V_{cmax} 的关系以及 J_{max}/V_{cmax} 的温度响应
实线为高海拔，虚线为低海拔。T 表示温度（℃）

Terashima 等（1995）研究发现，海拔升高，光呼吸对氧分压降低的敏感性大于光合作用对 CO_2 降低的敏感性，导致光呼吸速率的降低幅度大于光合速率降低的幅度。对比分析发现，高原地区较高海拔春青稞叶片光合生理参数 J_{max} 和 V_{cmax} 对环境因素的响应更敏感，这可能与羧化酶和氧化酶对 CO_2 和 O_2 随海拔降低的敏感性不同相关（Fan et al.，2011a，2011b）。

（三）净光合速率对 CO_2 增加的响应

已有研究表明，高海拔地区的 CO_2 分压低、C_i/C_a 低（C_i 为叶片胞间 CO_2 浓度，C_a 为大气 CO_2 浓度）、植物的气孔导度较小等因素，导致植物的光合能力和羧化能力较弱（Cabrera et al.，1998；Sakata and Yokoi，2002；Zhang et al.，2005）。但近年来越来越多的研究证实，在排除植被受水分胁迫和营养胁迫的情况下，高海拔植物实际上具有更高的光合能力（Körner et al.，1986；Terashima et al.，1995；Körner，2003）。受低温和低空气密度的影响，高海拔地区的植物具有更高的光合酶活性（Körner，1989）、叶片厚度（Körner et al.，1991）、叶氮含量（Körner，1989）和叶氮利用效率（Terashima et al.，1995）。这些因素对光合能力的有利影响弥补甚至超过了低 CO_2 分压和 C_i/C_a（Körner et al.，1991）的负面影响。本研究也证实，高海拔春青稞的光合速率高于低海拔春青稞。利用表 2-1 和表 2-2 中的参数，可以模拟两个海拔植物叶片光合速率对 CO_2 分压变化的响应（图 2-7）。假定叶片温度为 15℃、光合有效辐射（PAR）为 1600μmol/(m²·s)、C_i/C_a=0.7（Weber et al.，1985；Cannon and Roberts，1995），在各自生长环境的 CO_2 和 O_2 分压 [$CO_{2 (4333m)}$ =23.5Pa，$O_{2 (4333m)}$ =12.7kPa，$CO_{2 (3688m)}$ =24.9Pa，$O_{2 (3688m)}$ =13.5kPa] 下，海拔 4333m 处植物叶片净光合速率（P_n）比 3688m 处高 10.4%；当 4333m 处植物叶片光合作用过程中的 CO_2 分压短期加富到 3688m 海拔的 CO_2 分压，即由 23.5Pa 增至 24.9Pa 时，植物叶片净光合速率比 3688m 高 12.7%；当两个海拔植物叶片光合作用过程中的 CO_2 分压短期加富到平原地区 CO_2 分压水平 [$C_{a (平原)}$ =30.39Pa] 时，高海拔处植物叶片净光合速率比低海拔处高 12.7%（图 2-7）。

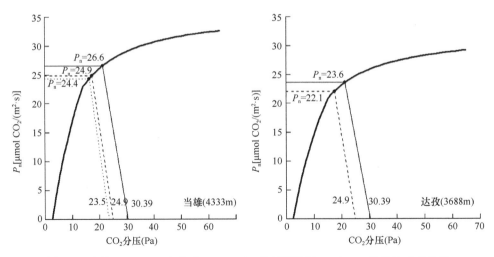

图 2-7　当雄（4333m）和达孜（3688m）春青稞模拟 P_n 对 CO_2 分压的响应曲线

　　我们的研究结果发现，尽管高原高海拔的 CO_2 分压和温度低于低海拔，但较高海拔植物的叶片光合能力强于较低海拔。受全球气候变化的影响，高原较高海拔的 CO_2 分压和温度增加幅度大于低海拔。因此，当其他环境条件维持不变的情况下，长期的 CO_2 分压和温度升高可能会导致青藏高原 C_3 植被叶片光合能力的降低，这些结果有待于进一步验证。

三、高原植物叶片光合作用的氮素响应

　　氮素是植物体内蛋白质、核酸、叶绿素和一些激素等的主要组成部分，也是限制植物生长和产量的重要因素（孙羲，1997）。对植物进行适度施氮，可以增加植物叶片内的叶绿素含量，增强光合作用，促进光合产物的积累，提高植被的生物量（Seeni and Gnanam，1981），植物的叶氮含量和光合速率呈正相关。张耀兰等（2005）研究发现，高施氮量处理的小麦，其表观量子效率增加，光饱和点提高，光补偿点降低。植物叶片的叶氮含量也与光合生理参数（J_{max}、V_{cmax} 等）密切相关。Harley 等（1992）曾对棉花进行研究，发现 J_{max}、V_{cmax} 和叶氮含量呈直线正相关，低 CO_2 分压和高 CO_2 分压下生长的植株相比，两者的 J_{max} 对叶氮含量的响应基本一致，但低 CO_2 分压植株的 V_{cmax} 显著增加。由此可见，叶氮含量不仅影响植被对 CO_2 的固定速率和光合能力，也影响植被的光合生理参数。

　　有学者研究发现，一定程度地增施氮肥能够提高叶片叶绿素含量，延长叶面积持续期，提高叶片光合速率（蔡国瑞等，2006）。图 2-8 为青藏高原种植的春青稞在不同氮

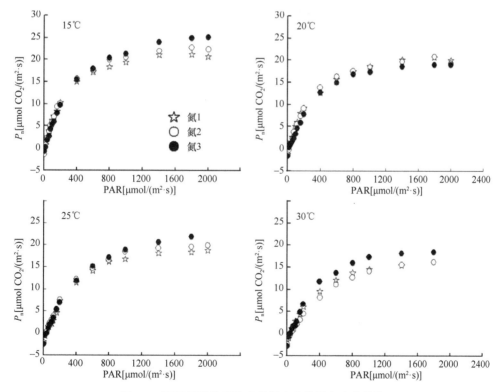

图 2-8　不同氮肥处理的春青稞光合作用光响应曲线

氮 1：0kg N/hm²；氮 2：112.5kg N/hm²；氮 3：225kg N/hm²。下同

肥处理下的光合作用光响应曲线。从四个温度来看，春青稞的净光合速率在 225kg N/hm² 处理水平下最大，在 0kg N/hm² 处理水平下最小。

光合速率的增加与氮肥的施加量呈正相关，不同施氮水平下的表观量子效率最大值为 0.054μmol CO_2/μmol photon，最小值为 0.027μmol CO_2/μmol photon。在 30℃时，高原春青稞的表观量子效率平均值为 0.0283μmol CO_2/μmol photon。在观测温度内，随着施氮量的增加，最大表观量子效率平均值逐渐增大，分别为 0.055μmol CO_2/μmol photon（氮1）、0.059μmol CO_2/μmol photon（氮2）和 0.065μmol CO_2/μmol photon（氮3）。通过统计分析发现，四个观测温度内三个氮肥处理的净光合速率差异不明显（$P > 0.05$）（图2-8），但施用氮肥能明显提高春青稞最大光合速率。利用光合速率-光响应的直角双曲线模型模拟发现，最大光合速率均值随施氮量的增加而增大，氮1为 25.1μmol CO_2/(m²·s)，氮2为 25.9μmol CO_2/(m²·s)，氮3为 27.3μmol CO_2/(m²·s)。

三种不同氮水平处理下的净光合速率（P_n）与胞间 CO_2 分压（C_i）曲线见图2-9。在氮2和氮3处理下的净光合速率无明显差别，而氮1处理下的净光合速率下降明显。这表明从春青稞的叶片光合角度来看，中度施氮已经能够满足春青稞的生长需求，进一步增施氮肥的作用不明显。

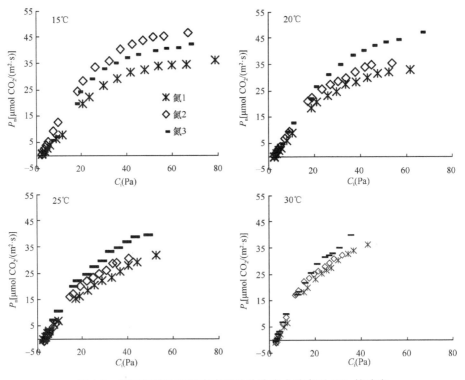

图 2-9 不同氮肥处理的春青稞叶片净光合速率对 CO_2 的响应

第二节 高原作物生产力形成特征及高产原因分析

生物生产力是评价生态系统结构与功能协调性的重要指标以及进行生态系统物质

循环和能量流动研究的基础，也是人类赖以生存的生物圈的功能基础和人类承载力的重要指标。青藏高原海拔高，气候温凉，麦类作物生育期长，有利于麦类作物高产，是麦类作物的高产地区（李继由，1983）。有研究表明，小麦最高单产曾达 15 195kg/hm^2（1013kg/亩[①]）（青海香日德）（程大志等，1979），冬小麦达 13 065kg/hm^2（871kg/亩）（西藏日喀则）（李继由，1983），居全国首位。青藏高原麦类作物大面积产量也较高，1991年西藏乃东县（海拔 3560m）万亩冬小麦平均单产 7965kg/hm^2（531kg/亩）（路季梅和俞炳杲，1978），创大面积冬小麦高产纪录，同年西藏自治区小麦平均单产为 3945kg/hm^2（263kg/亩），在全国也仅低于生产水平较高的北京（5385kg/hm^2，即 359kg/亩）、天津（4425kg/hm^2，即 295kg/亩），与处于黄淮海平原的山东（4005kg/hm^2，即 267kg/亩）相近（张宪洲等，1998；张宪洲，1999）。高原小麦的经济系数普遍大于 0.4，不低于甚至高于平原地区（喻朝庆等，1998），因此小麦的干物质产量水平也较高。

　　为了研究高原麦类高产机制，作者在 1994～1996 年连续两个年度，在西藏达孜（29°41′N，91°20′E，海拔 3688m）冬小麦试验田里，对水肥基本满足、生长基本良好的藏冬系列的三个冬小麦品种（藏冬 92-66、藏冬 90-12 和藏冬 85285-289）和'肥麦'的生长发育及产量进行了较为详尽的观测，并分析了高原麦类作物的高产原因（张宪洲，1999）。

一、高原冬小麦干物质累积特征

　　高原冬小麦从返青拔节至成熟，干物质重量基本呈 S 曲线增加，干物质累积率并不高，但由于生育期较长，因此干物质累积时间长，最终干物质产量较高（图 2-10）。通过高原（西藏达孜）和平原（山东禹城）干物质累积模拟（图 2-11），高原冬小麦干物

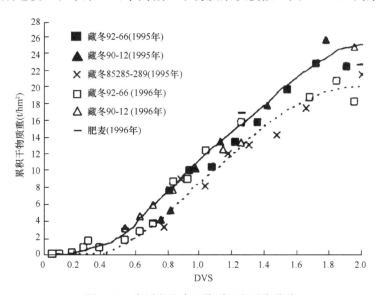

图 2-10　高原冬小麦干物质累积动态曲线

藏冬 92-66 为模拟值，实线为 1995 年，虚线为 1996 年；DVS 为生长发育进程的时间变量，出苗时为 0，抽穗时为 1，成熟时为 2，图 2-12 同

[①] 1 亩≈666.7m^2，下同。

质累积速率最大值为 0.21t/(hm^2·d)，拔节至成熟期平均为 0.12t/(hm^2·d)，最终干物质产量为 20t/hm^2，这是平原地区小麦所不及的。在最大叶面积相近的平原地区冬小麦的干物质累积速率最大值可达 0.23t/(hm^2·d)，拔节至蜡熟平均为 0.19t/(hm^2·d)，最终干物质产量为 16t/hm^2。虽然平原地区冬小麦相同时期的平均累积速率相对较高（图 2-11），但由于高原地区冬小麦干物质累积时间长，因此最终干物质产量相对较高，这是高原冬小麦籽粒产量较高的主要原因。

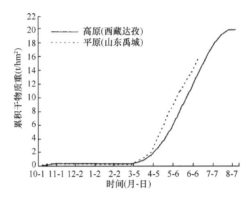

图 2-11　高原和平原冬小麦干物质累积动态模拟曲线

二、高原冬小麦各器官生物量的动态变化

高原冬小麦各部分器官（绿叶、茎、根、枯黄和穗）在总干重中所占比例随生育期的变化如图 2-12 所示。在越冬前植物体主要以绿叶和根组成，其中绿叶占总干重的比例较大，到抽穗期即趋于停止干物质累积。在返青拔节至成熟期，茎占总干重的比例相对较大，最大可达 60%，成熟时为 40%，在灌浆中后期茎的干物质累积趋于零，较长的累积时间是高原冬小麦茎秆粗壮的原因，也是与平原地区小麦明显不同的地方。平原地区山东禹城的小麦茎占总干重的比例最大只为 40%，成熟时仅为 15% 左右（周允华等，1997）。这种不同是高原冬小麦产量形成的不利因素。高原冬小麦成熟时穗和枯黄部分所占比例相对较小，分别为 40% 和 10% 左右，而平原地区山东禹城的小麦分别为 50% 和 30% 左右。

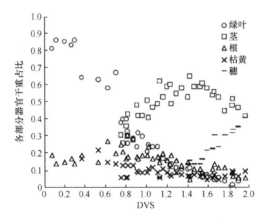

图 2-12　高原冬小麦各部分器官在总干重中所占比例随生育期的变化

三、高原冬小麦的潜在产量和最佳产量

经过两年实验研究发现高原四个品种 6 个样本的冬小麦最大叶面积指数范围为 3.7~7.8，平均为 5.3，根据模拟，高原小麦冠层对光合有效辐射截获率趋于饱和的最佳叶面积指数为 8.0~8.5，此后干物质累积增加减少，干物质产量最后趋于 32t/hm² （张宪洲，1999）。在平原地区，叶面积指数大于 6.0 后，干物质累积增加很少，并很快趋于 22t/hm²，因此 32t/hm² 和 22t/hm² 可分别视为高原和平原冬小麦干物质生产的潜在产量。若经济系数都按 0.45 计算，高原籽粒产量为 14.4t/hm²，接近于亩产吨粮，而平原的相应值为 9.9t/hm²，高原为平原的 1.45 倍。这里的潜在产量可视为该地区冬小麦的极限产量，并不具有实际生产意义，可用来比较不同地区作物潜在的生产能力，具有重要的理论指导意义。

潜在产量是一种理论产量，在实际生产中叶面积增长是有限度的，超过最佳叶面积时，作物群体生产力下降，产量降低。把作物群体达到最佳叶面积时的产量定义为最佳产量，最佳产量是实际生产中可以达到和努力的目标。当叶面积指数取 8.0 时，高原冬小麦的最佳产量为 25t/hm²，经济系数取 0.45，最佳籽粒产量为 11.25t/hm²，相当于 750kg/亩，这在高原地区是可以实现的。

四、高原冬小麦高产原因

从 20 世纪 80 年代开始，围绕着青藏高原麦类农作物的高产现象，前人从青藏高原气候生态环境和植物生理生态学特征两方面入手展开了许多相关研究工作，对此问题获得了许多认识，主要认为导致高原小麦高产的原因是太阳辐射强，光温配合好，生育期长（李继由，1983；刘伟，1984；韩发和贲桂英，1987；扎桑等，1997；孙翠花和陈志国，2006），以及光合作用强，光合面积大，呼吸强度低，光饱和点高，光补偿点低（熊国富和马晓岗，1997；熊国富，2007），而关于气温日较差对作物高产的影响存在一定的争议（杜军，1997；扎桑等，1997；熊国富，2007）。随着研究的进一步深入，利用一些实验和模型估算手段，其内在的与光合作用、干物质累积过程、植物群体结构和冠层形态有关的生态学原因也被揭示出来（林忠辉等，1998；喻朝庆等，1998；张宪洲等，1998）。

青藏高原气候温凉，太阳辐射强烈，是影响麦类农作物生产的显著因素。本研究旨在总结青藏高原的环境因素、植物生理生态学特征，以及两者之间存在的内在联系特征，从中分析青藏高原小麦高产的原因，为最大可能地达到高原地区小麦的潜在产量提供科学指导，并丰富麦类作物生产的理论知识。

（一）太阳辐射和群体结构的优势

青藏高原太阳辐射强烈，绝大部分地区的太阳年辐射总量都在 670kJ/cm² 左右，日照时数达 2200~3600h，光合有效辐射在 4~10 月明显高于平原地区（张宪洲等，1998；

张宪洲，1999）。光照条件对高原小麦的高产起了决定性的作用。麦类作物近一半的干物质、70%～80%的籽粒干重是在抽穗至成熟期间形成的，这段时间群体生长旺盛，叶面积较大，太阳辐射强度对光合作用及产量影响最大（李继由，1983）。

植物对光能的利用效率在一定范围内决定了植物的产量，目前植物对光能的利用效率还不到3%（余彦波和刘桐华，1985）。小麦冠层的群体结构制约着其对光能的利用程度。高原小麦具有较好的直立性，有效光合叶面积大，叶片功能持续时间长（林忠辉等，1998；熊国富，2007），最佳叶面积指数大（8.0～8.5）（张宪洲，1999）。尤其是在小麦的生育前期，茎穗倾角主要集中在 80°～90°，基本趋于直立（林忠辉等，1998）。这种群体结构有利于光能的利用，具有较低的消光系数和较长时间的高光截获率（林忠辉等，1998；张宪洲等，1998），是高原小麦高产的重要原因之一。

（二）光合适应的优势

光合作用是干物质形成的主要途径，较高的光合作用水平有利于干物质的累积，90%～95%的干物质靠光合作用形成（余彦波和刘桐华，1985）。高原植被光合作用的变化特征与高原环境密切相关。高原特殊的气候环境（包括低 CO_2 浓度、低空气温度和强太阳辐射）导致植物的叶片结构、叶片厚度、叶片中的氮含量等生理和物理方面发生变化，从而引起植物的光合生理特征变化，使高海拔的植物具有更强的光合能力。

高原麦类作物的光合作用对高原高光条件形成了积极的适应策略。麦类作物对高光强的反应表现为光饱和点的升高与光补偿点的降低（刘伟，1984）。高原植物叶片光饱和点为 1500～1700μmol/(m²·s)（Fan et al.，2011a），而平原地区小麦的光饱和点远低于此水平。在光饱和的光照水平下，植株的干物质生产与光照度的截获量呈正相关（刘东海等，1992）。这种较高水平的光饱和点，加之高原植物叶片光合速率日变化曲线为平坦或单峰型，没有明显的"午睡"现象（刘允芬等，2000），使得小麦在高原强太阳辐射下能够维持较高、较稳定的光合能力。高原小麦的低光补偿点减少了生长过程中的呼吸消耗，有利于物质的积累。高原小麦呼吸消耗累积值占最终干物质产量的40%，而平原则为42%～45%（周允华等，1997）。

（三）温凉的气候导致生育期延长是高产的主要原因

高原小麦发育过程中，受高原温凉气候的影响，冬小麦各个生育期都有所延长，最显著的是返青至拔节和抽穗至成熟两个阶段（李继由，1983；吴东兵和赵世平，1991）。返青至拔节生育期为营养期，是穗分化的关键时期，这个阶段的延长有助于小麦光合器官的充分生长（刘明孝等，1988；扎桑等，1997；林忠辉等，1998）。叶片作为影响小麦产量形成的主要光合器官，其叶面积指数在拔节末期达到最大（林忠辉等，1998）。抽穗至成熟阶段为功能期，这个阶段的延长有助于有机物的累积和千粒重的增加。

高原气候温凉，对喜凉麦类作物的高产十分有利。高原夏季气候温凉，冬小麦生育期延长。高原冬小麦生育期明显长于平原地区，拔节至成熟比黄淮海平原长两个月，特别是从开花到成熟，这段时间的长短对籽粒产量有决定性影响，平原是 30～40 天，而高原长达 60～70 天，高原是平原的 2 倍左右。生育期长，特别是开花至成熟的时间长是高原冬小麦高产的主要原因。高原温度低，主要表现在夜间温度低，白天温度相对较高。高原冬小麦拔节抽穗至成熟期间白天温度为 15～18℃，正处于喜凉 C_3 类作物进行光合作用的最适宜温度范围（15～20℃），对光合生产极为有利。

综上所述，高原太阳辐射强，冬小麦生育期长，呼吸消耗少，白天温度适宜，有利于光合生产，叶片直立有利于光能利用，高原小麦高产主要以干物质累积的时间长取胜，即有利的夏季温度条件才是高原小麦高产的最主要原因。

第三节　高寒草地生产力变化趋势及驱动机制

高寒草地是青藏高原主要的生态系统，覆盖面积占高原面积的 60%，随着全球变暖和人类活动的增加，青藏高原高寒草地发生着前所未有的变化。高寒草地对气候变化和人类活动非常敏感，阐明并正确区分气候变化和人类活动对青藏高原高寒草地的影响及驱动机制，对区域的可持续发展具有重要意义。

气候变化和人类活动是陆地生态系统的主要影响因素。通常，区域生态系统变化是气候变化和人类活动共同作用的结果，很难直接区分两者之间的作用。近年来，随着气候变化和人类活动的增加，人类活动在区域甚至全球尺度上可能已经超过纯自然因素对生态系统的影响。因此，区分和定量化气候变化与人类活动对生态系统的影响对于进行生态系统管理和适应性对策的选择至关重要。

本研究采用气候驱动的机理模型（TEM 模型）的计算结果代表没有人类活动干扰的净初级生产力（NPP_P），也可视为潜在生产力，采用遥感模型（CASA 模型）的计算结果代表气候和人类共同影响的净初级生产力（NPP_A），也可视为实际生产力，两者差值（NPP_H）即为人类活动的影响，视为人类放牧活动消耗的部分。通过对比分析某一阶段 NPP_P 和 NPP_H 的变化趋势即可确定草地实际生产力（NPP_A）变化的主要驱动因子，从而量化区分气候变化与人类活动对草地生态系统的影响（Chen et al., 2014）。

一、高寒草地 NPP_A 的变化特征

模拟结果表明，1982～2011 年，青藏高原高寒草地 NPP_A 呈增长趋势，但在 1982～2001 年和 2001～2011 年两个时间阶段内的增长率不同（图 2-13A）。在 1982～2001 年，NPP_A 的增长速率为 0.70g $C/(m^2 \cdot a)$（图 2-13A），增长率为 16.83%。NPP_A 的增加区域主要集中在青藏高原北部、西部地区，以及中东部小部分区域，北部边缘区域出现逐渐减少趋势。在 2001～2011 年，NPP_A 的增长速率为 0.93g $C/(m^2 \cdot a)$（图 2-13A），增长率为 8.05%。在这个阶段，NPP_A 的减少区域主要集中在青藏高原的西部和西南部地区，增加区域集中在东部地区。

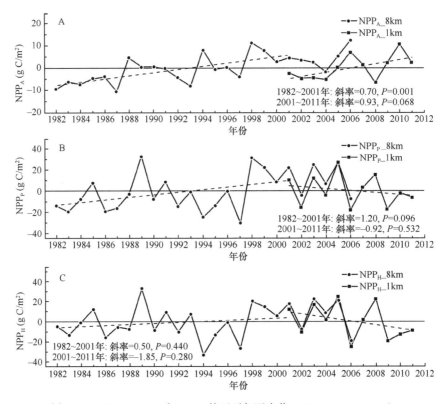

图 2-13　NPP_A、NPP_P 和 NPP_H 的距平年际变化（Chen et al.，2014）

二、高寒草地 NPP_P 和 NPP_H 的变化特征

NPP_A 的变化与气候驱动的 NPP_P 和人类活动导致的 NPP_H 相关，其变化趋势取决于 NPP_P 和 NPP_H 的变化趋势。青藏高原草地 NPP_P 和 NPP_H 在 1982～2001 年都呈现增加趋势，在 2001～2011 年都呈降低趋势（图 2-13）。在 1982～2001 年，NPP_P 的增加速度为 1.20g $C/(m^2 \cdot a)$（图 2-13B），增加的区域主要集中在青藏高原中西部、北部和南部，在中东部地区则呈大范围地减少趋势；NPP_H 的增加速度为 0.50g $C/(m^2 \cdot a)$（图 2-13C），其增加的区域主要集中在青藏高原中西部和北部，在南部和中东部有减少趋势。在此期间，NPP_P 增加速度大于 NPP_H，这表明青藏高原地区气候变化对高寒草地生态系统的影响大于人类活动的影响，最终导致 NPP_A 的增加。

然而，此趋势在 2001～2011 年发生了明显的改变，由于高原气候变暖变干，NPP_P 出现减少趋势，其下降速度达到了 0.92g $C/(m^2 \cdot a)$；NPP_P 除在青藏高原中部和南部边缘地带表现出增加趋势外，大部分地区都为减少趋势。NPP_H 的减少速率为 1.85g $C/(m^2 \cdot a)$，减少区域主要分布在青藏高原中西部和北部，但东部和西部边缘地带呈现增加趋势。在此期间，NPP_H 减少速度大于 NPP_P 减少速度，导致 NPP_A 出现了增长的趋势。我国政府从 2003 年开始在青藏高原地区实施了一系列生态保护工程，包括退牧还草、围栏、生态补偿等项目（Feng et al.，2013；Mu et al.，2013），引起人类活动占用的 NPP_H 减少，最终导致高寒草地 NPP_A 的增加，人类活动对高寒草地生态系统的恢复起到了积极的效果。

三、高寒草地 NPP_A 变化的原因分析

青藏高原草地 NPP_A 在 1981~2001 年和 2001~2011 年两个时段内分别被两个不同的因素驱动，由此导致这两个阶段 NPP_A 不同变化原因的面积比例发生改变。通过对比每一像素点 NPP_A 和 NPP_H 的斜率绝对值（表 2-3），我们可以发现引起 NPP_A 发生改变的决定因素以及作用比例。在 1982~2001 年，气候变化导致大面积的高寒草地 NPP_A 增加，只有很小面积呈降低的趋势或未发生变化（中东部和北部边缘）。同时，人类活动导致东南部和北部边缘地区 NPP_A 减少，但也引起中东部地区 NPP_A 增加。2001~2011 年，大部分区域的 NPP_A 呈增加趋势，主要集中在高原东部地区。中东部 NPP_A 的增加主要是气候变化引起的，而南部和东北部 NPP_A 的增加主要是 NPP_H 的减少引起的。然而在西部地区 NPP_A 的减少主要是气候变化引起的，同时在中部、南部和东北部区域也有部分地区由于人类活动的增加引起了 NPP_A 的减少。2001~2011 年高原草地 NPP_H 的增加要远超前 20 年，且东部地区 NPP_H 的增加幅度大于西部地区。

表 2-3　NPP_A 变化的原因及其对应的判别方法

判别方法（比较变化趋势斜率）	NPP_A 变化的原因
$sNPP_A=0$	NPP_A 无变化（NC）
$sNPP_A>0$ 并且 $sNPP_P>sNPP_H$	NPP_A 增加的主要原因是气候变化（ICC）
$sNPP_A>0$ 并且 $sNPP_P<sNPP_H$	NPP_A 增加的主要原因是人类活动（IHA）
$sNPP_A<0$ 并且 $sNPP_P>sNPP_H$	NPP_A 减少的主要原因是气候变化（DCC）
$sNPP_A<0$ 并且 $sNPP_P<sNPP_H$	NPP_A 减少的主要原因是人类活动（DHA）

注：$sNPP_A$、$sNPP_P$、$sNPP_H$ 分别代表 NPP_A、NPP_P、NPP_H 的变化

通过统计两个时段造成 NPP_A 变化原因的面积比例，我们可以对比分析气候变化和人类活动影响的面积比例，总结影响高寒草地 NPP_A 两个关键因子的发展趋势，为青藏高原高寒草地生态系统管理提供科学依据。数据表明：1982~2001 年和 2001~2011 年两个时段内 NPP_A 未发生变化的面积比例没有发生较大的变化，从 0.22%增加到 0.33%；气候变化造成的 NPP_A 增加（ICC）的面积比例大幅度下降，从 78.03%减少到了 32.87%；而人类活动造成的 NPP_A 增加（IHA）的面积比例从 17.67%增加到 37.90%；气候变化造成的 NPP_A 减少（DCC）的面积比例从 1.59%增加到 23.82%；而人类活动造成的 NPP_A 减少（DHA）的面积比例由 2.49%增加到 5.08%（表 2-4）。总之，在 1982~2001 年和 2001~2011 年两个时段内，气候变化引起的 NPP_A 变化（包括 ICC 和 DCC）的总面积比例从 79.62%降低到 56.69%，但是人类活动引起的 NPP_A 变化（包括 IHA 和 DHA）的总面积比例从 20.16%提高到 42.98%。相比于 1982~2001 年，2001~2011 年人类活动对高寒草地生态系统的影响明显加剧，而气候变化的影响相对减缓或者抵消。

表 2-4　1982～2001 年和 2001～2011 年 NPP$_A$ 变化面积的比例

NPP$_A$ 变化类型	比例(%)	
	1982～2001 年	2001～2011 年
NC（无变化）	0.22	0.33
ICC（气候变化导致增加）	78.03	32.87
IHA（人类活动导致增加）	17.67	37.90
DCC（气候变化导致减少）	1.59	23.82
DHA（人类活动导致减少）	2.49	5.08

四、青藏高原生态工程的效应

由于高寒草地生态系统的脆弱性和敏感性，以及全球气候变暖给高原造成的重大影响，保持合理的放牧水平，控制牲畜的数量对于维持高原草地生态平衡至关重要。国家自 2003 年以来在高原草地地区实施的"退牧还草"和牧民生态补偿政策成功地控制了牲畜的数量，致使高原牲畜数量自 2004 年以来明显下降，对于高寒草地的恢复起到了显著的效果，同时使得 NPP$_H$ 也明显降低。人类活动引起 NPP$_A$ 增加的区域由 1982～2001 年的 17.67%增加到了 2001～2011 年的 37.90%，人类活动对于改善和恢复高寒草原生态系统起到了明显的作用。

在本研究中，我们试图用模型的方式来分离气候变化和人类活动对生态系统的不同影响。在青藏高原高寒草地地区，人口稀少，草地经受的人类干扰相对较少，方式也比较简单，仅有大规模的放牧活动。研究发现，1982～2011 年，青藏高原高寒草地实际 NPP 呈增加趋势，但前 20 年和后 10 年的驱动因素却不尽相同。前 20 年间，随着气候变得暖湿化，实际 NPP 呈现明显的增加趋势。后 10 年间，随着高原降水模式发生改变，高原气候出现了暖干化的趋势，气候因素驱动的潜在 NPP 呈明显减少趋势，但同期人为的干预使高原草地牲畜数量自 2004 年以来出现了显著减少，成功地降低了人类活动对高原草地 NPP 的干扰，致使高原草地实际 NPP 仍呈增加趋势。人类通过减少牲畜数量和采取围栏禁牧保育高寒草地，使得高原草地局部退化的趋势得以缓解。对于科学管理草地，使高寒草地保持合理放牧水平，还需要进一步研究高寒草地的自然承载力及其变化，配合生态补偿政策的实施，保持草畜平衡。

参 考 文 献

蔡国瑞, 张敏, 戴忠民, 等. 2006. 施氮水平对优质小麦旗叶光合特性和籽粒生长发育的影响. 植物营养与肥料学报, 12(1): 49-55.

程大志, 鲍新奎, 陈政. 1979. 柴达木盆地春小麦丰产形态生理指标的初步探讨. 中国农业科学, 12(2): 29-39.

杜军. 1997. 近 30 年气候变化对西藏农业生产影响的研究. 中国生态农业学报, 5(4): 40-44.

范玉枝. 2009. 西藏高原春青稞叶片光合生理特征及对海拔和氮肥的响应. 北京: 中国科学院地理科学

与资源研究所博士学位论文.

韩发, 贲桂英. 1987. 青藏高原地区的光质对高原春小麦生长发育、光合速率和干物质含量影响的研究. 生态学报, (4): 21-27.

何涛, 吴学明, 贾敬芬, 等. 2007. 青藏高原高山植物的形态和解剖结构及其对环境的适应性研究进展. 生态学报, 27(6): 2574-2583.

李继由. 1983. 试论西藏高原麦类作物高产的农业气候原因. 资源科学, (2): 80-85.

林忠辉, 周允华, 张谊光, 等. 1998. 青藏高原冬小麦冠层几何结构、光截获及其对产量的影响. 生态学报, 18(4): 58-64.

刘东海, 陈立勇, 霍世荣. 1992. 光温条件与冬小麦干物质积累及粒重关系的研究. 中国农业气象, 13(4): 401-405.

刘明孝, 张官政, 仝乘风. 1988. 柴达木灌区春小麦高产的气候生态环境及光能利用. 中国农业气象, 9(1): 34-36.

刘伟. 1984. 西藏麦类作物的光合作用及其物质生产的特点. 自然资源, (4): 51-55.

刘允芬, 张宪洲, 张谊光, 等. 2000. 西藏高原田间冬小麦旗叶光合作用研究. 植物生态学报, 23(6): 521-528.

刘志民, 杨甲定, 刘新民, 等. 2000. 青藏高原几个主要环境因子对植物的生理效应. 中国沙漠, 20(3): 309-313.

卢存福, 贲桂英. 1995. 高海拔地区植物的光合特性. 植物学报, 12(2): 38-42.

陆佩玲, 罗毅. 2000. 华北地区冬小麦光合作用的光响应曲线的特征参数. 应用气象学报, 11(2): 236-241.

路季梅, 俞炳杲. 1978. 西藏高原麦类作物产量形成的特点. 中国农业科学, 11(4): 25-31.

裴志永, 周才平, 欧阳华, 等. 2010. 青藏高原高寒草原区域碳估测. 地理研究, 29(1): 102-110.

师生波, 李惠梅, 王学英, 等. 2006. 青藏高原几种典型高山植物的光合特性比较. 植物生态学报, 30(1): 40-46.

孙翠花, 陈志国. 2006. 青海高原气候条件与农作物高产分析. 安徽农学通报, 12(6): 3-7.

孙羲. 1997. 植物营养原理. 北京: 中国农业出版社.

王建林, 于贵瑞, 王伯伦, 等. 2005. 北方粳稻光合速率、气孔导度对光强和CO_2浓度的响应. 植物生态学报, 29(1): 16-25.

魏捷, 贲桂英. 2000. 青海高原不同海拔珠芽蓼叶绿体超微结构的比较. 植物生态学报, 24(3): 304-307.

吴东兵, 赵世平. 1991. 小麦在拉萨生态条件下一些生育特点的分析. 植物生态学与地植物学学报, 15(4): 6-11.

吴学明. 1997. 高山植物盘花垂头菊和唐古特乌头光合膜系统的超微结构研究. 西北植物学报, 17(5): 98-102.

熊国富. 2007. 青海柴达木盆地春小麦高产条件与对策研究. 农业科技通讯, (10): 45-47.

熊国富, 马晓岗. 1997. 柴达木盆地春小麦高产条件与对策分析. 麦类作物学报, 17(4): 56-59.

许大全. 1988. 光合作用效率. 植物生理学通讯, (5): 1-7.

许大全. 2006. 光合作用测定及研究中一些值得注意的问题. 植物生理学通讯, 42(6): 1163-1167.

余彦波, 刘桐华. 1985. 植物光效生态学研究Ⅰ. 小麦光合作用午休的原因. 生态学报, 5(4): 336-342.

喻朝庆, 周允华, 林忠辉, 等. 1998. 青藏高原小麦高产原因的农田生态环境因素探讨. 自然资源学报, 13(2): 7-12.

扎桑, 袁玉婷, 王先明. 1997. 世界小麦高产区域气候生态条件. 西藏科技, (1): 5-7.

张树源, 陆国泉, 武海, 等. 1992. 青海高原主要C_3植物的光合作用. 植物学报, 34(3): 176-184.

张宪洲. 1999. 青藏高原农田生态系统的能量输入与产量形成及其对全球变化的响应. 北京: 中国科学院自然资源综合考察委员会(未正式发表资料).

张宪洲, 刘允芬, 张谊光, 等. 1998. 利用生产模拟对青藏高原小麦高产原因的分析. 自然资源学报,

13(4): 7-12.

张耀兰, 齐华, 金路路, 等. 2005. 氮肥对春小麦叶片光合特性的影响. 辽宁农业科学, (6): 5-7.

钟志明. 2005. 二氧化碳浓度加富条件下西藏高原春小麦光合效率研究. 北京: 中国科学院地理科学与资源研究所博士学位论文.

周允华, 项月琴, 李俊, 等. 1997. 一级生产水平下冬小麦、夏玉米的生产模拟. 应用生态学报, 8(3): 257-262.

Anderson J M, Aro E M. 1994. Grana stacking and protection of photosystem II in thylakoid membranes of higher plant leaves under sustained high irradiance: An hypothesis. Photosynthesis Research, 41(2): 315-340.

Cabrera H, Rada F, Cavieres L. 1998. Effects of temperature on photosynthesis of two morphologically contrasting plant species along an altitudinal gradient in the tropical high Andes. Oecologia, 114(2): 145-152.

Cannon W, Roberts B. 1995. Stomatal resistance and the ratio of intercellular to ambient carbon dioxide in container-grown yellow-poplar seedlings exposed to chronic ozone fumigation and water stress. Environmental and Experimental Botany, 35(2): 161-165.

Chapin C F S, Pugnaire F. 1993. Evolution of suites of traits in response to environmental stress. American Naturalist, 142(S1): S78-S92.

Chen B X, Zhang X Z, Tao J, et al. 2014. The impact of climate change and anthropogenic activities on alpine grassland over the Qinghai-Tibet Plateau. Agricultural and Forest Meteorology, 189-190: 11-18.

Chen Z, Spreitzer R J. 1992. How various factors influence the CO_2/O_2 specificity of ribulose-1,5-bisphosphate carboxylase/oxygenase. Photosynthesis Research, 31(2): 157-164.

Fan Y Z, Zhong Z M, Zhang X Z. 2011a. Determination of photosynthetic parameters V_{cmax} and J_{max} for a C_3 plant (spring hulless barley) at two altitudes on the Tibetan Plateau. Agricultural and Forest Meteorology, 151(12): 1481-1487.

Fan Y Z, Zhong Z M, Zhang X Z. 2011b. A comparative analysis of photosynthetic characteristics of hulless barley at two altitudes on the Tibetan Plateau. Photosynthetica, 49(1): 112-118.

Feng X M, Fu B J, Liu L, et al. 2013. How ecological restoration alters ecosys-tem services: An analysis of carbon sequestration in China's Loess Plateau. Scientific Report, 3(1): 2846.

Gale J. 1972. Availability of carbon dioxide for photosynthesis at high altitudes: Theoretical considerations. Ecology, 53(3): 494-497.

Harley P, Thomas R B, Reynolds J F, et al. 1992. Modelling photosynthesis of cotton grown in elevated CO_2. Plant, Cell and Environment, 15(3): 271-282.

Körner C. 1989. The nutritional status of plants from high altitudes. Oecologia, 81(3): 379-391.

Körner C. 2003. Alpine Plant Life: Functional Plant Ecology of High Mountain Ecosystems. Berlin: Springer.

Körner C, Bannister P, Mark A F. 1986. Altitudinal variation in stomatal conductance, nitrogen content and leaf anatomy in different plant life forms in New Zealand. Oecologia, 69(4): 577-588.

Körner C, Farquhar G D, Wong S C. 1991. Carbon isotope discrimination by plants follows latitudinal and altitudinal trends. Oecologia, 88(1): 30-40.

Körner C, Neumayer M, Menendez-Riedl S, et al. 1989. Functional morphology of mountain plants. Flora, 182(5-6): 353-383.

Körner C, Renhardt U. 1987. Dry matter partitioning and root length/leaf area ratios in herbaceous perennial plants with diverse altitudinal distribution. Oecologia, 74: 411-418.

Krausmann F, Erb K H, Gingrich S, et al. 2013. Global human appropriation of net primary production doubled in the 20th century. Proceedings of the National Academy of Sciences of the United States of America, 110(25): 10324-10329.

Leuning R. 2002. Temperature dependence of two parameters in a photosynthesis model. Plant, Cell and Environment, 25(9): 1205-1210.

Medlyn B, Loustau D, Delzon S. 2002. Temperature response of parameters of a biochemically based model of photosynthesis. I. Seasonal changes in mature maritime pine (*Pinus pinaster* Ait.). Plant, Cell and

Environment, 25(9): 1155-1165.

Mu S, Zhou S X, Chen Y Z, et al. 2013. Assessing the impact of restoration-induced land conversion and management alternatives on net primary productivity in Inner Mongolian grassland, China. Global Planet Change, 108: 29-41.

Penning de Vries F W T, Jansen D M, ten Berge H F M. 1990. Simulation of ecophysiological processes of growth in several annual crops. Field Crops Research, 24(1-2): 143-144.

Qin Y, Yi S H, Ren S L, et al. 2013. Responses of typical grasslands in a semi-arid basin on the Qinghai-Tibetan plateau to climate change and disturbances. Environmental Earth Sciences, 71(3): 1421-1431.

Qiu J. 2007. Riding on the roof of the world. Nature, 449(7161): 398-402.

Qiu J. 2008. The third pole. Nature, 454(7203): 393-396.

Sakata T, Yokoi Y. 2002. Analysis of the O_2 dependency in leaf-level photosynthesis of two *Reynoutria japonica* populations growing at different altitudes. Plant, Cell and Environment, 25(1): 65-74.

Seeni S, Gnanam A. 1981. Relationship between chlorophyll concentration and photosynthestic potential in callus cells. Plant and Cell Physiology, 22(6): 1131-1135.

Terashima I, Masuzawa T, Ohba H, et al. 1995. Is photosynthesis suppressed at higher elevations due to low CO_2 pressure? Ecology, 76(8): 2663-2668.

Weber J, Jurik T, Tenhunen J, et al. 1985. Analysis of gas exchange in seedlings of acer saccharum: Integration of field and laboratory studies. Oecologia, 65(3): 338-347.

Zhang S B, Zhou Z K, Hu H, et al. 2005. Photosynthetic performances of *Quercus pannosa* vary with altitude in the Hengduan Mountains, Southwest China. Forest Ecology and Management, 212(3): 291-301.

第三章 青藏高原草地生态系统碳交换及影响因子

第一节 高寒草甸生态系统

在全球陆地生态系统中，草地大约占陆地面积的 30%，贮存着全球 1/4 的有机碳（Adams et al.，1990）。在高海拔和高纬度地区的草地生态系统中，由于气温低、根茎比高，凋落物和地下死根不易分解，生态系统同化的有机碳可以较长时间地储存于地下根系和土壤中。因此，高纬度和高海拔的天然草地生态系统可能是全球重要的碳汇（Kato et al.，2004）。草地净生态系统 CO_2 交换量（net ecosystem CO_2 exchange，NEE）受冠层光合作用（碳吸收）和呼吸作用（碳排放）两个过程的共同调节，这两个过程是受诸多生物因子和环境因子控制的（Flanagan and Johnson，2005）。采用涡度相关技术，观测NEE 及其生物和非生物因子的季节变化与年际变化，分析生态系统碳循环的过程及其控制因子，不仅对了解生态系统碳收支动态具有重要意义，而且对理解环境因子和植被结构动态对碳循环过程的影响及大尺度的模拟建模具有重要的科学价值。

草地生态系统碳通量研究表明，生态系统的光合和呼吸过程非常复杂，受到多种生物和非生物因子的影响。其中，光合有效辐射（PAR）、温度、降水的季节分配、土壤湿度动态和叶面积指数（LAI）是较为重要的影响因子，而且这些因子间的交互作用会对生态系统碳循环的生理生态过程产生影响（Flanagan and Johnson，2005）。光合作用主要受入射 PAR 的影响（Xu and Baldocchi，2004）。影响呼吸过程的因素较多，温度是最为主要的限制因子（Lloyd and Taylor，1994；Xu and Baldocchi，2004），生态系统呼吸（包括土壤呼吸）一般与温度呈指数函数关系。但是，有许多研究表明，温度升高会降低土壤呼吸，即在高温下土壤呼吸的敏感性降低（Fang and Moncrieff，2001；Xu and Qi，2001；Xu and Baldocchi，2004），随温度升高，生态系统温度敏感性（Q_{10}）下降。土壤湿度对生态系统呼吸具有重要的调节作用，Q_{10} 与土壤有效水分含量呈正相关关系（Flanagan and Johnson，2005），在水分亏缺时，Q_{10} 降低（Flanagan and Johnson，2005）。此外，生态系统呼吸还与净初级生产力和 LAI 紧密相关（Craine et al.，1999；Janssens et al.，2001；Xu and Baldocchi，2004；Flanagan and Johnson，2005），这表明生物因子和植物生长节律对呼吸也有重要影响。相比之下，干冷的年份有利于 NEE 的积累和碳汇的形成（Griffis et al.，2004；Desai et al.，2005）。目前关于草地生态系统碳收支的研究主要集中在低海拔地区，尽管高海拔生态系统可能具有碳汇功能，并且对未来气候变化可能具有敏感的反应，但对高海拔草地生态系统的研究还极其有限（Kato et al.，2004）。

青藏高原草地面积约 $1.2 \times 10^6 km^2$，占高原陆地面积的 48% 以上（西藏自治区土地管理局和西藏自治区畜牧局，1994；李文华和周兴民，1998）。青藏高原拥有世界上海拔最高的草地生态系统，分布在海拔 4000m 以上。高原气候具有辐射强、年均温低、昼夜温差大、雨热同期、降雨主要集中在短暂的生长季、降雨变幅大、土壤湿度受降雨时间格局的影响等显著特征（中国科学院青藏高原综合科学考察队，1984），这些独特的环境因子的组合为研究生态系统碳通量的碳吸收和碳呼吸过程提供了良好的实验条件，研究高寒草地净生态系统 CO_2 交换量对揭示该生态系统碳循环过程和碳平衡具有重要的科学价值。

一、生态系统 CO_2 通量的变化特征

净生态系统 CO_2 交换量（NEE）为植被—大气边界层的气体交换量，表征了生态系统碳收支水平和动态变化特征，NEE 随太阳辐射和季节生长节律的变化而呈现显著的日变化和季节变化特征，不同年度由于降水量和土壤水分状况不同还会出现变异。

（一）NEE 的日变化特征

NEE 的日变化特征呈现相似的规律，只是不同季节表现出不同的交换量。在此以西藏当雄高寒草甸 2004 年的数据为例进行生长季和非生长季 NEE 的日变化特征分析。

1. 生长季 NEE 的日变化特征

生长季 NEE 的日变化一般呈单峰曲线。夜间 NEE 为正值，表现为生态系统碳排放；一般在地方时间的 6：30 左右 NEE 转负，表现为碳吸收，在白天随着光合作用的增强而增大，碳吸收的最大值通常出现在当地时间的 9：00～11：00，然后开始下降，到 18：00 左右又变为正值，由碳吸收转变为碳排放。从图 3-1 可以看出，无论白天还是夜晚，5 月、10 月的净生态系统 CO_2 交换量在量值上都相对较小，昼夜变化比较平缓。随着气温的升高和降水量的增加，适宜的生长条件使植物的地上生物量迅速积累，植物

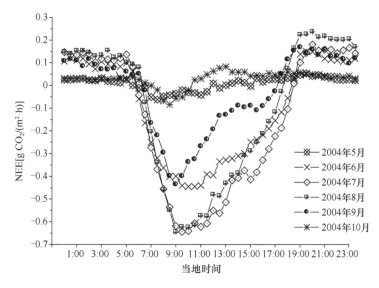

图 3-1　当雄高寒草甸 2004 年生长季 NEE 的日变化

日间 CO_2 吸收量和夜间 CO_2 释放量都开始增加，6 月、7 月、8 月、9 月出现了明显的 CO_2 日吸收峰值，其中 8 月最高，约 $-0.65g\ CO_2/(m^2 \cdot h)$，7 月与 8 月相差不大，然后是 6 月、9 月，分别为 $-0.45g\ CO_2/(m^2 \cdot h)$ 和 $-0.44g\ CO_2/(m^2 \cdot h)$。10 月开始，地上植被开始逐渐衰亡，碳吸收能力减弱，整个生态系统的碳吸收峰值仅为 $-0.084g\ CO_2/(m^2 \cdot h)$，而且在当地时间 10：00 左右就由碳吸收转为碳排放。

同样地，生长季夜间 CO_2 的释放量最大值出现在 8 月，呈现出夏季＞秋季＞春季的季节变化格局。其中，8 月最大值为 $0.24g\ CO_2/(m^2 \cdot h)$，而 5 月仅为 $0.054g\ CO_2/(m^2 \cdot h)$。比较 6 月、9 月的 NEE 可以发现，虽然这两个月的碳吸收峰值相似，但 9 月的碳吸收量在最大值出现后明显降低。原因可能是 9 月的土壤温度较高，土壤呼吸会释放出更多的 CO_2。另外，9 月中下旬部分植物已经开始变黄，冠层光合能力也开始下降，这也会导致整个植物群落碳吸收能力的降低。

2. 非生长季 NEE 的日变化特征

非生长季（11 月至翌年 4 月）的 NEE 基本上表现为碳排放。12 月至翌年 2 月的低温抑制了土壤微生物的活性，土壤有机质分解缓慢，因此这一阶段的碳交换量很小，平均仅 $0.065g\ CO_2/(m^2 \cdot h)$；而且昼夜起伏不大。随着土壤温度的升高，3 月、4 月开始出现明显的碳排放峰值，最大值一般出现在当地时间 12：00～15：00（图 3-2），其中 4 月最高，达到 $0.12g\ CO_2/(m^2 \cdot h)$，其次为 3 月 $[0.094g\ CO_2/(m^2 \cdot h)]$。此外，11 月也有一个相对较高的碳排放峰值，为 $0.088g\ CO_2/(m^2 \cdot h)$。

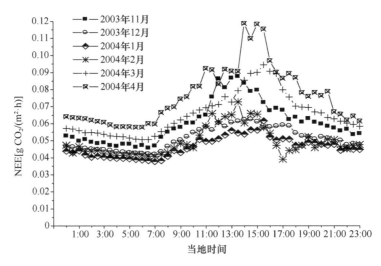

图 3-2　当雄高寒草甸非生长季 NEE 的日变化

（二）高寒草甸 NEE 的季节变化特征

1. 生长季日间及夜间 NEE 的季节动态

在 2004 年生长季（5 月 1 日至 10 月 31 日），当雄高寒草甸日间及夜间 NEE 累积量的季节变化情况如图 3-3 所示。白天植物进行光合作用，除去植物及土壤呼吸释放的

CO_2，整个生态系统的净 CO_2 交换量表现为碳吸收；夜间全部为呼吸作用，净生态系统 CO_2 交换量表现为碳排放。NEE 在白天及夜晚累积量的季节变化趋势均呈单峰型，最大值通常出现在 8 月（图 3-3）。2004 年 NEE 日间最大累积量出现在 8 月 10 日 [（儒历日 DOY）223]，可达 -6.67g $CO_2/(m^2\cdot d)$；夜间最大累积量约为 2.95g $CO_2/(m^2\cdot d)$，出现在 8 月 31 日（DOY 244）。可能的原因是 8 月的水热条件适宜，植物生物量迅速累积，植物的光合作用和呼吸作用都比较旺盛；同时较高的土壤温度也增强了土壤微生物的代谢活动，土壤有机质分解加速，因而 NEE 在白天和夜晚的最大累积值相继出现。

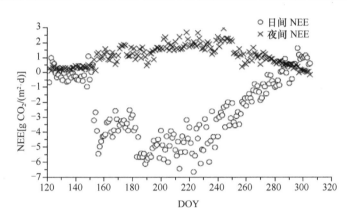

图 3-3　当雄高寒草甸生长季日间及夜间 NEE 累积量的季节变化

2. 总初级生产力、生态系统呼吸、NEE 日总量的季节动态

当雄高寒草甸从 2003 年 7 月至 2004 年 10 月总初级生产力（GPP）、生态系统呼吸（R_{eco}）和 NEE 日总量的季节变化均呈单峰型，最大值一般出现在 7～8 月（图 3-4）。冬季气温低，植物地上部分几乎全部枯萎死亡，GPP 近似为零，低温限制了土壤微生物的活性，导致呼吸作用也很微弱，整个生态系统的净 CO_2 交换量表现为少量的碳排放。随着气温的全面回升和降水量的增加，植物在 4 月底 5 月初开始返青并迅速生长，整个生态系统在日间开始出现碳吸收的现象，GPP、R_{eco}、NEE 日总量的峰值也相继出现。

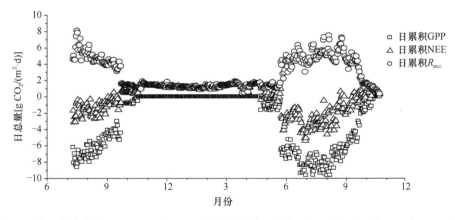

图 3-4　当雄高寒草甸 GPP、R_{eco} 和 NEE 日总量的季节变化（2003 年 7 月至 2004 年 10 月）

2003 年的 GPP 日总量最高为-8.64g CO_2/m^2（DOY 206），2004 年可达-9.65g CO_2/m^2（DOY 223）；2003 年的 NEE 日总量最高仅-3.1g CO_2/m^2（DOY 201），2004 年达到-5.4g CO_2/m^2（DOY 190）。总的来说，与 2004 年相比，2003 年的 GPP 和 NEE 日总量的峰值均偏低，原因可能与 2003 年生长旺盛期出现的水分胁迫有关。但就 R_{eco} 的日总量而言，2003 年的最大值略高，约为 8.06g CO_2/m^2，出现在 7 月 25 日（DOY 206），而 2004 年为 7.46g CO_2/m^2，出现在 8 月 13 日（DOY 226）。

3. NEE 月总量的季节动态

图 3-5 为当雄高寒草甸 2004 年和 2005 年逐日的 NEE 动态与 NEE 月总量的变化状况。从图 3-5 中可以看出，两年的 7 月、8 月、9 月生态系统表现为碳吸收，2004 年 6 月也表现为碳吸收，其余月份表现为碳排放。2004 年碳吸收最大月出现在 7 月，月总量为-112.9g CO_2/m^2；6 月与 8 月相差不大，月总量约-74g CO_2/m^2；9 月最低，仅-23.2g CO_2/m^2。碳排放量的最大月出现在 2004 年 11 月，约 46.7g CO_2/m^2。5 月和 10 月是生态系统碳吸收与碳排放的转折点。5 月植物开始返青，气候适宜植物生长，整个生态系统碳吸收能力增强，由碳源转变为碳汇；而 10 月随着气候变恶劣，植物

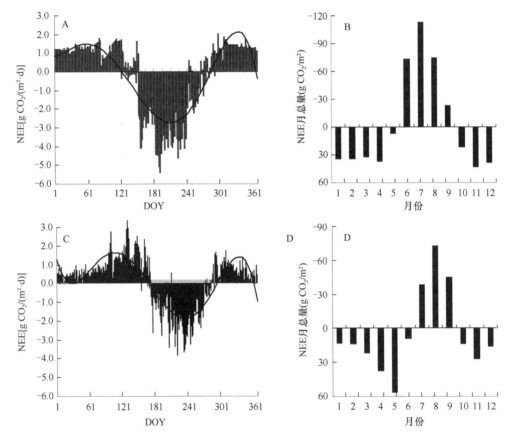

图 3-5　当雄高寒草甸 2004 年和 2005 年逐日的 NEE 动态与 NEE 月总量的变化状况
A. 2004 年逐日 NEE 变化；B. 2004 年 NEE 月总量的变化；C. 2005 年逐日 NEE 变化；D. 2005 年 NEE 月总量的变化

开始枯萎,整个生态系统又由碳汇转变为碳源。与 2004 年生长季相比,2005 年同时期的碳吸收量偏低,NEE 月总量最大月也推迟到 8 月,为 $-72.8g\ CO_2/m^2$,相当于 2004 年 6 月和 8 月的水平,仅相当于 2004 年最大碳吸收量的 64%。2005 年最大碳排放出现在 5 月,达到 $56.8g\ CO_2/m^2$,排放量比 2004 年高,出现时间也向后延迟了。这与 2005 年降水少,植物生长返青期滞后有一定关系。6 月植物开始返青后,植被吸收的 CO_2 被生态系统呼吸所抵消,生态系统碳吸收低于碳排放,生态系统表现为少量净排放。

总之,青藏高原当雄高寒草甸生态系统的碳交换模式具有明显的季节变化特征,这是由当地特殊的水热条件所决定的。高原地区冬季漫长,植物处于休眠期,地上部分枯萎,光合作用几乎为零,整个群落昼夜都处于呼吸状态,表现为稳定的碳排放,温度成为制约碳通量的关键因子。寒冷的气温抑制了土壤中微生物的代谢,土壤有机质分解作用极其微弱,导致了此时的 NEE 很小,而且昼夜变化幅度不大。4 月中下旬部分植物开始返青,开始了微弱的光合作用,但强太阳辐射导致土壤温度急剧升高,随之增大的土壤呼吸作用释放的碳量抵消了植物光合作用吸收的 CO_2 量,4 月、5 月仍然表现为碳源;6 月生长季开始,水热同期为植物的生长发育和干物质积累提供了有利的条件,地上生物量开始积累,生态系统光合作用加强,但生态系统表现为碳吸收还是碳排放与生长季初期的降水多少、植被发育状况以及温度对生态系统的呼吸有关。光合作用吸收的 CO_2 量超过了呼吸作用释放的 CO_2 量,7 月、8 月、9 月均表现为碳汇;10 月植物开始枯萎,光合作用减弱,光合作用吸收的 CO_2 量不及呼吸作用释放的 CO_2 量,整个生态系统又由碳汇转变为碳源,这是一个辐射、水分、温度以及叶面积指数等多个因子综合影响的过程。

(三)NEE 的年际变化特征

从逐日 NEE 来看,1~5 月均表现为碳排放,从 6 月开始整个生态系统转变为碳吸收,一直持续到 9 月底或 10 月初,10 月初以后又转变为碳排放(图 3-5A、C)。从月总量来看,2004 年、2005 年的 7~9 月都表现为净吸收,而生长季初的 6 月表现为碳吸收还是碳排放要看降水量和降水的季节分配,其他月份均表现为碳排放。2005 年降水较少且来得迟,6 月表现为碳排放。就整年而言,碳排放量的高峰月份出现在 5 月(2005 年)和 11 月(2004 年),碳吸收的最大月出现在 7 月(2004 年)或 8 月(2005 年),生态系统表现为碳吸收或碳排放与年降水量和降水分配有较大关系。2005 年降水量少,降水延迟致使当年生长季碳吸收较 2004 年低,而且高峰期延迟到 8 月(图 3-5B、D)。2004 年和 2005 年 NEE 总量分别为 $-34.9g\ CO_2/m^2$ 和 $54.4g\ CO_2/m^2$,2004 年表现为弱碳汇,而 2005 年则表现为弱碳源。

二、生态系统 CO_2 通量变化的主要影响因子

当雄高寒草甸所在区域属高原季风气候,年降水量的 80% 以上集中在生长季节,生长季期间水热同期,充足的水分和较高的温度适于植物生长。下面主要阐述光合有效辐

射（PAR）、叶面积指数（LAI）、土壤温度、土壤湿度等主要环境因子对生长季 NEE 的影响。

（一）PAR 日变化节律对 NEE 的影响

以 2003 年两个典型晴天为例，日出后 NEE 随着 PAR 的增加而逐渐增大，通常在 9：00～11：00 达到最大值，然后随着 PAR 的继续升高，NEE 呈显著下降趋势（图 3-6）。也就是说二者的最大值并不同步出现，NEE 一般在 PAR 为 1500～2000μmol/(m²·s)附近达到最大。原因可能是高原地区太阳辐射强烈，土壤温度在中午左右急剧升高，涨幅最高可达 10℃以上，土壤呼吸速率也随之急剧加大，更多地抵消了光合作用所吸收的 CO_2 的量。在海北地区的高寒矮生嵩草草甸也出现类似情况，在较低光量子通量密度（photosynthetic photon flux density，PPFD）条件下，总碳吸收量随着 PPFD 的增大迅速增大；然而，在较高 PPFD 条件下，总碳吸收量几乎不随 PPFD 的增大而增大（Gu et al.，2003）。另外，强太阳辐射可能会对植物产生光抑制，这也会对 NEE 产生一定的影响。

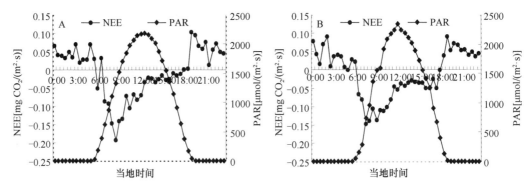

图 3-6 当雄高寒草甸生长季典型晴天 NEE 与 PAR 的日变化

A. 2003 年 7 月 24 日；B. 2003 年 8 月 4 日

（二）不同物候期 LAI 动态对 NEE 响应 PAR 变化的调节

植物群落光合作用主要取决于群体的叶面积指数（LAI）、叶片的空间分布状况和受光态势等（周兴民等，2001）。因此，NEE 与植物群落的生长状况密切相关。如图 3-7 所示，高寒草甸生态系统白天的 NEE 与 PAR 之间符合很好的直角双曲线关系。以 2003 年为例，将植物群落的生长期划分为分蘖期、拔节期、抽穗期、成熟期四个阶段，并分别用 Michaelis-Menten 模型（Michaelis and Menten，1913）对白天 NEE 与 PAR 进行拟合，可以得到生态系统各典型物候期的表观量子效率（α）和最大光合速率（P_{max}）值。在植物发育的不同时期，由于 LAI 的不同，α 和 P_{max} 有显著的差异。α 值依次为抽穗期＞拔节期＞成熟期＞分蘖期。抽穗期最大，绝对值为 0.0159μmol CO_2/μmol photon，分蘖期和成熟期较小，分别为 0.0119μmol CO_2/μmol photon 和 0.0133μmol CO_2/μmol photon。P_{max} 在抽穗期最大，绝对值可达到 8.7μmol CO_2/(m²·s)左右，而在生长季初期和成熟期都较低，只有 4.6μmol CO_2/(m²·s)左右。

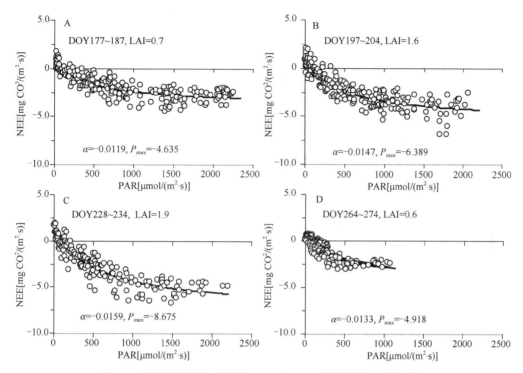

图 3-7 当雄高寒草甸生长季 NEE 对 PAR 响应关系的季节变化

α 为表观量子效率（μmol CO_2/μmol photon）；P_{max} 为最大光合速率 [μmol CO_2/($m^2 \cdot$s)]；LAI 为叶面积指数（m^2/m^2）

当雄高寒草甸 α 和 P_{max} 随物候期发生变化，这是多个环境因子综合作用的结果。7 月、8 月的水热条件相差不大，适宜的温度和充足的水分使植物一直保持快速增长的状态，地上生物量迅速累积，并在 8 月中下旬进入生长旺盛期，LAI 达到 1.9m^2/m^2，地上生物量也达到最大，因而 α 和 P_{max} 最高。9 月气温开始下降，部分植物在下旬也开始缓慢衰老，光合能力减弱，α 下降。但是，逐渐恶劣的环境只是导致群落枯黄速率开始相对增大，叶面积缓慢降低（9 月 10 日的 LAI 观测值仍维持在 1.8m^2/m^2），而群落地上净生物量的绝对值仍然很高，因而此时的 P_{max} 仍然可以维持在一个比较高的水平。到了 10 月，植物开始全面枯黄衰老，气温迅速下降，凌晨气温最低可达-5℃，表层土壤温度也接近 0℃，整个生态系统的光合作用已经很弱，α 和 P_{max} 均降为最低。可见，PAR 是制约生长季生态系统光合作用的关键因子，但植物的生长发育期还会通过 LAI 的动态变化对生态系统的光合效率进行调节。

（三）环境因子对 NEE 响应 PAR 变化的调节

采用当雄地区生长季期间（DOY 167～259）白天实测有效数据，通过 Michaelis-Menten 模型拟合出不同环境条件下的光合参数，以此来评价该生态系统光合能力对环境因子的响应。

当雄高寒草甸生态系统的表观量子效率（α）的变异范围为 0.000 308 2～0.001 104 5mg CO_2/μmol photon，多年平均 α 为 0.000 646 7mg CO_2/μmol photon（表 3-1）。达光饱和时的最大光合速率（P_{max}）的变异范围为 0.11～0.19mg CO_2/($m^2 \cdot$s），多

年平均 P_{max} 为 0.135mg CO_2/(m²·s)。在水分条件优越的 2004 年和 2008 年，该生态系统的 α 和 P_{max} 值均很高，表现出较强的光合能力。在水分条件较差的 2006 年，生态系统 P_{max} 仅为 0.11mg CO_2/(m²·s)，表明该生态系统所能达到的最大固碳速率受到明显的抑制；然而该年的 α 值为所有观测年份中最高的，表明在光合作用刚启动时，该生态系统便有很高的表观量子效率，以此来尽量补偿已被降低的 P_{max}。这反映了生态系统自身对环境胁迫的调节适应机制。但在同样干旱的 2010 年，其 P_{max} 也为 0.11mg CO_2/(m²·s)，而 α 值较低，这可能是该年生长季较高的温度造成的。对于适应了长期低温的高寒生态系统来说，过高的温度会抑制其光能利用效率，从而降低生态系统的固碳能力。

表 3-1　当雄高寒草甸各年份光合能力对比分析

年份	α（mg CO_2/μmol photon）	P_{max}[mg CO_2/(m²·s)]	R_{eco}[μmol CO_2/(m²·s)]	R^2	P	Ta（℃）	VPD（kPa）	Ts（℃）	SWC（m³/m³）	数据量
2004	0.000 958 4	0.17	0.052	0.33	<0.01	12.53	0.63	15.73	0.226 4	1 684
2005	0.000 640 9	0.12	0.028	0.21	<0.01	13.00	0.71	17.33	0.156 6	1 891
2006	0.001 104 5	0.11	0.047	0.10	<0.01	13.81	0.86	18.66	0.097 1	1 685
2007	0.000 468 3	0.14	0.021	0.15	<0.01	13.26	0.73	17.74	0.151 6	1 213
2008	0.000 926 8	0.19	0.059	0.28	<0.01	12.66	0.69	16.99	0.198 2	1 517
2009	0.000 392 1	0.12	0.014	0.09	<0.01	14.25	0.89	19.16	0.105 3	1 669
2010	0.000 308 2	0.11	0.001	0.20	<0.01	18.78	0.86	19.39	0.085 4	1 150
2011	0.000 685 9	0.12	0.034	0.01	0.02	13.63	0.71	17.97	0.175 9	347
年均值	0.000 646 7	0.135	0.032	0.17	<0.01	13.99	0.76	17.87	0.149 6	1 394.5

注：α、P_{max} 和 R_{eco} 分别表示表观量子效率、最大光合速率和生态系统呼吸，Ta、VPD、Ts 和 SWC 分别表示相应时间段内空气温度、饱和水汽压差、土壤温度和土壤含水量的平均值，下同

不同温度水平下当雄高寒草甸生态系统的光合能力具有一定的差异。总的来说，α 和 P_{max} 值首先会随着温度的升高而增大，当增大到一定程度，便随温度的升高而减小，说明中间存在一个光合最适温度。α 值在温度范围为 12～15℃时达最大，P_{max} 值在 9～12℃时达最大，因此我们认为该生态系统的最适光合温度为 12℃左右。而当温度小于 3℃或大于 18℃时，该生态系统均表现出较低的光合能力（表 3-2）。

表 3-2　当雄高寒草甸光合能力对温度的响应

温度（℃）	α（mg CO_2/μmol photon）	P_{max}[mg CO_2/(m²·s)]	R_{eco}[μmol CO_2/(m²·s)]	R^2	P	VPD（kPa）	Ts（℃）	SWC（m³/m³）	数据量
Ta<0	—	—	—	—	0.97	0.20	4.20	0.148 8	5
0≤Ta<3	0.000 054 0	0.19	0.003	0.19	0.04	0.23	6.91	0.105 7	22
3≤Ta<6	0.000 219 8	0.19	0.017	0.26	<0.01	0.19	8.50	0.128 6	133
6≤Ta<9	0.000 342 5	0.21	0.016	0.40	<0.01	0.23	10.35	0.163 2	872
9≤Ta<12	0.000 412 2	0.22	0.022	0.38	<0.01	0.40	12.93	0.167 6	1 799
12≤Ta<15	0.000 431 6	0.17	0.018	0.27	<0.01	0.65	17.05	0.168 6	3 085
15≤Ta<18	0.000 398 9	0.12	0.022	0.12	<0.01	1.01	21.08	0.148 7	2 587
18≤Ta<21	0.000 203 5	0.11	0.078	0.11	<0.01	1.45	25.03	0.117 8	1 052
Ta≥21	—	—	—	—	0.51	1.89	28.19	0.083 6	103

表 3-3 反映了不同 SWC 条件下生态系统的光合能力差异。可见，当 SWC≥0.16m³/m³ 时，随着土壤含水量的升高，生态系统的光合能力迅速提升。在 SWC≥0.25m³/m³ 的分组中，α 和 P_{max} 值均达最大，光合能力最强。在 SWC 小于 0.10m³/m³ 时的干旱环境下，生态系统的 P_{max} 值很低，但 α 值很高，表明生态系统可能是通过提高资源利用效率的方式来适应水分胁迫的。

表 3-3 当雄高寒草甸光合能力对土壤水分的响应

SWC（m³/m³）	α（mg CO$_2$/ μmol photon）	P_{max}[mg CO$_2$/(m²·s)]	R_{eco}[μmol CO$_2$/(m²·s)]	R^2	P	Ta（℃）	VPD（kPa）	Ts（℃）	数据量
SWC<0.07	0.001 230 5	0.10	0.074	0.04	<0.01	13.36	0.89	17.98	913
0.07≤SWC<0.10	0.001 163 7	0.10	0.040	0.08	<0.01	14.52	0.99	19.84	1 663
0.10≤SWC<0.13	0.000 579 8	0.10	0.025	0.11	<0.01	13.79	0.82	18.80	1 692
0.13≤SWC<0.16	0.000 325 7	0.10	0.017	0.15	<0.01	13.48	0.79	18.18	1 116
0.16≤SWC<0.19	0.000 431 2	0.13	0.022	0.23	<0.01	12.72	0.67	16.66	930
0.19≤SWC<0.22	0.000 755 4	0.17	0.036	0.34	<0.01	12.68	0.62	16.31	1 053
0.22≤SWC<0.25	0.000 785 6	0.21	0.033	0.38	<0.01	12.65	0.61	16.18	2 005
SWC≥0.25	0.001 268 2	0.24	0.060	0.50	<0.01	11.58	0.46	14.84	558

不同 VPD 分组下生态系统的光合能力也显现出差异，随着 VPD 值的升高，生态系统的 P_{max} 值逐渐降低，而 α 值却逐渐升高（表 3-4）。这同样也反映了生态系统自身的补偿机制，同时也表明，与 Ta 和 SWC 相比，VPD 缺乏对植被光合能力的绝对控制力。在各 VPD 分组中，温度和土壤含水量也存在较明显的梯度。当 VPD 在 1.2～1.5kPa 时，SWC 值同样很低，此时生态系统具有高的 α 值和低的 P_{max} 值，这与表 3-3 中的分析结果一致。而较高的整体光合能力，同样也离不开一定温度条件的支持，这与表 3-2 中的分析结果一致。

表 3-4 当雄高寒草甸光合能力对 VPD 的响应

VPD（kPa）	α（mg CO$_2$/ μmol photon）	P_{max}[mg CO$_2$/(m²·s)]	R_{eco}[μmol CO$_2$/(m²·s)]	R^2	P	Ta（℃）	Ts（℃）	SWC（m³/m³）	数据量
VPD<0.3	0.000 316 7	0.29	0.016	0.49	<0.01	8.13	11.20	0.172 2	1 709
0.3≤VPD<0.6	0.000 388 2	0.21	0.018	0.36	<0.01	11.86	15.30	0.174 6	2 856
0.6≤VPD<0.9	0.000 405 5	0.14	0.020	0.20	<0.01	14.18	18.47	0.158 0	2 202
0.9≤VPD<1.2	0.000 683 3	0.10	0.036	0.19	<0.01	15.85	21.38	0.140 4	1 550
1.2≤VPD<1.5	0.001 181 8	0.10	0.071	0.13	<0.01	17.54	23.77	0.117 5	870
VPD≥1.5	—	—	—	—	0.37	19.28	26.72	0.090 6	471

Ruimy 等（1995）认为在 C$_3$、C$_4$ 植物生长旺盛期，群落 α 值最高不能大于 0.0441 μmol CO$_2$/μmol photon，这与本研究中的结果是一致的。当雄高寒草甸生态系统的 α 值与世界其他草地生态系统相比，明显偏低。例如，Andrew 等（2001）用同样的方法测得美国俄克拉何马州高草草原的 α 值在生长季水分充足时为 0.0348μmol CO$_2$/μmol photon，

有水分胁迫时降低为 0.0234μmol CO_2/μmol photon；植物进入衰亡期时 α 值仅为 0.0114μmol CO_2/μmol photon；即使是与水热条件相似的海北高寒灌丛草甸相比，当雄高寒草甸生态系统的 α 值和 P_{max} 仍然是较低的，海北高寒灌丛生长季节多年平均 α 值和 P_{max} 分别为 0.0266μmol CO_2/μmol photon 和 13.41μmol CO_2/(m²·s)，仍然高于当雄生长旺盛时期 α 的最大值。原因可能是这些地区 LAI 比较高，可达 4～5m²/m²，而且植被通常都由比较耐旱的 C_4 植物组成（Dugas，1999）；而当雄地区的高寒草甸为 C_3 植物，植株矮小，一般高 3～5cm，地上生物量较小，LAI 较低（最高仅 1.86m²/m²），这大概是高寒草甸生态系统 α 值偏低的原因。另外，当雄地区海拔 4300 多米，高海拔及低 CO_2 分压也可能会对 α 值产生一定的影响（徐玲玲等，2005）。

（四）非生长季 NEE 与主要环境因子的关系

非生长季植物枯萎，光合速率几乎为零，整个生态系统表现为稳定的碳排放。如图 3-8 所示，NEE 与 5cm 土壤温度存在很好的同步关系，凌晨及夜晚土壤呼吸微弱，CO_2 交换量很小；12：00 左右随着土壤温度的升高，CO_2 交换量逐渐增大，并通常在 15：00 左右出现最大值。原因可能是低温影响了土壤微生物的新陈代谢速率，从而改变了土壤 CO_2 的释放规律。由此可以推断，相对于光合有效辐射、土壤湿度等环境因子，温度很可能是影响非生长季 CO_2 通量的主导因子。青藏高原海拔高，气候寒冷，土壤微生物活动长期在高寒的环境下进行，因而对温度的变化会更加敏感，温度稍微升高时，微生物代谢活动会急剧加强（曹广民等，2001）。

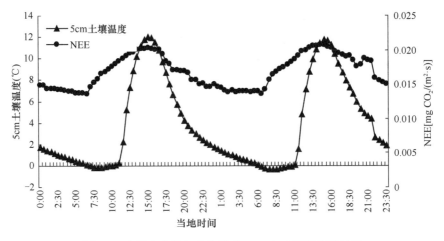

图 3-8　当雄高寒草甸非生长季 NEE 与土壤温度的关系

三、生态系统呼吸及土壤呼吸变化的影响因子

生态系统呼吸是土壤微生物异养呼吸和植物根、茎、叶及枝条等自养呼吸的总和，是影响生态系统碳收支平衡的重要组成部分。生态系统呼吸一直是碳循环研究的重要科学问题。温度和水分条件是影响生态系统呼吸的主要环境要素，而且有研究表明，生态系统呼吸是水、温度两种因素耦合协同作用的结果，这主要是借鉴土壤呼吸模拟的温度、

水分的连乘模型得出的（Lloyd and Taylor，1994；于贵瑞等，2004）。此外，生物因子如生物量、叶面积指数都会对生态系统呼吸产生重要影响（Xu and Baldocchi，2004；Flanagan and Johnson，2005）。

夜间净生态系统 CO_2 交换量即生态系统呼吸，主要由植物呼吸和土壤呼吸两部分构成。植物的生长状况、土壤微生物的代谢活动、水热条件、土地的不同利用方式等都是影响生态系统呼吸的重要因素。下面就以参照温度 10℃下标准呼吸系数（R_{10}）和温度敏感性（Q_{10}）值（Falge et al.，2001）为主要指标，分析生长季高寒草甸生态系统夜间净 CO_2 交换量的季节变化情况以及土壤温度、降水格局、土壤水分、生物量因子等环境因子对 R_{10} 和 Q_{10} 值的影响。

（一）温度对生态系统呼吸的影响

选取夜间摩擦风速（u^*）＞0.15m/s 的净生态系统 CO_2 交换量（NEE）分段分析生长季夜间 NEE 与 5cm 土壤温度的关系，相应的 R_{10} 和 Q_{10} 值以及主要环境因子（土壤温度、土壤湿度、LAI 等）的变化情况见表 3-5。Q_{10} 随 Ts 升高变化不显著（r^2=0.01，P=0.71，相关性不显著，图 3-9），表现出了一定的温度适应性。2003 年和 2004 年 Q_{10} 平均值分别为 3.2±0.6 和 3.4±0.8，两年平均为 3.3±0.7，接近生态系统 Q_{10} 的平均范围 1.3～3.3 的上限，比全球现有的低海拔草地生态系统的 Q_{10} 高。青藏高原较高的 Q_{10} 可能是由高原

表 3-5　2003～2004 年生长季生态系统呼吸的 R_{10} 和 Q_{10} 与生物和非生物因子的关系

时间		LAI（m²/m²）	B_a（g/m²）	Ts（℃）	S_w（cm³/cm³）	R_{10}[mg/(m²·s)]	Q_{10}	r^2
2003 年	7 月 19～31 日	—	—	13.5	0.20	0.046	3.02	0.34
	8 月 1～4 日	—	—	12.1	0.23	0.034	3.85	0.63
	8 月 5～16 日	—	—	14.0	0.17	0.033	2.52	0.66
	8 月 17～20 日	—	—	12.2	0.19	0.041	2.61	0.37
	8 月 21～23 日	—	—	11.1	0.24	0.032	3.46	0.82
	8 月 24～25 日	—	—	11.9	0.21	0.034	2.96	0.49
	8 月 26～29 日	—	—	12.3	0.23	0.035	3.72	0.69
	8 月 30～31 日	—	—	12.2	0.21	0.037	3.04	0.84
	9 月 1～4 日	—	—	11.2	0.22	0.043	2.48	0.35
	9 月 5～21 日	—	—	13.5	0.25	0.037	4.32	0.41
2004 年	5 月 1～20 日	0	0	11.6	0.09	0.008	2.82	0.28
	5 月 21～31 日	0.15	0	9.2	0.15	0.015	3.08	0.41
	6 月 1～10 日	0.44	65.3	10.8	0.13	0.012	3.49	0.35
	6 月 11～30 日	0.69	70.6	11.2	0.21	0.021	4.92	0.69
	7 月 1～5 日	1.66	80.2	12.5	0.23	0.022	3.04	0.31
	7 月 6～31 日	1.77	104.1	11.9	0.25	0.035	3.69	0.34
	8 月 1～28 日	1.86	121.6	12.1	0.25	0.038	4.81	0.25
	8 月 29～31 日	—	—	13.3	0.22	0.045	3.06	0.38
	9 月 1～12 日	1.82	150.9	12.7	0.17	0.041	2.55	0.36
	9 月 13～30 日	0.65	131.5	11.9	0.11	0.021	2.28	0.27

注：表中 B_a、Ts 和 S_w 分别表示地上生物量、5cm 土壤温度和 5cm 土壤湿度

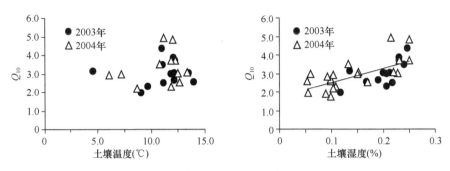

图3-9 当雄高寒草甸生态系统 Q_{10} 随土壤温度和土壤湿度的变化规律

上的低温引起的，在温度比较低的环境中，生态系统呼吸（R_{eco}）对温度上升的反应更敏感，致使 Q_{10} 增大。2004年较高的 Q_{10} 可能是生长季降水量较高所导致的土壤湿度增大而引起的。此外，生态系统的 R_{10} 与土壤温度呈正相关关系（图3-10），说明温度对生态系统呼吸有重要的影响。

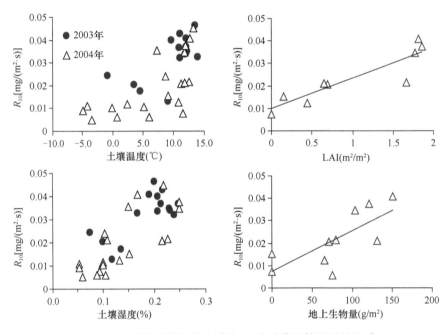

图3-10 当雄高寒草甸生态系统 R_{10} 与生物环境因子的关系

（二）土壤含水量对生态系统呼吸的影响

尽管相关系数 r^2 比较低，但都达到显著相关水平。这说明除了土壤温度，植被生长状况、水分状况、土壤理化性质等其他的一些因素也会对生态系统呼吸产生调控作用，或者不同生物、环境因子之间存在着交互作用。

土壤含水量对生态系统呼吸有促进作用，具体表现为 Q_{10}（图3-9，表3-5）和 R_{10}（图3-10，表3-5）均与土壤含水量呈显著正线性相关，说明在其他相似环境下，降水量增加导致的土壤含水量升高会促进生态系统呼吸。

（三）生物量、叶面积指数等对生态系统呼吸的影响

生态系统呼吸会随生长季植物生长节律的变化而变化。最为明显的是，R_{10} 值与群落叶面积指数和地上生物量的变化趋势比较一致，例如，2004 年 5 月初 R_{10} 很低，仅为 0.008mg/(m²·s)；随着 LAI 的增大和地上生物量的累积，R_{10} 逐渐增大，并在 8 月底 9 月初达到最大值 0.045mg/(m²·s)，然后又开始下降（表 3-5，图 3-10）。植物呼吸是生态系统呼吸的一个重要组成部分，因此，生态系统生物量和叶面积指数积累到最大的时候生态系统的呼吸将会随之达到高峰，从而出现生态系统呼吸与生物量和叶面积指数动态呈正相关的现象。

（四）脉冲性降水对生态系统呼吸的影响

在生长季末期，即每年的 10 月至 11 月初，经过较长的无雨时间段后，常有 1～10mm 的降雨，这种脉冲性降水能够在一定程度上显著增加土壤湿度，并使 R_{eco} 急剧增加。图 3-11 是 2003 年和 2004 年 10 月脉冲性降水对 R_{eco} 影响的两个观测实例。在 2003 年 10 月 10 日降水 17 天后的 10 月 27 日出现一次 8.1mm 的较大日降水，土壤湿度（S_w）由 0.10cm³/cm³ 迅速上升到 0.15cm³/cm³。在降雨前后 S_w 的改变，使得生态系统呼吸温度敏感性（Q_{10}）发生改变，降雨当天及随后的两天 Q_{10} 由降雨前的 2.1 上升到 7.1，之后逐渐下降到 3.8。R_{eco} 也由降雨前一天的 0.36mg CO_2/(m²·d) 上升到降雨当天的

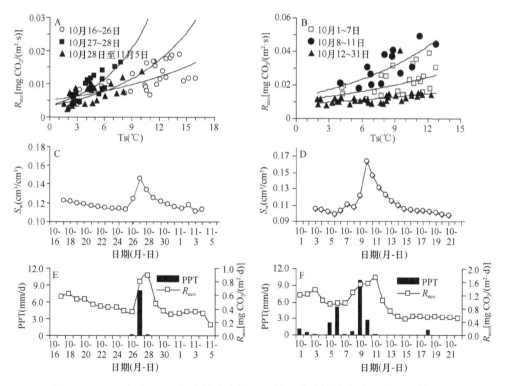

图 3-11　2003 年和 2004 年生长季末期（10 月）脉冲性降水对 S_w 和 R_{eco} 的影响

A、C、E. 2003 年 10 月；B、D、F. 2004 年 10 月

0.80mg CO_2/(m²·d),在降雨后的第二天则达到最大值 0.89mg CO_2/(m²·d)(图 3-11E)。2004 年 10 月降水较 2003 年多,在 10 月 9 日出现一次 10.0mm 的降水之前有过数日＜5mm 的降水,S_w 由这次强降水前的 0.12cm³/cm³ 上升到降水第二天的 0.16cm³/cm³(图 3-11D),与 2003 年 10 月相比,由于这次强降水前有降水的历程,R_{eco} 上升得相对较 缓慢,但绝对量较大,由 1.27mg CO_2/(m²·d)上升到 1.51mg CO_2/(m²·d),在两天后上 升到最大值,但随后随着土壤湿度的迅速下降而急速下降(图 3-11F)。Q_{10} 则变动得 比较平缓,由强降雨前的 2.0 上升到强降雨过程中的 2.8,随后下降到 1.6。在 2005 年 5 月至 6 月中旬和 10 月中旬以后的脉冲性降水后也出现了 S_w 和 R_{eco} 显著增加的多次 案例,这充分说明了不论生长季末期还是生长季初期脉冲性降水将增加 R_{eco},会很大程 度地影响到高寒草甸生态系统的碳收支。

四、气候因子对碳交换量驱动的滞后作用

当雄地区主要气候因子对高寒草甸生态系统碳交换量驱动的滞后作用如图 3-12 所 示。可以看出,Ta 与净生态系统生产力(NEP)的相关性并不是在当月表现得最强,而 是随着时间的推移逐渐加强,在 4 个月后达最强,即 Ta 对 NEP 存在 4 个月的滞后作用。 这里 Ta 与 NEP 呈负相关,主要是因为 R_{eco} 对 Ta 的响应较 GPP 更强,表明气温的升高将 导致该高寒生态系统碳吸收的降低。Ta 对 R_{eco} 的正相关性随着时间的推移逐渐减弱,这 种极显著的正效应可持续 4 个月。同样,Ts 也与 NEP 呈负相关且存在 3 个月的滞后效应。

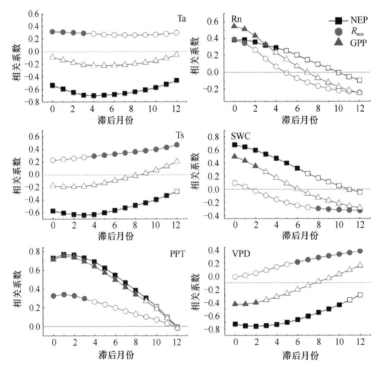

图 3-12　当雄地区主要气候因子对高寒草甸生态系统碳交换量驱动的滞后作用
实心符号表示相关性达 0.01 的极显著水平

但 Ts 对 R_{eco} 的正效应则是在 4 个月后才明显体现出来。PPT 与 NEP、GPP 和 R_{eco} 均表现为正相关，且存在 1 个月的滞后效应。Rn 对 NEP、GPP 和 R_{eco} 均表现出很强的即时正效应，且随着时间的推移相关性迅速下降。SWC 和 VPD 对 NEP 和 GPP 的作用几乎不存在滞后现象，但对 R_{eco} 则均存在半年及以上的滞后效应，这可能与呼吸底物的消耗有关。

五、高寒草甸与其他草地 CO_2 交换量的比较

青藏高原当雄高寒草甸生态系统 CO_2 日吸收最大速率为 $-8.3\mu mol\ CO_2/(m^2 \cdot s)$，$R_{eco}$ 最大值为 $2.4\mu mol/(m^2 \cdot s)$，与世界上其他的草地生态系统相比，明显偏小。例如，在北美大草原生长季生态系统最大 CO_2 吸收速率普遍较高，都在 $-20\mu mol\ CO_2/(m^2 \cdot s)$ 以上，不同研究最高分别可以达到 $-23\mu mol\ CO_2/(m^2 \cdot s)$（Ham and Knapp，1998）、$-27\mu mol\ CO_2/(m^2 \cdot s)$（Dugas et al.，1999）、$-30\mu mol\ CO_2/(m^2 \cdot s)$（Kim and Verma，1990）、$-34\mu mol\ CO_2/(m^2 \cdot s)$（Verma et al.，1992），不过这些温带草原植被的 LAI 都很高，可达 $4 \sim 5m^2/m^2$，且含有 C_4 植物成分。当雄高寒草甸与加利福尼亚贫养草原的 $-8.0\mu mol\ CO_2/(m^2 \cdot s)$（Valentini et al.，1995）和青藏高原东北部高寒草甸的 $-10.8\mu mol\ CO_2/(m^2 \cdot s)$（Kato et al.，2004）相近，高于新西兰丛生草地的 $-5\mu mol\ CO_2/(m^2 \cdot s)$（Hunt et al.，2002）。$CO_2$ 最大吸收和排放出现的时间是在地上生物量和 LAI 达到最大的季节，即 8 月中旬。随后，随着 PAR 和 S_w 的降低，以及地上生物量和 LAI 的降低，生态系统 CO_2 的日吸收量和 R_{eco} 也降低。这表明生态系统光合能力与 PAR 和 LAI 呈现显著的正相关，在美国的温带草地（Flanagan and Johnson，2005）和地中海气候下的一年生草地（Xu and Baldocchi，2004）也有同样的规律。生态系统的光合能力受 PAR 的控制，普遍呈非线性的直角双曲线关系，但光合潜力的大小，即生态系统的 P_{max} 和 α 是受到 LAI 调节的，LAI 的大小决定了光合潜力的大小。LAI 高的生态系统（如前面提到的北美大草原温带草地生态系统），其日 CO_2 吸收速率就高。青藏高原东部的高寒草甸 LAI 和光合速率也高于本研究结果（Kato et al.，2004）。可见，生态系统的日最大光合速率的季节变化受到 PAR 和 LAI 的综合控制，并在生长季呈现显著的季节变化。除此之外，P_{max} 和 α 还受到 Ta、SWC 和 VPD 等环境因子的影响，在适当的温度范围内会随着温度的增高而增大，直到最适温度时达到最大值；而在水分胁迫条件下，P_{max} 会明显受到抑制，此时生态系统往往会通过提高 α 值来尽量补偿较低的 P_{max} 值。

R_{eco} 受多种环境因子和生物因子的影响，温度和土壤湿度被认为是控制 R_{eco} 的主要因子（Kato et al.，2004）。R_{eco} 和土壤呼吸通常与温度呈指数曲线关系（Raich and Schlesinger，1992；Fang and Moncrieff，2001；张宪洲等，2004），但是从整个生长季或者较长时间段的 R_{eco} 与 Ts 分布图可以看出：数据点通常随温度升高而呈现更为分散的分布规律（Xu and Baldocchi，2004）。因此，R_{eco} 与温度关系的模拟通常因土壤水分状况不同而发生变化，降水通过改变土壤湿度从而影响 R_{eco} 的季节性变化（Xu and Baldocchi，2004；Flanagan and Johnson，2005）。此外，R_{eco} 还与 B_a 和 LAI 呈正相关关系，表现为 R_{10} 与上述两个生物因子呈正相关关系，这表明生态系统的光合生产力越高，R_{eco} 就越高。相比之下，光合生产力常常会削弱温度对 R_{eco} 的影响（Janssens et al.，2001）。

可见，R_{eco}虽然主要受温度的控制，但在生长季的不同物候期，土壤湿度和 LAI 的变化对 R_{eco} 有很强的调节作用，从而形成了 R_{eco} 的季节变化格局。

2003 年和 2004 年生长季生态系统呼吸的 Q_{10} 分别为 3.2±0.6 和 3.4±0.8，两年平均为 3.3±0.7，接近生态系统 Q_{10} 的平均范围 1.3~3.3 的上限（Raich and Schlesinger，1992；Tjoelker et al.，2001），比全球现有的低海拔草地生态系统的 Q_{10} 高。本研究的 Q_{10} 值与青藏高原东部高寒草甸的 Q_{10} 平均值（3.7）接近，高于加拿大北方温带草原的 1.83，低于加利福尼亚草原的 4.6（Valentini et al.，1995）。已有研究表明，生态系统呼吸的 Q_{10} 值随温度升高而降低（Xu and Qi，2001；Xu and Baldocchi，2004），随土壤湿度升高而升高（Flanagan and Johnson，2005）。本研究得出的 R_{10} 与 S_w、Ts、B_a 和 LAI 呈正相关关系，表明温度和湿度升高不仅会增强生态系统呼吸，而且光合生产力的提高也会促进呼吸作用的加强，这说明生产力和 LAI 是生态系统自养呼吸很好的代表参量。Q_{10}、R_{10} 与环境因子和生物因子的综合分析表明，R_{eco} 出现在植物生理活动的高峰期，且由于青藏高原的水热同步，Q_{10}、R_{10} 最大值也出现在温度最高和土壤水分含量最高的 8 月。

研究结果得出的 R_{eco} 与土壤湿度呈正相关，生长季末脉冲性降水会显著促进生态系统呼吸的结果与在地中海气候条件下的加利福尼亚一年生草地（Xu and Baldocchi，2004）和有季节性干旱的新西兰丛生草地（Hunt et al.，2002）的结果相似。在生长季初和生长季末较长时间无降水后，青藏高原上辐射升温产生的蒸散使土壤湿度迅速降低到 0.10cm³/cm³ 以下，从而限制了植物的自养呼吸和土壤的异养呼吸。脉冲性降水发生后，土壤湿度增加，植物和土壤微生物活动加强，R_{eco} 会迅速升高。因此，脉冲性降水可能会促进生态系统的碳排放，降低生态系统的碳吸收。在青藏高原干旱或半干旱的高寒草地生态系统中，干冷的气候有可能降低生态系统呼吸速率，从而使得干冷的年份有利于生态系统的碳固定。

高寒地区各气象因子仅对 R_{eco} 表现出较长的滞后性，对 NEP 和 GPP 仅滞后几个月或无滞后性，总的来说滞后不明显。时滞效应分析清楚地表达了气候因子变化对生态系统行为的影响存在滞后作用，而由于生态系统正负反馈作用的存在，这些滞后现象可能最终会削弱或放大生态系统碳通量的年际变异（Zhang et al.，2014）。

综上所述，当雄的高寒草甸区域属于半干旱性大陆季风气候，雨热同季。但是由于温度低，降水集中在 6~8 月，生长季短，再加上季节性干旱，植物群落低矮，LAI 较低。尽管高原辐射强烈，但由于 LAI 的综合调节作用，生态系统植物的光合能力和光合效率都较低，因此生态系统的碳吸收能力低于大多数世界草地生态系统。生长季内昼夜温差大并不利于生态系统的碳获取和碳汇的形成。降水的季节分配格局对土壤的湿度和生产力的形成具有重要的限制作用，土壤湿度的变化格局控制着生态系统呼吸变化的强度和总量。在生长季初期和末期的脉冲性降水会促进生态系统的碳排放，消耗生态系统吸收的碳，很大程度上成为生态系统碳收支的决定因素。生态系统的源、汇功能很大程度上受到年降水量、强度和季节分配的影响。

第二节　高寒湿地生态系统

湿地在全球碳循环中起着重要的作用（Gorham，1991）。它仅占有 6% 的全球地表面积，却涵盖了 12% 的全球碳库（Sahagian et al.，1998；Ferrati et al.，2005；Erwin，2009），这是因为湿地是全球生产力最高的生态系统：占有 6.3% 的陆地生态系统净初级生产力（NPP）（Schedlbauer et al.，2010）。土壤又长期处于饱和的水淹条件下，抑制了有机质的分解，从而导致土壤有机碳的大量积累（Sabine et al.，2004；Dušek et al.，2009）。因此，一般而言，湿地可以通过降低大气 CO_2 浓度，表现为 CO_2 汇，来影响全球碳循环（Gorham，1991；Moore et al.，2002；Dušek et al.，2009；孟伟庆等，2011）。但是，湿地是水生和陆生环境的过渡带，对气候、水文条件的微弱变化非常敏感（Burkett and Kusler，2000；Bonneville et al.，2008；Dušek et al.，2009；Erwin，2009）。由人类活动主导的全球气候变化已经是科学共识（Oreskes，2004），而随着全球气候的变化（主要表现为全球气候变暖和海平面上升），湿地相关元素动态与物质的通量及其对气候变化的反馈是不可预知的（IPCC，2001；Paul and Jusel，2006；Bonneville et al.，2008）。所以调查不同湿地生态系统碳平衡及其控制机制，从而准确评估全球碳循环以及科学管理湿地生态系统显得尤为重要（Zhou et al.，2009）。

青藏高原素有"地球第三极"和"世界屋脊"之称，它是地球上海拔最高（平均 >4000m）、面积最大、最为年轻的高原，也是地球表面上很少受人类活动干扰的区域之一（白军红等，2004；莫申国等，2004）。青藏高原高寒湿地是长期适应高寒气候环境所特有的生态类型，主要分布在土壤通透性差的河畔、湖滨、盆地，以及坡麓潜水溢出和高山冰雪下缘等地带，亦多分布在岛状冻土的边缘地带（Zhang et al.，2008）。其面积约为 4.9 万 km^2，是青藏高原分布最为广泛的生态系统类型之一（孙鸿烈，1996），在全球高原生态系统中有机质含量最高（Wang et al.，2002）。青藏高原独特的气候特征：辐射强、年平均气温低、昼夜温差大、雨热同期，且降雨主要集中在短暂的生长季（孙鸿烈，1996），可能使该地区湿地植物拥有更强的光合作用和凋落物分解的能力，具有更大的碳蓄积（Hirota et al.，2006）。青藏高原在全球特殊的地理和生态位置及其高寒湿地对全球碳循环的重要作用决定了研究青藏高原湿地生态系统碳平衡不仅有助于深入理解青藏高原生态系统的碳收支，而且在全球变化的情况下还可为预测不同地区湿地的源/汇变化提供最直接的依据（Zhang et al.，2008）。但目前关于该区域湿地的研究还很少，且主要集中在国内（白军红等，2004），CO_2 通量动态依然存在很大的不确定性，尤其是全球气候变化背景下该区域湿地 CO_2 通量的时空动态以及对区域乃至全球碳循环的作用尚不明确。生物与非生物因子共同作用调控生态系统复杂的光合和呼吸过程，现有研究表明，其主要控制因素有温度（T）、地上生物量（AGB）、水位（WTL）、饱和水汽压差（VPD）和降水量（PPT）。

本节综合近年来对青藏高原湿地 CO_2 通量动态进行的长期监测和研究结果，分析青藏高原湿地生态系统碳动态特征及控制机制，整合了高寒湿地在全球碳循环方面发挥的作用（CO_2 源/汇），旨在为区域碳平衡提供基础数据支持与参考依据。

一、生态系统 CO_2 通量的变化特征

（一）研究区域概况与方法概述

近年来关于青藏高原高寒湿地的研究主要集中于青藏高原东缘湿地区域，如祁连山乱海子（Hirota et al.，2006）、青海海北（Li et al.，2007；Zhang et al.，2008；Zhao et al.，2010）

和若尔盖高原地区（Wang et al.，2008；Hao et al.，2011）（表3-6），研究地植被均隶属于青藏高原西藏嵩草（*Kobresia tibetica*）-薹草（*Carex sp.*）沼泽化草甸植被（中国湿地植被编辑委员会，1999），主要建群种为西藏嵩草、木里薹草（*C. muliensis*）、乌拉草（*C. meyeriana*）和帕米尔薹草（*C. pamirensis*）等，植被高度在25～50cm，植被覆盖度可以达到90%以上。海北与祁连山乱海子地区年均温（−1.7℃）和降雨量（570mm）较为相近，若尔盖地区年均温（−1.7～3.3℃）和降雨量（650mm以上）都要高于前两者，但三者雨热同期的趋势是一致的，即80%的降雨都集中在温度较高的生长季（5～9月）。生长季水位可以达到25～30cm，土壤为弱碱性的砂壤土，土层厚度0.2～2m。高山湿地地势平坦，但除了乱海子湿地外，海北与若尔盖地区的湿地均有小丘塜（hummock-hollow）的微地貌特征，这与着生植物的生长特性有关：西藏嵩草一般生于小丘（hummock），而薹草则生于小塜（hollow）（Zhao et al.，2010；Hao et al.，2011），青藏高原还广泛分布着以藏北嵩草（*K. littledalei*）-华扁穗草（*Blysmus sinocompressus*）为建群种的沼泽化草甸，拉萨河流域就是后者的主要分布区，占整个高山湿地的65.45%（Wang et al.，2010），而当雄县是其中最大的分布区域，约$1.57×10^4 hm^2$。因此，近年来在当雄高寒湿地也开展了CO_2通量的研究（表3-6），不仅可以估算当地的碳平衡，还可以在一定程度上为区域碳循环提供直接的数据支持（Niu et al.，2017）。

测定CO_2通量最常用的方法是涡度相关和箱式法（李璐等，2011），两种方法各有利弊。箱式法是将植被或植被的一部分套在一个封闭的箱子内，通过测定此封闭系统内CO_2浓度的变化来计算CO_2通量（Nelson and Sollins，1973；Waddington and Roulet，1996；Janssens et al.，2000）。箱式法低成本与可室内进行气体精细分析的优点决定了青藏高原湿地短期（生长季内）CO_2观测的适用性（Hirota et al.，2006；Wang et al.，2008；李璐等，2011）。但是，箱式法本质上改变了观测地的环境条件且不可能提供时间上连续的观测，从而使其应用受到限制，观测结果的代表性不足（Baldocchi et al.，1988；Lafleur et al.，2005）。涡度相关是目前通量测定最为直接有效的方法，已被广泛应用于全球陆地表层生态系统与大气之间碳水通量的研究（Baldocchi et al.，1988，2001），所以该方法已经被应用于众多青藏高原湿地长期的碳通量观测中。涡度相关测量系统包括微气象观测塔［周期（30min）测量气象要素］、三维超声风速仪［快速（采样频率10Hz）测量垂直风速和温度变化］、开路（open-path）或闭路红外气体分析仪［测量物理量（温度、湿度、CO_2浓度）的微弱变化］，以平均周期（30min）的数据导入数据采集器（data logger），再通过后期的数据处理计算湍流通量（Zhao et al.，2010；Hao et al.，2011）。

（二）生态系统CO_2通量的动态变化

在青藏高原高寒湿地生态系统中，随气候条件和植被物候的动态变化，CO_2通量也呈现出明显的日动态与季节动态变化（表3-7）。各研究区域动态变化的模式具有相似性：在植被生长季（5～9月），早上（7：00以后）随着太阳辐射增强和温度升高，生态系统逐渐由CO_2的净排放（＋）转变为净吸收（−），且吸收量逐渐增大，中午（10：00～16：00）达到最大吸收值，在黄昏（18：00以后）又开始转变为CO_2的净排放（＋），夜间（21：00至次日7：00）一直表现为排放（＋）过程，排放高峰出现的时间一般为22：00；非生长季

表 3-6　目前有关青藏高原高寒湿地 CO_2 通量的研究概况

地点	北纬	东经	海拔(m)	观测时间	建群种	地上生物量(g/m²)	观测方法	年均温(℃)	年均降水量(mm)	主控因子	文献来源
乱海子	35°55′	101°20′	3250	2002 年 7~9 月	祁连薹草、双柱头藨草、杉叶藻、龙须眼子菜	263	箱式法	-1.7	561	水位、地上生物量	Hirota et al., 2006
海北 1	37°37′	101°19′	3200	2004 年	帕米尔薹草	260.7	涡度相关	-1.7	580	—	Li et al., 2007
海北 1	37°37′	101°19′	3200	2005 年	帕米尔薹草、西藏嵩草	311.35~351.31	涡度相关	-1.7	580	温度、地上生物量	Zhang et al., 2008
海北 2	37°35′	101°20′	3250	2004~2006 年	西藏嵩草、帕米尔薹草、杉叶藻、华扁穗草	305~335.6	涡度相关	-1.7	570	温度、光合有效辐射、饱和水汽压差	Zhao et al., 2010
若尔盖 2	32°47′	102°32′	3470	2003~2005 年的 4~10 月	木里薹草、乌拉草	—	箱式法	-1.7~3.3	650~750	温度	Wang et al., 2008
若尔盖 2	33°56′	102°52′	3430	2008~2009 年	西藏嵩草、木里薹草	166~184	涡度相关	1.1	650	温度、降水、物候	Hao et al., 2011
当雄	30°28′	91°04′	4285	2009~2013 年	藏北高嵩草、华扁穗草	440.9~712.8	涡度相关	1.3	335	温度、湿度、物候	Niu et al., 2017

注："—"表示作者在原文中没有相关数据描述

表 3-7　青藏高原高寒湿地生态系统 CO_2 净交换动态变化特征

样地	日变化（北京时间）					季节变化（以月为单位）					年变化			文献来源
	最大吸收[mg CO_2/(m²·s)]	最大吸收时间	最大排放[mg CO_2/(m²·s)]	最大排放时间	生长季吸收时段	最大吸收[mg CO_2/(m²·d)]	最大吸收时间	最大排放[mg CO_2/(m²·d)]	最大排放时间	吸收时段	生长季吸收(g C/m²)	非生长季排放(g C/m²)	年净交换量(g C/m²)	
乱海子	—	10:00~16:00	—	—	8:00~20:00	5.0	8 月	—	—	—	24.1	—	—	Hirota et al., 2006
海北 1	0.45	12:00	0.22	22:00	8:00~20:00	6.12	7 月	5.85	4 月	6~9 月	62.8	149.0	86.2	Zhang et al., 2008
海北 2	0.11~0.51	11:00~12:00	0.22	22:00	7:00~21:00	3.9	7 月	3.25	4 月	6~9 月	—	—	44.0~173.2	Zhao et al., 2010
若尔盖 1	0.54	12:00~14:00	0.21	22:00	8:00~18:00	3.3~3.6	7 月	1.4~3.9	6 月	6~9 月	115.2~168.4	67.1~88.7	-79.7~-47.1	Hao et al., 2011
若尔盖 2	0.29	11:00~17:00	—	—	9:00~21:00	10.8	7 月	—	—	—	199.5	—	—	Wang et al., 2008
当雄	0.73~0.91	14:00	0.20~0.29	14:00	—	5.41~6.21	8 月	2.12	4 月和10 月	5 月中下旬至 9 月底	—	—	-161.85±28.02	Niu et al., 2017

注：年变化中正值表示净排放，负值表示净吸收；"—"表示作者在原文中无相关数据描述

（1～4 月，10～12 月）夜间一般表现为碳排放，但由于温度较低，明显小于生长季的排放量，白天 NEE 变化比较紊乱，在 0 值上下波动（Zhang et al.，2008）；由于植被不同生长阶段利用光能进行光合（碳固定）和植被呼吸（碳排放）的能力都有差异，CO_2 通量动态随季节变化明显，年内基本表现出 1～4 月 CO_2 释放量逐渐加大，4 月形成年内的第 1 个高释放期，5 月释放量降低，6 月开始转为吸收，7～8 月吸收量达最大后逐渐降低，9 月由吸收转为释放，且释放速率明显加大，10 月进入年内第二个较强的释放高峰期（一般较 4 月高峰要低），11 月以后 CO_2 释放量又降低，且平稳变化至翌年 3 月（Li et al.，2007）。

青藏高原湿地生态系统因各区域气候、生物量及时间尺度的不同，在 CO_2 源（+）/汇（−）特征和动态的变化幅度上也不同（表 3-6，表 3-7，图 3-13）。海北生长季吸收量较低（62.8g C/m^2），非生长季排放量大（149.0g C/m^2），而若尔盖生长季吸收量较高（115.2～199.5g C/m^2），非生长季排放量较小（67.1～88.7g C/m^2），因而海北表现为净 CO_2 的源（+），年排放量为 44.0～173.2g C/m^2（Li et al.，2007；Zhang et al.，2008；Zhao et al.，2010），而若尔盖表现为净 CO_2 汇（−），年吸收值为 47.1～79.7g C/m^2（Hao et al.，2011）；海北日最大瞬时吸收量为 0.11～0.51mg $CO_2/(m^2·s)$，而若尔盖为 0.29～0.54mg $CO_2/(m^2·s)$，且

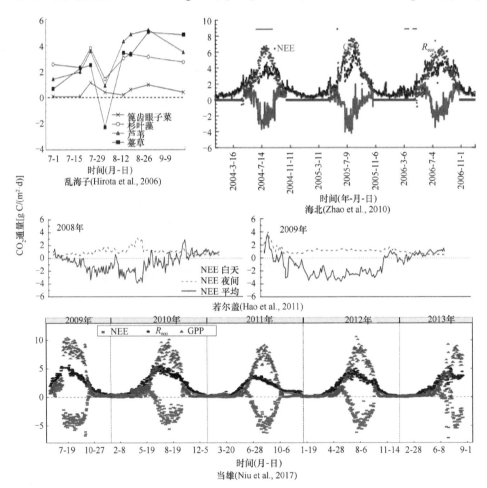

图 3-13　青藏高原高寒湿地 CO_2 通量的季节动态

达到最大吸收的时间要比乱海子和海北稍晚；除乱海子外，月际最大的 CO_2 吸收都出现在 7 月，海北月最大吸收值变动小，从 3.9mg CO_2/(m²·d)到 6.12mg CO_2/(m²·d)不等，若尔盖变动较大，从 3.3mg CO_2/(m²·d)到 10.8mg CO_2/(m²·d)不等，均值较海北要高，但若尔盖[1.4~3.9mg CO_2/(m²·d)]的月最大排放量要比海北[3.25~5.85mg CO_2/(m²·d)]小，因而若尔盖湿地生态系统要比海北更有表现为 CO_2 汇的潜力（Kato et al.，2004；Zhao et al.，2006）。当雄 GPP 达到最大值的时间（8 月中旬）要晚于 R_{eco}（7 月初）（图 3-13）。NEE 在 5 月中下旬（20 日左右）开始稳定地转为负值，即 CO_2 汇，8 月中旬（13 日左右）达到最大，9 月底 10 月初又开始表现为 CO_2 源。全年表现为一个吸收峰[8 月中旬，5.41~6.21mg CO_2/(m²·d)]和两个释放峰[4 月、10 月，2.12mg CO_2/(m²·d)]，3 月底 4 月初冰雪消融和 10 月初放牧活动引起的牛羊踩踏可能对 R_{eco} 有微弱的激发作用（图 3-13）（Niu et al.，2017）。

一般而言，湿地可以降低大气 CO_2 浓度（表现为 CO_2 汇），从而影响全球碳循环（Gorham，1991；Moore et al.，2002；Dušek et al.，2009；孟伟庆等，2011）。但在青藏高原高寒湿地研究中不难看出，这种湿地类型的源汇特征并不明显（表 3-7）：海北表现为微弱的碳源，年释放量为 44.0~173.2g C/m²，而若尔盖表现为微弱的碳汇，年吸收量为 47.1~79.7g C/m²。相比而言，当雄高寒湿地生态系统是稳定的 CO_2 汇，年固定值为（-161.85±28.02）g C/m²（表 3-7）（Niu et al.，2017）。

二、生态系统 CO_2 通量动态变化的主要影响因子

青藏高原独特的地理位置以及湿地生态系统特有的性质决定了青藏高原湿地生态系统对气候、水文条件的敏感性高（Liu and Chen，2000；白军红等，2004；莫申国等，2004；Hirota et al.，2006）。青藏高原高寒湿地生态系统的现有研究表明：青藏高原湿地净生态系统 CO_2 交换量（NEE）主要受温度（T）、地上生物量（AGB）、水位（WTL）、饱和水汽压差（VPD）和降水量（PPT）的调控作用（表 3-6）。

（一）温度对 NEE 的调控作用

温度（T）在调控青藏高原湿地生态系统 CO_2 动态方面起着重要作用，在海北和若尔盖的研究都证明温度是 CO_2 动态的主控因子（表 3-6）。一方面，温度通过影响光合系统的活性来控制生态系统的光合作用（Lafleur et al.，2001；Zhang et al.，2006），主要表现在温度对光合特征参数表观量子利用效率和表观最大光合速率的影响上（Zhou et al.，2009）；另一方面，生态系统呼吸表现出很强的温度依赖，尤其是对土壤温度的依赖性更高（图 3-14）。在高寒生态系统，无论是使用涡度相关的研究（Lafleur et al.，2001，2005；Kato et al.，2004；Bonneville et al.，2008）还是箱式法的研究（Bubier et al.，2002；Hirota et al.，2006）都表明了温度可以解释绝大多数生态系统呼吸的动态（Wohlfahrt et al.，2008）。生态系统呼吸（R_{eco}）对温度的响应可以用温度每升高 10℃后呼吸速率所增加的倍数来量化衡量，即温度敏感性（Q_{10}）（Raich and Schlesinger，1992）。青藏高原高寒湿地生态系统 Q_{10} 较其他大部分湿地生态系统要高（表 3-8）（Zhao et al.，2005），说明该生态系统更易受温度的影响。这

与大量的模型推算及涡度相关实测研究的结果一致:生态系统呼吸的温度敏感性与温度呈现负的线性相关性(Tjoelker et al.,2001;Xu and Qi,2001;Janssens and Pilegaard,2003;Zhou et al.,2007)。

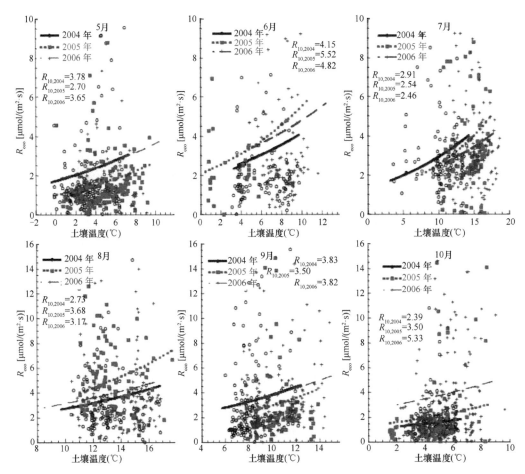

图 3-14　土壤温度对生态系统呼吸(R_{eco})的调控作用(引自 Zhao et al.,2010)

R_{10}代表温度为 10℃时的生态系统呼吸

表 3-8　世界各地湿地生态系统呼吸的温度敏感性(Q_{10})值比较

生态系统类型	地理位置	年均温(℃)	Q_{10} 值	文献来源
全球平均			2.4	Raich and Schlesinger,1992
加拿大北方泥炭地	55°55′N,98°25′W	3.9	3.0~4.1	Bubier et al.,1998
加拿大冷温带沼泽	45°24′N,75°30′W	5.8	2.2~4.2	Lafleur et al.,2005
加拿大温带沼泽地	45°40′N,75°50′W	6.0	2.8	Bonneville et al.,2008
美国温带沼泽	40°12′N,71°03′W	8.2	3.5	Carroll and Crill,1997
美国北方高山湿地	40°17′N,105°39′W	3.9	2.6~5.0	Wickland et al.,2001
黄河三角洲芦苇湿地	37°45′N,118°59′E	12.9	2.5	Han et al.,2012
闽江河口咸水湿地	26°01′N,119°37′E	19.3	1.7	Tong et al.,2014
三江平原淡水湿地	47°35′N,133°31′E	2.5	2.4~3.0	Song et al.,2009
青藏高原海北湿地	37°37′N,101°19′E	-1.7	2.5~4.6	Zhao et al.,2005
青藏高原乱海子湿地	35°55′N,101°22′E	-1.7	2.7~5.1	Hirota et al.,2006

青藏高原现有对高寒湿地的研究发现温度与生态系统 CO_2 通量呈线性相关。对海北 2005 年涡度相关观测数据进行分析发现，温度与 NEE 指数相关 [NEE=0.0346−0.195exp $(T/3.01–5.12)$，R^2=0.34]（Zhang et al.，2008）；若尔盖湿地 2003～2005 年的观测数据显示 NEE 与温度有线性相关性（NEE=95.4+12.1T，R^2=0.53）（Wang et al.，2008）。在降雨脉冲后温度的变化决定白天 NEE 的动态（Hao et al.，2011）；海北 2004～2006 年涡度相关数据显示 NEE 与温度也是线性关系，且在生长季随温度的升高 CO_2 吸收增加（NEE 负增大），非生长季随温度升高 CO_2 排放增加（NEE 正增大）；乱海子湿地所有植被区域生态系统呼吸都被 5cm 土壤限制（指数关系），表明土壤温度是生态系统呼吸的控制因子，且土壤呼吸可能是整个生态系统呼吸的主要部分（王德宣等，2005；Hirota et al.，2006）。另外，青藏高原若尔盖湿地拥有高于 0℃的年均温，年际尺度上表现为 CO_2 汇，海北湿地由于低温（−1.7℃）均表现为 CO_2 源（表 3-6），说明温度还可以解释空间 CO_2 的年际变异。

（二）地上生物量和群落叶面积指数对 NEE 的调控作用

地上生物量（AGB）和群落叶面积指数（LAI）与 CO_2 通量的季节动态紧密相关（Hirota et al.，2006；Han et al.，2012； Niu et al.，2017）。AGB/LAI 不仅会直接影响地上植物的光合作用与呼吸，从而改变生态系统的 CO_2 通量（Wohlfahrt et al.，2008；Lund et al.，2009；Han et al.，2012），而且通常情况下，具有较高地上生物量的生态系统拥有更丰富的根系系统以及根际微生物（Wardle et al.，2004），从而影响根系呼吸（Curiel et al.，2004）。因此，AGB 与 CO_2 通量（NEE、GPP 和 R_{eco}）均有一定的线性关系：Zhao 等（2010）通过对海北湿地的研究发现叶面积指数（LAI）可以解释多于 69%的光合总初级生产力（GPP）的动态，强调 LAI 决定了生态系统的 CO_2 固定能力；而张法伟等（2008）认为 AGB 和 LAI 的增加虽然增强了生态系统的固碳能力，但也在一定程度上增加了生态系统的呼吸量（图 3-15）；与海北一样，Hirota 等（2006）对乱海子湿地四个植被区估测的 AGB 与 CO_2 通量（NEE、GPP 和 R_{eco}）进行了相关性分析，指出若不考虑生物学差异，AGB 与 CO_2

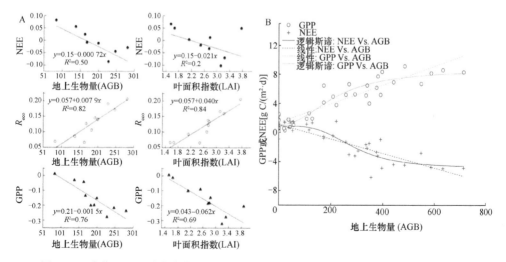

图 3-15 生物因子（地上生物量/叶面积指数）对青藏高原高寒湿地 CO_2 通量的影响

A. 海北（张法伟等，2008）；B. 当雄（Niu et al.，2017）

通量（NEE、GPP 和 R_{eco}）均为线性正相关。然而，青藏高原湿地低温的特性限制了 AGB/LAI 增大对呼吸的加强作用（Lund et al.，2009），所以反映在 NEE 上，同一地区的季节变异显示增加的 AGB/LAI 可能更有利于 CO_2 的固定（Zhang et al.，2008）；但是，在年际和空间尺度水平上，这种调控作用有可能会被温度等其他调控因子的调控作用打破，从而表现出不同的结果（表 3-6）。

（三）水位对 NEE 的调控作用

水位是影响湿地 CO_2（CH_4）通量大小、呼吸或排放方向的重要因素（Carroll and Crill，1997；Oechel et al.，1998），甚至可以决定 CO_2 通量的源汇特征（Moore and Knowles，1989；Oechel et al.，1998；Alm et al.，1999；Larmola et al.，2003；Hirota et al.，2006）。Hirota 等（2006）在对青藏高原乱海子深水湿地生长季数据进行逐步多元回归分析后提出水位是控制该湿地 CO_2 通量最关键的环境因子，且随着水位的增加，GPP 和 R_{eco} 都几乎表现出线性降低，这与 Silvola 等（1996）和 Alm 等（1999）对于北方湿地的研究结果一致。然而，GPP 和 R_{eco} 对水位的敏感性通常是不一样的，在经常性积水条件下，湿地是 CO_2 的汇；当排水后（水位低于基质表面），土壤中有机物分解速率大于积累速率，则湿地变为 CO_2 的源（刘子刚，2004），也就是说，高水位可能更有利于 CO_2 吸收，而水位下降时可能更有利于 CO_2 排放（Oechel et al.，1998；Alm et al.，1999；Hendriks et al.，2007）。Moore 和 Knowles（1989）、Jungkunst 等（2008）与 Yang 等（2013）所做的有关湿地 CO_2 动态对水位梯度响应的控制实验得到了相同的结果。青藏高原乱海子湿地随着水位的降低确实也表现出 NEP 的线性降低（Hirota et al.，2006）。

水位对青藏高原湿地生态系统 CO_2 动态的影响分为直接与间接作用两部分。水位直接影响湿地生态系统水上生物或泥炭量，从而一方面改变了植物通过根系与大气之间交换气体的生物介质数量（Hirota et al.，2006）或者因好氧微生物活性的改变导致有机质有氧降解的数量改变（Zhao et al.，2010），另一方面也改变了现存植物中可以进行光合作用的量，导致 CO_2 吸收和排放量的变化。此外，水位还可以通过改变植被分布、温度等其他环境因子来调控 CO_2 动态（Hirota et al.，2006）。

（四）饱和水汽压差对 NEE 的调控作用

饱和水汽压差（VPD）是大气实际水汽压（e_a）与该温度下大气饱和水汽压 [$e_s(T_0)$] 的差值，由空气温度（Ta）和相对湿度（H_r）共同决定。空气湿度通过影响叶片组织与空气水汽浓度差来调控叶片的气孔导度（气孔阻抗）。气孔是植物与大气进行 CO_2 和水汽交换的通道，因此 VPD 可以调控 NEE 的动态，是影响 NEE 最重要的潜在因素之一（Monson et al.，2002）。随着空气湿度的增加，VPD 减小，气孔导度增大（贾志军和宋长春，2006），光合作用和蒸腾作用都不同程度地提高（Rawson et al.，1977），CO_2 的交换量也就增大。Zhao 等（2010）在青藏高原海北湿地生态系统的研究显示，GPP、R_{eco} 和 NEE 的年际动态变化与 VPD 的相关性都达到了极显著水平（$P<0.01$），且均为正相关关系（其中，NEE 为绝对值），这与 Grantz 等（1990）和 Nieveen 等（1998）的研究结果一致；而在 CO_2 通量的年内季节变化上，VPD 对 GPP 和 NEE 的影响出现分支，非

生长季（1～5 月、11～12 月）显示正相关，而生长季（6～10 月）显示负相关，对 R_{eco} 的影响不明显，这可能与 VPD 年内单峰式季节变化以及降雨量、温度等环境因子对 VPD 的复杂影响有关（Zhang et al.，2008）。

（五）降雨对 NEE 的调控作用

降雨对 CO_2 通量的影响既可以通过改变生态系统水文条件，如湿度、VPD 等，也可以通过改变太阳辐射（云的遮挡作用）来发挥其作用（Tao and Lang，1996）。降雨量与降雨时间对 CO_2 通量影响的研究在全球不同生态系统不同地方都有开展（Fay et al.，2003；Huxman et al.，2004；Chou et al.，2008；Parton et al.，2012；Sharp et al.，2013），在青藏高原的草地（Shi et al.，2006；Zhao et al.，2006）、湿地生态系统都有相关研究（Zhao et al.，2010；Hao et al.，2011）。研究结果表明，脉冲性降水可能会促进生态系统的碳排放，降低生态系统碳的固定；干冷的气候有可能降低生态系统呼吸，从而有利于生态系统的碳固定（赵亮等，2007）。Huxman 等（2004）对北美洲干旱半干旱生态系统的研究表明，降雨脉冲的大小与频率是干旱陆地生态系统生物物理过程的重要控制因子。维管束植物的光合作用能力一般随着相对大的降雨或一系列小的降雨而增强（Huxman et al.，2004）。Zhao 等（2010）分析海北高原湿地非生长季 CO_2 通量与降雨事件的关系时发现，在单次降雨过后，呼吸排放会马上出现波动：迅速降低后又增加，与草地不同的是增加后的量并不一定比之前的正常值高，说明降雨对青藏高原湿地生态系统呼吸排放增强的刺激作用不如草地的明显（图 3-16）（Shi et al.，2006；赵亮等，2007；Zhao et al.，2006，2010）。此外，Hao 等（2011）在若尔盖高原湿地的研究指出，真正决定 CO_2 通量的是降雨脉冲后的温度，若白天降雨后温度上升，碳排放增加，反之碳固定增加，夜间碳通量对降雨脉冲以及脉冲后温度的变异响应不明显。因此，降雨对青藏高原湿地生态系统的作用可能与降雨量、时间、降雨脉冲的频率以及降雨后温度的变化有关。

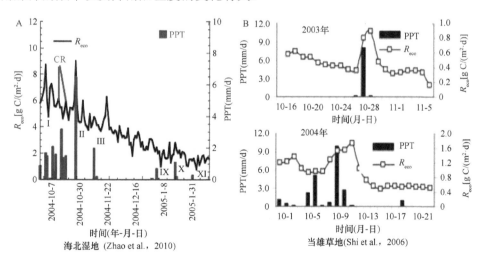

图 3-16　降雨脉冲对青藏高原高寒湿地 CO_2 通量的影响

图 A 中 I～XI 分别代表不同时期的降雨脉冲事件；CR 指的是连续降雨

（六）NEE 对控制因子的响应

NEE 对环境影响因子的响应并不是单一的，而是对各个因子综合之后的结果（贾志军和宋长春，2006）。碳净交换量取决于植物光合、呼吸和土壤微生物分解（土壤呼吸）之间的平衡，这些过程除了受上述主导因子的影响外，还会受光照强度与时数、土壤质地、植被类型以及人类活动等的干扰（图 3-17）。近年来通过对青藏高原高寒湿地乃至全球其他湿地生态系统的研究，湿地碳排放过程中各种潜在的影响因素相对比较清楚，但 CO_2 交换过程中各种影响因子之间存在怎样的交互影响有待于进一步深入研究（胡启武等，2009）。

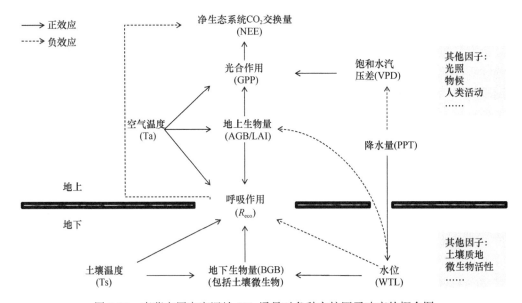

图 3-17　青藏高原高寒湿地 CO_2 通量对各种主控因子响应的概念图

青藏高原高寒湿地生态系统因其独特的地理与气候条件蕴含整个高原 8% 的有机碳库，但其又是气候变化的敏感区与脆弱带，因此准确描述该生态系统类型碳动态及其主要控制因子对量化气候-碳循环模式具有重要意义。本节以目前在青藏高原开展的高寒湿地碳通量研究为基础，整合分析了其碳动态和控制因子，结果表明，该区域整体上虽然具有明显而且相似的日动态与季节动态，但就全年来讲，CO_2 的源（+）/汇（–）特征均呈现出微弱的状态，其值在–79.7～172g C/m^2；调控其变化的因子主要有温度（T）、地上生物量（AGB）、水位（WTL）、饱和水汽压差（VPD）和降水量（PPT），此外光照、土壤质地和生物物候等会对其产生一定的干扰。然而，目前对高寒湿地碳通量的研究还存在很多不足，主要表现在：现有研究多集中在单站点温室气体不同时间尺度的变化动态等基本特征的描述上，而对环境控制通量动态的作用只停留在单个因子线性相关或多个因子逐步回归的水平，没有考虑因子间的交互影响，所以没有提出青藏高原高寒湿地生态系统碳通量响应环境因子的机理性（生态过程）模型，对气候变化背景下湿地生态系统碳通量如何反馈还未曾涉及；在区域尺度上，青藏高原独特地理和生态环境下的碳通量模式与主控因子的研究还很缺乏；基于这些不足，今后对这种高寒湿地的探索研究还很有必要，此外，还可以结合不同植被类型、土地利用方式来探讨全球变化条件下不同生境在应对各种变化时所体现出的不同适应机制。

第三节 高寒草甸碳交换的表观量子效率

表观量子效率（α）是表征植物叶片光合作用的关键参数，也是光合模拟和研究植物响应气候变化的重要参量，主要反映了光合作用中的生物化学特性，在一定温度和 CO_2 气体分压下通常是比较稳定的（冯松等，1998）。目前在实验室最适宜条件下用小球藻测得的最大表观量子效率为 $0.083 \sim 0.125 \mu mol\ CO_2/\mu mol\ photon$（许大全，1988），但是正常条件下高等植物的 α 值远远低于这个水平。Ehleringer 和 Pearcy（1983）在 330ppm[①] CO_2 和 30℃叶温的条件下测得的 C_3 植物 α 值平均为 $0.052 \sim 0.053 \mu mol\ CO_2/\mu mol\ photon$。有关低气压条件下 C_3 植物 α 值的测定还很少（张树源等，1992；刘允芬等，2000；石培礼等，2004），刘允芬等（2000）、石培礼等（2004）的观测结果都表明高海拔地区 C_3 植物的 α 值要低于平原地区，原因可能跟高海拔地区的低 CO_2 分压有关。事实上，环境中的诸多因子（如大气压、温度、水分亏缺，甚至植物的生境等）都会对 α 值产生影响（刘允芬等，2000）。已经有多个研究表明，C_3 植物 α 值几乎都会随温度的升高而呈线性下降的趋势（Peisker and Apel，1981；许大全，1988；石培礼等，2004）。石培礼等（2004）测得拉萨地区的小麦叶温每升高 1℃，α 值降低 $0.0007 \mu mol\ CO_2/\mu mol\ photon$，随温度降低的梯度与平原地区相似。

随着观测技术的发展，目前对植物群落 α 值的研究也逐渐增多，方法多为微气象学法和封闭箱式法。Andrew 等（2001）用涡度相关法观测了美国俄克拉何马州高草草原不同物候期的群落 α 值，发现植物生长初期 α 值为 $0.0207 \mu mol\ CO_2/\mu mol\ photon$；生长旺盛期 α 值最高，约为 $0.0348 \mu mol\ CO_2/\mu mol\ photon$；而且发生水分胁迫时，$\alpha$ 值还会降低至 $0.0114 \mu mol\ CO_2/\mu mol\ photon$；衰亡期 α 值仅为 $0.0109 \mu mol\ CO_2/\mu mol\ photon$。Luo 等（2000）曾用封闭箱式法对 CO_2 加富（746ppm）及自由大气（399ppm）两种条件下向日葵（*Helianthus annuus*）的冠层 α 值进行测定，结果发现自由大气中冠层 α 值为 $0.0229 \sim 0.076 \mu mol\ CO_2/\mu mol\ photon$；$CO_2$ 加富时，冠层 α 值平均增加了 31.5%，为 $0.0234 \sim 0.0959 \mu mol\ CO_2/\mu mol\ photon$，而且冠层 α 值随植物的生长、叶面积指数的增大而增加。Monje 和 Bugbee（1998）也曾指出在植物的不同生长阶段，CO_2 加富引起的冠层 α 值增加可达 $9\% \sim 30\%$。从分析方法上看，直角双曲线法是目前研究群落 α 值的主要方法。但这种方法拟合出的 α 值在时间尺度上比较大，反映的通常是数天或某一物候期内植物群落平均光合能力的变化，而有关温度、水分等单因子如何影响群落 α 值的研究几乎没有。

潜在量子效率（α_0）指一定 CO_2 分压下，氧气浓度接近零时的最大表观量子效率。它是一种理想状态下的取值，是理论上的虚拟值，常作为植物光合能力的重要参量出现在光合模型中。Peisker 和 Apel（1981）曾将 C_3 植物 α 值表达为有关 α_0、$[CO_2]$ 及 $[O_2]$ 的非线性

---

① 1ppm=10^{-6}，下同。

关系式，并指出高原地区虽然[CO_2]、[O_2]均偏低，但[CO_2]与[O_2]的比值和平原地区相差不大，因而高原 α 值普遍较低的主要原因是 α_0 较低。Farquhar 等（1980）的研究结果也表明，在[O_2]接近于零的条件下，当胞间[CO_2]为 0～60μbar 时，α_0 随 CO_2 增加几乎直线上升；胞间[CO_2]为 60～300μbar 时，α_0 随[CO_2]增加缓慢上升；胞间[CO_2]为 300～1500μbar 时，α_0 基本不随 CO_2 浓度变化。高原地区（拉萨）胞间[CO_2]在 150μbar 左右，其 α_0 应低于平原地区。α_0 作为植物群落的特征参数，会随群落类型的不同、群落结构的差异以及植被覆盖度等因素而变化，但针对同一种植物群落，α_0 应该是稳定的。因此，获取青藏高原高寒草甸的 α_0 是今后在该地区进行 α 的模型化以及光合作用模拟的重要一步。

低气压条件下有关 C_3 植物 α 值的研究多集中在叶片水平，群落水平的相关研究还非常少，而有关群落潜在量子效率（α_0）的研究几乎为零。涡度相关法，作为直接测定植被表层与大气间的 CO_2 和水热交换量的微气象学方法，为研究群落水平光合特征参数提供了可靠的途径。本节以 2003 年 7 月至 2005 年 8 月连续三个生长季在位于青藏高原腹地的当雄草原站用涡度相关法观测的碳通量数据为基础，利用低光强下 NEE 与 PAR 的线性响应关系（Ruimy et al., 1995）反算了高寒草甸群落表观量子效率。然后根据群落 α 值与温度的关系，结合 Goudriaan 模型（Goudriaan et al., 1985）探讨了低气压条件下的群落潜在量子效率（α_0），并分析了 α_0 随生长季的变化趋势以及与叶面积指数、水分等环境因子的关系。

一、研究区概况与研究方法

（一）研究区概况

研究区位于西藏当雄县草原站内。该研究区是以丝颖针茅（*Stipa capillacea*）、窄叶薹草（*Carex montis-everestii*）和高山嵩草（*Kobresia pygmaea*）为主要建群种的典型藏北高原高寒草甸，群落盖度约 80%。属于高原性季风气候，具有太阳辐射强、气温低、日较差大、年较差小的特点。多年平均气温 1.3℃，最冷月（1 月）均温–10.4℃，最热月均温 10.7℃，气温年较差 21.0℃，日较差 18.0℃，地面多年平均温度 6.5℃，冰冻期 3 个月（11 月至翌年 1 月）。多年年均降水量 476.8mm，其中 85.1%集中在 6～8 月，年蒸发量 1725.7mm，年平均湿润系数 0.28。年日照总时数 2880.9h，年太阳总辐射 7527.6MJ/m^2，光合有效辐射 3213.3MJ/m^2。土壤属于高山草甸土，结构为砂壤土，土壤厚度 0.3～0.5m，土壤砾石含量较高，达 30%，有机质含量 0.9%～2.97%，全氮含量 0.05%～0.19%，全磷含量 0.03%～0.07%，pH 6.2～7.7。

（二）研究方法

1. 野外观测

当雄高寒草甸通量观测站设在当雄草原站内，是中国科学院拉萨农业生态试验站的一个半定位工作站。该站距当雄县城 1km，地处 30°25′N，91°05′E，海拔 4333m。涡度相关系统高度为 2.1m，包括一套常规气象观测系统和一套开路系统。常规气象观测系统主要用于监测环境因子的变化，观测项目有风向、风速、空气温度、空气相对湿度、降雨量、大气压、光合有效辐射、净辐射、土壤温度（5cm、10cm、20cm、50cm、80cm）和土壤湿度（5cm、10cm、50cm）等。开路系统包括一个 CSAT3 的三维超声风速仪（Campbell Scientific Inc.）和一个 LI-7500 开路红外气体分析仪（LI-COR Inc.），主要用于观测植被与大气界面的 CO_2 及水热通量，观测频率为 10Hz。

另外，对群落叶面积指数动态的测定也与碳通量观测同步进行。根据高寒草甸植物生长期较短的特点，于生长季节（6 月初至 9 月中旬）每半月进行一次采样测定，样方面积为 $1/4m^2$，重复 5 次，以 AM200 叶面积仪（ADC BioScientific Ltd.）测定样方内植物绿色叶片的面积。叶面积指数（LAI）用单位土地面积上植物绿色叶面积所占的比例表示，单位 m^2/m^2。

2. 群落表观量子效率的计算

在探讨光合有效辐射（PAR）对净生态系统 CO_2 交换量（NEE）的响应关系时，目前使用较多的是直角双曲线法。事实上，低光强下 NEE 与 PAR 也符合很好的直线关系（Ruimy et al.，1995）。而且弱光下的群落冠层温度相对稳定，这也为研究群落 α 值与温度之间的关系提供了可能。因此，我们利用低光强 $[0 \leqslant PAR \leqslant 300\mu mol/(m^2 \cdot s)]$ 下 NEE 对 PAR 的直线响应这一特征来推算群落 α 值，同时计算对应的冠层温度（记作 T），留待下一步的分析。具体过程如下。

$$NEE = \alpha \cdot PAP - Rd \qquad (3\text{-}1)$$

式中，α 为群落表观量子效率（$\mu mol\ CO_2/\mu mol\ photon$），表征光合作用中的光能最大转化效率；NEE 为净生态系统碳通量 $[\mu mol\ CO_2/(m^2 \cdot s)$，规定生态系统为碳吸收时符号为负；碳排放时为正$]$；PAR 为光合有效辐射 $[\mu mol/(m^2 \cdot s)]$；Rd 为白天生态系统呼吸。

Goudriaan 等（1985）研究了 CO_2 增加对光合速率影响的计算方法，提出表观量子效率可以表示为式（3-2）。

$$\alpha = \frac{C_a - \Gamma}{C_a + 2\Gamma} \times \alpha_0 \qquad (3\text{-}2)$$

$$\Gamma = 42.7 + 1.68(T - 298) + 0.0012(T - 298)^2 \qquad (3\text{-}3)$$

式中，C_a 为大气中 CO_2 浓度（$\mu mol/mol$），此处取 350$\mu mol/mol$；α_0 为群落潜在量子效率（$\mu mol\ CO_2/\mu mol\ photon$）；$\Gamma$ 为随气温变化的 CO_2 补偿点（$\mu mol/mol$），可以根据平均空气温度求得；T 为平均空气温度（K）。

假设一天中植物群落的 α_0 是不变的，作如下规定：如果每日早晚各算出一个 α_0，则平均后当作该日的 α_0；如果只算出一个，则直接记作该日的 α_0；如果没有，则该日舍弃。

以 7 月 9 日、8 月 8 日为例，根据式（3-2）计算群落 α 值。如图 3-18 所示，在低光强下 NEE 与 PAR 符合很好的线性响应关系，相关系数 R^2 均达到了 0.9 以上。而且用于拟合 α 值的点所对应的冠层温度差别不大，平均变幅不超过 $\pm1°C$，有效地减少了温度变化对 α 值的影响。比较图 3-18A、B 可以发现，7 月 9 日上午弱光下的冠层温度较低，平均为 7.30°C，该温度下的 α 值为 $-0.0104\mu mol\ CO_2/\mu mol\ photon$；下午的冠层温度升至 12.80°C 左右，所对

应的 α 值为−0.0073μmol CO_2/μmol photon，绝对值下降了 0.0031μmol CO_2/μmol photon。同样地，8 月 8 日弱光下的冠层温度从上午的 8.00℃升高到下午的 10.60℃，α 绝对值也相应地从 0.0117μmol CO_2/μmol photon 降至 0.0102μmol CO_2/μmol photon。

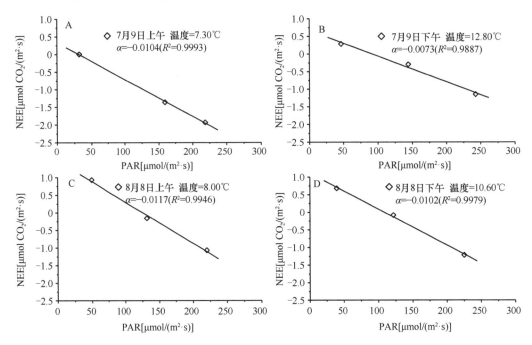

图 3-18　典型天内群落表观量子效率 α 值的计算（以 7 月 9 日、8 月 8 日为例）（Xu et al.，2007）

图中 α 的单位是μmol CO_2/μmol photon

二、群落表观量子效率的季节变化及影响因素

α_0 随生长季总体呈"两端低，中间高"的变化趋势，而且变化相对平缓，起伏不大（图 3-19）。6 月植物刚刚返青，α_0 仅 0.003μmol CO_2/μmol photon；7 月随着植物的生长，α_0 逐渐增大，并在 8 月中下旬植物生长最旺盛的时期达到最高，峰值约 0.016μmol CO_2/μmol photon；9 月植物开始变黄，群落光合能力迅速下降，α_0 降至 0.005μmol CO_2/μmol photon 左右；10 月中旬植物地上部分几乎完全枯萎，α_0 仅 0.002μmol CO_2/μmol photon，降至最低。需要注意的是，α_0 在 2005 年 7 月中上旬几乎零增长，一直稳定在 0.004μmol CO_2/μmol photon 附近（图 3-19C），低于 2004 年同期的观测值（0.009μmol CO_2/μmol photon），原因可能跟这一时期出现的严重水分胁迫有关。

2004 年与 2005 年生长季的水分状况有明显差异（图 3-20）。2004 年雨量充足，7 月至 9 月初土壤含水量一直保持在 0.2m³/m³ 以上（图 3-20A）；而 2005 年从 6 月开始土壤含水量就呈下降趋势，7 月中上旬出现了严重的水分胁迫，土壤含水量最低仅 0.067m³/m³；随后含水量开始上升（图 3-20B）。我们首先来分析水分充足时环境因子对 α_0 的影响。

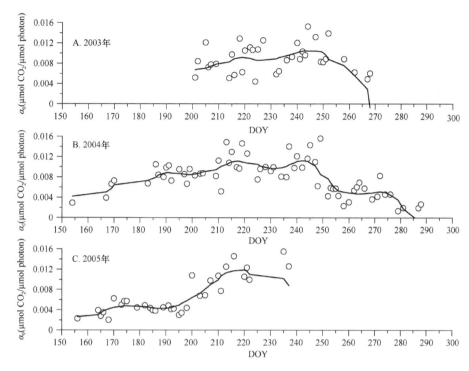

图 3-19　2003～2005 年生长季群落潜在量子效率（α_0）的季节变化（Xu et al.，2007）

叶面积指数（LAI）是反映植物群落生长状况的重要指标，我们以半个月为步长，比较了 2004 年群落 α_0 与 LAI 的变化趋势（图 3-21）。如图 3-21 所示，α_0 与 LAI 随生

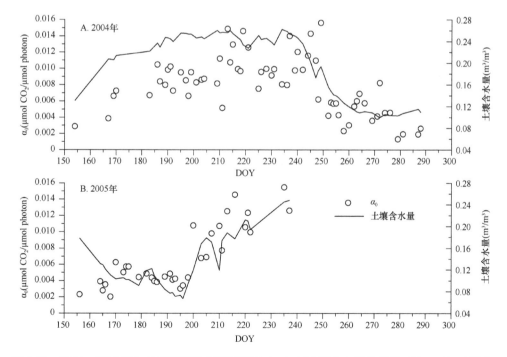

图 3-20　2004～2005 年生长季群落潜在量子效率（α_0）与土壤含水量的关系（Xu et al.，2007）

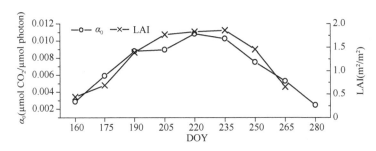

图 3-21　2004 年群落潜在量子效率（α_0）与叶面积指数（LAI）的关系（Xu et al., 2007）

长季变化的走势基本一致。6 月至 7 月初植物处于生长初期，LAI 逐渐增大，整个群落的光合能力也逐渐加强；二者均在 8 月植物生长最旺盛的时期达到峰值；9 月中旬植物开始变黄枯萎，LAI 迅速降低，α_0 也随之下降；10 月植物几乎完全枯萎，α_0 降到最低。可见，水分充足条件下的 α_0 能反映出群落植物的不同生长水平，在理论上讲应该是稳定的；但如果水分成为制约植物生长的限制因子，α_0 会随水分的变化而改变。α_0 与土壤含水量变化趋势的一致性就充分说明了这一点。2005 年 7 月 3 日（DOY 184）土壤含水量为 $0.122m^3/m^3$，对应的 α_0 为 $0.0044\mu mol\ CO_2/\mu mol\ photon$；随着水分胁迫的进一步加剧，7 月 15 日（DOY 196）的土壤含水量降到最低（$0.067m^3/m^3$），此时的 α_0 只有 $0.0034\mu mol\ CO_2/\mu mol\ photon$。随后，土壤含水量开始迅速上升，$\alpha_0$ 也随之增大。8 月 23 日（DOY 235）的土壤含水量增至 $0.245m^3/m^3$，α_0 也达到了 $0.016\mu mol\ CO_2/\mu mol\ photon$。

　　为了更加直观地分析生长季群落 α_0 与土壤水分的关系，以土壤含水量为横坐标，以 α_0 为纵坐标作图。如图 3-22 所示，土壤含水量约为 $0.06m^3/m^3$ 时 α_0 最低，仅 $0.003\mu mol\ CO_2/\mu mol\ photon$。随着土壤水分含量的增加，$\alpha_0$ 几乎呈线性增长，并在土壤含水量为 $0.2m^3/m^3$ 附近达到最大值。当水分含量超过 $0.2m^3/m^3$ 时，α_0 开始接近平台期，并一直稳定在 $0.014\mu mol\ CO_2/\mu mol\ photon$ 左右。青藏高原水热同期，水分是反映环境条件变化的重要指标。因此，可以根据土壤含水量对不同时期的群落 α_0 以分段函数的形式进行划分。

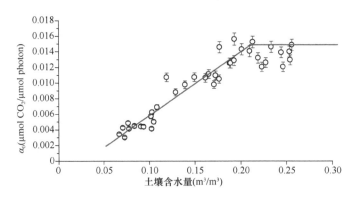

图 3-22　生长季群落潜在量子效率（α_0）与土壤含水量的关系（Xu et al., 2007）

三、小结

　　从分析方法上看，本研究利用了低光强下 NEE 与 PAR 的线性响应关系来推算高寒草甸群落表观量子效率。然后根据群落 α 值与温度的关系反演了低气压条件下的群落潜在量子效率（α_0）。由于表观量子效率、潜在量子效率这些概念最初均为叶片水平的定义，直接将叶片水平的理论应用于植物群落难免会有一些误差。例如，相对叶片而言，群落在弱光下对光强的变化不够敏感，导致 PAR 与 NEE 不够匹配。而且，群落无法控温，虽然低光强下冠层温度相对稳定，但仍有一定的波动。当雄地区植株矮小，植被稀疏，存在一定的空间异质性，这些都会对结果产生影响。但是，这种方法有其自身的优势。α_0 作为植物群落的特征参数，不同的生态系统有不同的取值。对于同一种植物群落，α_0 应该是稳定的。获得了 α_0 就可以进行植物群落 α 的模型化，从而为大尺度上的光合作用模拟提供一种途径。

对于当雄地区高寒草甸群落而言，α_0 值是水分、植物生长状况等多个因素影响的结果，最大值约为 $0.016\mu mol\ CO_2/\mu mol\ photon$。水分条件充足时，$\alpha_0$ 值的变化趋势与 LAI 基本一致，能反映出不同时期植物的生长水平；但如果出现水分胁迫，植物的生长必然受到制约，α_0 也会随之改变。也就是说，土壤水分状况是影响生长季群落 α_0 值的内在原因。而且，土壤水分含量在 $0.2m^3/m^3$ 附近是 α_0 的转折点。当含水量低于这个水平时，α_0 随水分的增加几乎呈线性增长；当含水量大于 $0.2m^3/m^3$ 时，α_0 开始趋于稳定。由于胞间 $[CO_2]$ 高于 $60\mu bar$ 时，α_0 随 CO_2 浓度变化的幅度很小，基本上可视为常数，因此可以根据 Goudriaan 模型对未来全球变化中不同温度水平下 CO_2 浓度增加时植物群落 α 值的变化情况进行预测。有研究表明，2030 年 CO_2 浓度将增至 460ppm，全球大气温度平均上升 1.7℃；至 2080 年，CO_2 浓度将增至 700ppm，全球大气温度平均上升 3℃。如果单纯考虑 2080 年 CO_2 浓度倍增时的影响，大气平均温度为 10℃（Γ =17ppm）时，α 增加约 7%；依此类推，平均温度为 15℃（Γ=26ppm）时，α 增加约 9%；平均温度为 20℃（Γ=34ppm）时，α 增加约 11%；平均温度为 25℃（Γ=42ppm）时，α 增加约 13%；平均温度为 30℃（Γ=51ppm）时，α 增加约 15%。当雄地区生长季月均温约为 10℃，CO_2 浓度倍增时群落 α 值将上升 7%左右，而大气平均温度上升极有可能会加剧这种变化。假设全球变化过程中青藏高原降水格局不发生变化，高寒草甸植物群落 α 值的上升会带来碳吸收能力的增加，该生态系统类型有潜力成为一个较大的碳汇。但是，温度升高的同时也会导致土壤呼吸的加剧，这又会加快温室气体的排放，不利于土壤层中碳的积累。全球变化时温度、降水、CO_2 浓度等环境因子会相互作用，这是一个复杂的变化过程，需要进一步研究和探讨。

参 考 文 献

白军红, 欧阳华, 徐惠风, 等. 2004. 青藏高原湿地研究进展. 地理科学进展, 23(4): 2-9.

曹广民, 李英年, 张金霞, 等. 2001. 环境因子对暗沃寒冻雏形土土壤 CO_2 释放速率的影响. 草地学报, 9(4): 307-312.

董鸣. 1996. 陆地生物群落调查观测与分析. 北京: 中国标准出版社.

方精云, 刘国华, 徐嵩龄. 1996. 中国陆地生态系统的碳库//王庚辰, 温玉璞. 温室气体浓度和排放监测及相关过程. 北京: 中国环境科学出版社: 109-128.

冯松, 汤懋苍, 王冬梅. 1998. 青藏高原是我国气候变化启动区的新证据. 科学通报, 43(6): 633-636.

胡启武, 吴琴, 刘影, 等. 2009. 湿地碳循环研究综述. 生态环境学报, 18(6): 2381-2386.

贾志军, 宋长春. 2006. 湿地生态系统 CO_2 净交换水汽通量及二者关系浅析. 生态与农村环境学报, 22(2): 75-79.

李璐, 潘艳秋, 张华颖. 2011. 湿地 CO_2 交换量测定方法论述. 环境与发展, 23(12): 43-45.

李文华, 周兴民. 1998. 青藏高原的生态系统和可持续经营方式. 广州: 广东科技出版社.

刘光崧. 1996. 土壤理化分析与剖面描述. 北京: 中国标准出版社.

刘允芬, 张宪洲, 周允华, 等. 2000. 西藏高原田间冬小麦的表观光合量子效率. 生态学报, 20(1): 35-38.

刘子刚. 2004. 湿地生态系统碳储存和温室气体排放研究. 地理科学, 24(5): 634-639.

孟伟庆, 吴绽蕾, 王中良. 2011. 湿地生态系统碳汇与碳源过程的控制因子和临界条件. 生态环境学报, 20(8-9): 1359-1366.

莫申国, 张百平, 程维明, 等. 2004. 青藏高原的主要环境效应. 地理科学进展, 23(2): 89-96.

石培礼, 张宪洲, 钟志明. 2004. 西藏高原低大气压下冬小麦表观光合量子产额及其对温度和胞间 CO_2 浓度变化的响应. 中国科学(D 辑: 地球科学), 34(增刊 II): 161-166.

孙鸿烈. 1996. 青藏高原的形成演化. 上海: 上海科学技术出版社.

王德宣, 宋长春, 王跃思. 2005. 若尔盖高原泥炭沼泽湿地 CO_2 呼吸通量特征. 生态环境, 14(6): 880-883.

王启基, 杨福囤, 史顺海. 1989. 高寒矮嵩草草甸地下生物量形成规律的初步研究//中国科学院西北高原生物研究所. 高寒草甸生态系统国际学术讨论会论文集. 北京: 科学出版社: 83-94.

王绍强, 周成虎, 罗承文. 1999. 中国陆地自然植被碳量空间特征探讨. 地理科学进展, 18(3): 238-244.

西藏自治区土地管理局, 西藏自治区畜牧局. 1994. 西藏自治区草地资源. 北京: 科学出版社.

徐玲玲, 张宪洲, 石培礼, 等. 2004. 青藏高原高寒草甸生态系统表观量子产额和表观最大光合速率的确定. 中国科学(D 辑: 地球科学), 34(增刊 II): 125-130.

徐玲玲, 张宪洲, 石培礼, 等. 2005. 青藏高原高寒草甸生态系统净二氧化碳交换量特征. 生态学报, 25(8): 1948-1952.

徐世晓, 赵新全, 李英年, 等. 2004. 青藏高原高寒灌丛生长季和非生长季 CO_2 通量分析. 中国科学(D 辑: 地球科学), 34(增刊 II): 118-124.

许大全. 1988. 光合作用效率. 植物生理学通讯, (5): 1-7.

于贵瑞, 温学发, 李庆康, 等. 2004. 中国亚热带和温带典型森林生态系统呼吸的季节模式及环境响应特征. 中国科学(D 辑: 地球科学), 34(增刊 II): 84-94.

张东秋, 石培礼, 张宪洲. 2005. 土壤呼吸主要影响因素的研究进展. 地球科学进展, 20(7): 778-785.

张法伟, 刘安花, 李英年, 等. 2008. 青藏高原高寒湿地生态系统 CO_2 通量. 生态学报, 28(2): 453-462.

张树源, 陆国泉, 武海, 等. 1992. 青海高原主要 C_3 植物的光合作用. 植物学报, 34(3): 176-184.

张宪洲, 石培礼, 刘允芬, 等. 2004. 青藏高原高寒草原生态系统 CO_2 排放及其碳平衡. 中国科学(D 辑: 地球科学), 34(增刊 II): 193-199.

赵亮, 古松, 徐世晓, 等. 2007. 青藏高原高寒草甸生态系统碳通量特征及其控制因子. 西北植物学报, 27(5): 859-863.

中国科学院青藏高原综合科学考察队. 1984. 西藏气候. 北京: 科学出版社.

中国湿地植被编辑委员会. 1999. 中国湿地植被. 北京: 科学出版社.

周兴民. 2001. 中国嵩草草甸. 北京: 科学出版社.

Adams J M, Faure H, Faure-Denard L, et al. 1990. Increases in terrestrial carbon storage from the Last Glacial Maximum to the present. Nature, 348(6303): 711-714.

Alm J, Schulman L, Walden J, et al. 1999. Carbon balance of a boreal bog during a year with an exceptionally dry summer. Ecology, 80(1): 161-174.

Andrew E, Shashi S, Verma B. 2001. Year-round observations of the net ecosystem exchange of carbon dioxide in a native tallgrass prairie. Global Change Biology, 7(3): 279-289.

Baldocchi D D, Falge E, Gu L H, et al. 2001. FLUXNET: A new tool to study the temporal and spatial variability of ecosystem-scale carbon dioxide, water vapor, and energy flux densities. Bulletin of the American Meteorological Society, 82(11): 2415-2434.

Baldocchi D D, Hicks B B, Meyers T P. 1988. Measuring biosphere-atmosphere exchange of biologically related gases with micrometeorological methods. Ecology, 69(5): 1331-1340.

Bonneville M C, Strachan I B, Humphreys E R, et al. 2008. Net ecosystem CO_2 exchange in a temperate cattail marsh in relation to biophysical properties. Agricultural and Forest Meteorology, 148(1): 69-81.

Brook A, Farquhar G D. 1985. Effect of temperature on the CO_2/O_2 specificity of ribulose-1,5-bisphosphate carboxylase/oxygenase and the rate of respiration in the light: Estimates from gas-exchange experiments on spinach. Planta, 165: 397-406.

Bubier J, Crill P, Mosedale A. 2002. Net ecosystem CO_2 exchange measured by autochambers during the snow-covered season at a temperate peatland. Hydrological Processes, 16(18): 3667-3682.

Bubier J L, Crill P M, Moore T R, et al. 1998. Seasonal patterns and controls on net ecosystem CO_2 exchange in a boreal peatland complex. Global Biogeochemical Cycles, 12(4): 703-714.

Burkett V, Kusler J. 2000. Climate change: Potential impacts and interactions in wetlands of the united states. Journal of the American Water Resources Association, 36(2): 313-320.

Carroll P, Crill P. 1997. Carbon balance of a temperate poor fen. Global Biogeochemical Cycles, 11(3): 349-356.

Chou W W, Silver W L, Jackson R D, et al. 2008. The sensitivity of annual grassland carbon cycling to the quantity and timing of rainfall. Global Change Biology, 14(6): 1382-1394.

Craine J W, Wedin D A, Chapin F S, et al. 1999. Predominance of ecophysiological controls on soil CO_2 flux in a Minnesota grassland. Plant and Soil, 207(1): 77-86.

Curiel Y J, Janssens I A, Carrara A, et al. 2004. Annual Q_{10} of soil respiration reflects plant phenological patterns as well as temperature sensitivity. Global Change Biology, 10(2): 161-169.

Desai A R, Bolstad P V, Cook B D. 2005. Comparing net ecosystem exchange of carbon dioxide between an old-growth and mature forest in the upper Midwest, USA. Agricultural and Forest Meteorology, 128(1-2): 33-55.

Dugas W A, Heuer M L, Mayeux H S. 1999. Carbon dioxide fluxes over bermudagrass, native prairie, and sorghum. Agricultural Forest and Meteorology, 93(2): 121-139.

Dušek J, Čížková H, Czerný R, et al. 2009. Influence of summer flood on the net ecosystem exchange of CO_2 in a temperate sedge-grass marsh. Agricultural and Forest Meteorology, 149(9): 1524-1530.

Ehleringer J, Pearcy R W. 1983. Variation in quantum yield for CO_2 uptake among C_3 and C_4. Plant Physiology, 73(3): 555-559.

Erwin K. 2009. Wetlands and global climate change: The role of wetland restoration in a changing world. Wetlands Ecology and Management, 17(1): 71-84.

Falge E, Baldocchi D D, Olson R J, et al. 2001. Gap filling strategies for defensible annual sums of net ecosystems exchange. Agricultural and Forest Meteorology, 107(1): 43-69.

Fang C, Moncrieff J B. 2001. The dependence of soil CO_2 efflux on temperature. Soil Biology and Biochemistry, 33(2): 155-165.

Farquhar G D, von Caemmerer S, Berry J A. 1980. A biochemical model of photosynthetic CO_2 assimilation in leaves of C_3 species. Planta, 149(1): 78-90.

Fay P, Carlisle J, Knapp A, et al. 2003. Productivity responses to altered rainfall patterns in a C_4-dominated grassland. Oecologia, 137(2): 245-251.

Ferrati R, Canziani G A, Moreno R D. 2005. Esteros del Ibera: hydrometeorological and hydrological characterization. Ecological Modelling, 186(1): 3-15.

Flanagan L B, Johnson B G. 2005. Interacting effects of temperature, soil moisture and plant biomass production on ecosystem respiration in a northern temperate grassland. Agricultural and Forest Meteorology, 130: 237-253.

Gorham E. 1991. Northern peatlands: Role in the carbon cycle and probable responses to climatic warming. Ecological Application, 1(2): 182-195.

Goudriaan J, van Laar H, van Keulen H, et al. 1985. Photosynthesis, CO2 and plant production//Day W,

Atkin R K. Wheat Growth and Modelling, NATO ASI Series A, Life Science, Volume 86. New York: Plenum Press: 107-122.

Grantz D A. 1990. Plant-response to atmospheric humidity. Plant, Cell and Environment, 13(7): 667-679.

Griffis T J, Black T A, Gaumont-Guaya D, et al. 2004. Seasonal variation and partitioning of ecosystem respiration in a southern boreal aspen forest. Agricultural and Forest Meteorology, 125(3-4): 207-223.

Gu S, Tang Y H, Du M Y, et al. 2003. Short-term variation of CO_2 flux in relation to environmental controls in an alpine meadow on the Qinghai-Tibetan Plateau. Journal of Geophysical Research, 108(7): 4670-4679.

Ham J M, Knapp A K. 1998. Fluxes of CO_2, water vapor, and energy from a prairie ecosystem during the seasonal transition from carbon sink to carbon source. Agriculture and Forest Meteorology, 89(1): 1-14.

Han G X, Yang L Q, Yu J B, et al. 2012. Environmental controls on net ecosystem CO_2 exchange over a reed (*Phragmites australis*) wetland in the Yellow River delta, China. Estuaries and Coasts, 36(2): 401-413.

Hanson P J, Edwards N T, Garten C T, et al. 2000. Separating root and soil microbial contributions to soil respiration: A review of methods and observations. Biogeochemistry, 48(1): 115-146.

Hao Y B, Cui X Y, Wang Y F, et al. 2011. Predominance of precipitation and temperature controls on ecosystem CO_2 exchange in Zoige alpine wetlands of Southwest China. Wetlands, 31(2): 413-422.

Hendriks D M D, van Huissteden J, Dolman A J, et al. 2007. The full greenhouse gas balance of an abandoned peat meadow. Biogeosciences, 4(3): 411-424.

Hirota M, Tang Y H, Hu Q W, et al. 2006. Carbon dioxide dynamics and controls in a deep-water wetland on the Qinghai-Tibetan Plateau. Ecosystems, 9(4): 673-688.

Hunt J E, Kelliher F M, McSeveny T M, et al. 2002. Evaporation and carbon dioxide exchange between the atmosphere and a tussock grassland during a summer drought. Agricultural and Forest Meteorology, 111(1): 65-82.

Huxman T, Snyder K A, Tissue D, et al. 2004. Precipitation pulses and carbon fluxes in semiarid and arid ecosystems. Oecologia, 141(2): 254-268.

IPCC. 2001. Climate Change 2001: The Scientific Basis. Third Assessment Report of the Intergovernmental Panel on Climate Change. Cambridge: Cambridge University Press.

Janssens I A, Kowalski A S, Longdoz B, et al. 2000. Assessing forest soil CO_2 efflux: An in situ comparison of four techniques. Tree Physiology, 20(1): 23-32.

Janssens I A, Lankreijer H, Matteucci G, et al. 2001. Productivity overshadows temperature in determining soil and ecosystem respiration across European forests. Global Change Biology, 7(3): 269-278.

Janssens I A, Pilegaard K I M. 2003. Large seasonal changes in Q_{10} of soil respiration in a beech forest. Global Change Biology, 9(6): 911-918.

Jungkunst H F, Flessa H, Scherber C, et al. 2008. Groundwater level controls CO_2, N_2O and CH_4 fluxes of three different hydromorphic soil types of a temperate forest ecosystem. Soil Biology and Biochemistry, 40(8): 2047-2054.

Kato T, Tang Y H, Gu S, et al. 2004. Carbon dioxide exchange between the atmosphere and an alpine meadow ecosystem on the Qinghai-Tibetan Plateau, China. Agricultural and Forest Meteorology, 124(1-2): 121-134.

Kim J, Verma S B. 1990. Carbon dioxide exchange in a temperate grassland ecosystem. Boundary Layer Meteorology, 52(1-2): 135-149.

Kirschbaum M U F. 1995. The temperature dependence of soil organic matter decomposition, and the effect on global warming on soil organic C storage. Soil Biology and Biochemistry, 27(6): 753-760.

Lafleur P M, Moore T R, Roulet N T, et al. 2005. Ecosystem respiration in a cool temperate bog depends on peat temperature but not water table. Ecosystems, 8(6): 619-629.

Lafleur P M, Roulet N T, Admiral S W. 2001. Annual cycle of CO_2 exchange at a bog peatland. Journal of Geophysical Research, 106(D3): 3071-3079.

Larmola T, Alm J, Juutinen S, et al. 2003. Ecosystem CO_2 exchange and plant biomass in the littoral zone of a boreal eutrophic lake. Freshwater Biology, 48(8): 1295-1310.

Li Y N, Zhao L, Zhao X Q, et al. 2007. The features of soil organic matters supplement and CO_2 exchange between ground and atmosphere in alpine wetland ecosystem. Journal of Glaciology and Geocryology,

29(6): 91-99.

Liu X D, Chen B D. 2000. Climatic warming in the Tibetan Plateau during recent decades. International Journal of Climatology, 20(14): 1729-1742.

Lloyd J, Taylor J A. 1994. On the temperature dependence of soil respiration. Functional Ecology, 8(3): 315-323.

Lund M, Roulet N, Lindroth A, et al. 2009. Variability in exchange of CO_2 across 12 northern peatland and tundra sites. Global Change Biology, 16(9): 2436-2448.

Luo Y Q, Hui D F, Cheng W X, et al. 2000. Canopy quantum yield in a mesocosm study. Agricultural and Forest Meteorology, 100(1): 35-48.

Michaelis L, Menten M L. 1913. Die Kinetik der invertinwirkung. Biochemische Zeitschrift, 49(3): 333-369.

Monje O, Bugbee B. 1998. Adaption to high CO_2 concentration in an optimal environment: Radiation capture, canopy quantum yield and carbon use efficiency. Plant, Cell and Environment, 21(3): 315-324.

Monson R K, Turnipseed A A, Sparks J P, et al. 2002. Carbon sequestration in a high-elevation, subalpine forest. Global Change Biology, 8(5): 459-478.

Moore T R, Bubier J L, Frolking S E, et al. 2002. Plant biomass and production and CO_2 exchange in an ombrotrophic bog. Journal of Ecology, 90(1): 25-36.

Moore T R, Knowles R. 1989. The influence of water table levels on methane and carbon bioxide emissions from peatland soils. Canadian Journal of Soil Science, 69(1): 33-38.

Nelson T E, Sollins P. 1973. Continuous measurement of carbon dioxide evolution from partitioned forest floor components. Ecology, 54(2): 406-412.

Nieveen J P, Jacobs C M J, Jacobs A F G. 1998. Diurnal and seasonal variation of carbon dioxide exchange from a former true raised bog. Global Change Biology, 4(8): 823-833.

Niu B, He Y T, Zhang X Z, et al. 2017. CO_2 exchange in an alpine swamp meadow on the Central Tibetan Plateau. Wetlands, 37(3): 525-543.

Nonhebel S. 1993. Effects of changes in temperature and CO_2 concentration on simulated spring wheat yields in the Netherlands. Climate Change, 24(4): 311-329.

Oechel W C, Vourlitis G L, Hastings S J, et al. 1998. The effects of water table manipulation and elevated temperature on the net CO_2 flux of wet sedge tundra ecosystems. Global Change Biology, 4(1): 77-90.

Oreskes N. 2004. The scientific consensus on climate change. Science, 306(5702): 1686.

Parton W, Morgan J, Smith D, et al. 2012. Impact of precipitation dynamics on net ecosystem productivity. Global Change Biology, 18(3): 915-927.

Paul S, Jusel K. 2006. Reduction processes in forest wetlands: Tracking down heterogeneity of source/link functions with a combination of methods. Soil Biology and Biochemistry, 38(5): 1028-1039.

Peisker M, Apel P. 1981. Influence of oxygen on photosynthesis and photorespiration in leaves of *Triticum aestivum* L. 4. oxygen dependence of apparent quantum yield of CO_2 uptake. Photosynthetica, 15(4): 435-441.

Raich J W, Schlesinger W H. 1992. The global carbon dioxide flux in soil respiration and its relationship to vegetation and climate. Tellus, 44(B): 81-99.

Rawson H M, Begg J E, Woodward R G. 1977. The effect of atmospheric humidity on photosynthesis, transpiration and water use efficiency of leaves of several plant species. Planta, 134(1): 5-10.

Ruimy A, Javis P G, Baldocchi D D, et al. 1995. CO_2 fluxes over plant canopies and solar radiation: A review. Advance in Ecological Research, 26: 1-68.

Sabine C L. 2004. Current Status and Past Trends of the Global Carbon Cycle, Scope-Scientific Committee on Problems of the Environment International Council of Scientific Unions. Washington: Island Press: 17-44.

Sahagian D, Melack J, Birkett C, et al. 1998. Global wetland distribution and functional characterization: Trace gases and the hydrologic cycle: Report from the joint GAIM, BAHC, IGBP-DIS, IGAC and LUCC workshop, Santa Barbara, CA, USA, 16-20 May 1996. IGBP Report 46.

Schedlbauer J L, Oberbauer S F, Starr G, et al. 2010. Seasonal differences in the CO_2 exchange of a short-hydroperiod Florida everglades marsh. Agricultural and Forest Meteorology, 150(7-8): 994-1006.

Sharp E D, Sullivan P F, Steltzer H, et al. 2013. Complex carbon cycle responses to multi-level warming and supplemental summer rain in the high Arctic. Global Change Biology, 19(6): 1780-1792.

Shi P L, Xu L L, Zhang X Z, et al. 2006. Net ecosystem CO_2 exchange and controlling factors in a steppe—*Kobresia* meadow on the Tibetan Plateau. Science in China Series D: Earth Sciences, 49(S2): 207-218.

Silvola J, Alm J, Ahlholm U, et al. 1996. CO_2 fluxes from peat in boreal mires under varying temperature and moisture conditions. Journal of Ecology, 84(2): 23-31.

Singh J S, Gupta S R. 1977. Plant decomposition and soil respiration in terrestrial ecosystems. The Botanical Review, 43(3): 449-528.

Sjögersten S, Wookey P A. 2002. Climatic and resource quality controls on soil respiration across a forest–tundra ecotone in Swedish Lapland. Soil Biology and Biochemistry, 34(11): 1633-1646.

Song C C, Xu X F, Tian H Q. 2009. Ecosystem-atmosphere exchange of CH_4 and N_2O and ecosystem respiration in wetlands in the Sanjiang Plain, northeastern China. Global Change Biology, 15(3): 692-705.

Tao W K, Lang S. 1996. Mechanisms of cloud-radiation interaction in the tropics and middle altitudes. Journal of the Atmospheric Sciences, 53(18): 2624-2651.

Tjoelker M G, Oleksyn J, Reich P B. 2001. Modelling respiration of vegetation: Evidence for a general temperature-dependent Q_{10}. Global Change Biology, 7(2): 223-230.

Tong C, Wang C, Huang J F, et al. 2014. Ecosystem respiration does not differ before and after tidal inundation in brackish marshes of the Min River estuary, Southeast China. Wetlands, 34(2): 225-233.

Valentini R, Gamon J A, Field C B. 1995. Ecosystem gas exchange in a California grassland: Seasonal patterns and implication for scaling. Ecology, 76(6): 1940-1952.

Verma S B, Kim J, Clement R J. 1992. Momentum, water vapor, and carbon dioxide exchange at a centrally located prairie site during FIFE. Journal of Geophysics Research, 97(D17): 18629-18639.

Waddington J M, Roulet N T. 1996. Atmosphere-wetland carbon exchanges: Scale dependency of CO_2 and CH_4 exchange on the developmental topography of a peatland. Global Biogeochemical Cycles, 10(2): 233-245.

Wang C L, Zhang Y L, Wang Z F, et al. 2010. Analysis of landscape characteristics of the wetland systems in the Lhasa River Basin. Resources Science, 32(9): 1634-1642.

Wang D X, Song C C, Wang Y Y, et al. 2008. CO_2 fluxes in mire and grassland on Ruoergai plateau. Chinese Journal of Applied Ecology, 19(2): 285-289.

Wang G X, Qian J, Cheng G D, et al. 2002. Soil organic carbon pool of grassland soils on the Qinghai-Tibetan Plateau and its global implication. Science of The Total Environment, 291(1-3): 207-217.

Wardle D A, Bardgett R D, Klironomos J N, et al. 2004. Ecological linkages between aboveground and belowground biota. Science, 304(5677): 1629-1633.

Webb E K, Pearman G I, Leuning R. 1980. Correction of flux measurements for density effects due to heat and water vapor transfer. Quarterly Journal of the Royal Meteorological Society, 106(447): 85-100.

Wickland K P, Striegl R G, Mast M A, et al. 2001. Carbon gas exchange at a southern Rocky Mountain wetland, 1996-1998. Global Biogeochemical Cycles, 15(2): 321-335.

Wohlfahrt G, Anderson-Dunn M, Bahnet M, et al. 2008. Biotic, abiotic, and management controls on the net ecosystem CO_2 exchange of European mountain grassland ecosystems. Ecosystems, 11(8): 1338-1351.

Xu L K, Baldocchi D D. 2004. Seasonal variation in carbon dioxide exchange over a Mediterranean annual grassland in California. Agricultural and Forest Meteorology, 123(1-2): 79-96.

Xu L L, Zhang X Z, Shi P L, et al. 2007. Modeling the maximum apparent quantum use efficiency of alpine meadow ecosystem on Tibetan Plateau. Ecological Modelling, 208: 129-134.

Xu M, Qi Y. 2001. Spatial and seasonal variations of Q_{10} determined by soil respiration measurements at a Sierra Nevadan Forest. Global Biogeochemical Cycles, 15(3): 687-696.

Yang J S, Liu J S, Hu X J, et al. 2013. Effect of water table level on CO_2, CH_4 and N_2O emissions in a freshwater marsh of Northeast China. Soil Biology and Biochemistry, 61(10): 52-60.

Zhang F W, Liu A H, Li Y N, et al. 2008. CO_2 flux in alpine wetland ecosystem on the Qinghai-Tibetan

Plateau. Acta Ecologica Sinica, 28(2): 453-462.

Zhang L M, Yu G R, Sun X M, et al. 2006. Seasonal variations of ecosystem apparent quantum yield (α) and maximum photosynthesis rate (P_{max}) of different forest ecosystems in China. Agricultural and Forest Meteorology, 137(3-4): 176-187.

Zhang T, Xu M J, Xi Y, et al. 2014. Lagged climatic effects on carbon fluxes over three grassland ecosystems in China. Journal of Plant Ecology, 8(3): 291-302.

Zhao L, Li J, Xu S X, et al. 2010. Seasonal variations in carbon dioxide exchange in an alpine wetland meadow on the Qinghai-Tibetan Plateau. Biogeosciences, 7(4): 1207-1221.

Zhao L, Li Y N, Xu S X, et al. 2006. Diurnal, seasonal and annual variation in net ecosystem CO_2 exchange of an alpine shrubland on Qinghai-Tibetan Plateau. Global Change Biology, 12(10): 1940-1953.

Zhao L, Li Y N, Zhao X Q, et al. 2005. Comparative study of the net exchange of CO_2 in 3 types of vegetation ecosystems on the Qinghai-Tibetan Plateau. Chinese Science Bulletin, 50(16): 1767-1774.

Zhao X Q, Zhou X M. 1999. Ecological basis of alpine meadow ecosystem management in Tibet: Haibei Alpine Meadow Ecosystem Research Station. Ambio, 28(8): 642-647.

Zhou L, Zhou G S, Jia Q Y. 2009. Annual cycle of CO_2 exchange over a reed (*Phragmites australis*) wetland in Northeast China. Aquatic Botany, 91(2): 91-98.

Zhou X H, Wan S Q, Luo Y Q. 2007. Source components and interannual variability of soil CO_2 efflux under experimental warming and clipping in a grassland ecosystem. Global Change Biology, 13(4): 761-775.

第四章　青藏高原植物物候对全球变化的响应及机理

物候是指植物受气候和其他环境因子的影响而出现的以年为周期的自然现象，包括植物的发芽、展叶、开花、叶变色、落叶，是植物长期适应季节性变化而形成的生长发育节律（张福春，1985）。物候期的早晚综合地反映了气候等环境因子的变化，是气候与自然环境变化的重要指示性指标（竺可桢，1972；Bradley et al.，1999）。

物候监测结果可以为生态学研究提供基础数据，同时也可为植物生长和发育模型的设计及试验提供基础（Spano et al.，1999）。因此，掌握物候变化规律在预报农时、指示病虫害、保护生态环境及预测气候变化趋势等方面具有重要理论价值和现实意义。目前大量研究表明受全球气候变化的影响，植物物候已经发生并正在发生变化（郑景云等，2002），而植物物候可能是自然界对气候变化响应的最为敏感且易观测的指标，可以通过植物物候来监测气候的变化，可以将植物物候作为生态系统对气候变化响应的感应器。因此在全球变化背景下探究植物物候对气候变化的响应及反馈将变得更为重要（Piao et al.，2006）。一方面，植被物候能够调控关键生态过程，如影响地表反照率、碳水通量等，通过这些过程进一步改变大气的成分和结构，进而调控局部气候；另一方面，改变了的大气和气候又能直接或间接地影响植被物候（图 4-1）（Richardson et al.，2013）。因此，研究植被物候对气候变化的响应有助于理解地气系统间物质与能量交换的模拟精度，在准确评估植被生产力与全球碳收支等方面具有重要意义（李荣平等，2006；范广洲和贾志军，2010；

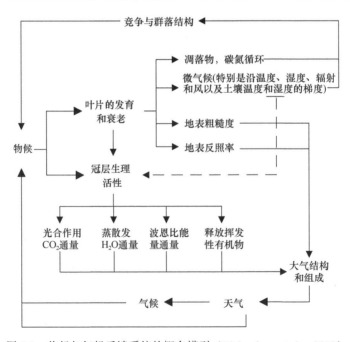

图 4-1　物候与气候反馈系统的概念模型（Richardson et al.，2013）

王连喜等，2010）。原始农业生产参照自然物候变化确定农时，春季物候不仅对春季季节早晚有指示作用，而且对生长季的热量状况也有预报作用，很多地方的农业生产历来是通过物候来确定季节和农时，因此认识自然季节现象的变化规律，服务于农业生产和科学研究就成为现代物候研究的重要目的（张福春，1985）。

到了近几十年，气候变化越来越受到学者的重视，高纬度和高海拔生态系统对气候变化更为敏感而响应迅速（IPCC，2007），青藏高原作为独立的地理单元在全球变化中起着尤为重要的作用，其生态系统对区域和全球变化的响应异常敏感，引起了众多研究者的关注，在全球变化研究中日益受到重视（Piao et al.，2006）。青藏高原作为地球第三极，平均海拔 4000m 以上，总体面积接近 300 万 km^2，东西、南北分别跨越 31 个经度带和 13 个纬度带。多手段观测结果表明，近几十年来青藏高原地表温度不断升高（Liu and Chen，2000；郑度等，2002；姚檀栋和朱立平，2006；Duan and Xiao，2015）。《西藏高原环境变化科学评估》（2015 年）指出，青藏高原升温速率是同期全球增温速率的 2 倍。青藏高原作为全球气候重要的调节地带，对全球气象的变化有着举足轻重的作用。因此，以青藏高原作为研究对象，开展长期物候监测，展现青藏高原物候时空格局，明晰物候与气象要素之间的关系，能够揭示青藏高原的重要生态功能。

第一节　物候监测和提取方法

物候的监测方法包括传统方法和遥感监测。传统方法指通过布置野外站点进行人工实测。20 世纪 60 年代初，在竺可桢先生的领导下，我国开始了物候方面的研究工作，中国科学院建立了物候观测网络（宛敏渭，1982）。20 世纪八九十年代开始，有少部分学者依据观测资料对有关物候现象以及物候与气候变化的关系进行了初步研究（张福春，1995；陈效逑和张福春，2001）。例如，郑景云等（2002）利用中国科学院物候观测网络 26 个观测站点的物候资料及气象观测资料，分析了近 40 年温度变化对我国木本植物物候的影响。

在植株尺度上，人工观测确定不同植物物候期在物候学的发展过程中同样也发挥着不可替代的作用。该方法不仅具有时间和个体分辨率高的特点，同时也能够准确地记录植被的生长阶段，是当前物候学研究数据的最主要来源（表 4-1）（翟佳等，2015）。物候观测资料贵在长期和连续，长期的人工观测植物物候为研究特定地点某个物种对气候变化的响应提供了可靠材料，并且可用于植物物候对气候变化的响应分析，这些长期观测记录也可以为遥感监测物候提供数据验证（夏传福等，2013）。目前模拟全球变化对植物物候影响的相关研究主要是基于人工观测，因此下文所阐述的物候记录和物候期的计算方法也是基于人工观测。

表 4-1　四种物候研究方法的对比（翟佳等，2015）

研究方法	适用尺度	优点	不足
人工观测	植株	时空分辨率高、数据长期连续	人力成本高、空间代表性差
数字相机观测	群落冠层	连续、定期、成本低	位置固定不灵活、受天气影响、后期处理过程复杂
涡度相关法观测	生态系统	快速、连续、覆盖范围广	缺少统一的阈值评价方法、生态意义不明确
遥感光学监测	景观	全空间覆盖	不能识别具体物候

一、人工观测物候方法

(一)物候记录方法

关于杂类草和禾草类的繁殖期阶段记录,分别采用 6 分制(Price and Waser,1998)和 4 分制(Dunne et al.,2003)对物候状态进行打分。对于杂类草植物,植物繁殖期物候可分为 6 个阶段:0,未开花(展叶);1,出现花苞;2,开花;3,老花;4,果实发育;5,果实胀大;6,果实开裂。对于禾草类,植物繁殖物候期可分为 5 个阶段:0,小穗尚在苞叶内;1,小穗已伸出苞叶外;2,花粉囊或花柱已伸出;3,种子正在发育;4,种子脱落。当植物物候记录达到 6 或 4 时,终止该物种的生殖物候观测。在物候观测时,将每个植株上花(或花序)的所有生殖物候状态分值进行非加权平均,记录为该植株个体的生殖物候分值(Dunne et al.,2003),如图 4-2 所示,同一植株上同时出现不同的几个物候状态,应将各物候状态的分值进行平均处理,其平均值计为该植株的物候分(李元恒等,2014;Han et al.,2016)。

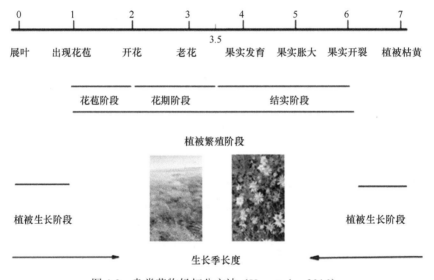

图 4-2 杂类草物候打分方法(Han et al.,2016)

(二)物候期计算方法

3~5 天的观测间隔难以准确获取物种的开花和结果时间(Xia and Wan,2013),因此,通常采用统计模型对物候分值进行模拟,如线性回归模型(Price and Waser,1998)、贝叶斯统计模型(Bjorkman et al.,2015)、Richards 生长方程等(Richards,1959)。Richards 生长方程已成功用于描述北美洲高草草原植物物候对增温和增加降水的响应(Sherry et al.,2007)与我国温带草原植物物候对增温的响应(Xia and Wan,2013)。其方程为

$$Y = \frac{K}{\left(1 + a\mathrm{e}^{-bX}\right)^m} \qquad (4\text{-}1)$$

式中，Y 为按照图 4-2 的物候阶段打分标准，根据现场观测的打分值；X 为人工观测物候的时间（每年 1 月 1 日记为 1，1 月 2 日记为 2，依此类推）；K 为最大化的生长，即物候打分时的最大值，非禾本科为 6 分，禾本科为 4 分时的植物生长；a 为被评价物种开始观察日期的启动参数；b 为观察时期内的生殖物候速率；m 为曲线形状变异参数。在每一个生长季中，每个物候的打分序列必须符合 Richards 生长方程（$R^2 > 0.97$，$P < 0.05$），并且找到符合该方程的最适合的估测参数，确定每个样方不同物种的 4 个参数，就可以准确计算开花和结实时间，4 个参数的计算在 MATLAB 软件中实现，主要采用缩张算法，运用矩阵进行非线性拟合（Shiliang et al.，1998）。

每个物候期对应的日期可以由式（4-1）转换求得，转换后的公式如下

$$X = -\frac{1}{b}\ln\left(\frac{\sqrt[m]{\dfrac{K}{Y}} - 1}{a}\right) \qquad (4\text{-}2)$$

依据式（4-2）计算每一物种不同处理下的现蕾时间（budding time）、开花时间（flowering time）、结实时间（fruiting time）和开花持续时间（flowering duration）。其中，现蕾时间规定为非禾本科和禾本科植物的物候分值为 1 分时对应的日期；开花时间规定为非禾本科和禾本科植物物候分值为 2 分时对应的日期；结实时间规定为非禾本科、禾本科植物的物候分值分别为 3 分和 2.5 分时对应的日期；非禾本科植物的开花持续时间为从开花（2 分时）到花衰老（3 分时）的持续时间，禾本科的开花持续时间为从开花（2 分时）到结实（2.5 分时）的持续时间。

二、遥感监测物候方法

青藏高原地广人稀，自然条件恶劣，区域环境差异巨大，监测站点稀少，有限样点的物候观测数据难以精确地揭示高原地区物候格局的时空变化特征。因此，有必要运用大尺度的空间监测方法对青藏高原地区物候现象进行长期动态监测。近年来，随着科技的不断发展，卫星遥感技术已被应用到物候学的观测中来，遥感观测具有全空间覆盖的观测优势，因此遥感影像能够实时而全面地描述整个生态系统的物候变化状况（表 4-1），尤其是对植物生长开始和结束日期定位清晰，这促进了物候学的进一步发展，尤其是在大尺度上对于认识植物物候时空动态变化发挥了重要的作用（翟佳等，2015）。在区域尺度上，涡度相关技术以其快速、连续和非破坏性的独特优势，被认为是现今唯一能直接测量生物圈与大气间能量和物质交换通量的标准方法（周磊等，2012），该方法能在较大尺度上反映植被的物候进程，从而可以为植物物候遥感识别方法的评价提供参考数据（牟敏杰等，2012）。在生态系统尺度上物候相机作为近地面遥感的一种新的观测方法（Richardson et al.，2009），在野外条件下能够实现植被群落冠层图像数据的自动连续观测，具有一致性高、成像成本

低等特点（Sonnentag et al.，2012）（表 4-1），也可为验证遥感观测提供数据支持（Richardson et al.，2007）。

遥感监测是指运用航空或卫星等所携带的传感器收集环境的电磁波信息，对远离的环境目标进行监测，识别环境质量状况的技术，它能够长时间、大面积同步观测，具有很强的数据优势（梅安新，2001）。目前，遥感手段监测物候多使用能够表征植被绿度信息的归一化植被指数（NDVI）、增强型植被指数（EVI）等数据产品（Yu et al.，2010；Piao et al.，2011；Liu et al.，2014；Shen et al.，2014），主要产品类型包括 GIMMS3g NDVI 数据产品、SPOT NDVI 数据产品、MODIS NDVI 数据产品和 MODIS EVI 数据产品等。对获取得到的数据产品，通过 NDVI/EVI 时间序列的重建方法，如傅里叶变换法、最佳指数斜率提取方法、Savitzky-Golay（S-G）滤波法、时间窗内的线性内插法、谐波分析法、HANTS 平滑方法、非对称高斯函数法等，构建得到以天为时间尺度的 NDVI/EVI 年变化曲线（Zhang et al.，2013；Liu et al.，2016a；Cong et al.，2017）。而后利用诸如阈值法、最大斜率法、曲率曲线法、移动平均法等多种计算方法获取植被物候指标（返青期、枯黄期等）（Dall'Olmo and Karnieli，2002；Jonsson and Eklundh，2002；Schwartz et al.，2002；Zhang et al.，2003）。

但不同遥感数据产品分析青藏高原地区物候对气候变化响应的相关结论存在不确定性和争议性（Zhang et al.，2013）。数据的不确定性导致通过气候因子与植物物候之间的年际变化关系很难准确预测其对未来全球变化的响应格局。尽管如此，遥感技术在大尺度上认识植物物候时空动态变化方面仍发挥着不可替代的作用。与遥感技术相比，模拟全球变化的控制实验不仅有助于我们理解温度、CO_2 富集、N 沉降等全球变化因子影响植物的物候过程，而且也可以为遥感研究提供地面数据验证，因此，模拟全球变化的控制实验在研究青藏高原植物物候对未来气候变化的响应方面仍占据重要地位。

第二节　群落尺度高寒植物物候对全球变化的响应

一、植物物候对温度变化的响应

青藏高原高海拔、高纬度地区的低温限制了植物生长季的长度，温度升高对高寒植物物候的影响可能更强（Dorji et al.，2013），但与温带草原的物候研究相比，青藏高原的物候研究相对滞后（孟凡栋等，2014；Shen et al.，2015a）。目前在青藏高原的植物物候研究大多使用遥感等技术手段（Shen et al.，2015b），而增温控制实验研究较少，主要是模拟增温和不增温两个梯度，多梯度增温实验更少（Zhu et al.，2016）。基于长时间序列的物候观测发现，增温和降温共同调节植物物候期的变化（Wolkovich et al.，2012），然而在青藏高原关于降温对植物物候影响的研究较少（Wang et al.，2014a，2014b；Jiang et al.，2016；Li et al.，2016；Meng et al.，2016a，2016b）。

（一）植物物候对增温的响应

与物候的长时间序列观测（Chen et al.，2011）和遥感监测（Piao et al.，2011）结果相似，模拟增温同样可以提前植物的返青期（Jiang et al.，2016）。温度升高可以缓解低温对植物生长发育的限制作用，尤其是在青藏高原地区，因此，增温会促进植物生长（阿舍小虎，2013），但与此同时，土壤水分蒸发和植物蒸腾作用增强将会给植物生长发育带来不利影响，尤其是浅根物种受影响较大，在高寒草甸的研究发现增温显著推迟了浅根植物的返青期（Dorji et al.，2013；Zhu et al.，2017a）。

相比于植物返青期时间变化的研究，有关植物繁殖期时间变化及持续时间的相关研究较多。植物的形态特征、生理特征及生活史性状等调节着植物物候对增温的响应（Hoffmann et al.，2010），研究发现由于灌木的根系发达，能利用深层土壤水分，因此，增温可能提前灌木的花期物候，并且延长其开花持续时间（Xu et al.，2009）。增温同样可以提前深根草本植物的繁殖期物候，如增温可以提前深根-晚花植物紫花针茅和矮羊茅的繁殖时间（朱军涛，2016）。但增温对土壤水分的消极作用将制约浅根植物的繁殖期及繁殖成功率，如温度升高可以推迟浅根-早花物种高山嵩草的繁殖期，并且减少其花序数量（Dorji et al.，2013）。总之，植物的性状和生活史特征在植物繁殖物候响应气候变化过程中有至关重要的作用（Wang et al.，2014b）。

目前在青藏高原通过模拟增温实验探究不同物候期变化的研究主要集中于单个物候期，其中繁殖期物候研究较多（Dorji et al.，2013），但很少从生活史不同物候序列开展相关研究（Wang et al.，2014a；Jiang et al.，2016），而相关研究已经发现植物往往会根据前一个物候期的变化决定后一个物候期的时间（Haggerty et al.，2011；Dorji et al.，2013）。例如，研究发现开花物候的改变将引起果实成熟期的改变（Dorji et al.，2013；Wang et al.，2014a），但是也有研究表明，尽管增温可以提前高寒草甸植物的营养期物候，推迟枯黄期物候，但是果实期物候则相对稳定（Jiang et al.，2016）。

植被物候的开始时间、结束时间及持续时间是物候的基本特征（Wang et al.，2014a；Li et al.，2016），但是相较于各物候期的起始时间和结束时间变化，对于每个物候期的持续时间是如何响应气候变化的关注更少（Wang et al.，2014a）。相关研究发现，虽然植物繁殖期物候开始时间变化比持续时间变化对气候变化的响应程度更强（Wang et al.，2014a），但是植物繁殖期和营养期物候对增温的响应存在权衡，增温条件下高寒植物主要通过延长开花期而延长其繁殖期，进而延长其整个生长季（Li et al.，2016）。群落中不同物种及功能群的繁殖期物候开始时间及持续时间对增温响应的差异可能导致繁殖时间的重叠。例如，在藏北高寒草甸的研究发现增温缩短了 3 种类型植物的开花持续时间，同时增加了相邻物种间开花时间的生态位重叠（图 4-3），意味着增温改变了藏北高寒草甸群落中多数物种的繁殖时间，预示着在未来更热更干的生长季，青藏高原高寒草甸系统的植物物候格局可能会被重塑（Zhu et al.，2016）。植物繁殖期物候的开始意味着资源分配的改变，从生长、生存到生育的转变，并且处于繁殖期的植物对资源和营养的需求将增加，繁殖时间的重叠往往伴随着水分、营养和光照等资源的竞争，同时可能会影响植物的适合度（Veresoglou and Fitter，1984），因此在未来气候变化的情境下,不同功能群繁殖期的改变可能会增强植物之间的资源竞争(Xia and Wan,2013)。

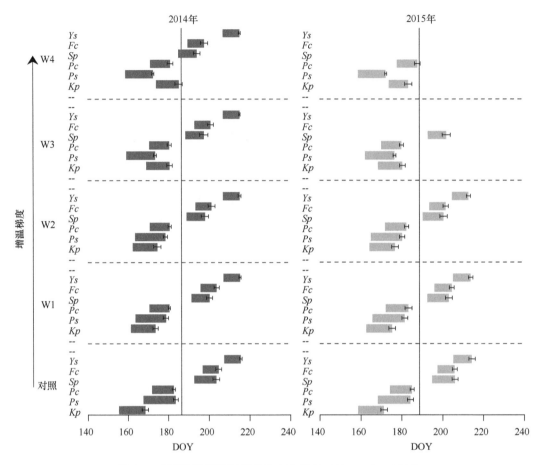

图 4-3 相邻物种开花时间的生态位重叠(Zhu et al.,2016)

Ys,无茎黄鹌菜(*Youngia simulatrix*);Fc,矮羊茅(*Festuca coelestis*);Sp,紫花针茅(*Stipa purpurea*);Pc,楔叶委陵菜
(*Potentilla cuneata*);Ps,钉柱委陵菜(*Potentilla saundersiana*);Kp,高山嵩草(*Kobresia pygmaea*)。W1,增温 0.5℃;
W2,增温 1.5℃;W3,增温 2.0℃;W4,增温 2.5℃。图 4-4 同

目前在青藏高原地区的模拟增温控制实验大部分是模拟增温和不增温对植物物候的影响,这样得出的物候敏感性似乎是线性变化,但事实上已有研究发现物候的变化是非线性的(Morin et al.,2010;Wang et al.,2014a)。由于这些研究是在长期观测数据或梯度移栽平台上开展的,因此通过多梯度增温控制实验探究植物物候的非线性响应就尤为重要。在那曲站使用开顶式气室增温方式布设的 5 梯度模拟增温实验发现,不同增温幅度对植物物候期(现蕾期、花期及结实期)的影响并不一致。例如,实验增温显著推迟了高山嵩草(*Kobresia pygmaea*)的现蕾时间,并且随着增温幅度的增加,推迟时间逐渐延长(6.5~17.4 天)(图 4-4),说明植物物候期对温度升高的响应与其升高幅度有关,可能并不是线性变化(朱军涛,2016)。

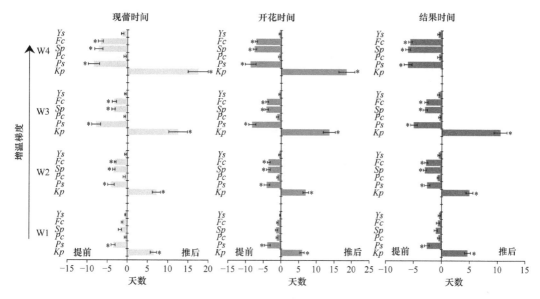

图 4-4　增温处理对各物种的现蕾、开花和结果时间的影响

正值代表与对照相比推后的天数，负值代表与对照相比提前的天数；*表示增温处理与对照相比差异显著（$P<0.05$）

（二）植物物候对降温的响应

相较于模拟增温对植物物候的影响，模拟降温对植物物候影响的相关研究更少，相关研究主要集中在海北站布设的山体双向移栽试验，即将同一海拔的植被移植到海拔更高的位置实现降温效果。近几年关于降温对植物物候影响的相关研究成果如下。

1. 花期物候对降温的响应

高寒植物花期物候对气候变化的响应因功能群而异，即早花和中花植物的初花期物候对增温和降温的反应均为非对称的，如早花植物初花期物候对降温更敏感（2.1d/℃和8.4d/℃），但中花植物的初花期物候对增温更敏感（–8.0d/℃和4.9d/℃）（Wang et al., 2014b）。

2. 生长季长度对降温的响应

增温主要延长了高寒植物的开花期，进而延长了植物繁殖期和整个生长季；而降温主要缩短了高寒植物的果后营养期和枯黄期，进而缩短了营养期和整个生长季（图 4-5）。因此，高寒植物物候期长度对增温和降温的反应是非对称关系，低温限制了高寒植物的繁殖期长度（Li et al., 2016）。

3. 不同物候期响应的异质性

尽管增温可以提前植物前期物候（返青期、现蕾期和初花期）和推迟植物后期物候（初黄期和枯黄期），降温与增温效果相反，但不管在增温还是降温处理中，与果实期相关的物候期反应均相对稳定，因此与其他物候期对温度变化的响应相比，果实期物候对温度变化相对稳定（Jiang et al., 2016）。

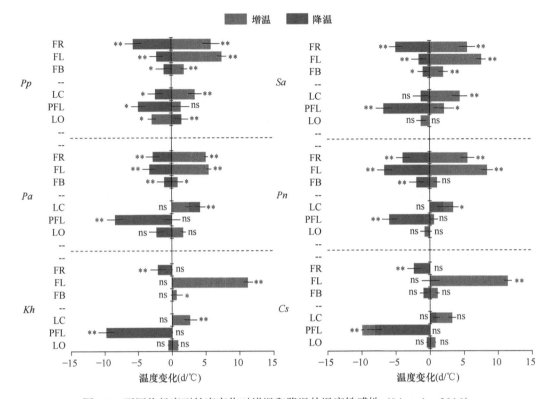

图 4-5　不同物候序列长度变化对增温和降温的温度敏感性（Li et al.，2016）

Pp，草地早熟禾（*Poa pratensis*）；*Pa*，鹅绒委陵菜（*Potentilla anserina*）；*Kh*，矮生嵩草（*Kobresia humilis*）；*Sa*，异针茅（*Stipa aliena*）；*Pn*，雪白委陵菜（*Potentilla nivea*）；*Cs*，糙喙薹草（*Carex scabrirostris*）。LO，展叶期；PFL，果后营养期；LC，枯黄期；FB，现蕾期；FL，开花期；FR，结果期。正值表示物候期延长，负值表示物候期缩短。*表示处理间差异显著（*P*<0.05）；**表示处理间差异极显著（*P*<0.01）；ns 表示处理间差异不显著（*P*>0.05）

二、植物物候对降水变化的响应

降水格局变化是全球气候变化的重要内容，包括降水量的变化、降水季节分布的变化以及降水间隔的变化。许多大气环流模型都预测未来全球降水格局会发生重大改变（Stocker et al.，2013）。极端降水事件（如极端干旱和暴雨）明显增多、增强，未来几十年，美国、孟加拉国、中欧等国家和地区暴雨数量及强度还将大幅增加，同时伴随着降水间隔增大、小降水事件减少和极端降水事件增加的趋势（Westra et al.，2014）。根据政府间气候变化专门委员会（Intergovernmental Panel on Climate Change，IPCC）的预测，青藏高原地区未来降水量可能增加，但是时间分配上存在明显差异，其中降水增加以冬春降雪增加为主，而夏季降雨量将降低（Thompson et al.，1993），降水格局的变化最终会影响生态系统结构和功能（Yahdjian and Sala，2006）。

降水格局及降水量变化对植物物候影响的相关研究发现，增雨对植物返青期没有显著影响（Han et al.，2016），但是降水季节性变化对植物物候期的影响较大，其中春季降水变化对生殖期物候较早的植物影响较大。例如，春季降水增加会显著延长矮火绒草（*Leontopodium nanum*）等的开花持续时间，相反，春季降水降低会缩短其开花持续时间

（韩金锋，2012）。然而，春季和夏季降水一定幅度的增加或减少对生殖物候较晚的植物无显著影响（韩金锋，2012），其至降水量的改变对群落中各优势种的繁殖物候期可能都没有显著影响（阿舍小虎，2013）。相关研究发现，增雨（春季增雨和夏季增雨）对所有物种开花时间和结实时间没有显著影响，只是对个别物种的生殖生长持续时间有显著影响（李元恒，2008），进一步支持上述结论。但是生长季旺期极端干旱可以使开花持续时间显著缩短 2.3 天，并且生长季旺期的极端干旱比初期干旱更能影响其花期物候（显著缩短开花持续时间），这表明花期物候受到极端干旱发生时间和植物繁殖季节早晚的影响，早期的极端干旱影响较早开花植物，生长季盛期的极端干旱影响晚开花植物（牟成香等，2013）。与繁殖期物候相比，枯黄期物候对降水变化的研究较少，有研究揭示增水将引起禾本科植物枯黄期物候推迟，但是会提前杂类草的枯黄期物候（叶鑫等，2014）。

为了加深对降水变化生态学效应的理解，有必要将研究拓展到不同环境条件上，并且加强对生活史各个物候事件时间和持续期的全面观测（韩金锋，2012）。在高海拔和高纬度等地区，冷季降水主要以降雪的形式存在，已有相关研究表明，雪添加显著推迟了丛生钉柱委陵菜（*Potentilla saundersiana*）的始花期，但是对金露梅（*Potentilla fruticosa*）等物种的繁殖期物候没有显著影响（Dorji et al.，2013），高寒矮生嵩草草甸主要优势物种在增雪处理后均表现出花期物候提前的趋势，同时增雪处理使杂类草植物返青期显著提前（叶鑫等，2014）。

三、植物物候对氮及其他养分添加的响应

全球范围内的氮沉降增加已成为一个重要的生态环境问题，严重影响着生态系统的结构和功能，威胁着生态系统的生物多样性（Georgel et al.，2007）。全球氮沉降从 1860 年的 15Tg N/a 增加到 2005 年的 187Tg N/a，且预计在未来 25 年会加倍（Galloway et al.，2008）。1980～2010 年，青藏高原氮沉降增加了 4 倍，从 1kg N/hm^2 增加到 5kg N/hm^2（Liu et al.，2013），氮沉降的增加会影响植物物候，尤其是影响植物花期物候的变化（Diekmann and Falkengren-Grerup，2002），植物的繁殖策略也会在氮添加处理下产生一定变化（Obeso，1997）。

目前在青藏高原的研究发现，不同物种对氮添加的响应不同。例如，研究发现，氮沉降增加缩短了四川嵩草（*Kobresia setchwanensis*）的开花持续期，但延长了矮火绒草的生殖期物候，大花嵩草（*Kobresia macrantha*）的生殖期物候没有变化（韩金锋，2012）。植物物候对氮素添加的响应可能与植被功能群有关，禾草类植物的始花期推迟，而大多数双子叶植物的始花期提前，豆科植物的始花期没有明显变化（章志龙，2013）。植物物候对氮素添加的响应可能随添加量变化而变化，但是总体表现为高氮处理大于低氮处理（章志龙，2013），但是也有研究发现不同梯度氮添加 [N2.5，2.5g N/(m^2·a)；N5，5.0g N /(m^2·a)；N10，10g N /(m^2·a)] 对高山嵩草（*Kobresia pygmaea*）等四个物种的花期物候没有显著影响（席溢，2015）。

上述研究多数关注氮肥添加对物候的影响，但是不同养分在植物生长过程中发挥不

同作用。例如，N 是植物体内蛋白质、核酸、磷脂的主要组成成分，是构成叶绿素的必需成分，是植物体内维生素和能量系统的组成部分（武维华，2008）。P 在植物体内含量仅次于 N 和 K，是核酸、蛋白质和磷脂的主要成分，在细胞分裂和分生组织发展过程中发挥重要作用，对细胞的渗透性、原生质的缓冲性具有良好的调节作用，参与碳水化合物的转化（周文龙，1995）。高寒植物物候对 N、P、K 的添加表现出不同的反应。例如，美丽风毛菊（*Saussurea pulchra*）和垂穗披碱草（*Elymus nutans*）等物种在 N、P、K 处理之间的始花期和终花期均有显著差异，而鹅绒委陵菜（*Potentilla anserina*）的始花期和终花期在 P 和 K 处理间差异不显著，但是二者与 N 处理存在显著差异（图 4-6）。在那曲开展的 N、P、K 不同组合施肥对植物物候影响的试验结果也表明，不同组合对物种开花时间和花期的影响差异显著，总体来说，N 肥对钉柱委陵菜开花时间，K 肥对高山嵩草和楔叶委陵菜的花期，P 肥和 K 肥的交互作用对高山嵩草和矮羊茅的花期影响显著（表 4-2），同样，N、P、K 不同组合施肥对物种结实期物候也有显著影响，N 肥和 P 肥的交互作用对钉柱委陵菜的结实期影响显著；P 肥和 K 肥的交互作用对高山嵩草等的结实期影响显著（席溢，2015）。

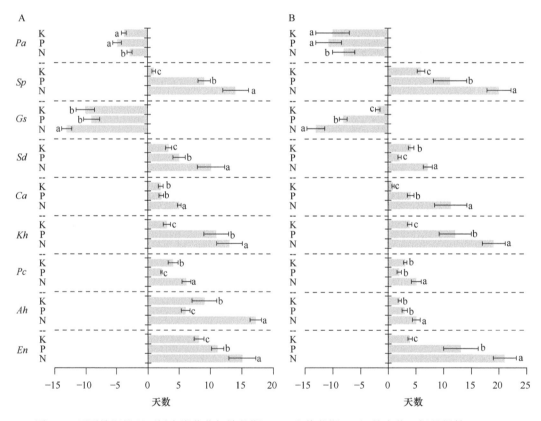

图 4-6　不同施肥处理下矮生嵩草草甸始花期（A）和终花期（B）的变化（杨月娟等，2015）

En，垂穗披碱草（*Elymus nutans*）；*Ah*，甘青剪股颖（*Agrostis hugoniana*）；*Pc*，冷地早熟禾（*Poa crymophila*）；*Kh*，矮生嵩草（*Kobresia humilis*）；*Ca*，暗褐薹草（*Carex atrofusca*）；*Sd*，双柱头藨草（*Scirpus distigmaticus*）；*Gs*，麻花艽（*Gentiana straminea*）；*Sp*，美丽风毛菊（*Saussurea pulchra*）；*Pa*，鹅绒委陵菜（*Potentilla anserina*）。不同小写字母表示同一种植物不同处理间差异显著（$P < 0.05$）

表 4-2　N、P、K 不同施肥组合对开花时间和花期影响的四因素分析 （席溢，2015）

施肥组合	高山嵩草		矮羊茅		钉柱委陵菜		楔叶委陵菜	
	开花时间	花期	开花时间	花期	开花时间	花期	开花时间	花期
N	0.5	0	0.4	1.6	7.9**	1.6	1.4	1.6
P	0.1	0.1	0.5	0.1	1.9	3.3	0.1	3.8
K	3.5	11.8**	1.0	0.1	0.1	0.6	1.4	6.5*
N×P	0.2	1.1	0.1	1.1	0.4	0.1	0.6	0.2
N×K	0.7	0.5	0.3	0.1	0	0.2	0.4	0.0
P×K	1.6	4.4*	0.8	4.5*	0.6	0.1	0.3	2.1
N×P×K	0	1.4	0.7	3.2	0.9	0	0	0

注：表中为 F 值。*表示相关性达显著水平（$P<0.05$）；**表示相关性达极显著水平（$P<0.01$）

四、小结

植物物候变化作为指示气候与自然环境变化的综合指标，不仅反映了当时、当地的气候和环境状态，而且反映了过去相当长一段时间内气候条件和环境变化的积累对生物的综合效应，已被越来越多的研究者所重视。在全球生物学迅猛发展的背景下，在世界范围内，尤其是欧洲国家关于植物物候学的研究已取得丰硕成果。我国物候学研究起步较晚，在研究方法等方面与世界先进水平存在一定差距，青藏高原区域更加明显，目前在青藏高原区域主要通过模拟增温控制实验、氮沉降控制实验及降水变化控制实验等来间接认识气候变化对植物物候的影响，但仍存在以下主要问题。

（一）缺乏 CO_2 加富控制实验研究

全球气候变化涉及 CO_2 浓度增加等多方面。在北京地区的研究发现，在长期 CO_2 加富处理下，羊草的枯黄期被推迟（高雷明等，1999），但在青藏高原区域关于 CO_2 加富对植物物候影响的相关研究处于空白。

（二）缺乏气候变化因子间交互效应的实验研究

全球气候变化涉及 CO_2 浓度增加、温度升高、降水变化加剧、氮沉降增加等多方面，而各个因子间交互作用的控制实验将有助于人们进一步准确预测和理解气候变化对植物物候的影响。同时，在全球范围内已经大量存在的单因子试验结果也将面临进一步整合，因此基于单因子试验的研究意义可能会被削弱。

（三）缺乏气候变化与人类活动交互效应的实验研究

青藏高原的农业和牧业不仅是当地经济发展的支柱产业，而且是当地人民群众赖以生存和发展的基础，气温、降水等气候条件变化必然会对当地农牧业产生影响。特别是青藏高原区域的草地生态系统受增温和放牧共同影响，有研究表明，两者对植物群落的作用相互抵消，或者一者改变了另一者对植物群落作用的程度和方向（Post et al.，2008）。然而，关于增温和放牧如何单独影响植物物候序列或对其潜在的交互影响如何还知之甚少，严重制约了未来气候变化情景下放牧对植物物候序列的影响以及植物群落演替方向的预测（包晓影等，2017）。

第三节　高原植被物候对全球变化响应的时空格局

气候变化不仅会影响青藏高原地区植物个体单个物候或物候序列，而且对植被物候的时空分布格局也会产生深刻影响。在青藏高原地区，随着水热条件的时空变化，植被物候呈现出相应的异质性分布特征。在空间尺度上，从高原西南向东北，高寒植被生长季开始时间逐渐推迟，生长季结束时间逐渐提前，导致生长季长度逐渐缩短。在时间尺度上，气候变暖的不断加剧提前了高寒植被生长季开始时间，推迟了生长季结束时间，进而延长整个生长季长度。

一、植被生长季开端空间分布

生长季开端（the start of growth season，SOS）是植被进入一个全新生长过程的起点。在遥感监测上，常采用植被的绿度指数（如 NDVI 等）在时间序列上的变化达到某一要求时所对应的时间点来表征植被生长季的开始（Liu et al.，2016b；Zhang et al.，2017）。

在对青藏高原 SOS 提取时，常选用多年 NDVI 均值在 0.1 以上的栅格作为常年植被覆盖区域用于物候的研究（Zhang et al.，2013；Cong et al.，2017）。目前，已有大量学者开展了对青藏高原植被物候的研究。马晓芳等（2016）利用 1982～2005 年的GIMMS NDVI 遥感数据，采用动态阈值法提取了青藏高原高寒草地的物候信息，结果表明，青藏高原植被物候多年均值在空间上表现出一定的规律性特征，其空间分布与水热条件密切相关，从青藏高原东南向西北，植被返青期逐渐推迟（Shen et al.，2014）。总体而言，青藏高原地区植被返青期主要集中在第 130～第 180 天，高原东南的雅鲁藏布江流域及高原东北的一些地势较低区域较早进入生长季，SOS 早于第 130 天；高原西部及中部的部分地区，植被生长季开端较晚，SOS 晚于第 170 天。Ding 等（2013）运用 SPOT NDVI 数据提取青藏高原 1999～2009 年的物候变化情况，也得出了 SOS 从东南向西北逐渐推迟的结论。Shen 等（2014）对 4 套数据运用 5 种算法获取 2000～2011年青藏高原 SOS 的空间分布格局，结果显示，SOS 由东向西呈现推迟趋势，SOS 在东部边缘为 5 月初，西部边缘为 6 月底，西北边缘为 7 月末。区域尺度上的研究结果存在一定的差异，如对三江源地区的物候研究发现，SOS 的空间变化格局（徐浩杰和杨太保，2013；Liu et al.，2014）不同于藏北地区（宋春桥等，2011；范德芹等，2014）。

除了在水平空间上呈现一定的分布规律，青藏高原植被 SOS 还与海拔存在密切关系（图 4-7）（Ding et al.，2013；李兰晖等，2017）。从整个高原来看，随海拔上升，植被 SOS 显著推迟，幅度为 0.78～1.1d/100m（Piao et al.，2011；Shen et al.，2011）。也有研究发现，物候随海拔的变化存在高度界限。例如，李兰晖等（2017）发现植被物候以海拔 3400～3500m 为分界线，高海拔地区 SOS 分布随海拔变化呈现的波动幅度小于低海拔地区；Shen 等（2014）和 Liu 等（2014）发现整个高原 SOS 在海拔4700m 左右的区域由提前趋势转变为推迟趋势。同时，在高原的局部地区，植被物候分布与海拔的关系呈现出明显地域分异，并与高原整体情况差别较大。Liu 等（2014）和游松财等（2011）对西藏地区春季物候的研究发现，SOS 的垂直地带性特征不同于青海地区（李广泳等，2016），体现了小区域尺度上的物候分布异质性。

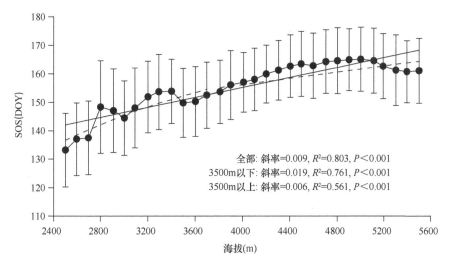

图 4-7　1999～2009 年青藏高原草地 SOS 随海拔梯度的变化（Ding et al.，2013）
实心圆显示 SOS 均值；实线显示整个海拔梯度的回归；虚线分别显示 3500m 以下和 3500m 以上的海拔回归

二、植被生长季开端年际变化

物候对气象条件具有敏感性。近些年来，随着气温和降水等条件的改变，植被物候发生了重要的变化（Myneni，1997；Tucker et al.，2001；Slayback et al.，2003）。青藏高原地区作为全球气候变化的重要区域，植被物候格局也发生了重大变化。基于遥感植被指数反演得到的植被春季物候表明，青藏高原地区 SOS 呈现出一定的时空格局变化规律（Liu et al.，2016b；Zhang et al.，2017）。目前，关于青藏高原春季物候 SOS 的变化趋势研究存在着不同观点，有学者认为 2000 年左右青藏高原植被 SOS 发生转折，从前一阶段的提前向后一阶段的推迟转变。例如，Piao 等（2011）运用 GIMMS NDVI 数据研究了青藏高原 1982～2006 年的植被物候情况，发现植被 SOS 在 1982～1999 年呈现出提前趋势，幅度为 0.884d/a，在 1999～2006 年则呈现出推迟趋势（图 4-8）；Yu 等（2010）使用了同样的数据源，发现青藏高原 SOS 首先呈现提前趋势，在 20 世纪 90 年代中期逐渐回落，并转为 SOS 推迟。Zhang 等（2017）使用 NDVI3g 数据分析了青藏高原 1981～2003 年的植被物候情况，得出了与上述相似的结果，并认为转折期在 1992～2000 年，在这之前 SOS 的提前速率为 0.2～0.3d/a。

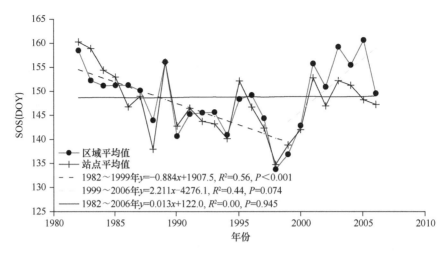

图 4-8　1982～2006 年青藏高原生长季开端年际变化（Piao et al.，2011）

但是，有学者认为，青藏高原植被物候不存在转折趋势。Zhang 等（2013）利用 GIMMS、SPOT 和 MODIS 的三套 NDVI 数据对比研究发现，1982～2011 年青藏高原植被 SOS 一直呈现提前趋势，达到 1.04d/a，利用 GIMMS NDVI 得出的 2000 年前后 SOS 出现转折并不是由温度、降水、冷激天数、植被覆盖等引起的（Yu et al.，2010；Chen et al.，2011；Piao et al.，2011），而是 GIMMS NDVI 在青藏高原西部大部分地区出现异常所导致的。在小区域尺度上，Liu 等（2014）利用 1999～2013 年的 SPOT NDVI 数据，发现三江源地区植被 SOS 显著提前，达到 0.63d/a，并未出现 SOS 在 2000 年前后存在转折的现象。Liu 等（2016b）利用青藏高原东南地区 16 个气象站点的数据研究了三江源地区 1960～2013 年的植被物候情况，发现 SOS 一直呈提前趋势，相比于 1986～1999 年，SOS 在 2000～2013 年的提前趋势减弱，但并未出现转折。上述研究结果的差异有可能是由 SOS 分布格局的空间异质性造成的，青藏高原西南地区 SOS 延迟，而其他地区 SOS 提前。在海拔梯度上，2000 年初 SOS 随海拔每升高 100m 推迟 0.63 天，而到了 2010 年后，SOS 随海拔每升高 100m 推迟 1.30 天（Shen et al.，2014）。

三、植被生长季开端影响因素

气候变化强烈影响了植被的春季物候。从理论上说，植被的生长需要一定时长的冷激天数（chilling days，CD）、一定的有效降水量，以及一定的热量积累，即有效积温（在休眠期的日平均气温高于 0℃的总和，accumulated growing degree-days，AGDD）。冬季的强烈变暖可能减少寒潮的天数，从而延缓春季植被 SOS（Cong et al.，2017；孔冬冬等，2017）。Yu 等（2010）利用偏最小二乘回归分析研究了冬季和春季的温度与春季物候的关系，发现植被 SOS 的变化不是由任何给定时间间隔内植物对温度的单独响应造成的，而与冬春季温度有较强的关系，虽然春季增温导致了植被生长季节的提前，但是冬季的升温延迟了植被对冷激天数的需求，导致了春季的延迟。Zhang 等（2017）对青藏高原按照植被分区，利用偏相关分析探讨了气象因素对不同分区植被物候的影响，结果表明，温度是高寒草甸和高寒草原的主要影响因素，前一年的秋季和早冬温度与植被 SOS 负相关，前一年的高温导致秋季生长季结束（the end of growth season，EOS）延迟，并间接推迟了来年植被生长季的开端；春季温度每升高 1℃，植被 SOS 提前 4.1 天（Piao et al.，2011）。对三江源的研究表明，植被 SOS 提前对春季温度的响应为 4.2d/℃（Liu et al.，2014）。

在温度对植被生长季的影响方面，Cong 等（2016，2017）还对青藏高原生长季前的 AGDD 和 CD 进行了综合研究。结果表明，青藏高原 AGDD 分布存在空间差异，高原中部地区 AGDD 需求量小于 50℃，而东部和南部边缘地带 AGDD 需求则大于 1000℃。通过年际分析发现，虽然青藏高原温度逐年升高，但是植被对 AGDD 平均需求的变化趋势不显著，植被对 AGDD 的需求与 CD 呈负相关关系，在较寒冷的地区，冷激需求可以让植物在环境不适宜条件下处于生态休眠阶段，从而避免霜冻灾害。但是，对于生长季较短的植被，较低的 AGDD 需求即能迅速激发生态休眠，这可能是因为植物对热量具有更高的利用效率（Liang and Schwartz，2014）。

Shen 等（2015a）对青藏高原降水对植被春季物候的影响进行了探讨，结果表明，SOS 对生长季季前降水的年际变化在干燥地区比湿润地区更为敏感，生长季季前长期平均降水每增加 10mm，SOS 的降水敏感性降低了大约 0.01d/mm。其次，SOS 对高原生长季季前温度的敏感性在湿润地区强于干燥地区，表明降水对植被 SOS 存在着直接和间接双重影响。也有学者对不同月份降水对植被生长季的影响进行了综合研究，发现降水对植被物候的影响在不同月份作用不同，前一年秋季和冬季的降水推迟了来年植被 SOS，而春季降水则对植被 SOS 提前具有促进作用（Shen et al.，2014；Cong et al.，2017；Zhang et al.，2017）。大量研究表明，太阳辐射对植被春季物候几乎没有影响，这可能与青藏高原具有强烈的太阳辐射有关（Liu et al.，2016b；Cong et al.，2017；孔冬冬等，2017）。

四、植被生长季结束空间分布

植被经过一个生长季的生命历程，在秋冬季节进入休闲或者死亡状态，此为植被生长季结束（EOS）。在遥感监测上，常采用植被的绿度指数（如 NDVI 等）在时间序列上的变化达到某一要求时所对应的时间点来表征植被生长季的结束（Piao et al.，2011；Cong et al.，2017）。

对青藏高原植被生长季结束的多项研究表明，EOS 格局具有一定的空间分布规律性，其分布与水热条件相关（Liu et al.，2016a；马晓芳等，2016）。青藏高原地区植被 EOS 出现在第 260～第 300 天，不同数据源获取的 EOS 结果不同，基于 SPOT 数据获取的 EOS 最早，平均为第 270 天，而 MODIS 和 GIMMS3g 数据获取的平均 EOS 为第 275 天左右。在空间分布上，青藏高原中部地区最早结束生长季，EOS 时间早于第 260 天，EOS 向高原东南部和西南部逐渐推迟，高原东南和西南的部分边缘地区，EOS 晚于第 300 天（李鹏，2017）。Ding 等（2013）和马晓芳等（2016）分别运用 SPOT NDVI 和 GIMMS NDVI 数据对青藏高原多年的物候信息进行提取，也得出了 EOS 随水热分布格局变化的结论，认为 EOS 从高原东南向高原西北逐渐提前。Che 等（2014）运用 GIMMS

数据分析了青藏高原 1982～2011 年秋季的物候分布情况，认为过去 30 年间整个青藏高原地区植被生长季的结束集中在 9 月初至 10 月中旬，EOS 空间分布格局与植被分布近似一致。对于青藏高原地区主要生态系统类型而言，高寒草甸的 EOS 集中在 9 月中旬至 10 月中旬，晚于高寒草原的 9 月初至 9 月中旬。

青藏高原区域尺度上 EOS 的分布情况与整体分布情况可能存在一定的差异。游松财等（2011）和宋春桥等（2011）对藏北地区植被物候的研究发现，植被物候 EOS 的空间分布格局与返青期不同，无明显的过渡性特征。东部大部分地区的植被在 10 月中下旬就到达 EOS，色林错湖沿东西方向一带植被物候的枯黄期则出现在 10 月下旬甚至11 月，而西北部与唐古拉山脉植被在 9 月初就到达 EOS。对青海湖流域植被物候的研究发现，流域内植被平均 EOS 为第 268.7 天，植被 EOS 最早出现在 8 月中旬，最晚出现在 10 月中旬。流域内植被 EOS 出现时间的空间分布呈现由西北向青海湖四周低海拔区域扩展的趋势（李广泳等，2016）。而黄河源区植被 EOS 与高原整体情况相似，研究区 EOS 均值主要出现在第 277～第 290 天，并从东南向西北逐渐提前，东部地区 EOS 出现在 9 月 17 日至 10 月 17 日，西北地区 EOS 出现在 9 月 17 日前（徐浩杰和杨太保，2013；Liu et al.，2016a）。

青藏高原植被在不同海拔处 EOS 分布不同，呈现出一定的海拔分布规律（Ding et al.，2013）。海拔在 2500～5500m，海拔每升高 1000m，EOS 提前 1 天。在垂直梯度上，物候的变化存在着转折点，当海拔在 3500m 以下，物候随海拔变化的规律不明显，波动比较大，EOS 随着海拔升高表现出一定的推迟态势；而海拔在 3500m 以上时，物候随海拔升高变化的规律性较强，海拔升高，EOS 提前（丁明军等，2012）。Che 等（2014）研究青藏高原物候时也发现植被 EOS 与海拔存在负相关关系，海拔每升高 1000m，EOS 提前 3 天（图 4-9）。

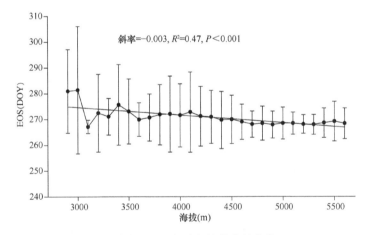

图 4-9 青藏高原生长季结束（EOS）随海拔梯度的变化（Che et al.，2014）

五、植被生长季结束年际变化

植被物候对气候变化具有高度敏感性，过去 30 年植被春季物候随着气候变暖大面

积提前，而秋季物候多年动态变化十分微弱。Cong 等（2016，2017）以 GIMMS3g NDVI
为数据源，利用四种不同的算法提取了青藏高原 1982～2011 年植被秋季物候信息，结
果显示，不同算法 EOS 变化趋势相同，1982～2011 年 EOS 呈微小且不显著的推迟趋势，
推迟速率为 0.08d/a（图 4-10）。其中，青藏高原植被常年覆盖区域 73% 的面积表现为 EOS
推迟，主要分布在青藏高原东部边缘以及西部地区；只有 27% 的区域出现 EOS 提前，
主要分布在高原西南、中部到北部地区，且推迟幅度大部分小于 0.03d/a。Che 等（2014）
使用 GIMMS3g NDVI 对青藏高原 1982～2011 年秋季物候的研究也发现了相同的结论，
EOS 推迟速率仅为 1d/24a。Ding 等（2013）对 1999～2009 年青藏高原高寒草甸和高寒
草原进行研究，发现 EOS 呈现微弱的推迟趋势，变化速率仅为 0.2d/a。马晓芳等（2016）
对 1982～2005 年青藏高原物候的研究结果也表明，EOS 推迟趋势为 0.12d/a。Che 等
（2014）利用相同的数据源对青藏高原植被 EOS 进行研究，也发现所有植被类型 EOS
在 1982～2011 年呈现不显著的推迟趋势，但是在不同时间阶段变化趋势不相同：1994
年以前，EOS 显著推迟，幅度为 0.155d/a；1994～1999 年，EOS 显著提前，幅度为 0.373d/a；
1999 年之后，EOS 呈不显著的推迟趋势，幅度为 0.096d/a。空间分布上，EOS 显著提前
区域只占到总面积的 9.3%，且主要分布在高原东部。Liu 等（2016b）对 1986～2013 年
三江源植被物候的研究发现，植被 EOS 在研究时段内呈微弱推迟趋势，并且在 2000～
2013 年，推迟趋势更微弱。徐浩杰和杨太保（2013）发现黄河源 EOS 在 2000～2012 年
也无明显变化的特征。

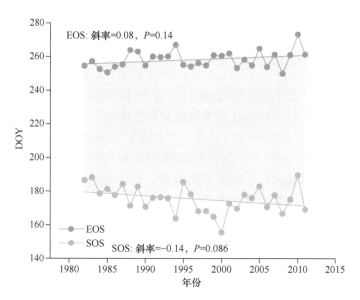

图 4-10　青藏高原 EOS、SOS、生长季长度 1982～2011 年的动态变化趋势（丛楠，2017）
生长季长度为当年的 EOS-SOS

　　但是，也有学者认为青藏高原地区秋季物候并不是微弱变化。Zhu 等（2017b）利
用 1981～2011 年野外站点的实测数据对青藏高原不同植被区物候情况进行了研究，发
现青藏高原植被 EOS 整体上呈显著的推迟趋势，虽然不同植被类型 EOS 变化情况不
同，但是占青藏高原主体的草本植物 EOS 明显推迟，达到 0.24d/a。李广泳等（2016）

对青海湖流域植被的物候研究发现，EOS 在 2000~2014 年平均提前了 6.4 天。也有学者认为青藏高原植被 EOS 存在转折点，在转折点前后，EOS 变化情况相反。Zhang 等（2017）运用 NDVI3g 数据对青藏高原 1981~2013 年的物候格局进行研究，发现秋季物候在 2005 年出现转折，2005 年之前，EOS 呈显著推迟趋势，推迟速率为 0.1~0.2d/a，而在 2005 年之后 EOS 提前，但并不显著。Dong 等（2012）利用 54 个气象站点资料研究发现，青藏高原 1960~2009 年，EOS 时间推迟了 7.4 天，但是不同时间段内变化趋势不一致，EOS 在 1960~1980 年以 0.06d/a 的速度提前，在 1980~2009 年以 0.23d/a 的速度推迟。

六、植被生长季结束影响因素

青藏高原秋季物候除受到温度、降水等众多气象因素的影响外，还受到 SOS 等其他许多要素的影响。Cong 等（2017）研究了季前最优时段的温度与 EOS 的关系，结果表明，大部分地区 EOS 与季前最优时段温度呈正的偏相关关系，表明这些地区（主要分布在高原北部至西部）生长季前变暖推迟了 EOS。同时，该研究发现了一个新现象，高原西南地区 EOS 与 SOS 显著正相关，而 SOS 与前一年冬天的气候正相关，表明前一年的冬季温度可以通过调控来年春季的 SOS 对秋季 EOS 产生间接影响，并且 EOS 与生长季前的温度在冷湿地区存在更加显著的关系，反映了植被对局地气候的适应能力（图 4-11）。通过比较不同生长季长度的植被发现，对于生长季较短的植被，SOS 对 EOS 的作用强于季前温度对 EOS 的作用；而温度是生长季较长植被 EOS 的主要驱动因素。曾彪（2008）研究了青藏高原温度与 EOS 的关系，发现 EOS 与春季温度不存在相关关系，8 月和 9 月的温度与 EOS 呈正相关，温度越高，植被物候结束越晚，与温带草原地区情况相同（Yang et al.，2014；Liu et al.，2016a）。Liu 等（2016b）通过野外实测的数据对三江源地区植被物候与多个影响因素进行了偏相关分析，同样得出 EOS 与春季温度无关的结论，但是夏季温度却与 EOS 存在负相关关系，夏季温度越高，EOS 越提前（Che et al.，2014）。对青藏高原高寒草甸与高寒灌木草甸物候的研究也发现，温度是植被物候的主要影响因素，最高温度与平均温度对末期物候指标的影响强于最低温度，并且温度对秋季物候的影响主要集中在当年夏末与秋季（孔冬冬等，2017）。

降雨也是影响秋季物候的因素之一。Che 等（2014）发现 1982~2011 年青藏高原植被 EOS 与 6 月降水负相关，与 8 月降水正相关。徐浩杰和杨太保（2013）对黄河源区秋季降水与 EOS 关系的研究发现，秋季降水量增加可引起云量增多、光照时间缩短和气温降低，增加了植被遭受冻害的可能性，从而使高寒草地提前进入枯黄期。Cong 等（2017）对青藏高原中部和北部地区的物候研究也发现 EOS 与降水呈负相关关系，但西南边缘部分地区 EOS 与降水呈正相关，可能是由于降水是这些地区植物生长的主要限制因子，降水减少导致 EOS 提前（Yao et al.，2012）。Zhu 等（2018）对青藏高原不同植被类型 EOS 与降水要素的关系进行了分析，发现季前降水与草本植物的 EOS 呈负相关关系，与木本植物 EOS 呈正相关。然而，EOS 与季前降水在高原大面积尺度上仍然缺乏相关关系，表明降水在区域尺度上对 EOS 的调控作用有限。太阳辐射作为影响植被生长的因素，在青藏高原地区对植被的影响不大（Cong et al.，2016，2017；Liu et al.，2016a；孔冬冬等，2017）。

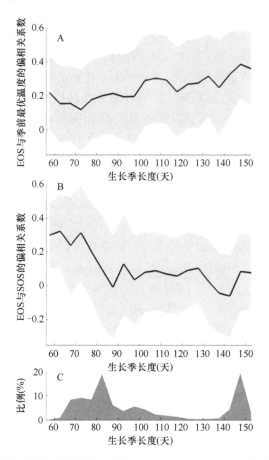

图 4-11　EOS 与季前最优温度的偏相关系数（A）、EOS 与 SOS 的偏相关系数（B）以及每个生长季长度梯度的像元分布频度（C）（Cong et al.，2017）

七、植被生长季长度

在青藏高原地区，植被生长季长度（length of growing season，LOG）呈现一定的空间分布规律。从高原东南向西北，LOG 逐渐缩短，青藏高原地区 LOG 主要集中在 90～130 天，但是在高原东部和南部的一些地区，LOG 超过 130 天（Ding et al.，2013）。在海拔 2300～4700m，LOG 与海拔显著负相关，在海拔 2500～5500m，海拔每升高 1000m，LOG 缩短 9 天（Ding et al.，2013）。对青藏高原高寒草地 1999～2009 年的植被物候研究也发现 LOG 从东南向西北缩短的趋势，但是存在海拔分界线，海拔 3500m 以上 LOG 与海拔关系显著，而海拔 3500m 以下关系不显著（丁明军等，2012）。对三江源地区 1960～2013 年气象站点观测资料的研究表明，LOG 在各站点差异较大，三江源西北地区 LOG 小于 120 天，而东南地区 LOG 甚至达到了 203 天，总体上也呈现从东南向西北缩短的趋势（Liu et al.，2016b）。黄河源地区植被 LOG 却并未呈现从东南向西北缩短的趋势，2000～2012 年，LOG 主要集中在 140～160 天，高值区位于巴颜喀拉山北麓、鄂陵湖和扎陵湖周边以及河流河谷等地区，LOG 长于 160 天（徐浩杰和杨太保，2013）。

　　近些年 LOG 随着气候条件的变化发生了改变。1999～2009 年，青藏高原植被 LOG 整体上呈显著增加趋势，变化幅度达到 0.8d/a，其中 2002 年之前呈缩短趋势，2002 年之后呈延长趋势；在空间分布上，46.25% 的面积 LOG 延长，53.75% 的面积 LOG 缩短，LOG 延长地区主要分布在高原的东部，缩短地区主要分布在高原的西部（Ding et al.，2013）。也有研究发现青藏高原 LOG 在 2005 年发生转折，1982～2005 年 LOG 显著延长，达到 0.24d/a，2005～2013 年变化趋势不显著（Zhang et al.，2017）。Cong 等（2017）对青藏高原 1982～2011 年的植被物候研究发现，LOG 并未出现明显转折趋势，其在 30 年间延长了 6.6 天，空间分布上 LOG 缩短的区域主要集中在高原的中、西部地区。在区域尺度上，对三江源植被物候的研究发现，LOG 在 1986～2013 年呈 0.83d/a 的延长趋势，与高原整体情况基本一致（Liu et al.，2016b）。藏北草地 2001～2010 年 LOG 整体上也呈现延长趋势，达到 0.84～1.92d/a 的幅度，其中，高寒荒漠草原生长季延长幅度最大，达到 1.92d/a；高寒灌丛草甸生长季延长幅度次之，生长季延长速率为 1.27d/a，高寒草甸和高寒草原的生长季延长速率分别为 11.7d/a 和 8.4d/a（宋春桥等，2012）。

　　植被生长季长度（LOG）是生长季开端（SOS）和生长季结束（EOS）共同决定的结果。在青藏高原地区，SOS 在年际呈显著提前趋势，而 EOS 变化趋势不显著，因此，SOS 的提前造成了青藏高原地区植被整体上呈现 LOG 延长的趋势（Ding et al.，2013；Liu et al.，2016b；Cong et al.，2017），与中国北方植被观测结果一致（Song et al.，2010）。区域尺度上 LOG 的变化有可能不同于整体尺度，这是由于在不同地方，SOS 和 EOS 的变化趋势存在空间差异。

参 考 文 献

阿舍小虎. 2013. 模拟增温与降水改变对川西北高寒草甸植物物候及初级生产力的影响. 成都: 成都理工大学硕士学位论文.

包晓影, 崔树娟, 王奇, 等. 2017. 草地植物物候研究进展及其存在的问题. 生态学杂志, 36(8): 2321-2326.

陈效述, 张福春. 2001. 近 50 年北京春季物候的变化及其对气候变化的响应. 中国农业气象, 22(1): 1-5.

丛楠. 2017. 近三十年青藏高原植被活动与气候变化的关系——基于卫星数据的研究. 北京: 中国科学院青藏高原研究所博士后出站报告.

丁明军, 张镱锂, 孙晓敏, 等. 2012. 近 10 年青藏高原高寒草地物候时空变化特征分析. 科学通报, 57(33): 3185-3194.

范德芹, 朱文泉, 潘耀忠, 等. 2014. 青藏高原小嵩草高寒草甸返青期遥感识别方法筛选. 遥感学报, 18(5): 1117-1127.

范广洲, 贾志军. 2010. 植物物候研究进展. 干旱气象, 28(3): 250-255.

高雷明, 黄银晓, 林舜华. 1999. CO_2 倍增对羊草物候和生长的影响. 环境科学, 20(5): 25-29.

韩金锋. 2012. 模拟降水变化和氮沉降增加对高寒草甸主要优势植物物候及群落地上生物量的影响. 成都: 四川农业大学硕士学位论文.

孔冬冬, 张强, 黄文琳, 等. 2017. 1982-2013 年青藏高原植被物候变化及气象因素影响. 地理学报, 72(1):

39-52.

李广泳, 姜翠红, 程滔, 等. 2016. 青海湖流域植被物候格局时空动态变化及其与植被退化的关系. 草业学报, 25(1): 22-32.

李兰晖, 刘林山, 张镱锂, 等. 2017. 青藏高原高寒草地物候沿海拔梯度变化的差异分析. 地理研究, 36(1): 26-36.

李鹏. 2017. 青藏高原植被枯黄期的时空变化及其对极端气候事件的响应. 杨凌: 西北农林科技大学博士学位论文.

李荣平, 周广胜, 张慧玲. 2006. 植物物候研究进展. 应用生态学报, 17(3): 541-544.

李元恒. 2008. 内蒙古典型草原植物生殖物候对气候变化和人为干扰的响应. 兰州: 甘肃农业大学硕士学位论文.

李元恒, 韩国栋, 王珍, 等. 2014. 增温和氮素添加对内蒙古荒漠草原植物生殖物候的影响. 生态学杂志, 33(4): 849-856.

马晓芳, 陈思宇, 邓婕, 等. 2016. 青藏高原植被物候监测及其对气候变化的响应. 草业学报, 25(1): 13-21.

梅安新. 2001. 遥感导论. 北京: 高等教育出版社.

孟凡栋, 汪诗平, 白玲. 2014. 青藏高原气候变化与高寒草地. 广西植物, 34(2): 269-275.

牟成香, 孙庚, 罗鹏, 等. 2013. 青藏高原高寒草甸植物开花物候对极端干旱的响应. 应用与环境生物学报, 19(2): 272-279.

牟敏杰, 朱文泉, 王伶俐, 等. 2012. 基于通量塔净生态系统碳交换数据的植被物候遥感识别方法评价. 应用生态学报, 23(2): 319-327.

宋春桥, 游松财, 柯灵红, 等. 2011. 藏北高原植被物候时空动态变化的遥感监测研究. 植物生态学报, 35(8): 853-863.

宋春桥, 游松财, 柯灵红, 等. 2012. 藏北高原典型植被样区物候变化及其对气候变化的响应. 生态学报, 32(4): 1045-1055.

宛敏渭. 1982. 纪念科学家竺可桢论文集. 北京: 科学普及出版社: 58-66.

王连喜, 陈怀亮, 李琪, 等. 2010. 植物物候与气候研究进展. 生态学报, 20(2): 447-454.

武维华. 2008. 植物生理学. 2 版. 北京: 科学出版社.

席溢. 2015. 氮磷钾肥对藏北高寒草甸生态系统生产力的影响. 北京: 中国科学院大学博士学位论文.

夏传福, 李静, 柳钦火. 2013. 植被物候遥感监测研究进展. 遥感学报, 17(1): 1-16.

徐浩杰, 杨太保. 2013. 近 13a 来黄河源区高寒草地物候的时空变异性. 干旱区地理, 36(3): 467-474.

杨月娟, 张灏, 周华坤, 等. 2015. 青藏高原高寒草甸花期物候和群落结构对氮、磷、钾添加的短期响应. 草业学报, 24(8): 35-43.

姚檀栋, 朱立平. 2006. 青藏高原环境变化对全球变化的响应及其适应对策. 地球科学进展, 21(5): 459-464.

叶鑫, 周华坤, 刘国华, 等. 2014. 高寒矮生嵩草草甸主要植物物候特征对养分和水分添加的响应. 植物生态学报, 38(2): 147-158.

游松财, 宋春桥, 柯灵红, 等. 2011. 基于 MODIS 植被指数的藏北高原植被物候空间分布特征. 生态学杂志, 30(7): 1513-1520.

曾彪. 2008. 青藏高原植被对气候变化的响应研究(1982—2003). 兰州: 兰州大学博士学位论文.

翟佳, 袁凤辉, 吴家兵. 2015. 植物物候变化研究进展. 生态学杂志, 34(11): 3237-3243.

张福春. 1985. 物候. 北京: 气象出版社.

张福春. 1995. 气候变化对中国木本植物物候的可能影响. 地理学报, 50(5): 402-410.

章志龙. 2013. 氮素添加对青藏高原东缘高寒草甸植物群落花期物候和群落结构的影响. 兰州: 兰州大学博士学位论文.

郑度, 林振耀, 张雪芹. 2002. 青藏高原与全球环境变化研究进展. 地学前缘, 9(1): 95-102.

郑景云, 葛全胜, 郝志新. 2002. 气候增暖对我国近 40 年植物物候变化的影响. 科学通报, 47(20): 1582-1587.

周磊, 何洪林, 张黎, 等. 2012. 基于数字相机图像的西藏当雄高寒草地群落物候模拟. 植物生态学报, 36(11): 1125-1135.

周文龙. 1995. 尾叶桉幼林施肥效应的研究. 林业科学研究, 8(2): 159-163.

朱军涛. 2016. 实验增温对藏北高寒草甸植物繁殖物候的影响. 植物生态学报, 40(10): 1028-1036.

竺可桢. 1972. 中国近五千年来气候变迁的初步研究. 考古学报, (1): 15-38.

Bjorkman A D, Elmendorf S C, Beamish A L, et al. 2015. Contrasting effects of warming and increased snowfall on arctic tundra plant phenology over the past two decades. Global Change Biology, 21(12): 46-51.

Bradley N L, Leopold A C, Ross J, et al. 1999. Phenological changes reflect climate change in wisconsin. Proceedings of the National Academy of Sciences of the United States of America, 96(17): 9701-9704.

Che M, Chen B, Innes J L, et al. 2014. Spatial and temporal variations in the end date of the vegetation growing season throughout the Qinghai-Tibetan Plateau from 1982 to 2011. Agricultural and Forest Meteorology, 189-190(189): 81-90.

Chen H Y, Zhu Q A, Wu N, et al. 2011. Delayed spring phenology on the Tibetan Plateau may also be attributable to other factors than winter and spring warming. Proceedings of the National Academy of Sciences of the United States of America, 108(19): E93.

Cong N, Shen M G, Piao S L. 2016. Spatial variations in responses of vegetation autumn phenology to climate change on the Tibetan Plateau. Journal of Plant Ecology, 10(5): 744-752.

Cong N, Shen M G, Piao S L, et al. 2017. Little change in heat requirement for vegetation green-up on the Tibetan Plateau over the warming period of 1998-2012. Agricultural and Forest Meteorology, 232: 650-658.

Dall'Olmo G, Karnieli A. 2002. Monitoring phenological cycles of desert ecosystems using NDVI and LST data derived from NOAA-AVHRR imagery. International Journal of Remote Sensing, 23(19): 4055-4071.

Diekmann M, Falkengren-Grerup U. 2002. Prediction of species response to atmospheric nitrogen deposition by means of ecological measures and life history traits. Journal of Ecology, 90(1): 108-120.

Ding M J, Zhang Y L, Sun X M, et al. 2013. Spatiotemporal variation in alpine grassland phenology in the Qinghai-Tibetan Plateau from 1999 to 2009. Chinese Science Bulletin, 58(3): 396-405.

Dong M Y, Yuan J, Zheng C T, et al. 2012. Trends in the thermal growing season throughout the Tibetan Plateau during 1960–2009. Agricultural and Forest Meteorology, 166-167(10): 201-206.

Dorji T, Totland O, Moe S R, et al. 2013. Plant functional traits mediate reproductive phenology and success in response to experimental warming and snow addition in Tibet. Global Change Biology, 19(2): 459-472.

Duan A M, Xiao Z X. 2015. Does the climate warming hiatus exist over the Tibetan Plateau? Scientific Reports, 5: 13711.

Dunne J A, Harte J, Taylor K J. 2003. Subalpine meadow flowering phenology responses to climate change: Integrating experimental and gradient methods. Ecological Monographs, 73(1): 69-86.

Galloway J N, Townsend A R, Erisman J W, et al. 2008. Transformation of the nitrogen cycle: Recent trends, questions, and potential solutions. Science, 320(5878): 889-892.

Georgel V, Sarah P, Gypsi Z. 2007. Plant and soil N response of southern californian semi-arid shrublands after 1 year of experimental N deposition. Ecosystems, 10(2): 263-279.

Gu S L, Hui D F, Bian A H. 1998. The contraction-expansion algorithm and its use in fitting nonlinear equation. Journal of Biomathematics, 13(4): 426-434.

Haggerty B P, Galloway L F. 2011. Response of individual components of reproductive phenology to growing season length in a monocarpic herb. Journal of Ecology, 99(1): 242-253.

Han J, Li L, Chu H, et al. 2016. The effects of grazing and watering on ecosystem CO_2 fluxes vary by community phenology. Environmental Research, 144: 64-71.

Hoffmann A A, Camac J S, Williams R J, et al. 2010. Phenological changes in six australian subalpine plants in response to experimental warming and year-to-year variation. Journal of Ecology, 98(4): 927-937.

IPCC. 2007. Climate Change 2007: The Physical Science Basis. Contribution of Working Group Ⅰ to the Fourth Assessment Report of the Intergovernmental Panel on Climate Change. Cambridge: Cambridge University Press: 749-766.

Jiang L L, Wang S P, Meng F D, et al. 2016. Relatively stable response of fruiting stage to warming and cooling relative to other phenological events. Ecology, 97(8): 1961-1966.

Jonsson P, Eklundh L. 2002. Seasonality extraction by function fitting to time-series of satellite sensor data. IEEE Transactions on Geoscience and Remote Sensing, 40(8): 1824-1832.

Li X N, Jiang L L, Meng F D, et al. 2016. Responses of sequential and hierarchical phenological events to warming and cooling in alpine meadows. Nature Communications, 7: 12489.

Liang L, Schwartz M D. 2014. Testing a growth efficiency hypothesis with continental-scale phenological variations of common and cloned plants. International Journal of Biometeorology, 58(8): 1789-1797.

Liu Q, Fu Y H, Zeng Z, et al. 2016a. Temperature, precipitation, and insolation effects on autumn vegetation phenology in temperate China. Global Change Biology, 22(2): 644-650.

Liu X D, Chen B D. 2000. Climatic warming in the Tibetan Plateau during recent decades. International Journal of Climatology, 20(14): 1729-1742.

Liu X J, Zhang Y, Han W X, et al. 2013. Enhanced nitrogen deposition over China. Nature, 494(7): 438-459.

Liu X F, Zhu X F, Pan Y Z, et al. 2016b. Thermal growing season and response of alpine grassland to climate variability across the three-rivers headwater region, China. Agricultural and Forest Meteorology, 220: 30-37.

Liu X F, Zhu X F, Zhu W Q, et al. 2014. Changes in spring phenology in the three-rivers headwater region from 1999 to 2013. Remote Sensing, 6(9): 9130-9144.

Meng F D, Cui S J, Wang S P, et al. 2016a. Changes in phenological sequences of alpine communities across a natural elevation gradient. Agricultural and Forest Meteorology, 224: 11-16.

Meng F D, Zhou Y, Wang S P, et al. 2016b. Temperature sensitivity thresholds to warming and cooling in phenophases of alpine plants. Climatic Change, 139(3-4): 1-12.

Morin X, Roy J, Sonié L, et al. 2010. Changes in leaf phenology of three european oak species in response to experimental climate change. New Phytologist, 186(4): 900-910.

Myneni R B, Keeling C D, Tucker C J, et al. 1997. Increased plant growth in the northern high latitudes from 1981 to 1991. Nature, 386(6626): 698-702.

Obeso J R. 1997. Costs of reproduction in ilex aquifolium: Effects at tree, branch and leaf levels. Journal of Ecology, 85(2): 159-166.

Piao S L, Cui M, Chen A, et al. 2011. Altitude and temperature dependence of change in the spring vegetation green-up date from 1982 to 2006 in the Qinghai-Xizang Plateau. Agricultural and Forest Meteorology, 151(12): 1599-1608.

Piao S L, Fang J Y, Zhou L, et al. 2006. Variations in satellite-derived phenology in China's temperate vegetation. Global Change Biology, 12(4): 672-685.

Post E S, Pedersen C, Wilmers C C, et al. 2008. Phenological sequences reveal aggregate life history response to climatic warming. Ecology, 89(2): 363.

Price M V, Waser N M. 1998. Effects of experimental warming on plant reproductive phenology in a subalpine meadow. Ecology, 79(4): 1261-1271.

Richards F J. 1959. A flexible growth function for empirical use. Journal of Experimental Botany, 10(2): 290-301.

Richardson A D, Braswell B H, Hollinger D Y, et al. 2009. Near-surface remote sensing of spatial and temporal variation in canopy phenology. Ecological Applications, 19(6): 14-17.

Richardson A D, Jenkins J P, Braswell B H, et al. 2007. Use of digital webcam images to track spring green-up in a deciduous broadleaf forest. Oecologia, 152(2): 323-334.

Richardson A D, Keenan T F, Migliavacca M, et al. 2013. Climate change, phenology, and phenological control of vegetation feedbacks to the climate system. Agricultural and Forest Meteorology, 169(3): 156-173.

Schwartz M D, Reed B C, White M A. 2002. Assessing satellite derived start of season measures in the conterminous USA. International Journal of Climatology, 22(14): 1793-1805.

Shen M G, Piao S L, Cong N, et al. 2015a. Precipitation impacts on vegetation spring phenology on the Tibetan Plateau. Global Change Biology, 21(10): 36-47.

Shen M G, Piao S L, Dorji T, et al. 2015b. Plant phenological responses to climate change on the Tibetan Plateau: Research status and challenges. National Science Review, 2(4): 454-467.

Shen M G, Tang Y H, Chen J, et al. 2011. Influences of temperature and precipitation before the growing season on spring phenology in grasslands of the central and eastern Qinghai-Tibetan Plateau. Agricultural and Forest Meteorology, 151(12): 1711-1722.

Shen M G, Zhang G, Cong N, et al. 2014. Increasing altitudinal gradient of spring vegetation phenology during the last decade on the Qinghai-Tibetan Plateau. Agricultural and Forest Meteorology, 189-190: 71-80.

Sherry R A, Zhou X M, Gu S, et al. 2007. Divergence of reproductive phenology under climate warming. Proceedings of the National Academy of Sciences of the United States of America, 104(1): 198-202.

Slayback D A, Pinzon J E, Los S O, et al. 2003. Northern hemisphere photosynthetic trends 1982–1999. Global Change Biology, 9(1): 1-15.

Song Y, Linderholm H W, Chen D, et al. 2010. Trends of the thermal growing season in China, 1951–2007. International Journal of Climatology, 30(1): 33-43.

Sonnentag O, Hufkens K, Teshera-Sterne C, et al. 2012. Digital repeat photography for phenological research in forest ecosystems. Agricultural and Forest Meteorology, 152(1): 159-177.

Spano D, Cesaraccio C, Duce P, et al. 1999. Phenological stages of natural species and their use as climate indicators. International Journal of Biometeorology, 42(3): 124-133.

Stocker T F, Qin D, Plattner G K, et al. 2013. Climate Change 2013: The Physical Science Basis. Contribution of Working Group Ⅰ to the Fifth Assessment Report of the Intergovernmental Panel on Climate Change. Computational Geometry, 18(2): 95-123.

Thompson L G, Mosley-Thompson E, Davis M, et al. 1993. Recent warming: Ice core evidence from tropical ice cores with emphasis on Central Asia. Global and Planetary Change, 7(1-3): 145-156.

Tucker C J, Slayback D A, Pinzon J E, et al. 2001. Higher northern latitude NDVI and growing season trends from 1982 to 1999. International Journal of Biometeorology, 45(4): 184-190.

Veresoglou D S, Fitter A H. 1984. Spatial and temporal patterns of growth and nutrient uptake of five co-existing grasses. Journal of Ecology, 72(1): 259-265.

Wang S P, Meng F D, Duan J C, et al. 2014b. Asymmetric sensitivity of first flowering date to warming and cooling in alpine plants. Ecology, 95(12): 3387-3398.

Wang S P, Wang C, Duan J, et al. 2014a. Timing and duration of phenological sequences of alpine plants along an elevation gradient on the Tibetan Plateau. Agricultural and Forest Meteorology, 189-190(3): 220-228.

Westra S, Fowler H J, Evans J P. 2014. Future changes to the intensity and frequency of short-duration extreme rainfall. Reviews of Geophysics, 52(3): 522-555.

White M A, Running S W, Thornton P E. 1999. The impact of growing-season length variability on carbon assimilation and evapotranspiration over 88 years in the eastern us deciduous forest. International Journal of Biometeorology, 42(3): 139-146.

Wolkovich E M, Cook B I, Allen J M, et al. 2012. Warming experiments underpredict plant phenological responses to climate change. Nature, 485(7399): 494.

Xia J, Wan S Q. 2013. Independent effects of warming and nitrogen addition on plant phenology in the Inner Mongolian steppe. Annals of Botany, 111(6): 1207-1213.

Xu Z F, Hu T X, Wang K Y, et al. 2009. Short-term responses of phenology, shoot growth and leaf traits of four alpine shrubs in a timberline ecotone to simulated global warming, eastern Tibetan Plateau, China. Plant Species Biology, 24(1): 27-34.

Yahdjian L, Sala O E. 2006. Vegetation structure constrains primary production response to water availability in the patagonian steppe. Ecology, 87(4): 952-962.

Yang Y T, Guan H D, Shen M G, et al. 2014. Changes in autumn vegetation dormancy onset date and the climate controls across temperate ecosystems in China from 1982 to 2010. Global Change Biology,

21(2): 652-665.

Yao T D, Thompson L, Yang W, et al. 2012. Different glacier status with atmospheric circulations in Tibetan Plateau and surroundings. Nature Climate Change, 2(9): 663-667.

Yu H, Luedeling E, Xu J. 2010. Winter and spring warming result in delayed spring phenology on the Tibetan Plateau. Proceedings of the National Academy of Sciences of the United States of America, 107(51): 22151.

Zhang G L, Zhang Y J, Dong J W, et al. 2013. Green-up dates in the Tibetan Plateau have continuously advanced from 1982 to 2011. Proceedings of the National Academy of Sciences of the United States of America, 110(11): 4309.

Zhang Q, Kong D D, Shi P J, et al. 2017. Vegetation phenology on the Qinghai-Tibetan Plateau and its response to climate change (1982–2013). Agricultural and Forest Meteorology, 248: 407-417.

Zhang X Y, Friedl M A, Schaaf C B, et al. 2003. Monitoring vegetation phenology using MODIS. Remote Sensing of Environment, 84(3): 471-475.

Zhu J T, Zhang Y J, Jiang L. 2017a. Experimental warming drives a seasonal shift of ecosystem carbon exchange in Tibetan alpine meadow. Agricultural and Forest Meteorology, 233: 242-249.

Zhu J T, Zhang Y J, Wang W. 2016. Interactions between warming and soil moisture increase overlap in reproductive phenology among species in an alpine meadow. Biology Letters, 12(7): 20150749.

Zhu W Q, Jiang N, Chen G S, et al. 2017b. Divergent shifts and responses of plant autumn phenology to climate change on the Qinghai-Tibetan Plateau. Agricultural and Forest Meteorology, 239: 166-175.

Zhu W Q, Zheng Z T, Jiang N, et al. 2018. A comparative analysis of the spatio-temporal variation in the phenologies of two herbaceous species and associated climatic driving factors on the Tibetan Plateau. Agricultural and Forest Meteorology, 248: 177-184.

第五章　全球变化对青藏高原生态系统结构和功能的影响

第一节　气候变暖的影响

IPCC第五次报告指出，截至21世纪末，全球表面温度将升高1.0~3.7℃（IPCC，2013）。青藏高原增温明显，增温幅度远远大于全球平均水平，且在一定的海拔范围内（如3000~5000m）增温幅度随着海拔的升高而增大（Liu et al.，2009；Qin et al.，2009）。为了定量化青藏高原高寒植物、土壤和生态系统碳通量对气候变暖的响应，研究人员在青藏高原上已经陆续开展了一些野外模拟增温实验（Zong et al.，2013；Fu et al.，2015a；Shen et al.，2015），这些野外模拟增温实验可以为高寒生态系统如何响应全球气候变暖提供非常有价值的理论和相关基础科学数据（Rustad et al.，2001；Zhou et al.，2009；张翠景等，2016）。

目前，青藏高原上已经开展的增温实验研究涉及的主要生态系统类型包括高寒草甸、高寒草原、森林和农田生态系统（Fu et al.，2015a；Shen et al.，2015；Zhong et al.，2016）。高寒生态系统对气候变暖的响应受多重其他因素的影响，这导致了气候变暖对高寒生态系统影响的复杂性。

一、模拟增温对环境因子的影响

一般而言，实验增温会导致环境条件的暖干化，这在许多模拟增温实验中得到验证。在藏北高原当雄县草原站三个海拔高寒草甸的增温实验表明，实验增温分别显著增加了2014年和2015年海拔4313m、4513m、4693m高寒草地的土壤温度1.24℃和1.33℃、1.23℃和1.49℃、1.04℃和1.09℃；空气温度1.55℃和1.73℃、0.98℃和1.49℃、1.13℃和1.28℃；饱和水汽压差0.11kPa和0.23kPa、0.07kPa和0.16kPa、0.06kPa和0.10kPa，分别显著减少了12.9%和32.0%、19.1%和32.8%、16.0%和15.2%的土壤含水量（图5-1）。同时，在西藏拉萨市达孜县（现达孜区）农田生态系统的增温实验表明，实验增温显著增加了土壤温度，增幅为3.22℃，同时显著减少了0.04m³/m³的土壤含水量（图5-2）。

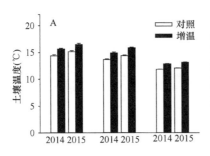
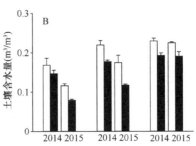

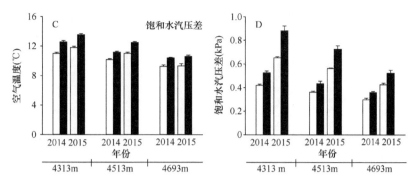

图 5-1　实验增温对藏北高原当雄县草原站海拔 4313m、4513m 和 4693m 的高寒草甸在 2014 年和 2015 年生长季节土壤温度、土壤含水量、空气温度和饱和水汽压差的影响（引自 Fu and Shen，2016）

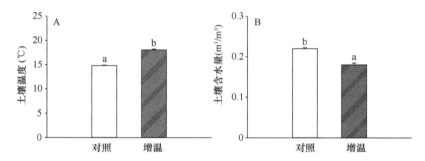

图 5-2　西藏拉萨市达孜县玉米田土壤温度和土壤含水量对实验增温的响应（引自付刚和钟志明，2017）
柱形图上方不同小写字母代表不同处理间差异显著（$P < 0.05$），余同

　　研究表明，增温幅度越大，环境干旱化程度越严重（Fu et al.，2018）。在藏北高原当雄县草原站高寒草甸的两幅度增温实验表明，1.30℃ 和 3.10℃ 的土壤升温幅度分别减少了 0.02m³/m³ 和 0.05m³/m³ 的土壤含水量（图 5-3）；1.54℃ 和 4.00℃ 的空气升温幅度分

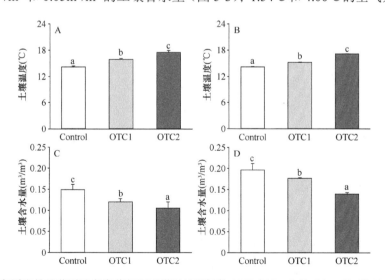

图 5-3　藏北高原当雄县草原站高寒草甸不同增温处理间的 2013 年 7～9 月（A、C）和 2014 年 6～9 月（B、D）的土壤温度和土壤含水量的对比（引自 Shen et al.，2016）
Control，对照；OTC1，低幅度增温；OTC2，高幅度增温

别增加了 0.13kPa 和 0.31kPa 的饱和水汽压差（图 5-4）。在西藏拉萨市达孜县青稞田的增温实验表明，1.98℃的土壤升温幅度显著减少了 16.1%（−0.03m³/m³）的土壤含水量，而 1.52℃的土壤升温幅度并没有显著改变土壤含水量（图 5-5）。

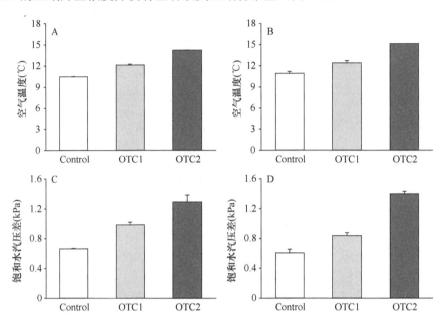

图 5-4　藏北高原当雄县草原站高寒草甸不同增温处理间的 2013 年 7～9 月（A、C）和 2014 年 6～9 月（B、D）的空气温度和饱和水汽压差的对比（引自 Wang et al.，2017）

Control，对照；OTC1，低幅度增温；OTC2，高幅度增温

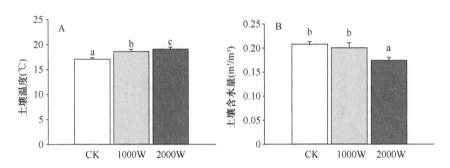

图 5-5　西藏拉萨市达孜县青稞田土壤温度和土壤含水量对实验增温的响应（引自 Zhong et al.，2016）

CK，对照；1000W，低幅度增温；2000W，高幅度增温

二、高寒植物生理生态对模拟增温的响应

目前，有关青藏高原高寒植物对实验增温响应研究的主要对象包括生物量、株高、地径、叶面积指数、净光合速率及其相关的植物生理指标等。meta 分析显示，整体而言，实验增温显著增加了高寒植物净光合速率、气孔导度、表观量子产额、株高、茎长、地径、叶片长度、叶面积指数和地上生物量，并显著减少了胞间 CO_2 浓度；而没有显著改变光补偿点、丙二醛、超氧阴离子自由基、过氧化氢酶和叶片氮含量（图 5-6，图 5-7），

这表明不同的高寒植物指标对气候变暖的响应不同。尽管如此，增温对青藏高原高寒植物的影响随着植被类型、环境湿度条件和增温幅度等的变化而变化。

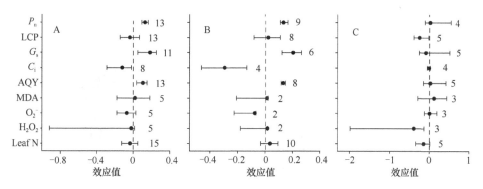

图 5-6　青藏高原上的实验增温对高寒植物（A）、高寒木本（B）和高寒草本（C）的净光合速率（P_n）、光补偿点（LCP）、气孔导度（G_s）、胞间 CO_2 浓度（C_i）、表观量子产额（AQY）、丙二醛（MDA）、超氧阴离子自由基（O_2^-）、过氧化氢酶（H_2O_2）和叶片氮含量（Leaf N）的影响（引自 Fu et al.，2015a）
图中数字代表分析所用样本数

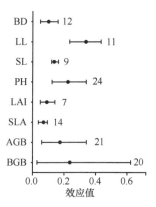

图 5-7　实验增温对地径（BD）、叶长（LL）、茎长（SL）、株高（PH）、叶面积指数（LAI）、比叶面积（SLA）、地上生物量（AGB）和地下生物量（BGB）的影响（引自 Fu et al.，2015a）
图中数字代表分析所用样本数

植被类型调控着高寒植物对增温的响应。整合分析表明，实验增温显著增加了高寒草地的地上生物量（图 5-7）。尽管如此，在拉萨市达孜县玉米田的增温实验表明，实验增温没有显著改变玉米的地上生物量（图 5-8）。增温显著增加了高寒木本植物的净光合速率、气孔导度和表观量子产额，并显著减少了胞间 CO_2 浓度和超氧阴离子自由基；而增温显著降低了高寒草本植物的光补偿点和过氧化氢酶含量（图 5-6）。

环境湿度调控着高寒植物对增温的响应。在藏北高原当雄县草原站三个海拔的高寒草甸的增温实验表明，增温显著降低了 2015 年海拔 4313m 高寒草地 19.5% 的归一化植被指数、17.0% 的土壤调节植被指数和 12.8%（$-2.59g/m^2$）的地上生物量，而没有显著改变 2014 年海拔 4313m 高寒草地以及 2014 年和 2015 年海拔 4513m 和 4693m 高寒草地的归一化植被指数、土壤调节植被指数和地上生物量（图 5-9，图 5-10）；2014 年是暖湿年，而 2015 年是暖干年；随着海拔的升高，环境湿度增加，而气温降低；与土壤温度、空气温度和土壤含水量相比，饱和水汽压差解释了更多的归一化植被指数、土壤调节植被指数和地上生物量的变异（Fu and Shen，2016），因此，环境湿度调控着高寒草甸植被指数和地上生物量对增温的响应。

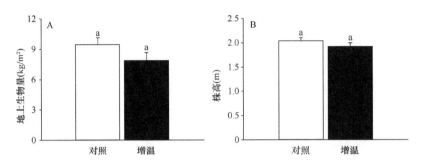

图 5-8　实验增温对西藏玉米田地上生物量（A）和株高（B）的影响（n=3）（引自付刚和钟志明，2016）

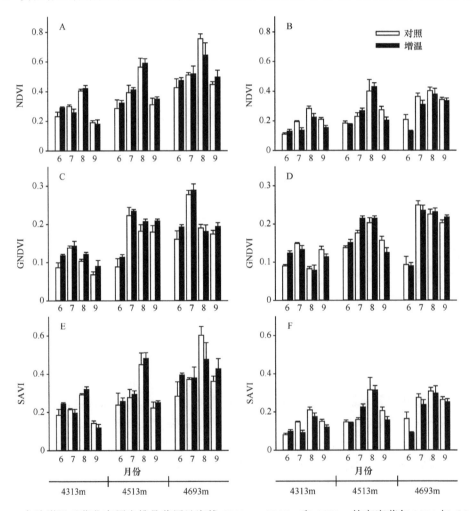

图 5-9　实验增温对藏北高原当雄县草原站海拔 4313m、4513m 和 4693m 的高寒草甸 2014 年（A、C、E）和 2015 年（B、D、F）的归一化植被指数（NDVI）、绿波段归一化植被指数（GNDVI）和土壤调节植被指数（SAVI）的影响（引自 Fu and Shen，2016）

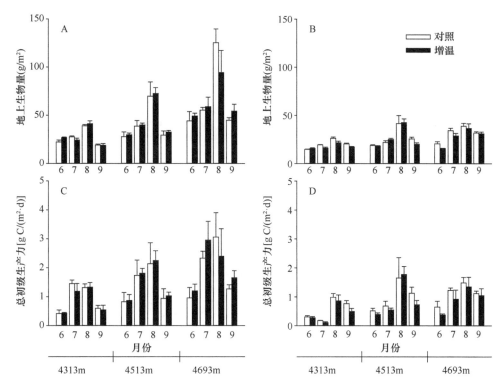

图 5-10　实验增温对藏北高原当雄县草原站海拔 4313m、4513m 和 4693m 的高寒草甸 2014 年（A、C）和 2015 年（B、D）的地上生物量和总初级生产力的影响（引自 Fu and Shen，2016）

　　高寒植物对增温幅度的响应呈现非线性关系。在藏北高原当雄县高寒草甸的增温实验表明，1.54℃ 和 4.00℃ 的空气升温幅度两者间的归一化植被指数、土壤调节植被指数和地上生物量都无显著差异（Wang et al.，2017）。在青藏高原北麓河区域高寒草甸的增温实验表明，1℃ 和 3℃ 的土壤升温幅度都没有显著改变群落盖度、高度和地上生物量（徐满厚和薛娴，2013）。在拉萨市达孜县农田生态系统的红外增温实验表明，1.52℃ 和 1.98℃ 的土壤升温幅度对青稞田的归一化植被指数和土壤调节植被指数都无显著影响（付刚等，2015）。

　　高寒植物对多幅度增温的非线性响应有以下两个机制：第一，可能存在着最适宜的增温幅度，当且仅当增温幅度等于最适宜增温幅度时，高寒植物对增温的响应最大；当增温幅度小于或大于最适宜增温幅度时，高寒植物对增温的响应变小。第二，随着增温幅度的变大，增温会导致更大幅度的降水积温比的降低和环境干旱，而高寒植被生物量随着土壤含水量和降水积温比的增加而增加（图 5-11）。

三、土壤理化性质对模拟增温的响应

　　目前，有关青藏高原高寒生态系统土壤对实验增温响应的研究对象主要包括土壤有机碳、全氮、微生物量、酶等。整体而言，增温显著增加了土壤微生物量碳和微生物量氮、铵态氮、硝态氮、净氮矿化、净硝化、水溶性有机氮、转化酶和蛋白

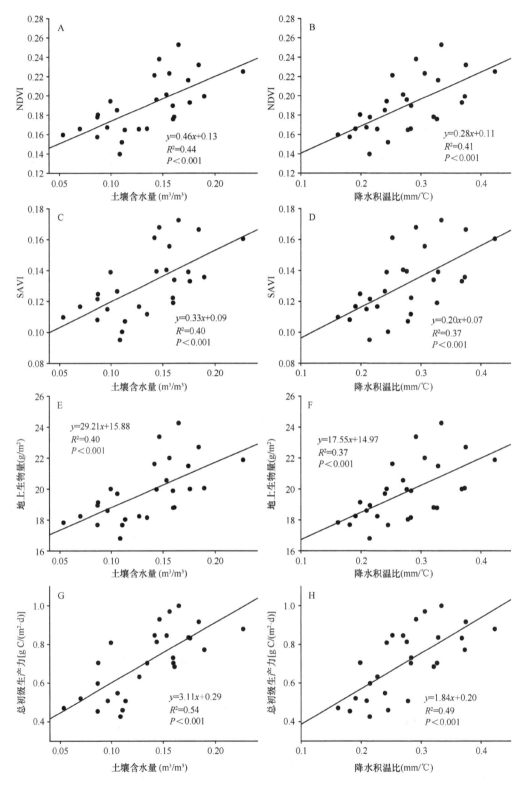

图 5-11 当雄县草原站归一化植被指数、土壤调节植被指数、地上生物量、总初级生产力与土壤含水
量和降水积温比的关系（引自 Fu et al.，2018）

酶，而没有显著改变土壤碳含量、氮含量、水溶性有机碳、多酚氧化酶、脲酶和过氧化氢酶（图 5-12，图 5-13），这表明不同的土壤指标对气候变暖的响应存在差异。同时，研究也发现增温对青藏高原高寒土壤的影响随着植被类型和气候条件等的变化而变化。

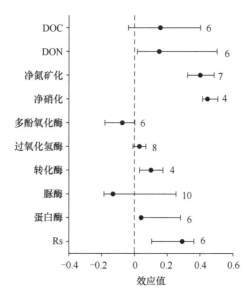

图 5-12　青藏高原上的实验增温对水溶性有机碳（DOC）、水溶性有机氮（DON）、净氮矿化、净硝化、多酚氧化酶、过氧化氢酶、转化酶、脲酶、蛋白酶和土壤呼吸（Rs）的影响（引自 Zhang et al.，2015）
图中数字代表分析所用样本数

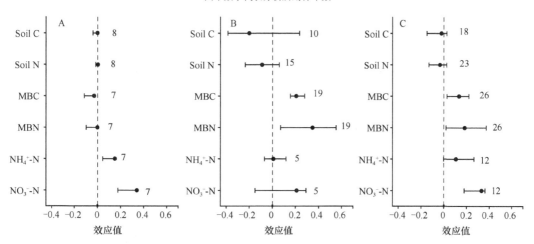

图 5-13　青藏高原上的实验增温对森林（A）、草地（B）和森林+草地（C）的土壤碳（Soil C）、土壤氮（Soil N）、微生物量碳（MBC）、微生物量氮（MBN）、铵态氮（NH$_4^+$-N）和硝态氮（NO$_3^-$-N）的影响（引自 Zhang et al.，2015）
图中数字代表分析所用样本数

　　植被类型调控着高寒草地土壤对增温的响应。整合分析表明，实验增温显著增加了森林生态系统 16.2% 的土壤铵态氮和 40.5% 的土壤硝态氮，而没有显著改变草地生态系统的土壤铵态氮；实验增温显著增加了草地生态系统 23.1%的土壤微生物量碳和41.6%的土壤微生物量氮，而没有显著改变森林生态系统的土壤微生物量碳和微生物量氮（图 5-13）。

气候条件调控着高寒草地土壤对增温的响应。整合分析表明，土壤微生物量碳和微生物量氮对实验增温的响应与年均温均呈负相关关系，这表明年均温越低，土壤微生物量碳和微生物量氮对气候变暖的响应越敏感。在藏北高原当雄县草原站三个海拔的增温实验表明，增温显著减少了海拔 4313m 高寒草甸 29.2%的土壤无机氮和 36.4%的土壤硝态氮、海拔 4513m 高寒草甸 23.5%的土壤无机氮和 29.5%的土壤硝态氮，而没有显著改变海拔 4693m 高寒草甸的土壤无机氮、硝态氮和铵态氮（图 5-14），这与不同海拔温湿度条件的差异有关（图 5-3）。

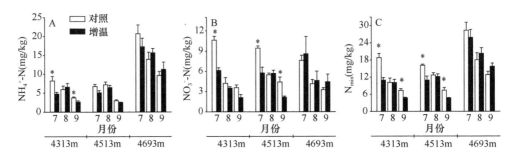

图 5-14　实验增温对当雄县草原站不同海拔高寒草甸土壤铵态氮（NH_4^+-N）、硝态氮（NO_3^--N）和无机氮（N_{min}）的影响（引自 Yu et al., 2014）

*表示不同处理间差异显著（$P<0.05$）

四、高寒生态系统碳通量对模拟增温的响应

目前，有关青藏高原高寒生态系统碳通量对实验增温响应研究的主要对象包括总初级生产力、生态系统呼吸和土壤呼吸等（Dorji et al., 2013；Hu et al., 2013；Lin et al., 2011；Shi et al., 2012）。增温对青藏高原高寒生态系统碳通量的影响随着气候条件、增温造成的环境干旱和增温幅度等的变化而变化。

气候条件调控着高寒生态系统碳通量对增温的响应。在藏北高原当雄县草原站的增温实验表明，增温显著降低了海拔 4313m 高寒草甸 2012 年 21.7%～23.0%的总初级生产力，而没有显著影响海拔 4513m 和 4693m 高寒草甸 2012 年的总初级生产力（图 5-15）；显著增加了海拔 4693m 高寒草甸 2010～2012 年 11.3%的生态系统呼吸，而没有显著改变海拔 4313m 和 4513m 高寒草甸 2010～2012 年的生态系统呼吸（Fu et al., 2013a），这与三个海拔不同的温湿度条件有关（图 5-3）。

增温引起的环境干旱调控着高寒生态系统碳通量对增温的响应。整体而言，增温显著增加了 33.6%的土壤呼吸。尽管如此，青藏高原高寒生态系统土壤呼吸对增温并不总是表现为正响应，这与增温导致的土壤干旱有关。在拉萨市达孜县中国科学院拉萨农业生态试验站玉米田的增温实验表明，增温虽然没有显著增加土壤呼吸速率 [对照，6.79μmol CO_2/(m²·s)；增温，7.34μmol CO_2/(m²·s)]，但是显著减少了 18.0%（−0.04m³/m³）

的土壤含水量（付刚和钟志明，2017）；且增温引起的土壤呼吸的变化量随着增温引起的土壤含水量变化量的增加而增加（图5-16）。

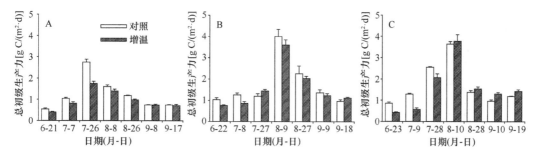

图5-15　当雄县草原站不同海拔高寒草甸2012年的总初级生产力对增温的响应（引自 Fu et al., 2013a）

A. 4313m；B. 4513m；C. 4693m

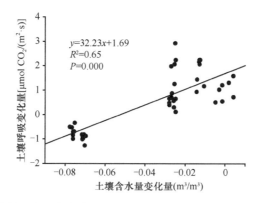

图5-16　拉萨市达孜县玉米田实验增温引起的土壤呼吸变化量与土壤含水量变化量的关系
（引自付刚和钟志明，2017）

　　高寒生态系统碳通量对增温的响应与增温幅度为非线性关系。在当雄县草原站高寒草甸的两个幅度增温实验表明，低幅度（空气温度和土壤温度分别升高1.5℃和1.3℃）和高幅度（空气温度和土壤温度分别升高4.0℃和3.1℃）增温间的总初级生产力（Wang et al.，2017）和土壤呼吸（Shen et al.，2016）都无显著差异。在拉萨市达孜县中国科学院拉萨农业生态试验站青稞田的两幅度增温实验表明，对照、低幅度和高幅度增温处理的土壤呼吸速率均值分别是4.31μmol CO_2/(m²·s)、5.41μmol CO_2/(m²·s)和4.85μmol CO_2/(m²·s)，且三个处理间的土壤呼吸速率无显著差异（F=0.99，P=0.43）（Zhong et al.，2016）。生态系统总初级生产力对多幅度增温的非线性响应与总初级生产力对增温的响应存在着最适增温幅度、更大幅度的增温造成了更大幅度的环境干旱和降低了降水积温比（图5-5，图5-11）。土壤呼吸对多幅度增温的非线性响应除了与更大幅度的增温导致了更大幅度的土壤干旱有关外（图5-5，图5-16），还与高寒植物生产力/生物量对多幅度增温的非线性响应有关，因为植物生物量是土壤呼吸的重要呼吸底物来源。

　　土壤含水量调控着土壤呼吸温度敏感性。在当雄县草原站的增温和脉冲降水实验表明，与对照相比，虽然增温处理并没有显著改变土壤呼吸温度敏感性，但是增温+低幅度脉冲降水和增温+高幅度脉冲降水的土壤呼吸温度敏感性显著大于对照的土壤呼吸温度敏感性（图 5-17），这与脉冲式降水显著增加了土壤湿度有关（Shen et al.，2015）。在拉萨市达孜县玉米田的增温实验表明，增温没有显著改变土壤呼吸温度敏感性（图 5-18），这与增温引起的土壤含水量的减少有关（图 5-3）。

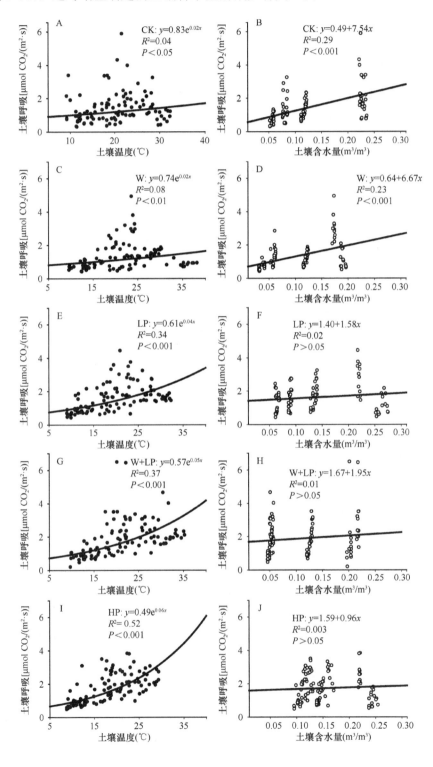

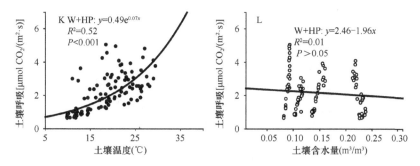

图 5-17 藏北高原当雄县草原站不同处理的土壤呼吸与土壤温度和土壤含水量的关系
（引自 Shen et al., 2015）

CK，对照；W，增温；LP，低幅度脉冲降水；W+LP，增温+低幅度脉冲降水；HP，高幅度脉冲降水；
W+HP，增温+高幅度脉冲降水

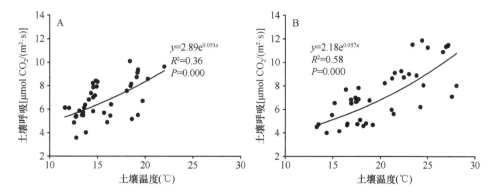

图 5-18 西藏拉萨市达孜县玉米田对照（A）和增温（B）处理的土壤呼吸与土壤温度的关系
（引自付刚和钟志明，2017）

在拉萨市达孜县青稞田的增温实验表明，当所有数据参与回归拟合时，对照、低幅度增温和高幅度增温三个处理的土壤呼吸 Q_{10} 值分别为 1.70、1.65 和 1.41，但是三个处理间的土壤呼吸 Q_{10} 值无显著差异；当排除土壤含水量 $<0.17\text{m}^3/\text{m}^3$ 的数据后，低幅度增温和高幅度增温处理的土壤呼吸 Q_{10} 值分别显著增加了约 0.67 和 1.22（图 5-19）。

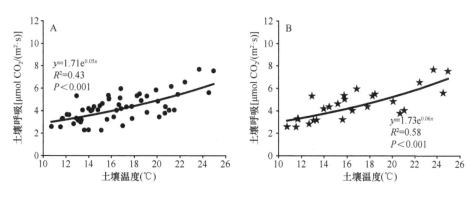

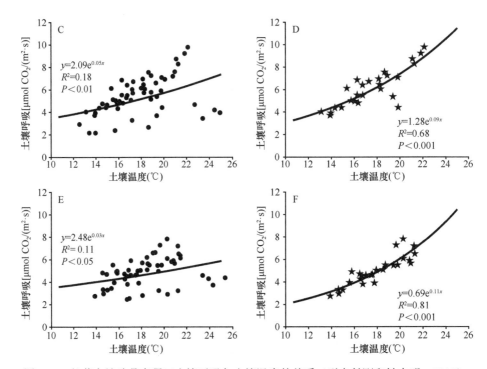

图5-19　拉萨市达孜县青稞田土壤呼吸与土壤温度的关系（引自付刚和钟志明，2017）
A、C、E分别代表对照、低幅度增温和高幅度增温处理；B、D、F分别代表排除土壤含水量影响后的对照、低幅度增温和高幅度增温处理

第二节　氮沉降增加的影响

氮沉降是近几十年来出现的全球范围内重要的环境问题，其来源和分布正在迅速地扩展到全球范围。由于化石燃料的燃烧、含氮化肥的施用、畜牧业的发展以及汽车尾气的排放，人类向大气中排放的含氮化合物数量激增并引起大气氮沉降的成倍增加。全球氮沉降量在20世纪增加了3倍多，预计到21世纪末将会继续增加2～3倍（Lamarque et al.，2005；IPCC，2007；Gruber and Galloway，2008）。氮素与生态系统的维持、演替和稳定性机制等密切联系，氮沉降的急剧增加将严重影响陆地生态系统的生产力和稳定性。已有研究发现，氮素是影响包括草地在内的各类生态系统净初级生产力最主要的因素之一，同时也是植物生长所需的重要营养元素之一。氮沉降数量的急剧增加会引起土壤酸化等一系列环境问题，同时会改变生态系统生态化学计量比，这都将严重影响陆地生态系统的生产力和稳定性。

青藏高原作为世界上海拔最高的地区，对环境变化十分敏感。高寒草地（包括高寒草甸和高寒草原）占据了青藏高原面积的60%以上，是维持高原地区生产力和畜牧业发展的基础。青藏高原海拔较高，气温低，低温限制了土壤有机质的分解和氮矿化作用，导致土壤有效氮素匮乏。低的土壤有效养分条件限制了高寒植物的生长，并导致高寒草甸生态系统生产力较低。未来氮沉降的增加将严重影响高寒生态系统的生产力和稳定性。此外，青藏高原正经历着明显的温暖化过程（Yu et al.，2010；Zhang et al.，2013），由此引起的土壤温度的升高促进了土壤中微生物活性的增强，同时青藏高原东缘地区大气氮沉降十分明显，并呈逐年增加的趋势，这些环境变化均促使土壤中可利用营养元素增加，因此深入了解青藏高原高寒生态系统对可利用营养元素增加的响应，是准确预测未来全球变化背景下青藏高原高寒生态系统碳循环过程的重要基础。

一、青藏高原大气氮沉降格局

基于青藏高原观测与研究平台，Liu 等（2015）利用雨水收集法测定了青藏高原藏东南站、纳木错站、珠峰站、阿里站和慕士塔格站的降雨湿沉降量，并分析了湿沉降的主要来源。结果表明，大气湿沉降中这五个站的无机氮含量分别是 0.91kg N/(hm²·a)、0.92kg N/(hm²·a)、0.94kg N/(hm²·a)、0.44kg N/(hm²·a)和 1.55kg N/(hm²·a)。因子分析发现人类活动是影响大气湿沉降的主要来源。后向轨迹分析研究发现，慕士塔格站湿沉降中的无机氮主要由西风输送，来自中亚和中东的氮排放；而藏东南站、纳木错站、珠峰站和阿里站湿沉降中的无机氮主要由印度洋季风从南亚输送而来（Liu et al.，2015）。

2010~2011 年，宗宁（2015）采用离子树脂法测定了当雄地区的氮沉降量（主要是湿沉降）（图 5-20）。结果表明，当雄地区氮的湿沉降量为 6.0kg N/(hm²·a)，其中生长季占 90%。湿沉降中硝态氮（NO_3^--N）占 40%，铵态氮（NH_4^+-N）占 60%，有机氮含量极低。这与空间模拟结果一致。Lü 和 Tian（2007）的模拟结果表明，青藏高原地区氮沉降量为 8.7~13.8kg N/(hm²·a)。Jia 等（2014）利用站点观测结合空间插值得到 2000~2010 年西藏地区氮沉降量为 5~10kg N/(hm²·a)，而 20 世纪 90 年代西藏地区氮沉降量低于 5kg N/(hm²·a)，这说明近几十年来青藏高原氮沉降呈显著增加趋势。

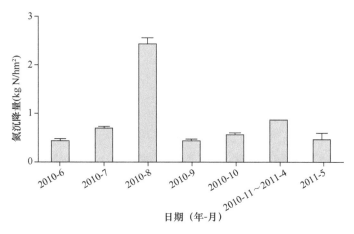

图 5-20　西藏当雄氮沉降量的季节动态（引自宗宁，2015）

二、养分添加对高寒生态系统的影响

一般来讲，氮、磷均是植物生长所必需的大量营养元素，在植物生长、发育和繁殖等过程中有着重要的作用，自然状态下很多生态系统生产力都表现为受氮、磷元素的共同限制。因此，开展高寒生态系统氮、磷添加实验，从养分平衡角度出发能更好地研究高寒生态系统对养分添加的响应。

（一）养分添加对高寒生态系统群落结构的影响

养分添加是恢复退化草地植物群落，提高草地生产力的重要措施之一。养分添加不仅能提高高寒草甸植物生产力，对促进草地恢复、增强草地生态系统稳定性还具有积极作用。养分添加被广泛应用于高寒草甸退化草地的改良，同时也被认为是检验土壤养分状况和植被养分限制较好的方法。氮添加是重要的养分添加方式，也能为未来大气氮沉降增加对生态系统的影响提供预测。关于氮添加对青藏高原高寒生态系统的meta 分析显示，氮添加可以显著改变高寒生态系统结构，不同的植物功能群对外源氮素添加产生的响应不同（图 5-21）。氮添加提高了 19.0%的植物高度、29.7%的植物群落生物量、89.8%的禾草植物地上生物量、75.6%的莎草植物地上生物量，但显著降低了34.5%的豆科植物地上生物量、23.8%的杂草地上生物量、11.2%的群落丰富度（Fu and Shen，2016）（图 5-21）。氮添加对高寒生态系统的影响受气候因子的调控。氮添加对植物高度的影响随着降雨量的增加而增加，但随着气温的提高而降低。氮添加对高寒生态系统的影响随着植物功能群种类和氮添加量发生变化，同时气候因子如气候变暖和降雨格局的改变会调控氮添加的影响（Fu and Shen，2016）。

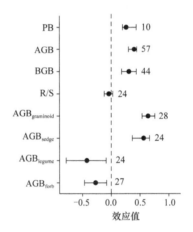

图 5-21　氮添加对高寒植物群落生物量（PB）、地上生物量（AGB）、地下生物量（BGB）、根冠比（R/S）、禾草植物地上生物量（$AGB_{graminoid}$）、莎草植物地上生物量（AGB_{sedge}）、豆科植物地上生物量（AGB_{legume}）、杂草地上生物量（AGB_{forb}）的影响（引自 Fu and Shen，2016）

图中数字代表分析所用样本数

氮添加对不同生态系统的影响存在差异。在高寒嵩草草甸的研究发现，氮添加未显著改变群落盖度和物种多样性，而氮磷配施显著提高了群落盖度（宗宁等，2013a；图 5-22），表明高寒嵩草草甸的群落盖度和物种多样性受氮磷元素共同影响。同样，氮添加（不管添加水平的高低）对群落植物地上生产力无显著影响，而氮磷配施显著促进了群落生产，以及占优势的莎草和杂类草植物的生长（宗宁等，2013a）。

莎草植物（高山嵩草和窄叶薹草）有更高的磷累积和利用效率，氮磷添加消除了高寒草甸生态系统对养分的限制，使得养分利用率高的莎草植物迅速生长，导致植物高度和盖度的增加，改变了群落结构和植物的竞争格局，使得植物之间的竞争从地下的养分竞争转为地上的光竞争，限制了禾草植物的生长，并导致群落物种多样性的降低。

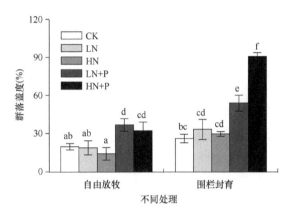

图 5-22　养分添加处理对自由放牧与围栏封育样地植物群落盖度的影响（引自宗宁等，2013a）

CK、LN、HN、LN+P、HN+P 分别代表对照、低氮 [50kg N/(hm²·a)]、高氮 [100kg N/(hm²·a)]、低氮加磷 [50kg N/(hm²·a)+50kg P/(hm²·a)]、高氮加磷 [100kg N/(hm²·a)+50kg P/(hm²·a)]。每组柱子上方不同小写字母表示不同处理间差异显著（$P<0.05$）

　　养分添加的影响在不同退化程度的高寒草地也存在差异。氮添加对轻度和重度退化样地群落盖度均无显著影响，但高氮处理在 2013 年生长季降低了轻度退化样地群落物种丰富度和多样性，氮添加促进了轻度退化样地禾草植物重要值的增加，而显著抑制了菊科植物生长（宗宁等，2014；图 5-23）。氮添加对莎草植物无影响，而且不利于菊科植物生长。对于重度退化样地，氮添加对群落盖度和物种多样性无显著影响，对优势功能群菊科植物（主要包括木根香青、青藏狗娃花和藏沙蒿）等杂草均无显著影响（宗宁等，2014）。虽然重度退化样地的群落结构相对单一且物种多样性较低，但其对氮添加的敏感性不高。氮添加后群落结构未发生显著改变，仍然以杂草为主，这从草场利用角度来说没有实际意义。在群落多样性的维持和群落稳定性方面，单独氮添加对轻度退化和重度退化高寒草甸的作用均较小。过量氮添加既不利于轻度退化草地物种多样性的维持，又可能导致土壤污染和酸化等负面效应的出现，故只施氮肥并不是改良高寒退化草地的优良做法。轻度退化高寒草甸可选择低氮配施磷肥的措施，而对重度退化草地可能需要结合围栏和补播牧草等其他管理措施进行改良。

（二）养分添加对高寒生态系统生产力的影响

　　陆地生态系统生产力是全球碳循环过程中的重要组成部分，草地生态系统生物量的大小不仅很大程度上决定了其生态系统的碳积累，而且决定了其产草量，因而影响其生态与生产服务功能。草地生态系统生物量大小受到土壤中可利用营养元素等多种理化因子的影响，其中氮、磷均是植物生长所必需的大量营养元素，在植物生长、发育和繁殖等过程中有着重要的作用，自然状态下很多生态系统生产力都表现为氮限制或者磷限制或者氮磷共同限制。青藏高原气候温暖化引起土壤中微生物活性增强，以及伴随的大气氮沉降增加，均促使土壤中可利用营养元素增加，因此，深入了解青藏高原高寒草地植物生物量对可利用营养元素增加的响应，可以准确预测未来全球变化背景下青藏高原高寒草地碳循环过程的响应和适应机制。

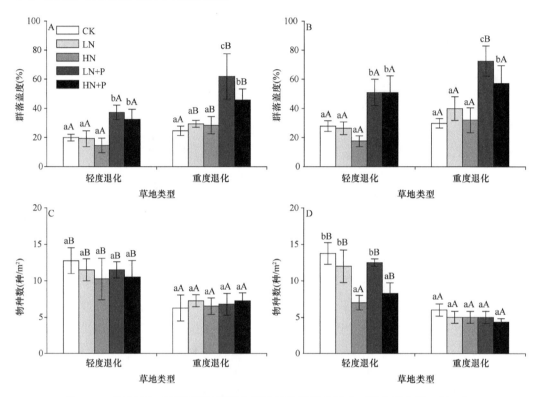

图 5-23　养分添加对轻度和重度退化草地植物群落的影响（引自宗宁等，2014）

A、C. 2012 年；B、D. 2013 年。CK、LN、HN、LN+P、HN+P 分别代表对照、低氮［50kg N/(hm²·a)］、高氮［100kg N/(hm²·a)］、低氮加磷［50kg N/(hm²·a)+50kg P/(hm²·a)］、高氮加磷［100kg N/(hm²·a)+50kg P/(hm²·a)］。各小图中每组柱子上方，不同小写字母表示不同施肥处理间差异显著，不同大写字母表示不同退化程度之间差异显著（$P<0.05$）

　　养分添加对高寒生态系统生产力的影响研究在不同类型的生态系统中均有开展。例如，杨晓霞等（2014）基于在青藏高原东缘湿润高寒草甸连续 4 年（2009～2012 年）的氮、磷添加实验，探讨了湿润高寒草甸生态系统碳输入对氮、磷添加的响应。结果表明：①氮、磷添加均极显著增加了禾草的地上生物量及其所占比例，同时均显著降低了杂类草所占比例，此外磷添加极显著降低了莎草地上生物量所占的比例；②氮、磷添加均显著促进了地上生物量的增加，分别增加了 24%和 52%；③氮添加对地下生物量无显著影响，而磷添加后地下生物量有增加趋势；④氮添加对总生物量无显著影响，而磷添加后总生物量显著增加（杨晓霞等，2014）。研究表明，氮、磷添加可缓解青藏高原高寒草甸植物生长的营养限制，促进植物地上部分的生长，然而高寒草甸植物的生长极有可能更受土壤中可利用磷含量的限制。氮添加对半干旱区草原化高寒草甸呈现不同的影响。与对照相比较，施氮提高了 18%的地上生物量与 55%的地下生物量（Zong et al.，2013；图 5-24）。

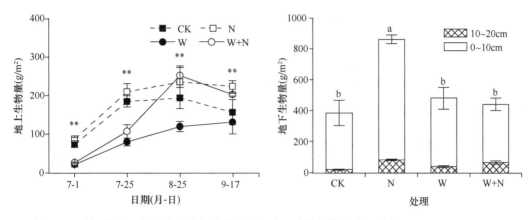

图 5-24　增温与氮添加对高寒草甸植物地上与地下生物量的影响（引自 Zong et al.，2013）
CK，对照；N，氮添加；W，增温；W+N，增温+氮添加。**表示不同处理间差异极显著（$P<0.01$）；不同小写字母表示
不同处理间差异显著（$P<0.05$）

氮添加时间不同也会产生不同的影响。通过不同非生长季氮添加时间的研究发现，在早春季节氮添加会促进植物生长，地上生物量比晚秋添加处理提高了 26%，而早春添加处理中碳排放较少（Zong et al.，2014；图 5-25）。从生态系统草地管理角度考虑，早春氮添加有利于高寒草地生态碳的固持，而晚秋添加会刺激生态系统养分循环与土壤微生物活性，促进生态系统碳排放。

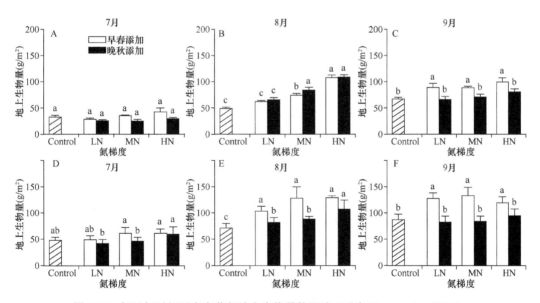

图 5-25　氮添加时间对高寒草甸地上生物量的影响（引自 Zong et al.，2014）
A～C. 2011 年；D～F. 2012 年。Control、LN、MN、HN 分别代表对照、低氮［10kg N/(hm²·a)］、中氮［20kg N/(hm²·a)］、
高氮［40kg N/(hm²·a)］每组柱子上方不同小写字母表示不同处理间差异显著（$P<0.05$），图 5-26、图 5-27 同

（三）养分添加对高寒生态系统碳排放的影响

一般来说，氮素有效性是限制陆地生态系统生产的重要环境因子，特别是氮受限的高寒生态系统更是如此。氮沉降的增加会促进陆地生态系统的初级生产，降低植物向地

下部分的分配比例，进而可能影响植物向土壤微生物的底物供应模式，对生态系统碳平衡过程产生重要影响。

氮添加对生态系统碳排放的影响依赖于降雨的分配格局。生长季初期降雨较少的季节，氮添加对生态系统碳排放无影响；而降雨较多的 8 月和 9 月，氮添加分别显著提高了 16% 和 21% 的生态系统碳排放（宗宁等，2013b；图 5-26），主要表现为生态系统呼吸与土壤呼吸均显著增加（宗宁等，2013b；图 5-27）。氮添加通过提高土壤微生物氮含量与微生物代谢活性，促进植物地上生产，从而增加生态系统的碳排放，而放牧不利于土壤微生物的生长，会抵消氮素添加对生态系统碳排放的促进作用。高寒草地作为主要的牧场，放牧压力的存在会抑制未来大气氮沉降增加对生态系统碳排放的促进作用，而外源氮输入也会缓解放牧压力对高寒草甸生态系统生产的负面影响（宗宁等，2013b）。

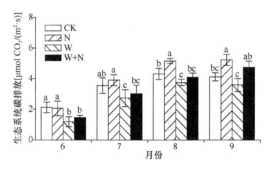

图 5-26　增温与氮添加对生长季高寒草甸生态系统碳排放的影响（引自 Zong et al.，2013）

CK，对照；N，氮添加；W，增温；W+N，增温+氮添加

养分添加的影响依赖于添加剂量与肥料的种类。在半干旱区草原化嵩草草甸的研究发现，与对照相比，低氮［50kg N/(hm²·a)］与高氮［100kg N/(hm²·a)］添加在三年观测期间（2010～2012 年）对生态系统呼吸无显著影响，而低氮加磷［50kg N/(hm²·a)+50kg P/(hm²·a)］与高氮加磷［100kg N/(hm²·a)+50kg P/(hm²·a)］只在第三年对生态系统呼吸有显著的增加作用（Jiang et al.，2015；图 5-28）。低氮与高氮在三年间对土壤呼吸无显著影响，在第二年和第三年生长季低氮加磷显著增加了土壤呼吸，高氮加磷只在第二年显著增加了土壤呼吸。总之，单独氮添加对高寒草甸生态系统和土壤呼吸无显著影响，而氮磷耦合添加可以显著增加生态系统碳排放。

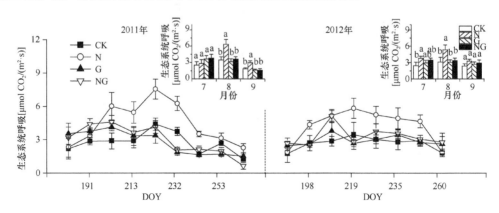

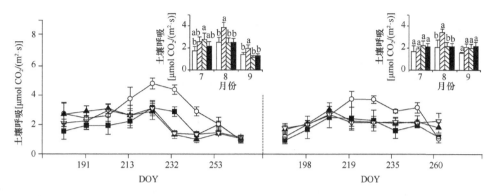

图 5-27　氮添加与模拟放牧对高寒草甸生态系统呼吸及土壤呼吸季节动态的影响（引自宗宁等，2013b）

CK，对照；N，氮添加；G，模拟放牧；NG，氮添加+模拟放牧

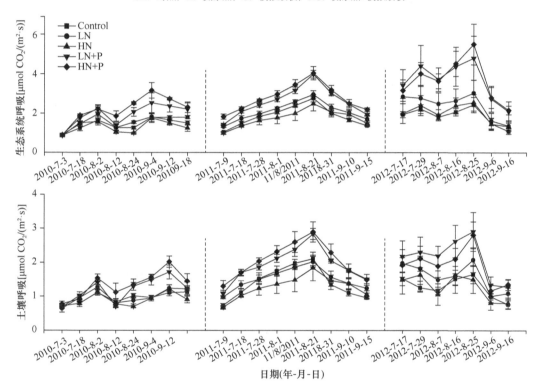

图 5-28　氮磷添加对高寒草甸生态系统呼吸与土壤呼吸的影响（改自 Jiang et al.，2015）

Control、LN、HN、LN+P、HN+P 分别代表对照、低氮 [50kg N/(hm²·a)]、高氮 [100kg N/(hm²·a)]、低氮加磷 [50kg N/(hm²·a)+ 50kg P/(hm²·a)]、高氮加磷 [100kg N/(hm²·a)+50kg P/(hm²·a)]

　　养分添加对高寒生态系统的影响依赖于添加的年限。在高寒草甸连续四年（2009～2012 年）养分添加实验 [氮添加：100kg N/(hm²·a)；磷添加：50kg P/(hm²·a)] 的结果显示，氮磷添加并未显著影响所有生长季的土壤呼吸：氮添加在最初两年显著促进土壤呼吸，而在接下来的两年显著降低土壤呼吸；然而，磷添加在最初两年并未显著改变土壤呼吸，而在后面两年显著提高土壤呼吸。氮磷之间无显著耦合关系，氮磷添加通过不同的过程影响土壤呼吸：氮添加主要影响异氧呼吸，而磷添加主要影响自养呼吸（Ren et al.，2017）。

（四）高寒生态系统氮沉降临界负荷与饱和阈值

氮输入增加会显著影响生态系统生产力。有研究认为，大尺度上氮输入会增加生态系统生产力，在样点尺度上 Bai 等（2010）的研究也得到同样的结论：氮添加使未受干扰温带草地的地上生物量增加 98%～271%，使退化温带草地地上生物量增加 13%～62%；Song 等（2012）在青藏高原为期 6 年的实验也表明，随着氮添加的增加，群落生产力也显著升高。但也有一些研究认为，氮添加对生态系统生产没有影响，如 Lajtha 和 Schlesinger（1986）在墨西哥奇瓦瓦沙漠开展的氮添加实验发现，氮增加对初级生产力没有影响。但目前研究广泛认可的结论是生态系统生产对氮输入存在饱和现象，即低氮输入会提高生物量，而高氮输入会降低生物量的增加幅度。已有研究表明，内蒙古温带草地群落生产的氮饱和阈值为 105kg N/(hm²·a)（Bai et al.，2010），半干旱草地的饱和阈值为 91.7kg N/(hm²·a)（Chen et al.，2016），而美国落基山地区高寒草地氮饱和阈值为 46kg N/(hm²·a)（Bowman et al.，2006，2012）。

青藏高原半干旱区草原化嵩草草甸的氮添加梯度实验研究显示，随着氮添加梯度的增加，植物地上生产呈现单峰曲线的变化规律，地上生物量最大值出现在 52kg N/(hm²·a) 下［包含 10kg N/(hm²·a) 背景氮沉降量］，故外源氮输入为 42kg N/(hm²·a) 时高寒草甸生产达到最大（Zong et al.，2016；图 5-29，图 5-30），这在另一养分添加实验中得到验证。外源氮输入量为 50kg N/(hm²·a) 时，地上生物量增加不显著；而外源氮输入量为 100kg N/(hm²·a) 时，地上生物量降低了 29%（宗宁等，2014）。由氮添加实验估算的高寒草甸氮饱和阈值表明，高寒草甸对氮输入的敏感性高于其他类型草地，与美国落基山地区高寒草甸的饱和阈值接近。

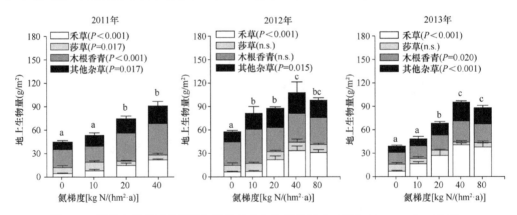

图 5-29　氮添加处理对高寒草甸植物地上生物量的影响（引自 Zong et al.，2016）

不同小写字母表示不同处理间差异显著（$P<0.05$），n.s.代表无显著差异

氮添加对高寒草原化嵩草草甸的影响受增温的调控。氮添加对植物地上生物量均有显著影响，在不增温处理下植物地上生物量表现出低氮水平增加、高氮水平降低的趋势，而增温处理下地上生物量呈现直线增加趋势（宗宁等，2018；图 5-31）。生态系统对氮添加的响应并不总是线性的，氮添加导致的氮饱和会使得生态系统向不同的方向发展，氮饱和发生在当外源氮输入超过植物和微生物的需求时。随着氮添加梯度的增加，植物地上生产呈现单峰曲线的规律，地上生物量最大值出现在 52kg N/(hm²·a)（宗宁等，2018；

图 5-31），故推测 52kg N/(hm²·a)是高寒草甸生态系统氮的饱和阈值。这与在美国西部落基山地区高寒干草甸的研究结果吻合［46kg N/(hm²·a)］，也与利用群落盖度估算的本地饱和阈值接近，但低于在内蒙古温带草原的研究结果。这是由于高寒草甸处于高原地区，植物生存环境条件比较严酷，各生态因子常处于植物生存的阈值边缘，其高海拔的生存环境决定其对全球变化反应尤其敏感。同时，因为海拔高、温度低，土壤有机质分解缓慢，所以土壤有效养分含量低。因此，高寒草甸氮饱和阈值显著低于温性草原。

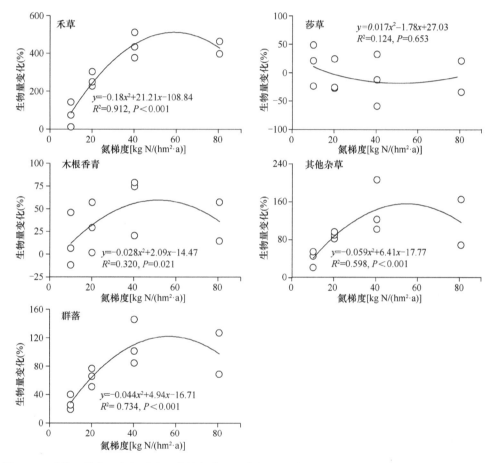

图 5-30　禾草、莎草、木根香青、其他杂草及所有物种（群落）地上生物量相对于无氮添加处理的变化率（引自 Zong et al., 2016）

拟合曲线采用抛物线形式，拟合曲线与 X 轴的交点为临界负荷值（加上背景氮沉降值），抛物线顶点对应的氮添加量为饱和阈值

从草地管理的角度考虑，确定草地的氮饱和阈值十分重要。受气候变化和过度放牧的共同影响，青藏高原高寒草地呈现普遍退化趋势，生态系统结构与功能受损，草地质量日趋下降。合理、平衡的草地养分添加对退化草地的恢复与改良具有积极的作用，如果养分添加量高于氮饱和阈值，不但不会改善草地质量，反而会引起群落功能降低、土壤酸化等一系列的环境问题。所以建议，在高寒草甸区如果选择养分添加作为恢复退化草地的措施，氮添加量不要超过 50kg N/(hm²·a)，同时应结合配施磷肥和围栏封育等措施（Zong et al., 2016；宗宁等，2018）。

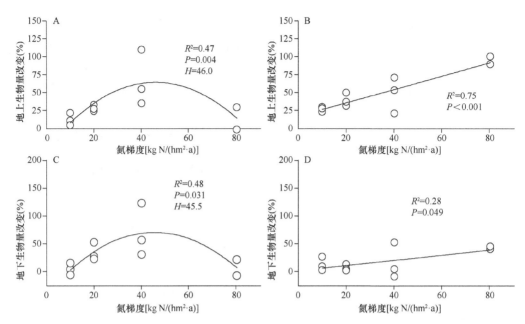

图 5-31 不同增温处理下不同氮添加处理地上、地下生物量相对于无氮添加处理的变化率
（引自宗宁等，2018）

A、C. 不增温；B、D. 增温。*H* 表示拟合的抛物线顶点所对应的氮梯度

第三节 多因子交互的影响

青藏高原上的高寒植物、土壤和生态系统同时受多个气候因子的变化（如气候变暖、降水增多或减少、大气氮沉降等）和人类放牧活动的影响。每个因子及它们之间的交互作用都可能会对高寒植物、土壤以及整个生态系统产生重要影响。尽管如此，目前在青藏高原上开展的有关气候变化和人类放牧活动对高寒植物、土壤和生态系统综合影响的实验研究主要是两因子实验研究。

一、气候变暖与降水变化

青藏高原不仅发生了显著的气候变暖，而且降水量也在发生变化。虽然总体而言，青藏高原上的降水量呈增加趋势，但是降水量的变化存在着区域差异性，即有些区域降水增加，有些区域降水减少。因此，青藏高原上的部分地区呈暖湿化趋势，部分地区呈暖干化趋势。

目前，在青藏高原上已经开展了一些降水变化（增多或减少）和气候变暖的实验研究。温度和降水是全球气候变化背景下两个重要的环境因子，两者的交互作用对青藏高原高寒植物、土壤和生态系统影响的相对强度决定了高寒植物、土壤和生态系统对温度升高和降水变化的净响应（Fu et al.，2013b；Shen et al.，2015）。

增温和降水变化的交互作用对高寒植物、土壤和生态系统的影响可能存在滞后响应。例如，在那曲高寒草甸的研究发现，增温增水交互作用虽然显著增加了实验开始后的第二个生长季的约 21.4g/m² 的地上生物量，但是减少了实验开始后第一个生长季的约 3.7g/m² 的地上生物量（干珠扎布，2013）。对当雄县高寒草甸的研究发现，增温增水交互作用没有显著影响实验开始后第一个生长季的地上生物量（李云龙，2014）。与增温减水处理相比，增温增水处理显著增加了海北祁连县高寒草甸实验开始后第二年的土壤碳氮比，而第一年的两处理间无显著差异（衡涛，2011）。尽管如此，增温增水和增温减水两个处理对海北祁连县高寒草甸第一年和第二年的土壤有机碳、全氮、土壤微生物量碳和微生物量氮，以及土壤微生物量碳氮比都无显著影响（衡涛，2011），可能的原因是与植物碳氮含量相比，土壤碳氮库较大。

二、气候变暖与氮沉降

　　青藏高原在经历气候变暖的同时，青藏高原上的氮沉降也在增加。目前，青藏高原上气候变暖和氮沉降的野外控制实验主要是在川西的高山针叶林和西藏当雄县高寒草甸等区域开展。氮素是青藏高原上高寒植物生长的最主要的限制因子之一，氮沉降的增加可能会促进高寒植物的生长和土壤有效氮的改变等。因此，氮沉降可能会改变气候变暖对高寒植物和土壤等的影响。对当雄高寒草甸的研究发现，氮沉降对地上生物量对实验增温的响应影响与否与观测时间有关；氮沉降影响了根系生物量对气候变暖的响应，且气候变暖影响了根系生物量对氮沉降的响应。对中国科学院茂县山地生态系统定位研究站高山针叶林的研究发现，氮沉降显著影响了植物生物量、细根和粗根生物量对实验增温的响应，且实验增温影响了植物生物量和细根生物量对氮沉降的响应（Liu et al.，2011）。对川西亚高山针叶林的研究发现，实验增温和氮沉降都增加了土壤速效氮含量，且实验增温和氮沉降的交互作用显著大于各自单一因子的正效应，即实验增温和氮沉降对土壤速效氮的影响存在显著的正交互作用（陈智等，2010）。对当雄高寒草甸的研究发现，氮沉降、实验增温及其交互作用对土壤无机氮和净氮矿化速率的影响存在显著的时间变化，且氮沉降改变了实验增温对土壤无机氮的影响，而氮沉降对土壤净氮矿化速率对实验增温的响应影响与否与观测时间有关（Zong et al.，2013；图 5-32）。

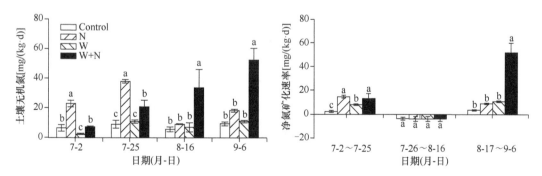

图 5-32　当雄高寒草甸土壤无机氮含量和净氮矿化速率对开顶式气室实验增温和模拟氮沉降的响应

（引自 Zong et al.，2013）

Control，对照；N，氮沉降；W，实验增温；W+N：实验增温+氮沉降

三、气候变暖与放牧

目前，在青海海北藏族自治州、西藏当雄县和四川红原县等地已经开展了实验增温和放牧的两因子控制实验研究（王蓓等，2011；Wang et al.，2012；Fu et al.，2015b）。气候变暖和放牧对青藏高原植物地上部分存在交互影响，而对青藏高原高寒土壤是否存在交互影响还没有一致的研究结果。

虽然实验增温和放牧对青藏高原高寒植物的影响都存在不一致甚至相反的研究结果，但是放牧（实验增温）可能会削弱高寒植物对温度升高（或放牧）的响应（Klein et al.，2007；Wang et al.，2012；Fu et al.，2015b）。海北站的红外增温和放牧实验研究表明，在无放牧干扰的情况下，实验增温显著降低了物种数；而在放牧干扰的情况下，实验增温对物种数无显著影响（Wang et al.，2012）。海北站开顶式气室增温和模拟放牧实验研究表明，实验增温显著降低了 1999～2001 年的物种数，而模拟放牧显著增加了 2000～2001 年的物种数（Klein et al.，2004）。海北站的红外增温和放牧实验表明，不增温的情况下，放牧对地上净初级生产力无显著影响；而增温情况下，放牧降低了地上净初级生产力（Wang et al.，2012）。当雄县的开顶式气室实验增温和模拟放牧实验表明，无模拟放牧干扰的情况下，实验增温显著降低了地上生物量；而有模拟放牧干扰的情况下，实验增温对地上生物量无影响（图 5-33）。

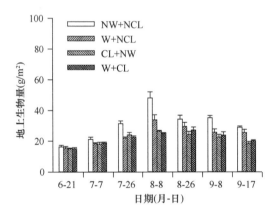

图 5-33　当雄高寒草甸地上生物量对开顶式气室模拟增温和放牧的响应（引自 Fu et al.，2015b）

NW+NCL，对照；W+NCL，开顶式气室；CL+NW，刈割；W+CL，增温+刈割

关于实验增温和放牧是否对土壤的影响存在交互作用没有一致的结果。例如，在海北站高寒草甸的研究表明，实验增温和放牧交互处理 10～20cm 土层的全氮显著大于放牧和对照处理的，而与增温处理的无显著差别；实验增温和放牧的交互处理、实验增温处理和放牧处理的土壤微生物量碳与对照的土壤微生物量碳都无显著差别（Rui et al.，2011）。在当雄高寒草甸的研究发现，实验增温和放牧的交互处理、实验增温处理和放牧处理的土壤有机碳、微生物量碳、水溶性有机碳与对照的都无显著差别（图5-34）。实验增温和放牧对土壤微生物群落结构的影响可能存在相互促进的影响，即它们的交互作用大于单一因子的效应。例如，实验增温和放牧的交互处理对土壤微生物

磷脂脂肪酸（phospholipid fatty acid，PLFA）总量、细菌 PLFA 量和细菌/真菌值的增加作用，以及对土壤真菌 PLFA 量的减少作用都分别大于实验增温或放牧的单一效应（王蓓等，2011）。

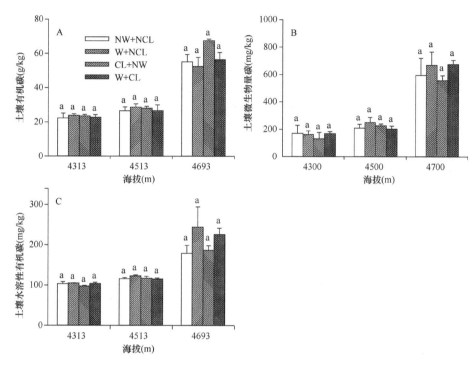

图 5-34　当雄不同海拔（4313m、4513m、4693m）高寒草甸土壤有机碳、土壤微生物量碳和土壤水溶性有机碳对开顶式气室模拟增温和放牧的响应（引自 Fu et al.，2013b）

NW+NCL，对照；W+NCL，开顶式气室；CL+NW，刈割；W+CL，增温+刈割。每组柱子上方小写字母表示不同处理间差异显著（$P<0.05$）

参 考 文 献

白炜, 王根绪, 刘光生. 2011. 青藏高原高寒草甸生长期 CO₂ 排放对气温升高的响应. 生态学杂志, 30(6): 1045-1051.

陈智, 尹华军, 卫云燕, 等. 2010. 夜间增温和施氮对川西亚高山针叶林土壤有效氮和微生物特性的短期影响. 植物生态学报, 34(11): 1254-1264.

付刚, 沈振西, 钟志明. 2015. 西藏高原青稞三种植被指数对红外增温的初始响应. 生态环境学报, 24(3): 365-371.

付刚, 钟志明. 2016. 西藏高原玉米物候和生态特征对增温响应的模拟试验研究. 生态环境学报, 25(7): 1093-1097.

付刚, 钟志明. 2017. 实验增温对西藏高原玉米田土壤呼吸的影响. 生态环境学报, 26(1): 49-54.

干珠扎布. 2013. 增温增雨对藏北小嵩草草甸生态系统碳交换的影响. 北京: 中国农业科学院硕士学位论文.

衡涛. 2011. 高寒草甸土壤碳和氮及微生物量碳和氮对温度和降水量变化的响应. 重庆: 西南大学硕士学位论文.

李娜, 王根绪, 高永恒, 等. 2010. 模拟增温对长江源区高寒草甸土壤养分状况和生物学特性的影响研究. 土壤学报, 47(6): 1214-1224.

李云龙. 2014. 藏北高寒草甸土壤呼吸对实验增温和实验增水的响应. 北京: 中国科学院地理科学与资源研究所硕士学位论文.

刘伟, 王长庭, 赵建中, 等. 2010. 矮嵩草草甸植物群落数量特征对模拟增温的响应. 西北植物学报, 30(5): 995-1003.

王蓓, 孙庚, 罗鹏, 等. 2011. 模拟升温和放牧对高寒草甸土壤微生物群落的影响. 应用与环境生物学报, 17(2): 151-157.

徐满厚, 薛娴. 2013. 青藏高原高寒草甸夏季植被特征及对模拟增温的短期响应. 生态学报, 33(7): 2071-2083.

杨晓霞, 任飞, 周华坤, 等. 2014. 青藏高原高寒草甸植物群落生物量对氮、磷添加的响应. 植物生态学报, 38(2): 159-166.

张翠景, 贺纪正, 沈菊培. 2016. 全球变化野外控制试验及其在土壤微生物生态学研究中的应用. 应用生态学报, 27(5): 1663-1673.

宗宁. 2015. 增温与施氮对高寒草甸地上-地下生态过程的影响. 北京: 中国科学院地理科学与资源研究所博士学位论文.

宗宁, 柴曦, 石培礼, 等. 2016. 藏北高寒草甸群落结构与物种组成对增温与施氮的响应. 应用生态学报, 27(12): 3739-3748.

宗宁, 段呈, 耿守保, 等. 2018. 增温施氮对高寒草甸生产力及生物量分配的影响. 应用生态学报, 29(1): 59-67.

宗宁, 石培礼, 蒋婧, 等. 2013a. 施肥和围栏封育对退化高寒草甸植被恢复的影响. 应用与环境生物学报, 19(6): 905-913.

宗宁, 石培礼, 蒋婧, 等. 2013b. 短期氮素添加和模拟放牧对青藏高原高寒草甸生态系统呼吸的影响. 生态学报, 33(19): 6191-6201.

宗宁, 石培礼, 牛犇, 等. 2014. 氮磷配施对藏北退化高寒草甸群落结构和生产力的影响. 应用生态学报, 25(12): 3458-3468.

Bai Y, Wu J G, Clark C M, et al. 2010. Tradeoffs and thresholds in the effects of nitrogen addition on biodiversity and ecosystem functioning: Evidence from inner Mongolia Grasslands. Global Change Biology, 16: 358-372.

Bowman W D, Gartner J R, Holland K, et al. 2006. Nitrogen critical loads for alpine vegetation and terrestrial ecosystem response: Are we there yet? Ecological Applications, 16: 1183-1193.

Bowman W D, Murgel J, Blett T, et al. 2012. Nitrogen critical loads for alpine vegetation and soils in Rocky Mountain National Park. Journal of Environmental Management, 103: 165-171.

Chen W Q, Zhang Y J, Mai X H, et al. 2016. Multiple mechanisms contributed to the reduced stability of Inner Mongolia grassland ecosystem following nitrogen enrichment. Plant and Soil, 409: 283-296.

Dorji T, Totland O, Moe S R, et al. 2013. Plant functional traits mediate reproductive phenology and success in response to experimental warming and snow addition in Tibet. Global Change Biology, 19(2): 459-472.

Fu G, Shen Z X. 2016. Response of alpine plants to nitrogen addition on the Tibetan Plateau: A meta-analysis. Journal of Plant Growth Regulation, 35: 974-979.

Fu G, Shen Z X, Sun W, et al. 2015a. A meta-analysis of the effects of experimental warming on plant physiology and growth on the Tibetan Plateau. Journal of Plant Growth Regulation, 34(1): 57-65.

Fu G, Shen Z X, Zhang X Z. 2018. Increased precipitation has stronger effects on plant production of an alpine meadow than does experimental warming in the northern Tibetan Plateau. Agricultural and Forest Meteorology, 249: 11-21.

Fu G, Shen Z X, Zhang X Z, et al. 2013b. Response of ecosystem respiration to experimental warming and clipping at daily time scale in an alpine meadow of Tibet. Journal of Mountain Science, 10(3): 455-463.

Fu G, Sun W, Yu C Q, et al. 2015b. Clipping alters the response of gross primary production, aboveground biomass and aboveground net primary production to experimental warming in an alpine meadow on the

Tibetan Plateau. Journal of Mountain Science, 12(4): 935-942.

Fu G, Zhang X Z, Zhang Y J, et al. 2013a. Experimental warming does not enhance gross primary production and above-ground biomass in the alpine meadow of Tibet. Journal of Applied Remote Sensing, 7(1): 6451.

Fu G, Zhang Y J, Zhang X Z, et al. 2013c. Response of ecosystem respiration to experimental warming and clipping in Tibetan alpine meadow at three elevations. Biogeosciences Discussions, 10(8): 13015-13047.

Gruber N, Galloway J N. 2008. An earth-system perspective of the global nitrogen cycle. Nature, 451: 293-296.

Hu J, Hopping K A, Bump J K, et al. 2013. Climate change and water use partitioning by different plant functional groups in a grassland on the Tibetan Plateau. PLoS One, 8(9): 1371.

IPCC. 2007. Intergovernmental Panel on Climate Change (IPCC), Climate Change. The Physical Science Basis. The Fourth Assessment Report of Working Group. Cambridge: Cambridge University Press.

IPCC. 2013. Summary for Policymakers//Stocker T F, Qin D, Plattner G K, et al. Climate Change 2013: The Physical Science Basis. Contribution of Working Group Ⅰ to the Fifth Assessment Report of the Intergovernmental Panel on Climate Change. Cambridge: Cambridge University Press.

Jia Y L, Yu G R, He N P, et al. 2014. Spatial and decadal variations in inorganic nitrogen wet deposition in China induced by human activity. Scientific Reports, 4: 3763.

Jiang J, Shi P, Zong N, et al. 2015. Climatic patterns modulate ecosystem and soil respiration responses to fertilization in an alpine meadow on the Tibetan Plateau, China. Ecology Research, 30: 3-13.

Klein J A, Harte J, Zhao X Q. 2004. Experimental warming causes large and rapid species loss, dampened by simulated grazing, on the Tibetan Plateau. Ecology Letters, 7(12): 1170-1179.

Klein J A, Harte J, Zhao X Q. 2007. Experimental warming, not grazing, decreases rangeland quality on the Tibetan Plateau. Ecological Applications, 17(2): 541-557.

Lajtha K, Schlesinger W H. 1986. Plant response to variations in nitrogen availability in a desert shrubland community. Biogeochemistry, 2: 29-37.

Lamarque J F, Hess P, Emmons L, et al. 2005. Tropospheric ozone evolution between 1890 and 1990. Journal of Geophysical Research, 110: D08304.

Lin X W, Zhang Z H, Wang S P, et al. 2011. Response of ecosystem respiration to warming and grazing during the growing seasons in the alpine meadow on the Tibetan Plateau. Agricultural and Forest Meteorology, 151(7): 792-802.

Liu Q, Yin H J, Chen J S, et al. 2011. Belowground responses of picea asperata seedlings to warming and nitrogen fertilization in the eastern Tibetan Plateau. Ecological Research, 26(3): 637-648.

Liu X D, Cheng Z G, Yan L B, et al. 2009. Elevation dependency of recent and future minimum surface air temperature trends in the Tibetan Plateau and its surroundings. Global and Planetary Change, 68(3): 164-174.

Liu Y W, Xu R, Wang Y S, et al. 2015. Wet deposition of atmospheric inorganic nitrogen at five remote sites in the Tibetan Plateau. Atmospheric Chemistry and Physics, 15: 11683-11700.

Lü C Q, Tian H Q. 2007. Spatial and temporal patterns of nitrogen deposition in China: Synthesis of observational data. Journal of Geophysical Research-Atmospheres, 112(D22): D22S05.

Qin J, Yang K, Liang S L, et al. 2009. The altitudinal dependence of recent rapid warming over the Tibetan Plateau. Climatic Change, 97(1-2): 321-327.

Ren F, Yang X X, Zhou H K, et al. 2017. Contrasting effects of nitrogen and phosphorus addition on soil respiration in an alpine grassland on the Qinghai-Tibetan Plateau. Scientific Reports, 7: 39895.

Rui Y C, Wang S P, Xu Z H, et al. 2011. Warming and grazing affect soil labile carbon and nitrogen pools differently in an alpine meadow of the Qinghai-Tibet Plateau in China. Journal of Soils and Sediments, 11(6): 903-914.

Rustad L E, Campbell J L, Marion G M, et al. 2001. A meta-analysis of the response of soil respiration, net nitrogen mineralization, and aboveground plant growth to experimental ecosystem warming. Oecologia, 126(4): 543-562.

Shen Z X, Li Y L, Fu G. 2015. Response of soil respiration to short-term experimental warming and precipitation pulses over the growing season in an alpine meadow on the northern Tibet. Applied Soil

Ecology, 90: 35-40.

Shen Z X, Wang J W, Sun W, et al. 2016. The soil drying along the increase of warming mask the relation between temperature and soil respiration in an alpine meadow of northern Tibet. Polish Journal of Ecology, 64: 125-129.

Shi F S, Chen H, Chen H F, et al. 2012. The combined effects of warming and drying suppress CO_2 and N_2O emission rates in an alpine meadow of the eastern Tibetan Plateau. Ecological Research, 27(4): 725-733.

Song M H, Yu F H, Ouyang H, et al. 2012. Different inter-annual responses to availability and form of nitrogen explain species coexistence in an alpine meadow community after release from grazing. Global Change Biology, 18: 3100-3111.

Wang J W, Fu G, Zhang G Y, et al. 2017. The effect of higher warming on vegetation indices and biomass production is dampened by greater drying in an alpine meadow on the northern Tibetan Plateau. Journal of Resources and Ecology, 8: 105-112.

Wang S P, Duan J C, Xu G P, et al. 2012. Effects of warming and grazing on soil N availability, species composition, and ANPP in an alpine meadow. Ecology, 93(11): 2365-2376.

Xiong J B, Sun H B, Peng F, et al. 2014. Characterizing changes in soil bacterial community structure in response to short-term warming. FEMS Microbiology Ecology, 89(2): 281-292.

Xu Z F, Wan C A, Xiong P, et al. 2010. Initial responses of soil CO_2 efflux and C, N pools to experimental warming in two contrasting forest ecosystems, eastern Tibetan Plateau, China. Plant and Soil, 336(1-2): 183-195.

Yu C Q, Shen Z X, Zhang X Z, et al. 2014. Response of soil C and N, dissolved organic C and N, and inorganic N to short-term experimental warming in an alpine meadow on the Tibetan Plateau. Scientific World Journal, 2014: 152576.

Yu H Y, Luedeling E, Xu J C. 2010. Winter and spring warming result in delayed spring phenology on the Tibetan Plateau. Proceedings of the National Academy of Sciences of the United States of America, 107: 22151-22156.

Zhang B, Chen S Y, He X Y, et al. 2014. Responses of soil microbial communities to experimental warming in alpine grasslands on the Qinghai-Tibet Plateau. PLoS One, 9(8): e103859.

Zhang G L, Zhang Y J, Dong J W, et al. 2013. Green-up dates in the Tibetan Plateau have continuously advanced from 1982 to 2011. Proceedings of the National Academy of Sciences of the United States of America, 110: 4309-4314.

Zhang X Z, Shen Z X, Fu G. 2015. A meta-analysis of the effects of experimental warming on soil carbon and nitrogen dynamics on the Tibetan Plateau. Applied Soil Ecology, 87: 32-38.

Zhong Z M, Shen Z X, Fu G. 2016. Response of soil respiration to experimental warming in a highland barley of the Tibet. SpringerPlus, 5: 137.

Zhou X H, Talley M, Luo Y Q. 2009. Biomass, litter, and soil respiration along a precipitation gradient in southern Great Plains, USA. Ecosystems, 12: 1369-1380.

Zong N, Shi P L, Jing J, et al. 2013. Responses of ecosystem CO_2 fluxes to short-term experimental warming and nitrogen enrichment in an alpine meadow, northern Tibet Plateau. Scientific World Journal, 2013: 415318.

Zong N, Shi P L, Song M H, et al. 2016. Nitrogen critical loads for an alpine meadow ecosystem on the Tibetan Plateau. Environmental Management, 57: 531-542.

Zong N, Song M H, Shi P L, et al. 2014. Timing patterns of nitrogen application alter plant production and CO_2 efflux in an alpine meadow on the Tibetan Plateau, China. Pedobiologia, 57: 263-269.

第六章 青藏高原植物对高寒环境的适应

第一节 高原植物个体和群落的生物量分配

青藏高原平均海拔 4000m 以上，被誉为地球第三极。高原绵延横亘着众多高大山系，高山带上发育着适应高寒气候、粗瘠土壤的各类以中生多年生草本植物为建群种的高寒草甸（王金亭，1988）。

植物茎-叶和营养-繁殖器官分配模式不仅在个体水平上影响植物的生长、发育与繁殖，在群落尺度上对物种多样性和群落动态也具有一定程度的调控能力。此外，对于生态系统来说，植物地上-地下生物量分配策略决定了植物冠层向土壤的碳输入，进而影响整个生态系统碳的分配与循环。

目前，在青藏高原的研究均侧重于群落水平生物量分配。例如，Yang 等（2009a）通过对地上-地下生物量关系的研究发现，高寒草地平均根冠比（5.8）高于全球温带草地（4.2），寒冷地区高根冠比与根系低周转率和碳水化合物低消耗相互关联。Li 等（2011）指出未退化高寒草地植物最大高度和根冠比与海拔、气候、土壤等因素都有较好的相关性，随海拔升高，根冠比线性增加，而植物最高高度降低。

关于高山植物植株水平生物量分配，Körner 和 Renhardt（1987）在阿尔卑斯山 600m 和 2600～3200m 两个海拔梯度段进行了研究，研究发现与低海拔植物相比，高海拔植物分配更多的生物量到地下，导致茎生物量减少和细根生物量增加，同时比根长增加了 50%，并且平均根密度增加了 3 倍，该研究是在相对低海拔地区展开的。马维玲等（2010）在平均海拔 4000m 以上的青藏高原区对常见科属植物个体的生物量分配模式进行了研究。

本节对高寒植物生物量分配沿降水梯度和海拔梯度两个方面的研究成果进行介绍。

一、高寒植物个体和群落生物量的降水梯度变异

羌塘高原植物个体和功能群的生物量分配随着气候梯度的变化而变化，生物量分配关系符合"优化分配"假说。这反映了植物生物量分配对气候梯度变化的适应性调整。在高寒荒漠区，植物倾向于将更多的生物量分配给根系，以缓解严重的水分胁迫；在地上生物量的分配中，植物倾向于将更多的生物量分配给茎而非叶片，以减少植物蒸腾，降低水分损耗，适应干旱气候。总之，羌塘高原各植被类型区植物的生物量分配策略以及相同功能型植物生物量分配随气候梯度的变化都反映了植物与气候的协调和适应。

（一）羌塘高原高寒植物随降水变化的生物量分配模式与策略

根据 1979～2008 年多年平均降水量（mean annual precipitation，MAP）结合草地类型将植物个体采样归为 4 类：高寒草甸区（MAP≥400mm）、高寒草原区（250mm≤MAP

＜400mm）、高寒荒漠草原区（100mm≤MAP＜250mm）和高寒荒漠区（MAP＜100mm）。以下研究内容用高寒草地类型代替降水梯度具体数值进行表述。

1. 植物个体生物量分配模式沿降水梯度的变化

植物个体平均生物量在植被类型区之间变化显著：高寒草甸区植物个体平均生物量为 0.474g，比高寒草原的 0.247g 高出 91.90%；高寒荒漠草原区（0.521g）和高寒荒漠区（0.673g）则分别比高寒草原区高出 1.11 倍和 1.72 倍，高寒草原区的植物个体平均生物量显著低于其他 3 个植被类型区内物种的个体平均生物量（$P<0.05$，表 6-1）。

表 6-1 藏北羌塘高原植物个体生物量分配模式沿多年平均降水量梯度在植被类型间的比较

指标	高寒草甸区		高寒草原区		高寒荒漠草原区		高寒荒漠区		总计	
	均值	标准误	均值	标准误	均值	标准误	均值	标准误	均值	标准误
Biomass（g）	0.474a	0.067	0.247b	0.027	0.521a	0.094	0.673a	0.102	0.462	0.037
LMF	0.319a	0.019	0.257b	0.012	0.275b	0.016	0.335a	0.017	0.295	0.008
RMF	0.284a	0.012	0.285a	0.012	0.312a	0.016	0.295a	0.019	0.293	0.007
R/S	0.448b	0.032	0.445b	0.029	0.528a	0.046	0.546a	0.066	0.486	0.021
V/Rep	5.871b	0.586	5.600b	0.791	6.712b	1.360	12.258a	1.675	7.373	0.560
L/R	1.551a	0.154	1.225b	0.113	1.131b	0.100	1.643a	0.155	1.387	0.068

注：Biomass，个体生物量；LMF，叶片生物量比例；RMF，根系生物量比例；R/S，根冠比；V/Rep，营养-繁殖比；L/R，叶根比。同一行不同小写字母表示在 0.05 水平样本均值差异显著。方差分析基于所有变量转换后的数据，其中个体生物量数据、叶片生物量比例和根系生物量比例采用反正弦平方根 $y=\arcsin(x^{1/2})$ 算法进行转换，营养-繁殖比和叶根比分别通过 $y=\lg(x+1)$ 和 $y=\ln(x+1)$ 进行对数转换，根冠比则采用倒数转换法 $y=1/x$ 进行转换

羌塘地区高寒植物叶片生物量比例的均值为 0.295±0.008，在各植被类型区之间的相对大小关系为高寒草原区（0.257±0.012）≈高寒荒漠草原区（0.275±0.016）＜高寒草甸区（0.319±0.019）≈高寒荒漠区（0.335±0.017）。高寒草原区的叶片生物量比例比高寒荒漠草原低约 0.018，但差异不显著（$P>0.05$）；高寒草甸比高寒荒漠低 0.016，差异不显著（$P>0.05$，表 6-1）。

羌塘地区各降水梯度区植物个体根系生物量比例均值稳定，介于 0.284 与 0.312 之间，各降水梯度区之间差异并不显著（$P>0.05$），其中高寒荒漠草原区植物的根系生物量比例最高，为 0.312±0.016（表 6-1）。

2. 植物个体生物量分配策略沿降水梯度的变化

羌塘高寒草地植物个体 R/S 均值在高寒草甸区（0.448±0.032）与高寒草原区（0.445±0.029）之间、高寒荒漠草原区（0.528±0.046）与高寒荒漠区（0.546±0.066）之间的差异均不显著；高寒草甸区和高寒草原区的植物个体 R/S 均值显著地低于高寒荒漠草原区和高寒荒漠区（表 6-1）。

羌塘高寒草地植物个体 L/R 均值随着降水减少呈现先降低后增加的变化趋势，在高寒草甸区（1.551±0.154）和高寒荒漠区（1.643±0.155）接近（$P>0.05$），高寒草原区（1.225±0.113）和高寒荒漠草原区（1.131±0.100）的差异也不显著；高寒草甸区和高寒荒漠区的 L/R 显著高于高寒草原区和高寒荒漠草原区的 L/R（表 6-1）。

　　羌塘高寒草地植物个体的 V/Rep 均值在高寒荒漠区（12.258±1.675）比高寒草甸区（5.871±0.586）、高寒草原区（5.600±0.791）和高寒荒漠草原区（6.712±1.360）分别显著地高出 108.8%、118.9%和82.6%（$P<0.05$）；高寒草甸区、高寒草原区、高寒荒漠草原区之间则无显著差异（$P>0.05$，表 6-1）。

（二）植物功能群生物量分配模式沿降水梯度的变化

1. 羌塘高原常见植物功能群生物量分配模式比较

　　就各功能群植物个体生物量而言（图 6-1A），杂类草植物随着 MAP 减少而先降低后增加，高寒草甸区（0.666g±0.103g）＞高寒荒漠区（0.384g±0.061g）＞高寒草原区（0.347g±0.055g）≈高寒荒漠草原区（0.334g±0.053g），高寒草原区和高寒荒漠草原区杂类草植物个体大小相近，差异不显著（$P>0.05$）；禾草植物的均值随 MAP 减少呈微弱增加趋势，高寒草原区（0.118g±0.012g）≈高寒草甸区（0.134g±0.017g）＜高寒荒漠草原区（0.151g±0.014g）＜高寒荒漠区（0.195g±0.020g），高寒草甸区略高于高寒草原区但差异不显著（$P>0.05$）；豆科植物随 MAP 减少而显著增加，高寒草甸区（0.554g±0.111g）＜高寒草原区（0.855g±0.025g）＜高寒荒漠草原区（1.507g±0.337g）＜高寒荒漠区（1.681g±0.256g），各植被类型区之间差异显著（$P<0.05$）；莎草科植物个体生物量不足 0.200g，在各类型区间的相对关系为高寒草原区（0.180g±0.024g）＞高寒荒漠草原区（0.176g±0.022g）＞高寒草甸区（0.149g±0.026g）＞高寒荒漠区（0.092g±0.009g）。

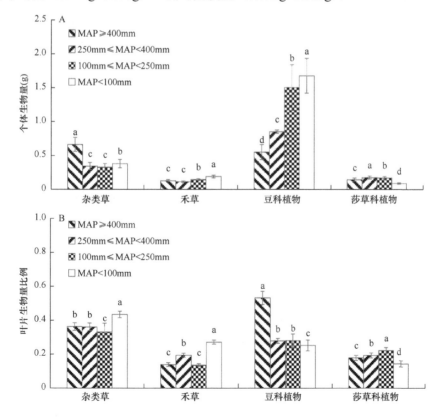

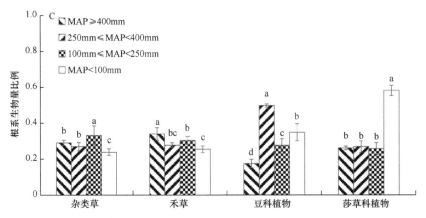

图 6-1 藏北高原各功能群植物个体生物量、叶片生物量比例、根系生物量比例随降水梯度在植被类型间的比较

每组柱子上方不同小写字母表示不同处理间差异显著（$P<0.05$），本章下同

就各功能群植物的叶片生物量比例而言（图 6-1B），杂类草植物在各草地类型区相对关系为高寒荒漠草原区（0.331±0.052）<高寒草原区（0.361±0.023）≈高寒草甸区（0.363±0.023）<高寒荒漠区（0.436±0.019），除高寒草原区和高寒草甸区无显著差异外（$P>0.05$），其他植被类型间差异显著（$P<0.05$）；禾草植物在各草地类型区的相对关系为高寒荒漠草原区（0.137±0.008）≈高寒草甸区（0.140±0.011）<高寒草原区（0.195±0.012）<高寒荒漠区（0.272±0.012），高寒荒漠草原区和高寒草甸区差异不显著（$P>0.05$）；豆科植物叶片生物量比例随 MAP 减少而减少，高寒草甸区（0.533±0.039）>高寒荒漠草原区（0.281±0.039）≈高寒草原区（0.279±0.014）>高寒荒漠区（0.253±0.032），其中高寒草原区和高寒荒漠草原区差异不显著（$P>0.05$）；莎草科植物在 MAP>100mm 的区域随 MAP 降低而增加，高寒草甸区（0.180±0.015）<高寒草原区（0.194±0.015）<高寒荒漠草原区（0.223±0.018），但在高寒荒漠区又降至 0.145±0.019，各类型区之间差异显著（$P<0.05$）。

就各功能群植物的根系生物量比例而言（图 6-1C），杂类草植物在各草地类型区相对关系为高寒荒漠区（0.240±0.019）<高寒草原区（0.271±0.023）≈高寒草甸区（0.292±0.014）<高寒荒漠草原区（0.333±0.053），在高寒草原区和高寒草甸区之间无显著差异（$P>0.05$）；禾草植物在各草地类型区的相对关系为高寒荒漠区（0.256±0.019）≈高寒草原区（0.279±0.013）≈高寒荒漠草原区（0.305±0.022）<高寒草甸区（0.341±0.035），高寒草原区与高寒荒漠草原区、高寒荒漠区之间无显著差异（$P>0.05$），但三者显著低于高寒草甸区（$P<0.05$）；豆科植物在草地类型区的相对关系为高寒草甸区（0.175±0.024）<高寒荒漠草原区（0.278±0.037）<高寒荒漠区（0.335±0.048）<高寒草原区（0.498±0.009），各类型区之间差异显著（$P<0.05$）；莎草科植物在草地类型区的相对关系为高寒荒漠草原区（0.259±0.033）≈高寒草甸区（0.263±0.010）≈高寒草原区（0.270±0.032）<高寒荒漠区（0.582±0.029），在高寒草原区、高寒荒漠草原区和高寒草甸区之间无显著差异（$P>0.05$），但三者显著低于高寒荒漠区（$P<0.05$）。

2. 羌塘高原常见植物功能群生物量分配权衡策略变化

就各功能群植物 R/S 而言（图 6-2A），杂类草植物在各草地类型区相对关系为高寒

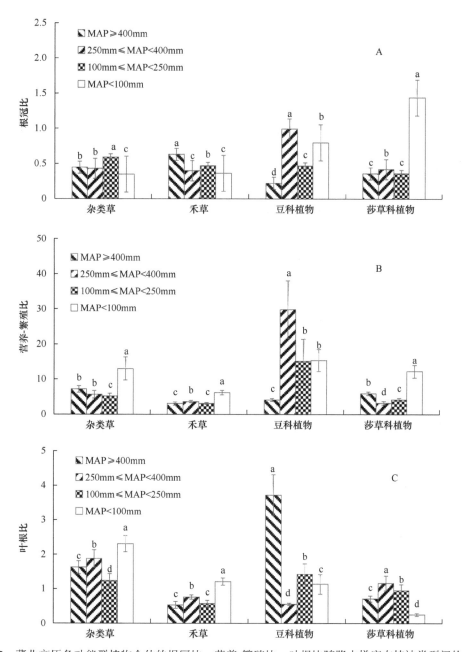

图 6-2 藏北高原各功能群植物个体的根冠比、营养-繁殖比、叶根比随降水梯度在植被类型间的比较

荒漠区（0.350±0.041）＜高寒草原区（0.432±0.059）≈高寒草甸区（0.448±0.031）＜高寒荒漠草原区（0.593±0.094），高寒草原区和高寒草甸区差异不显著（P＞0.05）；禾草植物在各草地类型区相对关系为高寒荒漠区（0.365±0.037）≈高寒草原区（0.401±0.028）＜高寒荒漠草原区（0.472±0.045）＜高寒草甸区（0.633±0.121），高寒荒漠区略低于高寒草原区但差异不显著（P＞0.05）；豆科植物在各草地类型区相对关系为高寒草甸区（0.222±0.040）＜高寒荒漠草原区（0.469±0.120）＜高寒荒漠区（0.800±0.192）＜高寒草原区（0.995±0.037），各植被类型区之间差异显著（P＜0.05）；莎草科植物在各草地类型区

相对关系为高寒草甸区（0.359±0.019）≈高寒荒漠草原区（0.361±0.062）<高寒草原区（0.421±0.063）<高寒荒漠区（1.440±0.178）。

就各功能群植物 V/Rep 而言（图 6-2B），杂类草植物在各草地类型区相对关系为高寒荒漠草原区（5.200±0.822）<高寒草原区（5.704±1.084）≈高寒草甸区（7.230±0.941）<高寒荒漠区（13.047±3.302），除高寒草原区和高寒草甸区无显著差异外（$P>0.05$），其他草地类型区间差异显著（$P<0.05$）；禾草植物在各草地类型区的相对关系为高寒草甸区（3.097±0.460）≈高寒荒漠草原区（3.108±0.288）<高寒草原区（3.666±0.342）<高寒荒漠区（6.208±0.655），高寒荒漠草原区和高寒草甸区差异不显著（$P>0.05$）；豆科植物在各草地类型区相对关系为高寒草原区（29.848±8.244）>高寒荒漠区（15.420±3.138）≈高寒荒漠草原区（15.189±6.266）>高寒草甸区（4.132±0.391），其中高寒荒漠区和高寒荒漠草原区差异不显著（$P>0.05$）；莎草科植物在各草地类型区相对关系为高寒草原区（3.224±0.494）<高寒荒漠草原区（4.192±0.445）<高寒草甸区（5.952±0.507）<高寒荒漠区（12.240±1.796），各草地类型区之间差异显著（$P<0.05$）。

就各功能群植物 L/R 而言（图 6-2C），杂类草植物在各草地类型区相对关系为高寒荒漠草原区（1.248±0.197）<高寒草甸区（1.632±0.184）<高寒草原区（1.881±0.257）<高寒荒漠区（2.311±0.235），各草地类型间差异显著（$P<0.05$）；禾草植物在各草地类型区的相对关系为高寒草甸区（0.539±0.100）≈高寒荒漠草原区（0.577±0.093）<高寒草原区（0.765±0.063）<高寒荒漠区（1.216±0.107），在高寒草甸区和高寒荒漠草原区之间无显著差异（$P>0.05$）；豆科植物在草地类型区的相对关系为高寒草原区（0.560±0.030）<高寒荒漠区（1.141±0.288）<高寒荒漠草原区（1.433±0.306）<高寒草甸区（3.498±0.009），各草地类型区之间差异显著（$P<0.05$）；莎草科植物在草地类型区的相对关系为高寒荒漠区（0.256±0.041）<高寒草甸区（0.714±0.086）<高寒荒漠草原区（0.950±0.179）<高寒草原区（1.165±0.219），各草地类型区之间差异显著（$P<0.05$）。

（三）羌塘高寒植物生物量在不同组分间的异速生长关系

1. 羌塘高原常见植物个体水平的异速生长分析

羌塘高寒草地植物个体水平上的地上-地下、繁殖-营养和叶-根生物量之间的异速生长分析表明：在羌塘样带尺度上其斜率分别约为 0.7322、0.5951、0.7751（图 6-3）。从

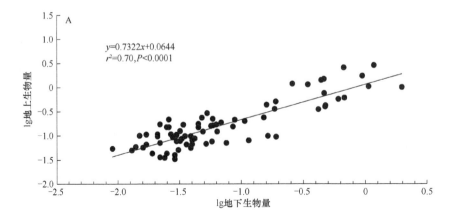

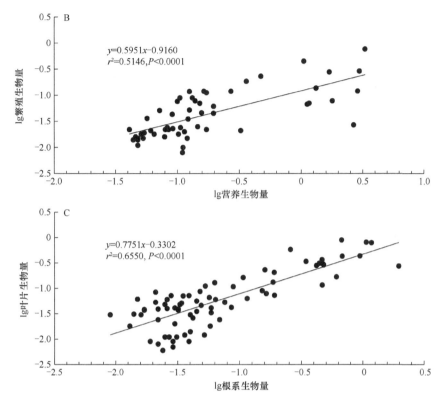

图 6-3　基于个体尺度的藏北高原植物地上-地下、繁殖-营养、叶-根生物量分配的异速生长关系

整体来看，羌塘高原高寒草地植物生物量分配支持优化分配假说：高寒植物倾向于将更多的生物量分配给地下部分以获取足够的养分和水分；高寒植物倾向于将更多的生物量分配给营养器官，因为有性繁殖的成本较高；在叶-根生物量分配权衡中，高寒植物倾向于将更多的光合同化物分配给根系。

2. 羌塘高原常见功能群水平的异速生长分析

地上-地下生物量的异速生长分析表明：除莎草科植物地上-地下生物量之间无显著差异外（$r^2=0.0384$，$P>0.05$，图 6-4D），杂类草、禾草和豆科植物都倾向于将更多的生物量分配给地下根系，相关生长关系斜率均小于 1.0，均符合"优化分配"假说。功能群之间的地上-地下相关生长关系斜率的相对关系为禾草（0.7772）＞杂类草（0.6869）＞豆科（0.6244）（图 6-4A～C），说明在地上-地下生物量分配权衡策略中，豆科植物比禾草和杂类草向根系分配的生物量比例更高。

繁殖-营养生物量的异速生长分析表明：羌塘高原除莎草科植物外（图 6-5D），其他功能群植物繁殖-营养生物量相关关系的斜率均小于 1.0，说明羌塘高寒植物的生殖成本比较高，完成有效生殖需要将更多的生物量分配给营养器官；在功能群之间繁殖-营养生物量相关关系斜率的相对大小关系为禾草（0.8218）＞杂类草（0.7756）＞豆科（0.5749）

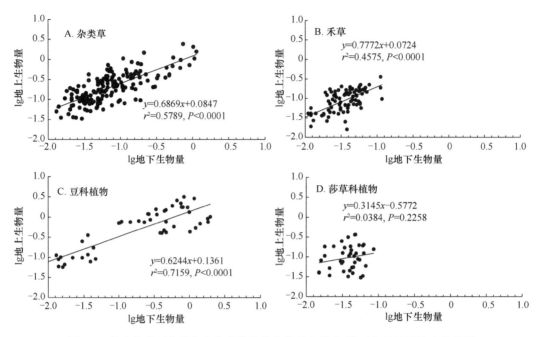

图 6-4　按功能群划分藏北高寒草地植物生物量在地上-地下分配的异速生长分析

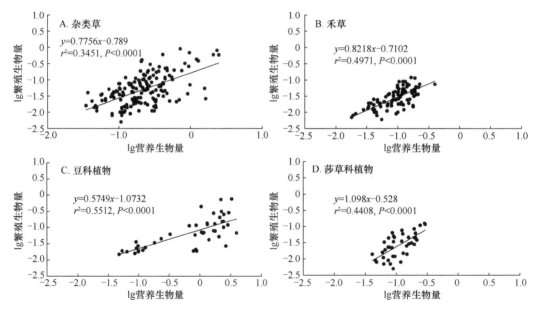

图 6-5　按功能群划分藏北高寒草地植物生物量在繁殖-营养器官分配的异速生长分析

（图 6-5A～C），说明豆科植物的繁殖成本高于禾草和杂类草。莎草科植物的繁殖-营养生物量相关关系斜率（1.098）与 1.0 接近，在生殖和营养器官的分配权衡过程中基本符合"等速分配"假说。

叶-根生物量的异速生长分析表明：羌塘高原除莎草科植物叶-根生物量之间无显著差异（$r^2=0.0541$，$P>0.05$，图 6-6D）外，其他功能群植物叶片生长需要更多的根系来支持，叶-根生物量之间相关关系的斜率均小于 1.0，且在功能群之间的相对大小关系为杂类草（0.7725）＞禾草（0.6708）＞豆科（0.4996）（图 6-6A～C），这说明与杂类草和禾草植物相比，豆科植物单位质量的叶片需要向根系投入更多的生物量。

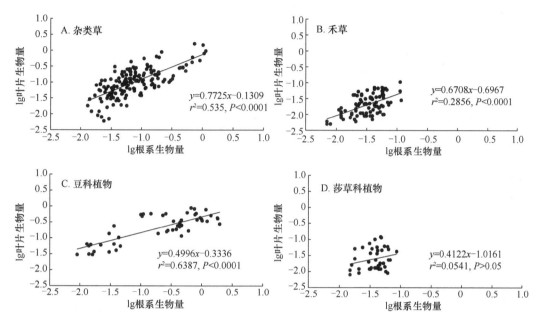

图 6-6　按功能群划分藏北高寒草地植物生物量在叶-根分配的异速生长分析

（四）植物生物量分配与生活史适应对策

生物量分配模式可有效地表述植物对特定生境或胁迫的适应对策（Stearns，1992；Weiner，2004）。依据功能平衡与优化理论，植物个体倾向于将各部分器官比例维持在合理范围，任何偏离都是植物对资源有效性变化的适应性调整（Johnson and Thornley，1987；Noordwijk and Willigen，1987；Wilson，1988）。植物个体和功能群的生物量分配与群落的物种更新密切相关（Cook and Ratcliff，1984；Olff et al.，1990）。在群落水平上，生物量分配比例深刻影响着植被和土壤碳库的储量与动态（Shackleton et al.，1988；Sindh et al.，2000；Giese et al.，2009）。

据相关研究结果，草地有 60%～80% 的生物量分配在地下根系（Caldwell and Richards，1986；Mokany et al.，2006）。温带草原表土层（0～30cm）根系比例高达 83%（Jackson et al.，1996），青藏高寒草地这一比例则高达 90%（Yang et al.，2009a）。近年来，多项研究证实降水主导着青藏高原高寒草地根系密度（Li et al.，2011）和地上生物量空间格局（Yang et al.，2009b）。在青藏极端寒冷的生境中植物倾向于将更多的生物量分配给根系以获取足够的水分和养分（Ma et al.，2010；Wang et al.，2010）。青藏高原高寒草地植物在群落尺度上地上与地下生物量分配符合等速分配规律（Yang et al.，2009a，2009c），在个体尺度上则支持异速生长假说（Wang et al.，2010）。

在植物生活史对策理论模型中，异速生长与等速分配都是反映植物资源获取、利用等环境适应能力的重要假说（Huxley，1950）。根据优化配置理论，植物将更多的生物量分配给获取最受限制的资源的组织器官（Tilman，1982；Snyman，2009）。植物生物量分配在各器官的权衡可通过植物的异速生长（Weiner and Fishman，1994）与根和叶功能性状的差异来实现（Hunt and Nicholls，1986；Aerts et al.，1991；Wright and Mcconnaughay，2002）。植物茎-叶和营养-繁殖器官分配模式不仅在个体水平上影响植物的生长、发育与繁殖（Jongejans，2004），在群落尺度上对群落动态也具有一定程度的控制力（Luken et al.，1985；Elias，1992）；在生态系统尺度上，植物地上-地下生物量分配策略决定了地表植物冠层向土壤的碳输入，进而影响整个系统碳的分配与循环（Chu et al.，1992；Coupland，1993；Klooster and Potter，1995；Kuzyakov and Domanski，2000；Carol et al.，2009）。

Bloom 等（1985）发现在植物个体生长发育的资源投资权衡中，寒冷生境中的植物倾向于向地下器官分配更多的同化物，从而使植物个体具有较大的根冠比。多年生草本植物随着海拔升高，个体生活史缩短，植物为提高生存效率可能减少向营养器官的生物量分配，将更多的能量用于生殖以完成生活史（Stevens，1983；Gugerli，1998；Gómez-García et al.，2009）。马维玲等（2010）对念青唐古拉山脉阳坡草本植物个体性状、生物量分配的研究表明，随海拔升高，高山植物通过稳定光合器官的投入和增加细根的表面积以补偿高寒低温和养分限制下的碳供给和养分吸收。

在半干旱气候条件下，周期性缺水会成为高山植物在生活中面临的重要挑战（Körner，2003）。高山地区表层土壤（0～10/15cm）的有效含水量对根际微生物活动具有重要意义，周期性表土干旱可能限制根际微生物的正常活动，影响植物对营养物质的吸收（Körner，2003）。对青藏高原北部的研究显示当地的土壤性质相对稳定，土壤有效养分和有效水分含量受到区域降水格局的影响（才吉和谢民生，2011）。相对高寒草甸区而言，其余 3 个植被类型区草本植物的生殖器官生物量均值有减少趋势，随着降水减少，植株营养体生物量及营养-繁殖比（V/Rep）均值有明显增加趋势。这表明随着降水减少，表土干旱程度加剧，造成高寒草本植物有性生殖的成本增加，需要更多的营养器官来维持和保证有效繁殖。就整体而言，羌塘地区高寒植物根质比（RMR）尽管在个体之间存在较大的变异，但在群落水平上仍可认为是一个相对稳定的特征。RMR 保持相对稳定的现象进一步证实了高寒干旱生境中的植物并不是通过降低对根系的生物量投资，而是通过稳定的根系投资确保植物可从干旱、贫瘠的土壤中获取足够的水分和营养。在植株水平上叶质比（LMR）通常被认为是与植物水分关系密切的"静态"指标，不同跨区域群落的 LMR 平均值在 19%～25%，绝大多数为 21%，在群落水平常保持相对稳定的特征（Körner，2003）。本研究 4 个降水梯度区高寒草本植物 LMR 的变化范围为 22%～32%，与马维玲等（2010）在念青唐古拉山脉的高山带到亚冰雪带 20%～28%的 LMR 基本一致。LMR 的这种现象表明高寒生境中的植物并不降低对光合器官的生物量投资，而是通过稳定的光合器官的投资以维持整个生长季中光合作用稳定的碳收益。

在严酷生境中植物个体的生物量分配策略不仅受资源供给有限性的约束，种间关系也是不容忽视的。羌塘高原地区表层土壤水分因蒸散剧烈而损耗严重，随着降水减少，表层土壤养分及水分的有效性自西向东逐渐降低，植物个体和群体（指功能型）在权衡地上-地下、营养-生殖以及叶片-茎秆等的生物量分配策略方面都存在不同程度的变异。植物和植物群落可以通过降低地面覆盖率（叶面积指数）和减少叶根比等形态学手段对水分亏缺作出调整以保持土壤水分，降低干旱危害。调控株距是控制植物水分关系的有效手段，在极地荒漠中定植的植物很少受到水分胁迫。稀疏植被中，植物能够从比其地上部分所占面积更大的范围内来获取水分和营养。单位面积内植物个体数量的减少，使得在稀疏群落内植物个体占据生境中可利用资源的份额可能高于稠密群落或与之持平。研究普遍认为莎草类不能形成菌根，植物增加根系的生物量投资是对菌根能力弱的补偿。莎草类植物 R/S 均值在 MAP＜100mm 区（1.440）约为 MAP≥400mm 区（0.359）的 4 倍，而群落内莎草类植物的相对盖度在 MAP≥400mm 区高达 75%～90%，在 MAP＜100mm 区则不足 15%。因此，株距加大对植物个体生长的正效应可弥补因降水减少所致水分、营养不足的负面影响。羌塘中西部莎草类植物的 R/S 与那曲半湿润区差别并不太大，这可能是因为尽管群落稀疏，但沙质土壤营养库有限，株距增大所带来的正效应仅可以抵消资源有限性的负效应。对豆科植物而言，其 R/S 均值在那曲半湿润区仅为 0.222，占其他半干旱区和干旱区的 22.3%～47.3%。随着降水量的减少，表土干旱程度加剧会限制表土微生物的正常活动。在干旱区的稀疏植被中，豆科植物通常占据优势地位，具有较高的盖度。因此，豆科植物 R/S 随降水减少而升高的现象可能是植物为了利用更深层次的土壤水分和养分增加根系投资，以弥补表土干旱胁迫限制菌根形成的负面影响。因此，稀疏群落对于提高植物个体对有限资源的占有率具有积极效应，可以规避或弥补高寒植物个体因降水减少而受到的负面影响。

二、高寒植物个体和群落生物量的海拔梯度变异

在强大的山体效应下，青藏高原高山植被分布的海拔比世界其他地区都高很多。植物个体性状和生理过程对气候变化的响应与适应是研究植被-气候关系的基础。在高原极端环境中，海拔在很大程度上控制着其他环境因子的变异程度与组合形式。在长期进化过程中，高山植物在个体形态、生理特性和生物量分配等方面形成了与海拔相适应的特征。

1. 植物个体各器官生物量分配

从亚高山带到亚冰雪带，单株总生物量均值随着海拔的升高而升高，依次为 3.02g± 0.39g（亚高山带）、3.94g±1.22g（高山带）、4.69g±1.75g（亚冰雪带），海拔间差异不显著（$P>0.05$），单株总生物量中如果去掉亚冰雪带偏离较大的垫状植物甘肃蚤缀（*Arenaria kansuensis*），三个海拔植物单株生物量差异非常小（表 6-2）。叶质比（叶重/植株总重）随海拔升高变化相对稳定，亚高山带、高山带、亚冰雪带物种叶片生物量比例均值依次为 28.18%±2.41%、23.15%±3.83%、19.98%±2.27%，海拔间不具有显著性差异（$P>0.05$）。分配到储存器官的生物量亚高山带（6.66%±1.72%）明显低于高山带（22.59%±5.80%）和亚冰雪带（21.29%±5.54%），海拔间差异不显著（$P>0.05$）。茎、花生物量比例(若以亚高山带的平均数为 100%)随着海拔的升高而下降,高山带降低 45%,

亚冰雪带降低 41%，亚高山带与高山带（$P=0.003$）和亚冰雪带（$P=0.002$）差异均极显著。与之相反，根质比（以亚高山带的平均数为 100%）随着海拔的升高而升高，高山带升高 86%，亚冰雪带升高 102%，亚高山带与高山带差异不显著（$P>0.05$），亚高山带与亚冰雪带差异极显著（$P=0.006$），高山带与亚冰雪带差异显著（$P=0.028$）。

表6-2　不同海拔区主要植物不同器官相对于植株总生物量的比例

物种	采样数	生物量比例（%）				生物量（g）	
		细根	储存器官	茎、花	叶	总生物量	标准误
3700m 亚高山带							
牻牛儿苗（Erodium stephanianum）	6	5.63	4.35	67.10	22.92	3.24	0.16
微孔草（Microula sikkimensis）	8	7.00	0.82	77.73	14.45	2.73	0.35
疏花齿缘草（Eritrichium laxum）	8	5.32	11.53	69.66	13.48	1.85	0.45
狗尾草（Setaria viridis）	8	9.53	0	42.38	48.09	2.76	0.74
小画眉草（Eragrostis minor）	6	13.66	0	56.05	30.30	3.99	1.64
白草（Pennisetum flaccidum）	8	14.87	24.04	25.89	35.20	2.49	0.79
止血马唐（Digitaria ischaemum）	6	*3.47	32.05	54.65	9.83	4.73	0.00
大籽蒿（Artemisia sieversiana）	6	*38.31	14.52	25.22	21.95	5.09	3.05
中华苦荬菜（Ixeris chinensis）	6	14.72	11.68	36.36	37.24	1.44	0.49
柔软紫菀（Aster flaccidus）	6	11.54	5.59	62.48	20.40	3.63	0.98
牛膝菊（Galinsoga parviflora）	6	11.05	2.70	42.18	44.07	1.76	0.54
黄白火绒草（Leontopodium ochroleucum）	6	10.91	0	78.25	10.85	1.19	0.28
暗褐薹草（Carex atrofusca）	6	*70.62	0	0	29.38	0.86	0.00
荞麦（Fagopyrum esculentum）	6	23.45	0	38.30	38.24	0.83	0.19
头花蓼（Polygonum capitatum）	6	8.55	1.72	57.97	31.77	1.98	0.94
菊叶香藜（Chenopodium foetidum）	6	12.21	3.96	70.74	13.09	2.15	0.32
白花草木樨（Melilotus alba）	6	*3.81	5.75	69.16	21.28	5.93	2.53
野苜蓿（Medicago falcata）	6	16.64	0	36.43	46.93	1.02	0.22
劲直黄芪（Astragalus strictus）	6	10.85	10.25	42.52	36.38	7.01	1.75
平车前（Plantago depressa）	6	5.30	5.50	60.43	28.78	1.80	0.24
冬葵（Malva crispa）	6	12.77	12.44	51.03	23.76	4.23	0.00
蒺藜（Tribulus terrestris）	8	*1.95	0.69	68.68	28.68	7.01	1.19
香薷（Elsholtzia ciliata）	8	14.45	5.59	38.88	41.08	1.77	0.72
均值（$n=23$）		14.20	6.66	50.96	28.18	3.02	
标准误		3.02	1.72	4.04	2.41	0.39	
4300m 高山带							
暗褐薹草（Carex atrofusca）	6	*58.75	13.28	10.49	17.47	2.83	0.55
白草（Pennisetum flaccidum）	6	22.77	46.31	12.67	18.25	2.09	0.38
草地早熟禾（Poa pratensis）	6	*93.35	0	4.21	2.43	3.37	1.02
丝颖针茅（Stipa capillacea）	3	*47.17	0	34.06	18.76	7.47	1.08
紫花针茅（Stipa purpurea）	3	*55.50	0	24.50	20.00	0.65	0.17
多裂委陵菜（Potentilla multifida）	6	9.90	17.33	36.84	35.92	0.74	0.16

续表

物种	采样数	生物量比例（%）				生物量（g）	
		细根	储存器官	茎、花	叶	总生物量	标准误
雪白委陵菜（*Potentilla nivea*）	6	10.06	43.31	35.91	10.71	1.49	0.48
劲直黄芪（*Astragalus strictus*）	6	11.45	35.45	11.32	41.78	8.10	1.86
木根香青（*Anaphalis xylorhiza*）	6	8.64	61.69	16.63	13.03	18.22	3.72
柔软紫菀（*Aster flaccidus*）	6	19.66	2.25	35.78	42.31	1.61	0.51
大籽蒿（*Artemisia sieversiana*）	6	17.16	53.48	18.30	11.05	5.52	0.88
西藏棱子芹（*Pleurospermum hookeri* var. *thomsonii*）	6	6.28	24.56	61.80	7.35	5.46	0.99
微孔草（*Microula sikkimensis*）	6	9.86	0	40.00	50.14	0.36	0.09
西藏点地梅（*Androsace mariae* var. *tibetica*）	6	10.19	0	49.81	40.00	0.63	0.19
甘肃蚤缀（*Arenaria kansuensis*）	6	14.99	41.19	25.82	18.00	0.54	0.13
均值（*n*=15）		26.38	22.59	27.88	23.15	3.94	
标准误		6.58	5.80	4.15	3.83	1.22	
>5000m 亚冰雪带							
冰川棘豆（*Oxytropis glacialis*）	3	5.57	26.36	57.70	10.36	2.67	0.00
雪白委陵菜（*Potentilla nivea*）	6	43.16	17.74	13.16	25.93	0.89	0.15
垂穗披碱草（*Elymus nutans*）	3	79.23	0	10.08	10.69	4.71	2.04
西藏早熟禾（*Poa tibetica*）	6	75.89	0	16.32	7.79	1.96	0.29
四裂红景天（*Rhodiola quadrifida*）	6	16.82	74.41	4.41	4.36	4.33	1.74
乌奴龙胆（*Gentiana urnula*）	4	56.07	3.30	8.13	32.50	1.76	0.67
棒腺虎耳草（*Saxifraga consanguinea*）	3	59.00	0	22.27	18.73	2.83	0.60
垫状点地梅（*Androsace tapete*）	3	23.79	3.20	42.96	30.06	5.81	3.65
重楼（*Paris polyphylla*）	3	24.75	0	64.36	10.89	0.10	0.00
总状绿绒蒿（*Meconopsis horridula* var. *racemosa*）	3	13.45	6.74	69.91	9.90	12.84	0.00
紫花亚菊（*Ajania purpurea*）	3	0.66	31.30	43.55	24.50	2.44	0.00
合头菊（*Syncalathium kawaguchii*）	3	23.10	21.44	25.00	30.46	7.09	0.99
美丽风毛菊（*Saussurea pulchra*）	3	18.15	44.96	3.28	33.62	2.78	0.75
水母雪莲花（*Saussurea medusa*）	6	20.98	38.04	11.31	29.67	0.40	0.15
矮垂头菊（*Cremanthodium humile*）	3	44.45	1.84	31.74	21.97	1.74	0.80
甘肃蚤缀（*Arenaria kansuensis*）	3	6.76	6.49	63.77	22.98	*33.67	0.00
圆穗蓼（*Polygonum macrophyllum*）	3	1.07	66.82	21.02	11.08	0.99	0.23
独一味（*Lamiophlomis rotata*）	3	5.29	55.08	7.55	32.07	1.46	0.36
西藏马先蒿（*Pedicularis tibetica*）	6	27.57	6.78	53.53	12.12	0.56	0.15
均值（*n*=19）		28.72	21.29	30.00	19.98	4.69	
标准误		5.58	5.54	5.22	2.27	1.75	

注：前面标有 * 的数值在平方根反正弦变换检验是否正态时剔除；由于存在四舍五入，各项比例之和可能不等于100%，特此说明，全书余同

2. 不同海拔地上/地下生物量特征

　　三个海拔不同物种单株地上与地下生物量的偏移程度如图6-7所示，地上/地下生物量的均值随着海拔的升高而降低，依次为 7.9±1.9（3700m）、2.4±0.9（4300m）、1.7±0.4

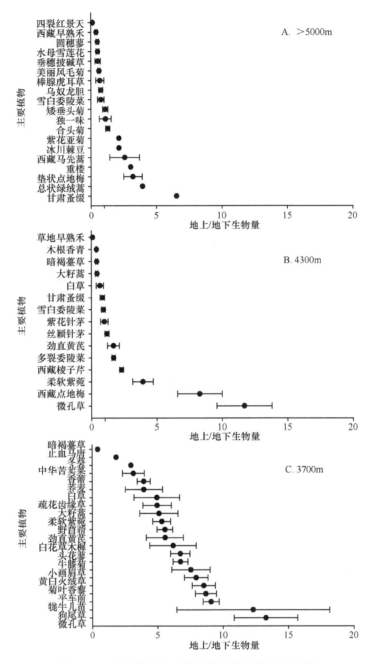

图 6-7　不同海拔区主要植物单株地上/地下生物量

（＞5000m）。亚高山带暗褐薹草（*Carex atrofusca*）的地上/地下生物量最小，为 0.4；匍匐植物蒺藜（*Tribulus terrestris*）的地上/地下生物量高达 47.3。高山带暗褐薹草和木根香青（*Anaphalis xylorhiza*）的地上/地下生物量都为 0.4，而草地早熟禾（*Poa pratensis*）地上/地下生物量最小（0.1）；微孔草（*Microula sikkimensis*）根系不发达，地上/地下生物量最高，达 11.7。亚冰雪带植物中四裂红景天（*Rhodiola quadrifida*）地上/地下生物量最小，为 0.1；地上/地下生物量最高的物种为垫状植物甘肃蚤缀（*Arenaria kansuensis*），为 6.5。地上/地下生物量展示了每个海拔不同物种之间较大的变异，但随海拔升高，单株生物量分配从地上往地下转移的趋势明显。

3. 地上生物量分配

亚高山带、高山带和亚冰雪带植物地上生物量比例均值都大于 50%，依次为 79%±3%、51%±6%、50%±5%，随着海拔升高，地上部分生物量比例逐渐减小。地上部分占总生物量比例的频数分布如图 6-8 所示，三个海拔植被带的地上生物量比例的频数分布均呈单峰分布，亚高山带峰值出现在 90%，而高山带和亚冰雪带峰值则分别出现在 30% 和 40%。由此趋势可以看出，随海拔升高，茎、花生物量比例降低，而细根生物量比例增加。

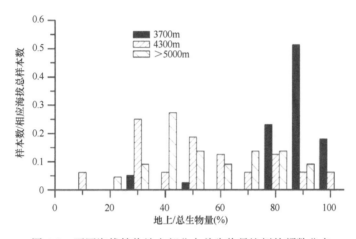

图 6-8　不同海拔植物地上部分占总生物量比例的频数分布

4. 不同功能型植物生物量分配比较

从亚高山带到亚冰雪带，禾草类植物地上生物量呈减少趋势，在亚高山带与高山带（$P=0.014$）、亚高山带与亚冰雪带之间差异显著（$P=0.021$），高山带与亚冰雪带之间差异不显著（$P>0.05$）。双子叶草本植物地上生物量在海拔间差异不显著（$P>0.05$）；莎草地上生物量在海拔间差异不显著（$P>0.05$）（图 6-9A）。

相反，从亚高山带到亚冰雪带禾草和莎草细根生物量都呈增加趋势，禾草细根生物量在亚高山带与高山带（$P=0.030$）、亚高山带与亚冰雪带之间差异显著（$P=0.042$），高山带与亚冰雪带差异不显著（$P>0.05$）；莎草细根生物量在亚高山带与高山带之间差异显著（$P<0.05$）；双子叶草本的细根生物量在海拔间差异不显著（$P>0.05$）（图 6-9B）。

双子叶草本的地下/地上生物量随海拔升高而增加，在亚高山带与亚冰雪带（$P=0.019$）、高山带与亚冰雪带之间差异显著（$P=0.049$），亚高山带与高山带间差异不显著（$P>0.05$）；禾草的地下/地上生物量随海拔升高先增加后减少，在亚高山带与高山带（$P=0.041$）、高山带与亚冰雪带之间差异显著（$P<0.05$），亚高山带与亚冰雪带之间差异不显著（$P>0.05$）；莎草地下/地上生物量在不同海拔区差异不显著（$P>0.05$）（图 6-9C）。

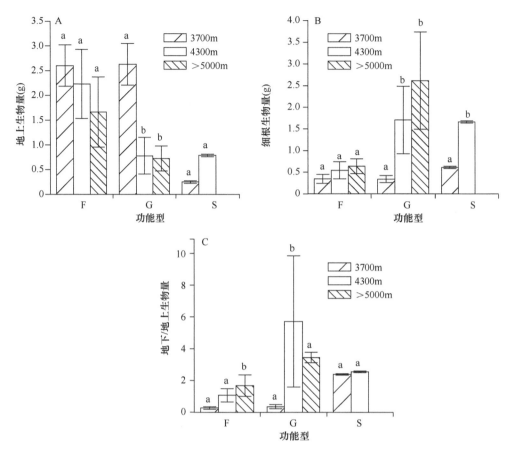

图 6-9　三种功能型地上生物量、细根生物量、地下/地上生物量的海拔梯度变化规律

F，双子叶草本；G，禾草；S，莎草

5. 海拔对植物生物量分配模式的影响

在山地垂直带上，海拔综合控制着其他生物环境因子的组合与变异，植物沿海拔梯度的变异为我们提供了一个"天然实验"模型。尽管相同海拔或植被带的单株生物量及其分配具有一定变幅差异，但其反映了不同功能型的趋同适应，因此，在不同海拔上生物量分配的变异反映了植物对环境的适应，可以为探索植物个体和种群对气候变化的长期适应及其机制提供参考。不同海拔区植物的生理生态反应已成为目前高山植物研究的热点（Körner，2003）。从亚高山带到亚冰雪带，随海拔升高植株个体趋于矮小，植物地上/地下生物量和地上/总生物量均降低（图 6-7，图 6-8），茎、花生物量比例降低，表明随海拔升高，植物有性繁殖减少，无性繁殖的重要性增加。这与青藏高原 5 个海拔梯度上中华山蓼繁殖分配的研究结果一致（赵方和杨永平，2008）。在地上繁殖器官生物量分配显著降低的同时（表 6-2），禾草和莎草的细根生物量都显著增加（图 6-9B），对细根的投入增加了根系吸收表面积，有利于从高海拔高寒养分（氮、磷等）限制环境中吸收养分。通过降低地上茎和增加根系（尤其是 <2mm 的细根）来提高根冠比，可使其地下部分获得足够的养分和温度，从而适应高山风大、低温、土壤贫瘠等极端环境（Körner，2003）。许多研究也表明，在高山带低温胁迫下，植物分配给根系的碳水化合

物远高于地上部分（Chapin and Chapin，1981；Chapin and Pugnaire，1993；Mack and D'Antonio，2003；Luo et al.，2005；Mokany et al.，2006）。高山植物各器官生物量随海拔的变化趋势揭示其总体可能存在特殊的生物量分配模式，该模式反映在植物体对碳水化合物的分配方面（Körner and Renhardt，1987）。本研究中，叶质比（LMR）在生物量分配中是一个比较稳定的性状，从亚高山到亚冰雪带，变化幅度为20%~28%，与阿尔卑斯流石滩植被的均值（24%）非常接近（Körner，2003），这表明高海拔植物并不倾向于降低碳水化合物在光合器官中的投资，稳定的光合器官投入比例有利于在高海拔低温和低CO_2分压下对低光合速率进行补偿。因此，高山植物通过稳定光合器官的投入和增加细根的吸收表面积，提高了高山低温和养分限制环境下的碳供给和养分吸收能力。

6. 高山植物功能性状与功能型结合对海拔变化的适应性

植物性状（也称功能性状）是植物长期与环境相互作用逐渐形成的在内在生理和外在形态方面的适应对策，以最大限度地减小环境的不利影响（孟婷婷等，2007）。高山区海拔对各种生物和环境因子产生综合影响，植物则表现出与气候和环境变化相适应的特征，其中作为光合碳水化合物合成器官的叶和吸收养分的根系（尤其是细根）的性状变化尤为显著。不同功能型植物因遗传和生理学差异形成了不同的功能性状（Körner and Renhardt，1987；Reich and Bowman，1999；Garnier et al.，2001a；Körner，2003）。比叶面积（SLA）是重要的植物叶片性状之一，它与植物的光合和生产对策有密切联系，在一定程度上反映植物的资源获取能力和对不同生境的适应特征（Meziane，1999；Poorter and Jong，1999；Garnier et al.，2001b；Vendramini et al.，2002），SLA主要随环境变化而变化（Mcintyre et al.，1999；Craine et al.，2001；Garnier et al.，2001a；Cornelissen et al.，2003；田青等，2008）。双子叶草本和禾草SLA随海拔升高都有降低趋势，莎草有增加趋势，SLA随海拔升高而降低主要是由于叶片厚度以及细胞表皮细胞壁厚度在高海拔地区为适应寒冷而增加（Körner，2003）。表明海拔升高后由于温度和养分有效性降低，双子叶草本和禾草植物获取资源的能力降低，但莎草获取资源的能力并未降低。植物叶面积比（LAR）是叶质比（LMR）和SLA的产物，三种功能型植物的LAR随海拔升高都有降低的趋势。从植物碳经济学角度看，在形态特征相同的情况下，高海拔植物叶片增厚、寿命延长、SLA减少（单位叶面积投入的碳更多）、LMR相似而LAR更低，以适应低温、资源有限的高山环境（Körner，2003）。随海拔上升，双子叶草本和禾草的单株叶面积减小，相反，莎草单株叶面积增加。地下/地上生物量和植株细根生物量随海拔升高有增加趋势，其中禾草和莎草细根生物量增加显著（图6-9B、C），这使它们在养分受限的高寒环境中具有增强吸收能力的优势，对于莎草科植物意义更加重大。有很多研究表明，莎草科植物没有菌根，细根生物量增加对高寒草甸菌根的弱形成能力是一种补偿，莎草可以通过细根生物量增加来提高养分的吸收能力，从而弥补没有菌根的缺陷。对于碳供给和养分吸收的重要指标——叶面积或细根生物量比例而言，不同功能型植物表现出两种适应策略。随海拔升高，双子叶草本倾向于增加叶面积，而禾草和莎草则以增加细根生物量，提高养分吸收能力来适应环境，形成了以双子叶植物和莎草科植物为两极的分化。相比之下，在三种功能型植物中，莎草科植物在高寒养分受限的环境中无论从叶性状还是细根性状来说，都具有优势。这可能是莎草科植物在高寒草甸中占优势的重要原因。

第二节　高寒环境中垫状植物的正相互作用

青藏高原地势高耸，其环境通常具有以下特点，气温低、辐射强、风力大、土层浅薄且稳定性差，对生活于这一区域的植物来说，面临如此众多的生态胁迫因子，植物是如何获得生存的机会并适应当地环境的？该问题一直以来都是高寒生态学研究的热点。以前对高寒植物适应性的研究多集中在高寒植物自身所具有的特殊生存方式，如特有的生活型、光合特性以及生活史等。但近来的研究发现，生活于高寒地区的植物除了具有自己特有的生理和结构特征之外，物种之间的正相互作用也是影响该区域植物生存和分布的重要因素（Callaway et al.，2002）。

垫状植物是分布于高寒区域的一种特殊类型的植物，常形成致密的垫状体结构，贴伏于地面，且具有从几十年到上百年的较长寿命（McCarthy，1992；赵海卫等，2015）。它为宿存枯叶所紧密包裹的茎、节间剧烈缩短，由于密集分枝而形成遗传特性稳定、具有唯一同化表面的垫状形态（李渤生等，1985）。它们有特殊的形态结构、器官组织构造以及生理生化功能，因此具有比其他生长型植物更强的适应高原台地严酷生态条件的能力（Billings and Mooney，1968；张树源等，1987；王为义和黄荣福，1991）。垫状植物的生长型是长期适应高寒环境的进化结果，其致密的垫状形态具有很好的适应机制，主要包括增加垫状体内部温度、减少水分散失、增加养分有效性、减少大风造成的伤害等。此外，垫状植物在外表上呈半球状，与其他植物相比具有更小的比表面积，也更有利于保存热量和水分，同时减少大风所造成的伤害，另外，垫状植物内部有机质的积累也可能增加了养分的有效性，从而使其能够适应低温、干旱以及养分瘠薄的高寒环境。此外，垫状植物往往是原始高原平台上的先锋植物（黄荣福，1994），它们通过自身特殊的形态结构改变微环境，可以为其他植物的迁入和生长提供必要的条件，从而促进其他植物的生存，因此垫状植物常被称为高寒生态系统中的"工程师"或者是"保护植物"（何永涛等，2010；孟丰收等，2013），是高寒生态系统中的重要组成物种。

垫状植物主要分布于欧洲、亚洲中部地区、南美洲（安第斯山脉）以及喜马拉雅的高山区域，此外在新西兰、亚南极和南极岛屿也有分布（Armesto et al.，1980）。青藏高原是垫状植物集中分布的一个重要区域，也是一个重要的世界垫状植物形成中心，其所拥有的垫状植物种类远远多于其他地区，包括13科17属70余种（黄荣福，1994）。在青藏高原上，高山垫状植被广泛分布在半湿润区、半干旱区及干旱区山地，海拔4200～5200m坡度和缓的山脊、冰水台地、隘口和浑圆的山顶。除此之外，某些垫状植被群系也见于高山植被带的高山草甸带上部与高山冰缘植被带下部。垫状植被通常与草甸植被在4300～4700m组成复合垂直植被带（李渤生等，1985）。

青藏高原的高山垫状植被的建群层片为垫状植物层片，其由多种垫状植物如报春花科（Primulaceae）的垫状点地梅（*Androsace tapete*）、石竹科的藓状雪灵芝（*Arenaria bryophylla*）、垫状雪灵芝（*Arenaria pulvinata*）、囊种草（*Thylacospermum caespitosum*）

等组成（图 6-10）。大多数垫状体直径一般在 10～30cm，高 5～15cm，呈浑圆的半球形，而囊种草有时则形成直径 100cm、高 20～50cm 的巨大团块（李渤生等，1985）。此外，垫状植物本身常成为高原上其他植物的"温床"，如在雪灵芝、垫状点地梅等周围和株体的枝叶丛中常有火绒草（*Leontopodium* spp.）、圆穗蓼（*Polygonum macrophyllum*）、委陵菜（*Potentilla* spp.）、针茅（*Stipa* spp.）、羊茅（*Festuca* spp.）、早熟禾（*Poa* spp.）、薹草（*Carex* spp.）等植物生长（黄荣福，1994），因此垫状植物具有典型的生态系统工程师效应，是青藏高原高寒生态系统中的关键物种。目前，关于高寒地区垫状植物的生态系统工程师效应已经引起了广泛的关注，属于生态学研究的一个新领域。

A. 囊种草（*Thylacospermum caespitosum*），当雄念青唐古拉山脉南坡，5400m

B. 垫状点地梅（*Androsace tapete*），当雄念青唐古拉山脉南坡，4700～5300m

图 6-10　西藏当雄念青唐古拉山脉南坡分布的垫状植物

一、垫状植物的正相互作用

传统的生态学理论认为，环境和生物之间的相互作用决定了群落中生物的组成特征，以及不同自然生态系统中的物种多样性（Tilman，1984，1987）。然而，生物也可以通过其他机制产生对群落生物有益的影响，如生态系统工程师效应，也就是改善、维持、创造新的斑块生境或微生境（Jones et al.，1994，1997）。有时候这种改变是微小的，但是如果这类生态系统工程师明显改变了其周围的资源有效性，那么生态系统中物种的分布就必然会受到这种改变的影响，从而对物种的分布和多样性产生影响（Jones et al.，

1997；Crooks，2002）。这一点一直以来都被人们忽略，近些年来才引起生态学家的注意（Chapin et al.，1997；Wilby，2002；Reid et al.，2015），而处于高寒区域的垫状植物就是这类生态系统工程师效应的典型代表。

在全球气候变化的背景下，垫状植物的正相互作用（facilitation）将会在极端严酷的高寒环境中起到重要的作用。大量的研究结果表明，在环境压力相对较弱的低海拔区域，种间竞争是普遍存在的，但在高海拔非生物环境压力增强的情况下，植物之间相互作用的正效应更明显，即胁迫梯度假说（stress-gradient hypothesis）（Bertness and Callaway，1994；Callaway et al.，2002；Maestre et al.，2009；Michalet et al.，2015）。作为高寒生态系统的保护植物，垫状植物的正相互作用在严酷的环境条件下显得更为重要，尤其是在自然环境极其恶劣的高山区域，垫状植物可以作为一个"安全的庇护所"，通过正相互作用拓展某些物种的实际生态位，以帮助其应对恶劣的环境状况，从而也就成为其他植物生存首选的场所，因此可以增加群落的物种多样性（Chen et al.，2015a；Pugnaire et al.，2015）。Sklenář（2009）通过对垫状植物内外植物物种组成和多样性的差异分析发现，物种丰富度和多样性指数（S）都与垫状植物的面积密切相关，随着垫状植物所占群落面积比例的增加，该群落中的物种多样性也提高；此外，该研究结果还表明，垫状植物能够为某些物种提供特有的生存小环境，从而使这些不能在对照区域生存的植物可以出现在垫状植物内部，这一结果在其他一系列的研究中也得到了证实（Nunez et al.，1999；Cavieres et al.，2002；Arroyo et al.，2003；Badano et al.，2006；Badano and Cavieres，2006a，2006b）。

在青藏高原的研究也表明，高山冰缘带极端高海拔生境内垫状植物以互利协作关系占优势，并且其强度随海拔梯度的上升而增强，这种正相互作用对提升高山生物带胁迫生境内植物多样性、多度和丰富度有显著的影响（Yang et al.，2010；Chen et al.，2015a；刘晓娟等，2016）。其中，Yang 等（2010）对分布在白马雪山的垫状植物团状福禄草（*Arenaria polytrichoides*）的正相互作用进行了研究，结果表明，在高海拔区域，有 14 种植物的分布与垫状植物密切相关，而在低海拔区域，仅有 3 种植物与之关联。这表明在环境胁迫程度高的区域，垫状植物的正相互作用会更为显著。Chen 等（2015a）对横断山区分布的垫状植物团状福禄草、垫紫草（*Chionocharis hookeri*）、囊种草进行了研究，结果表明，垫状植物可以提高高山植物群落的物种丰富度，并且这种效应会随着环境胁迫程度增加而增强。刘晓娟等（2016）研究了垫状植物囊种草对群落物种组成和群落物种多样性的影响，结果表明：囊种草为群落中增加了新的植物种类，并且提高了部分生境一般种的多度；囊种草的出现提高了群落物种密度和物种丰富度，进而提高了群落物种多样性；囊种草斑块的增加将会引起景观水平物种丰富度的增加，表明囊种草具有为群落中引入新的植物种类进而提高群落物种丰富度的能力。

垫状点地梅是广义青藏高原的特有种，是高原垫状植被中分布面积最大、最重要的一个群系（李渤生等，1985，1987）。我们以分布在西藏当雄念青唐古拉山脉南坡的垫状点地梅为例，通过野外样方调查，将每一个小样方内的垫状点地梅盖度划分为 6 个等级：0（没有垫状点地梅存在）、(0,5%]、(5%,25%]、(25%,50%]、(50%,75%]、>75%，并对每个 25cm×25cm 样方内的物种数目分别进行统计。结果表明，当垫状点地梅盖度不超过

50%时，随着垫状点地梅盖度的增加，样方内的物种数目也逐渐增加（图 6-11），但当盖度＞50%，除 4500m 海拔外，其他海拔处的物种数目并没有表现出增加的趋势。这表明垫状植物的存在可以促进物种多样性的增加，但因为垫状点地梅的面积大多都在 200cm² 以下，垫状体内部不可能聚集太多其他植物，所以这种影响更多地表现为边缘效应，在垫状点地梅周围分布了丰富的植物，但在其内部分布的植物数量却不是很多（图 6-12）。Pugnaire 等（2015）对青海-藏北地区广泛分布的垫状点地梅的研究结果也表明，垫状点地梅的正相互作用可以帮助其他植物应对恶劣的环境状况，而且这种作用符合环境胁迫梯度假说，即在环境越恶劣的条件下，其正相互作用越强，从而可以促进高寒区域受惠植物的生长。

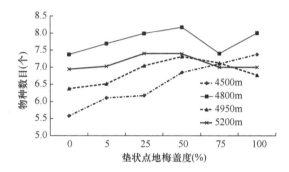

图 6-11 当雄念青唐古拉山脉南坡植物多样性随垫状点地梅盖度的变化

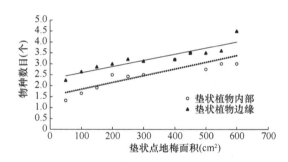

图 6-12 当雄念青唐古拉山脉南坡垫状点地梅内部及边缘的植物多样性分布

国外的一些其他研究表明，垫状植物还可以通过改变局部的小生境而提高其内部其他植物的生存概率（Zoller and Lenzin，2004，2006）。例如，Cavieres 等（2006）通过一系列的移栽实验证明，在垫状植物内部生长的幼苗卷耳（*Cerastium arvense*）和多毛大麦（*Hordeum comosum*）的成活率分别为大约 30%和 80%，而在非垫状植物条件下其生长幼苗的成活率均低于 10%。其他一些研究结果也表明，通过分析同一种植物的生存概率、丰富度以及光合效率，与对照区域相比，垫状植物可以促进植物的生存（Badano et al.，2002，2006；Cavieres et al.，2005，2006，2007）。

上述研究说明垫状植物通过提供相对更为优越的小生境，为其他植物提供生长机会，从而能够提高高山植物群落的物种多样性，同时也可以加强高山生态系统稳定性，有利于其功能的发挥。

二、垫状植物正相互作用的机理

高寒地区垫状植物正相互作用的机理有许多假设,主要包括增加内部温度、减少水分散失、增加养分有效性、减少大风造成的伤害等。这是因为垫状植物的外表呈半球状,与其他植物相比具有更小的比表面积,有利于保存热量和水分,同时也会减少大风所造成的伤害。另外,垫状植物内部有机质的积累可以增加养分的有效性,从而为其他植物的生存提供有利的小环境。

(一)土壤温度

Fischer 和 Kuhn(1984)研究发现,垫状植物垫状体凸起的程度、太阳辐射的角度、本身的物理结构及其周围土壤物理性质、导热性质等都与垫状植物的热平衡状况有关,因此垫状植物是一种有效的吸热体,其升温比土壤要快。许多野外观测结果也表明,垫状植物的温度远远高于空气温度,随着辐射的增加,垫状植物的温度比空气温度增加要快,并且温度从垫状植物表面到垫状植物内部呈现降低趋势;而从一整天的温度变化来看,垫状植物表面的温度变化幅度最大,且与辐射和风速有关,与此相对应的是垫状植物内部的温度变化幅度并不是很大(Körner,2003)。高山环境的显著特点是低的空气和土壤温度,但当温度随着海拔的升高而降低的时候,垫状植物可以在不同海拔保持相同的基本温度,从而为不耐低温的植物提供适宜的生存环境(Arroyo et al.,2003)。在不同区域的研究结果均表明,与对照区域相比,垫状植物内部可以保持较低的最高温度以及较高的最低温度,从而可以缩小其内部温度的波动范围(Arroyo et al.,2003;Badano et al.,2006;Cavieres et al.,2007)。这表明垫状植物内部和其周围环境之间的温度会随着海拔的升高而出现不同的变化,而温度对高山植物的生长和繁殖过程有着重要的意义(Körner,2003),意味着海拔越高,就会有更多的非垫状植物种出现在垫状植物内部(Cavieres et al.,2002;Arroyo et al.,2003)。

在青藏高原对垫状点地梅的观测结果也表明,生长季盛期,垫状点地梅垫状体内外2cm 处的土壤温度存在着显著的差异。在白天,垫状点地梅内部的温度比垫状体外的地温高出 1℃左右;但在晚上,垫状体内的温度反而低于垫状体外 1~2℃(图 6-13),这种效应可以称为"昼升夜降"效应。

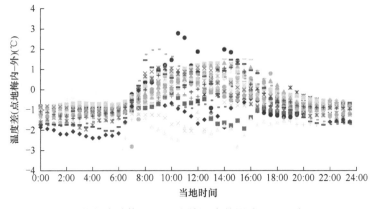

图 6-13 垫状点地梅对 2cm 土壤温度的影响(2010 年 7 月)

图中不同颜色的图形代表不同观测日期

　　与 2cm 的"昼升夜降"效应相一致，白天垫状体内 10cm 处的土壤温度比垫状点地梅外高 1～2℃，而在晚上，垫状体内的土壤温度则比垫状点地梅外低约 0.5℃（图 6-14）。10cm 处的土壤温度变化说明垫状点地梅可以增加白天土壤的温度，从而有利于植物的生长，而夜晚土壤温度的降低会减少植物的呼吸，有利于植物干物质积累。

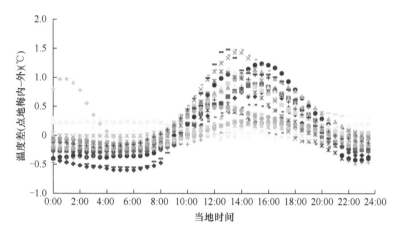

图 6-14　垫状点地梅对 10cm 土壤温度的影响（2010 年 7 月）

图中不同颜色的图形代表不同观测日期

　　观测结果的季节变化表明，2cm 处土壤温度在垫状体内外的差异在冬季更为明显，在植物休眠期的 11 月至翌年 4 月，白天的温度差异表现为明显的增温效应，而在晚上则表现为显著的降温效应。这种"昼升夜降"效应随气温的降低表现得越为明显，其最大的温差效应出现在 1 月，白天的增温效应可以达到 5℃左右，而夜间的降温效应也达到 6℃左右（图 6-15）。

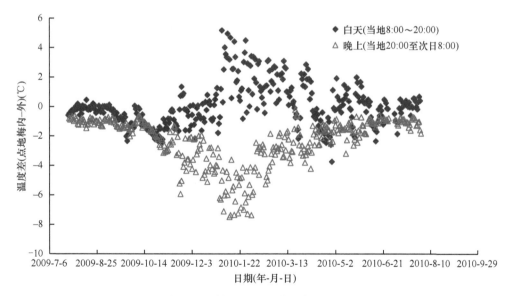

图 6-15　垫状点地梅对 2cm 土壤温度影响的季节变化

　　垫状体内外之间的这种温度差异对于垫状植物本身的生长以及生活于其内部和其周围的其他植物具有重要的意义。因为垫状体对土壤温度的影响表现为"昼升夜降"，不仅有利于白天植物的生长，而且加大了植物根系层的温度差异，这种效应在冬季表现得尤为明显，这种扩大的昼夜温差有利于植物地上部分在越冬期间的低温积累，从而使植物在第二年能够提前进入萌发期和开花期，在高寒的条件下完成整个生活史。

（二）土壤湿度

　　在当雄念青唐古拉山脉南坡，对垫状点地梅内外土壤含水量的测定结果表明，在各个海拔上，垫状点地梅内部的土壤含水量均高于外部，随着海拔的升高，土壤含水量也呈增加趋势，在4950m处达到了最高，在5200m处又略有下降（图6-16）。垫状植物增加土壤中凋落物和腐殖质的同时也增加了土壤中的含水量，因为土壤中凋落物和腐殖质含量增加能够提高土壤的持水能力。其他的一些研究结果也表明，在垫状植物下的土壤含水量可以比对照区域提高33%～70%（Badano et al.，2006；Cavieres et al.，2006，2007），而这些水分和养分的提高可以为其他植物的生存提供更为有利的条件。

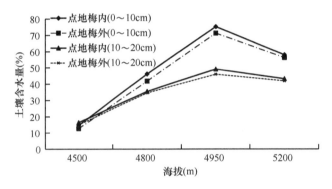

图6-16　垫状点地梅对土壤含水量的影响（引自He et al.，2014a）

（三）其他环境因子

　　其他一些研究还表明，垫状植物致密的生长结构还可以增加土壤基质的稳定性，使垫状体内部成为适宜其他植物生长的小环境，更能够忍受风或者融雪径流的干扰（Cavieres et al.，2005；Badano et al.，2006），并降低风的侵蚀性。观测结果表明，与周围空地相比，垫状植物内部能够降低98%的风速，并可因此减少热能的损失，这种能力使得垫状植物能够保持比其外部环境更高的温度（Körner，2003），从而为不耐低温的植物提供适宜的生存环境。

（四）土壤养分

1. 土壤养分的变化

　　对于生长在土壤发育不良的高山区域的植物来说，经常性的大风会吹走植物的落叶，从而影响立地环境中的养分循环，植物养分的获取和保持就成了一个严峻的问题。

而长寿命的垫状植物以其紧密的生长性，能够在其密集的分枝下面积累自己所需要的肥料（黄荣福和王为义，1991；Körner，2009）。

在当雄念青唐古拉山脉南坡对垫状点地梅的研究结果表明，其内外的土壤养分存在着明显的差异。闫巍（2006）分别测定了当雄念青唐古拉山脉南坡裸露土壤和垫状植物周围土壤的 C、N 含量（表 6-3），结果表明，在各个海拔，垫状植物周围的土壤有机质含量、全氮含量均高于裸露土壤。在海拔 4700m 处，垫状植物周围土壤有机质含量为 79.1g/kg，而裸露土壤的有机质含量为 68.0g/kg，差值为 11.1g/kg；在海拔 5100m 处，垫状植物周围土壤有机质含量为 293.7g/kg，而裸露土壤的有机质含量为 159.3g/kg，差值为 134.4g/kg；由此来看，垫状植物的确具有"聚集养分"的功能，而且这种功能也随着海拔变化而变化。

表 6-3　不同海拔裸露土壤与垫状植物周围土壤的元素含量

海拔（m）	有机质含量（g/kg）		全氮含量（g/kg）		C/N	
	裸露土壤	垫状植物	裸露土壤	垫状植物	裸露土壤	垫状植物
4700	68.0±5.1	79.1±4.7	3.1±0.2	3.4±0.1	22.0±0.9	23.3±0.7
4800	92.2±4.0	113.2±34.5	3.9±0.2	4.4±0.9	23.7±1.5	25.6±2.2
4900	120.3±37.6	172.7±13.7	4.0±1.0	5.8±0.6	30.0±2.0	29.9±0.8
5000	194.7±4.2	256.3±55.0	6.9±0.5	7.8±0.8	28.5±2.5	32.7±3.7
5100	159.3±34.5	293.7±70.9	6.0±0.9	8.4±0.7	26.3±2.6	34.7±6.5
5200	129.3±17.0	175.3±20.1	4.7±0.5	5.5±0.3	27.5±1.9	31.6±2.5

注：数据来源于闫巍（2006）。表中数据为平均值±标准差

在青藏高原的其他研究也表明，垫状植物不仅可以改变土壤的养分条件，而且不同种类的垫状植物还表现出了不同的改变程度（刘晓娟等，2014a），从而影响了垫状植物的正相互效应，其中土壤养分的有效性是影响垫状植物正相互效应的关键因素（Chen et al.，2015b）。其他一些研究结果也表明，垫状植物覆盖区域的土壤 N 含量可以提高 45%～90%（Nunez et al.，1999；Badano et al.，2006；Cavieres et al.，2006），垫状植物的这种功能同时也为分解者和植物的不定根创造了非常好的微环境，给其他植物的生长创造了良好的条件。

2. 垫状植物改善土壤养分的机理

受低温的影响，养分一直是限制高寒植物生长的一个重要因素，尤其是在氮的循环和利用方面（Körner，2003；Nagy and Grabherr，2009）。而植物之间可通过对不同形态 N 在时间和空间上的选择吸收（McKane et al.，2002；Miller and Bowman，2002；Xu et al.，2011a，2011b），产生化学生态位的分化（Silvertown，2004），改变群落中植物对养分的竞争关系。因此，关于垫状植物正相互作用的一种理论假设是，垫状植物能够增加土壤养分的有效性，并改变受惠植物的养分生态位（Brooker and Callaghan，1998；Travis et al.，2005；Bulleri et al.，2016），从而为其他植物的生长提供有利的养分条件。我们在当雄以垫状点地梅为例对垫状植物正相互作用的土壤养分机理进行了进一步的研究，得到了以下结果。

（1）多年宿存的枯叶是土壤养分的一个重要来源

在高山区域，垫状植物多年宿存的枯叶是一个重要的土壤养分来源（Körner，2003）。根据我们对垫状点地梅的调查结果，在当雄念青唐古拉山脉南坡调查的 4 个海拔中，枯叶所占全部干物质总量的比例都达到 70% 以上（何永涛等，2013；He et al.，2014a），其中比例最高的是在海拔 5200m，多年宿存的枯叶比例达到 79.3%（图 6-17）。

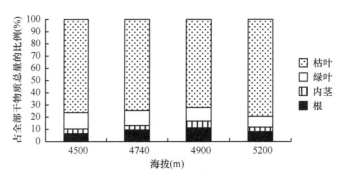

图 6-17　垫状点地梅枯叶、绿叶、内茎、根占全部干物质总量的比例（引自何永涛等，2013）

大量垫状点地梅枯叶的宿存对于高山生态系统具有重要的意义。因为在高山草甸，风速通常很大，大多数草本植物的地上部分在枯落后，很快就被大风吹走，很难回归到土壤中，致使土壤养分很难得到恢复；而垫状植物大量宿存的枯叶经过缓慢地分解释放，可使土壤的养分得到恢复，这些枯叶是土壤中有机质和养分的重要来源。

（2）垫状点地梅枯叶的输入会促进土壤中氮的矿化

进一步的研究表明，垫状植物的这些枯叶可以改变土壤中氮的矿化过程。垫状植物能通过多年宿存的枯叶在冬季低温条件下促进土壤氮的矿化（图 6-18），从而为其他植物春季的生长提供养分来源（He et al.，2014b）。对分布于垫状点地梅内外的暗褐薹草（*Carex atrofusca*）和高山嵩草（*Kobresia pygmaea*）叶片氮同位素值的测定结果也显示，垫状体内外同种植物的 $\delta^{15}N$ 值存在着显著差异。Badano 和 Marquet（2008）等研究了南美洲安第斯山脉高山区域的伞形科卧芹属垫状植物单花卧芹（*Azorella monantha*）对植物功能性状的影响，通过对比垫状体内外同一植物生物量的积累以及植物对氮的固定能力，发现垫状植物内部植物的生物量和氮固定能力均高于对照区域。这表明垫状植物可能通过改变土壤养分的有效性以及受惠植物的氮素利用途径和模式，从而造成了这种差异，但尚需进一步的试验验证。

（3）垫状植物可以通过改变局部的小环境，从而促进土壤养分循环

低温是高寒区域限制土壤养分循环的最主要因素，但由于自身特殊的垫状体结构，垫状植物是个有效的吸热体，其升温比土壤要快。根据我们在青藏高原对垫状点地梅的野外观测结果，与对照区域相比，垫状植物可以在白天增加土壤温度而在晚上降低土壤温度，其他区域的一些观测也得到了类似的结果（Arroyo et al.，2003；Badano et al.，2006；Cavieres et al.，2007）。垫状植物还可以通过增加土壤中枯落物和腐殖质含量来提

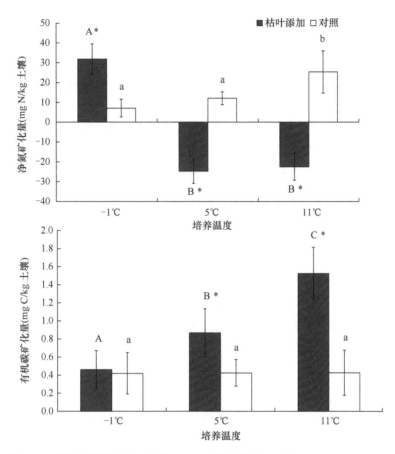

图 6-18 垫状点地梅枯叶对土壤 C、N 矿化的影响（引自 He et al.，2014b）

图中不同大写和小写字母分别表示不同温度间枯叶添加和对照处理 C、N 矿化的差异达到显著水平（$P<0.05$）；*表示同一温度下枯叶添加和对照处理之间差异达到显著水平（$P<0.05$）

高土壤的持水能力，在垫状植物下的土壤含水量可以比对照区域提高 33%～70%（Badano et al.，2006；Cavieres et al.，2006）。而土壤水分和温度的增加会促进土壤氮的矿化（Koch et al.，2007），晚上的低温则会抑制土壤微生物的呼吸，降低对土壤中有效氮的吸收（Hobbie and Chapin，1996），从而增加土壤中的有效氮。

此外，垫状植物也会改变土壤中的微生物群落结构，而不同的微生物群落会影响到土壤养分的循环。例如，垫状植物可以使土壤中丛枝菌根真菌量提高 6 倍以上（Casanova-Katny et al.，2011；Roy et al.，2013），一些菌根则能够直接从枯落物中吸收氮，从而促进氮的矿化（Nadelhoffer et al.，1996；Molina-Montenegroa et al.，2015）。

综上所述，垫状植物具有的特殊形态能够发挥"捕捉器"的作用（Körner，2003，2009；Cavieres et al.，2008），可有效保持和聚集自身的凋落物，加上其创造的相对适宜的微环境，微生物和其他分解者活动旺盛，因此垫状植物内部土壤往往具有良好的养分循环，这有效缓解了土壤自身的贫瘠对植物生长造成的不利影响，同时也可为其他植物的生长提供有利的条件。垫状植物在改变养分资源的同时也为其他植物的生长创造了更好的养分吸收条件。

三、垫状点地梅沿海拔梯度的分布特征及其影响因子

垫状植物是高寒生态系统应对全球气候变化过程中的关键物种。Cavieres 等（2014）通过对全球五大洲 78 个地点垫状植物群落的数据分析发现，垫状植物作为"庇护植物"的典型代表，将会在高山植物应对未来的气候变化过程中起到重要的作用，因为在高寒区域如果缺少有效的保护植物，其他植物将会延缓其沿海拔迁移的速度，并可能导致物种的消失（Anthelme et al.，2014）。但关于垫状植物自身如何响应和适应快速变化的气候条件则报道不多。

高山海拔梯度为我们研究植物响应气候变化提供了一个天然的实验室，因为大气温度以及降水等环境因子都会随着海拔梯度而变化，这些因子与气候变化密切相关，并且会直接影响到植物的生长、生理以及形态特征（Körner，2003，2007）。以报春花科的垫状点地梅群系为例，它是青藏高原地区垫状植物分布面积最广的一个类群，是广义青藏高原的特有种，是该地区垫状植被中分布面积最大、最重要的一个群系（李渤生等，1985，1987）。我们以西藏自治区当雄县城（30°29′N，91°08′E，4288m）北侧约 5km 处的念青唐古拉山脉南坡 4500～5300m 为例研究了垫状点地梅的分布特征，得出以下的研究结果。

（一）垫状点地梅个体及分布特征

1. 叶簇密度和单位垫状体叶面积指数分布

垫状点地梅叶簇密度均在 10 个/cm² 以上，其中最高的出现在海拔 4500m，叶簇密度达到了平均 23.4 个/cm²，最低密度出现在 4900m 处，为 10.7 个/cm²，不到 4500m 处的 1/2。垫状点地梅单位垫状体的叶面积指数均在 2 以上，最大值出现在海拔 4500m 处，平均为 6.13，最低值出现在 4900m 处，为 2.07，这一数值远高于地带性植被小嵩草草甸的叶面积指数（1 左右）。垫状点地梅的叶簇密度以及单位垫状体叶面积指数随海拔的分布特征与其群落盖度随海拔的分布特征正好相反，在其盖度分布最大的 4900m 处，其叶簇密度和单位垫状体叶面积指数都最低（图 6-19）。

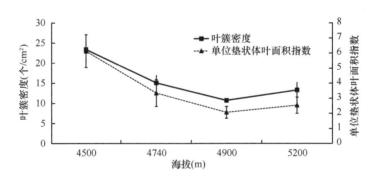

图 6-19　垫状点地梅叶簇密度以及单位垫状体叶面积指数随海拔的分布特征

2. 盖度分布

垫状点地梅在念青唐古拉山脉南坡沿海拔梯度的分布上限是 5200m，分布的下限出现在 4500m；同时也表现出不连续的分布特征，其分布主要集中在 4750～5200m，而在海拔 4750m 以下几乎没有分布，仅在 4500m 处有零星分布。

从盖度上看，垫状点地梅的分布表现为先上升后下降的特征，最大盖度出现在海拔 4900m 处，达到了 16.4%；在海拔 4900m 以上，垫状点地梅的盖度逐渐减小至 5200m 处的 4.2%；而在海拔 4800m 和 4760m 处，垫状点地梅的盖度减小至 5% 左右；在仅有零星分布的海拔 4500m 处，盖度仅为 0.8%（图 6-20）。

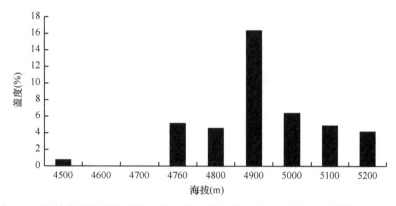

图 6-20　当雄念青唐古拉山脉南坡垫状点地梅盖度分布（引自何永涛等，2013）

3. 大小分布

从数量分布上看，在各个海拔都以小面积（0～100cm²）的垫状点地梅为主，除海拔 5100m 外，其所占数量比例均超过了 60%。其中又以 0～50cm² 的垫状点地梅所占比例最大，除海拔 5100m 外，所占比例为 46.2%～82.9%。在海拔 4900m 以下，0～50cm² 的垫状点地梅所占比例更大一些，均超过了所调查垫状点地梅总数量的 70%，最大值出现在海拔 4800m 处，达到了 82.9%；而随着海拔的升高，在海拔 4900m 以上，所占比例有所下降，最小值出现在海拔 5100m 处，仅为 33.8%（图 6-21）。

与垫状点地梅个体数量分布格局相反，虽然大面积（>100cm²）的垫状点地梅在各个海拔的数量并不是很多，但其面积所占比例比较大，尤其是在海拔 4900m 以上，其面积所占比例达到了 57.8%～79.5%；而随着海拔的降低，其面积所占比例有所下降，在海拔 4900m 以下为 28.2%～50.7%。

其中又以面积 >200cm² 的垫状点地梅所占比例最为突出，尤其是在海拔 4900m 及以上，其面积所占比例达到了 25.1%～55.3%。以 4900m 海拔处为例，0～50cm² 的垫状点地梅数量为 205 个，占总数的 51.1%，但其面积比例仅为 9.8%；与此相反的是，那些面积大的垫状点地梅虽然数量不多，但其所占的面积比例很大，>200cm² 的垫状点地梅数量为 55 个，占总数的 13.7%，但其面积所占比例却达到了 55.3%。而在海拔 4900m 以下，面积 >200cm² 的垫状点地梅面积所占比例则显著减小，在海拔 4800m 处仅为 5.8%，而 4500m 处则没有发现面积 >200cm² 的垫状点地梅（图 6-22）。

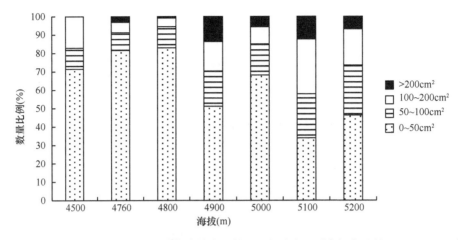

图 6-21　不同海拔垫状点地梅个体大小数量比例分布（引自何永涛等，2013）

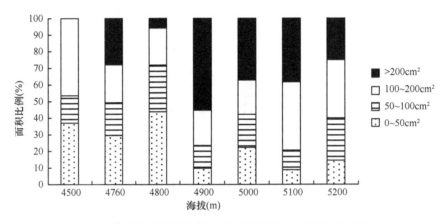

图 6-22　不同海拔垫状点地梅个体及面积比例分布（引自何永涛等，2013）

（二）形态、分布与环境因子的关系

2005～2010 年当雄念青唐古拉山脉南坡的小气候监测数据显示,研究区域内的年平均气温为–2.1℃（5200m）至 2.7℃（4500m）,且随海拔升高而逐渐降低,降水的最大值出现在山体中部,即海拔 5100m 处,观测期间年平均降水量达到 617.0mm,随着海拔的升高或降低,年平均降水量逐渐减少,最低值出现在 4500m,为 424.2mm（图 6-23）。

从垫状点地梅盖度与年均温和年平均降水量的关系来看,垫状植物的盖度分布有一个最佳的水热组合,出现在海拔 4900m,观测期间年均温为 0.4℃,年平均降水量为 516.2mm。而在海拔 4900m 以下,年均温虽然逐渐增加,但年平均降水量却不断减少,垫状植物的盖度也明显减小；在海拔 4900m 以上,年平均降水量虽然还在增加,但受年均温逐渐降低的影响,垫状点地梅的盖度则逐渐降低（图 6-24）。由此来看,垫状点地梅的分布同时受水热因子的控制,未来气候变化中温度和降水的改变都可能会影响到垫状点地梅的生长和分布（何永涛等,2013）。进一步研究发现,垫状植物的形态特征对水分条件的变化比温度更为敏感（图 6-25）（He et al.,2014a）。

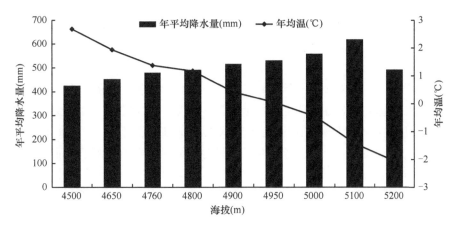

图 6-23　当雄念青唐古拉山脉南坡年均温、年平均降水量随海拔的变化（引自何永涛等，2013）

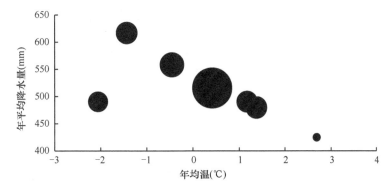

图 6-24　垫状点地梅盖度与年均温、年平均降水量的关系（引自何永涛等，2013）
图中黑色圆面积代表垫状点地梅盖度

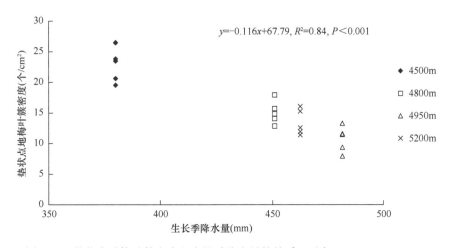

图 6-25　垫状点地梅叶簇密度和生长季降水量的关系（引自 He et al.，2014a）

从垫状点地梅种群沿海拔梯度的分布特征来看，其最大盖度出现在山坡中部，即海拔 4900m 的区域，盖度达到了 16.4%，而随着海拔的升高或降低，其盖度迅速降低到 4%～6%，这一分布模式与南美洲安第斯山脉垫状植物的分布格局一致（Armesto et al.，

1980）。由此表明垫状植物的分布可能对水热条件都比较敏感，有一个适宜的生长区域，而随着海拔的升高或者降低，温度和降水发生了改变，其生长和盖度也会出现显著的变化。

低温通常是高海拔区域的一个显著特点，也是高山植物生长的一个主要限制因子。根据在本区域对垫状点地梅生理生态特征的测定结果，其光合作用的最适温度在 15～18℃，如果温度过高或者降低则都会降低垫状点地梅的光合速率，不利于其生长（闫巍，2006）。需要指出的是，本研究测定的温度是垫状植物叶表面的温度，而不是大气环境温度，高山区域的气温虽然很低（即使在生长季，本区域的白天气温也很少超过10℃），但由于强烈的太阳辐射，垫状植物叶表面可以达到较高的温度（20℃以上），这不仅取决于太阳的辐射情况，还与当时环境的气温关系密切（闫巍，2006）。在本调查中垫状点地梅集中分布在海拔4900m左右，年均温为0.4℃左右，可能是由于此处的气温和太阳辐射强度都比较适宜，产生了适合于垫状点地梅生长的温度条件。

另外，本研究区域位于青藏高原腹地，属于半干旱季风气候（中国科学院青藏高原综合科学考察队，1984），降水也是影响垫状植物生长和分布的一个重要因子。Le Roux等（2005）在近南极区域的模拟气候变化试验结果显示，降水的减少会导致伞形科卧芹属垫状植物 Azorella selago 茎的死亡率增加，并加速植物叶子在秋季的枯萎过程，由此可见降水减少会对垫状植物的生长产生不利的影响。在本调查中，海拔4900m处的年降水量处于一个相对比较多的水平，加上适宜的温度条件，因此该区域成为垫状点地梅的集中分布区域。而低海拔区域降水的减少则可能限制了垫状植物的生长，因此其分布比较少；在更高海拔的区域，环境温度下降，即使降水还在增加，但低温的限制加强，导致垫状点地梅分布面积的减少。

由以上分析可见，垫状点地梅的分布受水热因子的共同控制，有一个最适宜的水热组合区域（Li et al.，2013）；而且垫状点地梅的分布对水热因子的变化（尤其是水分条件的变化）很敏感，未来气候变化不但会影响到青藏高原垫状植物分布区域的变化，同时也会影响到其形态特征，从而影响到垫状植物在高寒生态系统中的生存，并进而影响到高寒生态系统中其他植物物种的生存。这预示着对于处于半干旱区域的青藏高原高寒生态系统的植物群落组成来说，未来气候变化中水分条件的改变比温度的升高更为重要。

参 考 文 献

才吉, 谢民生. 2011. 高寒牧区草原生物量与降水、温度的关系. 中国草食动物, 31(1): 44-46.

何永涛, 石培礼, 闫巍. 2010. 高山垫状植物的生态系统工程师效应研究进展. 生态学杂志, 29(6): 1221-1227.

何永涛, 石培礼, 张宪洲, 等. 2013. 当雄念青唐古拉山脉南坡不同海拔垫状点地梅分布特征. 山地学报, 31(6): 641-646.

黄荣福. 1994. 青海可可西里地区垫状植物. 植物学报, 36(2): 130-137.

黄荣福, 王为义. 1991. 青藏高原垫状植物区系及垫状植物群落演替. 高原生物学集刊, (10): 15-26.

李渤生, 王金亭, 李世英. 1987. 西藏座垫植物的区系特点及地理分布. 山地研究, 5(1): 14-20.

李渤生, 张经炜, 王金亭, 等. 1985. 西藏的高山座垫植被. 植物学报, 27(3): 311-317.

刘晓娟, 陈年来, 田青. 2014a. 两种类型垫状植物对土壤微环境修饰作用的比较. 草业学报, 23(1):

123-130.

刘晓娟, 陈年来, 田青. 2014b. 海拔对囊种草修饰土壤微环境作用的影响. 中国沙漠, 34(1): 191-192.

刘晓娟, 孙学刚, 田青. 2016. 垫状植物囊种草对群落物种多样性的影响. 生态学报, 36(10): 2905-2913.

马维玲, 石培礼, 李文华, 等. 2010. 青藏高原高寒草甸植株性状和生物量分配的海拔梯度变异. 中国科学: 生命科学, 40(6): 533-543.

孟丰收, 石培礼, 闫巍, 等. 2013. 垫状植物在高山生态系统中的功能: 格局与机制. 应用与环境生物学报, 19(4): 561-568.

孟婷婷, 倪健, 王国宏. 2007. 植物功能性状与环境和生态系统功能. 植物生态学报, 31(1): 150-165.

秦志业, 谢文忠. 1980. 西藏土门地区垫状植物形态与生态观察. 植物学报, 22(2): 177-181.

田青, 曹致中, 王国宏. 2008. 内蒙古多伦典型草原 14 种植物比叶面积对水分梯度变化的响应. 草原与草坪, (5): 23-26.

王金亭. 1988. 青藏高原高山植被的初步研究. 植物生态学与地植物学学报, 12(2): 81-90.

王为义, 黄荣福. 1990. 垫状植物对青藏高原高山环境的形态-生态学适应的研究. 高原生物学集刊, (9): 13-26.

王为义, 黄荣福. 1991. 最密集型垫状植物解剖特征及其与生态环境关系的分析. 高原生物学集刊, (10): 27-37.

闫巍. 2006. 不同海拔高度垫状点地梅微环境因子特征及光合测定. 北京: 中国科学院研究生院硕士学位论文.

张树源, 白雪芳, 马章英. 1987. 三种垫状植物的基础抗寒生理比较. 高原生物学集刊, (6): 165-169.

赵方, 杨永平. 2008. 中华山蓼不同海拔居群的繁殖分配研究. 植物分类学报, 46(6): 830-835.

赵海卫, 郭柯, 杨瑶, 等. 2015. 青藏高原垫状点地梅个体年龄判定方法及其生长规律. 山地学报, 33(4): 473-479.

中国科学院青藏高原综合科学考察队. 1984. 西藏气候. 北京: 科学出版社.

Körner C. 2009. 高山植物功能生态学. 吴宁, 罗鹏, 译. 北京: 科学出版社.

Aerts R, Boot R G A, Vanderaart P J M. 1991. The relation between above- and belowground biomass allocation patterns and competitive ability. Oecologia, 87: 551-559.

Anthelme F, Cavieres L A, Olivier D. 2014. Facilitation among plants in alpine environments in the face of climate change. Frontiers in Plant Science, 5: 387.

Armesto J J, Arroyo M K, Villagran C. 1980. Altitudinal distribution, cover and size structure of umbelliferous cushion plants in the high Andes of central Chile. Acta Ecologica, 1(4): 327-332.

Arroyo M T K, Cavieres L A, Penaloza A, et al. 2003. Positive associations between the cushion plant *Azorella monantha* (Apiaceae) and alpine plant species in the Chilean Patagonian Andes. Plant Ecology, 169(1): 121-129.

Badano E I, Cavieres L A. 2006a. Ecosystem engineering across ecosystems: Do engineer species sharing common features have generalized or idiosyncratic effects on species diversity? Journal of Biogeography, 33(2): 304-313.

Badano E I, Cavieres L A. 2006b. Impacts of ecosystem engineers on community attributes: Effects of cushion plants at different elevations of the Chilean Andes. Diversity and Distribution, 12(4): 388-396.

Badano E I, Jones C G, Cavieres L A, et al. 2006. Assessing impacts of ecosystem engineers on community organization: A general approach illustrated by effects of a high-Andean cushion plant. Oikos, 115(2): 369-385.

Badano E I, Marquet P A. 2008. Ecosystem engineering affects ecosystem functioning in high-Andean landscapes. Oecologia, 155(4): 821-829.

Badano E I, Molina-Montenegro M A, Quiroz C L, et al. 2002. Effects of the cushion plant *Oreopolus glacialis* (Rubiaceae) on species richness and diversity in a high-Andean plant community of central Chile. Revista Chilena de Historia Natural, 75(4): 757-765.

Bertness M D, Callaway R. 1994. Positive interactions in communities. Trends in Ecology and Evolution,

9(5): 191-193.

Billings W D, Mooney H A. 1968. The ecology of arctic and alpine plants. Biological Reviews, 43(4): 481-529.

Bloom A J, Chapin III F S, Mooney H A. 1985. Resource limitation in plants-an economic analogy. Annual Review of Ecology and Systematics, 16(1): 363-392.

Brooker R B. 2006. Plant-plant interactions and environmental change. New Phytologist, 171: 271-284.

Brooker R B, Maestre F T, Callaway R M. 2007. Facilitation in plant communities: The past, the present, and the future. Journal of Ecology, 95: 1-19.

Brooker R W, Callaghan T V. 1998. The balance between positive and negative plant interactions and its relationship to environmental gradients: A model. Oikos, 81(1): 196-207.

Bruno J F, Stachowicz J J, Bertness M D. 2003. Inclusion of facilitation into ecological theory. Trends in Ecology and Evolution, 18: 119-125.

Bulleri F, Bruno J F, Silliman B R, et al. 2016. Facilitation and the niche: Implications for coexistence, range shifts and ecosystem functioning. Functional Ecology, 30: 70-78.

Butterfield B J, Cavieres L A, Callaway R M, et al. 2013. Alpine cushion plants inhibit the loss of phylogenetic diversity in severe environments. Ecological Letters, 16: 478-486.

Caldwell M M, Richards J H. 1986. Competing Root Systems: Morphology and Models of Absorption. Cambridge: Cambridge University Press: 251.

Callaway R M. 1995. Positive interactions among plants. Botanical Review, 61: 306-349.

Callaway R M. 1997. Positive interactions in plant communities and the individualistic-continuum concept. Oecologia, 112: 143-149.

Callaway R M, Brooker R W, Choler P, et al. 2002. Positive interactions among alpine plants increase with stress. Nature, 417: 844-847.

Carol A, Reich E P B, Hobbie S E, et al. 2009. Interactive effects of time, CO$_2$, N, and diversity on total belowground carbon allocation and ecosystem carbon storage in a grassland community. Ecosystems, 12: 1037-1052.

Casanova-Katny M A, Torres-Mellado G A, Palfner G, et al. 2011. The best for the guest: high Andean nurse cushions of *Azorella madreporica* enhance arbuscular mycorrhizal status in associated plant species. Mycorrhiza, 21: 613-622.

Cavieres L A, Badano E I, Sierra-Almeida A, et al. 2006. Positive interactions between alpine plant species and the nurse cushion plant *Laretia acaulis* do not increase with elevation in the Andes of central Chile. New Phytologist, 169(1): 59-69.

Cavieres L A, Badano E I, Sierra-Almeida A, et al. 2007. Microclimatic modifications of cushion plants and their consequences for seedling survival of native and non-native herbaceous species in the high Andes of central Chile. Arctic Antarctic and Alpine Research, 39(2): 229-236.

Cavieres L A, Brooker R W, Butterfield B J, et al. 2014. Facilitative plant interactions and climate simultaneously drive alpine plant diversity. Ecology Letters, 17: 193-202.

Cavieres L A, Penaloza A, Papic C, et al. 1998. Nurse effect of *Laretia acaulis* (Umbelliferae) in the high Andes of central Chile. Revista Chilena de Historia Natural, 71(3): 337-347.

Cavieres L A, Quiroz C L, Molina-Montenegro M A. 2008. Facilitation of the non-native *Taraxacum officinale* by native nurse cushion species in the high Andes of central Chile: Are there differences between nurses? Functional Ecology, 22(1): 148-156.

Cavieres L A, Quiroz C L, Molina-Montenegro M A, et al. 2005. Nurse effect of the native cushion plant *Azorella monantha* on the invasive non-native *Taraxacum officinale* in the high-Andes of central Chile. Perspectives in Plant Ecology Evolution and Systematics, 7(3): 217-226.

Cavieres L M, Arroyo T K, Peñaloza A, et al. 2002. Nurse effect of *Bolax gummifera* cushion plants in the alpine vegetation of the Chilean Patagonian Andes. Journal of Vegetation Science, 13(4): 547-554.

Chapin F S, Chapin M C. 1981. Ecotypic differentiation of growth processes in carex aquatilis along latitudinal and local gradients. Ecology, 62: 1000-1009.

Chapin F S, Pugnaire F. 1993. Evolution of suites of traits in response to environmental stress. American

Naturalist, 142: S78-S92.

Chapin F S, Walker B H, Hobbs R J, et al. 1997. Biotic control over the functioning of ecosystems. Science, 227: 500-504.

Chen J G, Christian S, Zhou Z, et al. 2015a. Cushion plants can have a positive effect on diversity at high elevations in the Himalayan Hengduan Mountains. Journal of Vegetation Science, 26: 768-777.

Chen J G, Yang Y, Stocklin J, et al. 2015b. Soil nutrient availability determines the facilitative effects of cushion plants on other plant species at high elevations in the south-eastern Himalayas. Plant Ecology & Diversity, 8(2): 199-210.

Choler P, Michalet R, Callaway R M. 2001. Facilitation and competition on gradients in alpine plant communities. Ecology, 82(12): 3295-3308.

Chu C C, Coleman J S, Mooney H A. 1992. Controls of biomass partitioning between roots and shoots: Atmospheric CO_2 enrichment and the acquisition and allocation of carbon and nitrogen in wild radish. Oecologia, 89: 580-587.

Cook S, Ratcliff D. 1984. A study of the effects of root and shoot competition on the growth of green panic (*Panicum maximum* var. *trichoglume*) seedlings in an existing grassland using root exclusion tubes. Journal of Applied Ecology, 21(3): 971-982.

Cornelissen J H C, Lavorel S, Garnier E, et al. 2003. Handbook of protocols for standardised and easy measurement of plant functional traits worldwide. Australia Journal of Botany, 51: 335-380.

Coupland R. 1993. Ecosystems of the World. Volume 8. Natural Grasslands, Part A. Introduction and Western Hemisphere. Amsterdam: Elsevier.

Craine J M, Froehle J, Tilman D G, et al. 2001. The relationships among root and leaf traits of 76 grassland species and relative abundance along fertility and disturbance gradients. Oikos, 93(2): 274-285.

Crooks J A. 2002. Characterizing ecosystem-level consequence of biological invasion: The role of ecosystem engineers. Oikos, 97(2): 153-166.

Dormann C F, Brooker R W. 2002. Facilitation and competition in the high Arctic: The importance of the experimental approach. Acta Oecologica, 23(5): 297-301.

Elias P. 1992. Vertical structure, biomass allocation and size inequality in an ecotonal community of an invasive annual (*Impatiens parviflora* D.C.) on a clearing in SW Slovakia. Ecology, 11(3): 299-313.

Fajardo A, Quiroz C L, Cavieres L A. 2008. Spatial patterns in cushion-dominated plant communities of the high Andes of central Chile: How frequent are positive associations? Journal of Vegetation Science, 19: 87-96.

Fischer H, Kuhn H W. 1984. Diurnal courses of temperatures in cushion plants. Flora, 175(2): 117-134.

Garnier E, Laurent G, Bellmann A, et al. 2001a. Consistency of species ranking based on functional leaf traits. New Phytologist, 152(1): 69-83.

Garnier E, Shipley B, Roumet C, et al. 2001b. A standardized protocol for the determination of specific leaf area and leaf dry matter content. Functional Ecology, 15(5): 688-695.

Giese M, Gao Y Z, Zhao Y, et al. 2009. Effects of grazing and rainfall variability on root and shoot decomposition in a semi-arid grassland. Applied Soil Ecology, 41(1): 8-18.

Gómez-García D, Azorín J, Aguirre A J. 2009. Effects of small-scale disturbances and elevation on the morphology, phenology and reproduction of a successful geophyte. Journal of Plant Ecology, 2(1): 13-26.

Gugerli F. 1998. Effect of elevation on sexual reproduction in alpine populations of *Saxifraga oppositifolia* (Saxifragaceae). Oecologia, 114(1): 60-66.

He Y T, Kueffer C, Shi P L, et al. 2014a. Variation of biomass and morphology of the cushion plant *Androsace tapete* along an elevational gradient in the Tibetan Plateau. Plant Species Biology, 29: e64-e71.

He Y T, Xu X L, Kueffer C, et al. 2014b. Leaf litter of a dominant cushion plant shifts nitrogen mineralization to immobilization at high but not low temperature in an alpine meadow. Plant and Soil, 383(1-2): 415-426.

Hobbie S E, Chapin F S. 1996. Winter regulation of tundra litter carbon and nitrogen dynamics. Biogeochemistry, 35(2): 327-338.

Hunt R, Nicholls A. 1986. Stress and the coarse control of growth and root-shoot partitioning in herbaceous plants. Oikos, 47: 149-158.

Huxley J. 1950. Relative growth and form transformation. Proceedings of the Royal Society of London. Series B, Biological Sciences, 137: 465-469.

Jackson R B, Canadell J, Ehleringer J R, et al. 1996. A global analysis of root distributions for terrestrial biomes. Oecologia, 108: 389-411.

Johnson I, Thornley J. 1987. A model of shoot: Root partitioning with optimal growth. Annals of Botany, 60: 133-136.

Jones C G, Lawton J H, Shachak M. 1994. Organisms as ecosystem engineers. Oikos, 69: 373-386.

Jones C G, Lawton J H, Shachak M. 1997. Positive and negative effects of organisms as physical ecosystem engineers. Ecology, 78(7): 1946-1957.

Jongejans E. 2004. Life history strategies and biomass allocation: The population dynamics of perennial plants in a regional perspective. Wageningen: Ph.D. Thesis, Wageningen University.

Kikvidze Z, Brooker R W, Butterfield B J, et al. 2015. The effects of foundation species on community assembly: A global study on alpine cushion plant communities. Ecology, 96(8): 2064-2069.

Kleier C, Rundel P W. 2004. Microsite requirements, population structure and growth of the cushion plant *Azorella compacta* in the tropical Chilean Andes. Austral Ecology, 29(4): 461-470.

Klooster S, Potter C. 1995. Storage of atmospheric carbon in global litter and soil pools in response to vegetation change and biomass allocation. Bulletin of the Ecological Society of America, 76(2): 76-93.

Koch O, Tscherko D, Kandeler E. 2007. Temperature sensitivity of microbial respiration, nitrogen mineralization, and potential soil enzyme activities in organic alpine soils. Global Biogeochemical Cycles, 21(4): Gb4017.

Körner C. 2003. Alpine Plant Life: Functional Plant Ecology of High Mountain Ecosystems. Berlin: Springer.

Körner C, Renhardt U. 1987. Dry matter partitioning and root length/leaf area ratios in herbaceous perennial plants with diverse altitudinal distribution. Oecologia, 74: 411-418.

Körner C. 2007. The use of 'altitude' in ecological research. Trends in Ecology and Evolution, 22(11): 569-574.

Kuzyakov Y, Domanski G. 2000. Carbon input by plants into the soil: Review. Journal of Plant Nutrition and Soil Science, 163: 421-431.

Le Roux P C, McGeoch M A. 2008. Spatial variation in plant interactions across a severity gradient in the sub-Antarctic. Oecologia, 155: 831-844.

Le Roux P C, McGeoch M A, Nyakatya M J, et al. 2005. Effects of a short-term climate change experiment on a sub-Antarctic keystone plant species. Global Change Biology, 11(10): 1628-1639.

Li R C, Luo T X, Tang Y H, et al. 2013. The altitudinal distribution center of a widespread cushion species is related to an optimum combination of temperature and precipitation in the central Tibetan Plateau. Journal of Arid Environment, 88(1): 70-77.

Li X J, Zhang X Z, Wu J S, et al. 2011. Root biomass distribution in alpine ecosystems of the northern Tibetan Plateau. Environmental Earth Sciences, 64(7): 1911-1919.

Luken J, Billings W, Peterson K. 1985. Succession and biomass allocation as controlled by *Sphagnum* in an Alaskan peatland. Canadian Journal of Botany, 63(9): 1500-1507.

Luo T X, Brown S, Pan Y, et al. 2005. Root biomass along subtropical to alpine gradients: Global implication from Tibetan transect studies. Forest Ecology and Management, 206(1): 349-363.

Ma W L, Shi P L, Li W H, et al. 2010. Changes in individual plant traits and biomass allocation in alpine meadow with elevation variation on the Qinghai-Tibetan Plateau. Science China-Life Sciences, 53(9): 1142-1151.

Mack M C, D'Antonio C M. 2003. Exotic grasses alter controls over soil nitrogen dynamics in a Hawaiian woodland. Ecological Applications, 13(1): 154-166.

Maestre F T, Callaway R M, Valladares F, et al. 2009. Refining the stress-gradient hypothesis for competition and facilitation in plant communities. Journal of Ecology, 97: 199-205.

McCarthy D P. 1992. Dating with cushion plants: Establishment of a Silene acaulis growth curve in the Canadian Rockies. Arctic and Alpine Research, 24(1): 50-55.

Mcintyre S, Lavorel S, Lsberg J, et al. 1999. Disturbance response in vegetation: Towards a global perspective on functional traits. Journal of Vegetation Science, 10(5): 621-630.

McKane R B, Johnson L C, Shaver G R, et al. 2002. Resource-based niches provide a basis for plant species diversity and dominance in arctic tundra. Nature, 415(6867): 68-71.

Meziane D B. 1999. Interacting determinants of specific leaf area in 22 herbaceous species: Effects of irradiance and nutrient availability. Plant, Cell and Environment, 22: 447-459.

Michalet R, Maalouf J P, Choler P, et al. 2015. Competition, facilitation and environmental severity shape the relationship between local and regional species richness in plant communities. Ecography, 38(4): 335-355.

Miller A E, Bowman W D. 2002. Variation in nitrogen-15 natural abundance and nitrogen uptake traits among co-occurring alpine species: Do species partition by nitrogen form? Oecologia, 130(4): 609-616.

Mokany K, Raison R, Prokushkin A S. 2006. Critical analysis of root: Shoot ratios in terrestrial biomes. Global Change Biology, 12(1): 84-96.

Molina-Montenegroa M A, Osesa R, Torres-Díazb C, et al. 2015. Fungal endophytes associated with roots of nurse cushion species have positive effects on native and invasive beneficiary plants in an alpine ecosystem. Perspective of Plant Ecology, Evolution and Systematics, 17: 218-226.

Nadelhoffer K, Shaver G, Fry B, et al. 1996. ^{15}N natural abundances and N use by tundra plants. Oecologia, 107(3): 386-394.

Nagy L, Grabherr G. 2009. The Biology of Alpine Habitats. Oxford: Oxford University Press.

Noordwijk M, Willigen P. 1987. Agricultural concepts of roots: From morphogenetic to functional equilibrium between root and shoot growth. Netherlands Journal of Agricultural Science, 35(4): 487-496.

Nunez C I, Aizen M A, Ezcurra C. 1999. Species associations and nurse plant effects in patches of high-Andean vegetation. Journal of Vegetation Science, 10(3): 357-364.

Olff H, van Andel J, Bakker J. 1990. Biomass and shoot/root allocation of five species from a grassland succession series at different combinations of light and nutrient supply. Functional Ecology, 4(2): 193-200.

Perelman S B, Burkart S E, Leon R J C. 2003. The role of a native tussock grass (*Paspalum quadrifarium* Lam.) in structuring plant communities in the flooding Pampa grasslands, Argentina. Biodiversity and Conservation, 12: 225-238.

Poorter H, Jong R D. 1999. A comparison of specific leaf area, chemical composition and leaf construction cost of field plants from 15 habitats differing in productivity. New Phytologist, 143(1): 163-176.

Pugnaire F I, Zhang L, Li R C, et al. 2015. No evidence of facilitation collapse in the Tibetan Plateau. Journal of Vegetation Science, 26(2): 233-242.

Reich P B, Bowman W D. 1999. Generality of leaf trait relationships: A test across six biomes. Ecology, 80(6): 1955-1969.

Reid A M, Lamarque L J, Lortie C J. 2015. A systematic review of the recent ecological literature on cushion plants: Champions of plant facilitation. Web Ecology, 15: 44-49.

Roy J, Albert C H, Choler P, et al. 2013. Microbes on the cliff: Alpine cushion plants structure bacterial and fungal communities. Frontier of Microbiology, 4: 64-68.

Shackleton C, McKenzie B, Granger J. 1988. Seasonal changes in root biomass, root/shoot ratios and turnover in two coastal grassland communities in Transkei. South African Journal of Plant, 54: 465-471.

Silvertown J. 2004. Plant coexistence and the niche. Trends in Ecology and Evolution, 19(11): 605-611.

Sindh E, Hansson A C, Andrén O, et al. 2000. Root dynamics in a semi-natural grassland in relation to atmospheric carbon dioxide enrichment, soil water and shoot biomass. Plant and Soil, 223: 255-265.

Sklenář P. 2009. Presence of cushion plants increases community diversity in the high equatorial Andes. Flora, 204(4): 270-277.

Snyman H A. 2009. Root studies on grass species in a semi-arid South Africa along a soil-water gradient. Agriculture Ecosystems and Environment, 131(3-4): 247-254.

Stearns S C. 1992. The Evolution of Life Histories. Oxford: Oxford University Press.

Steltzer H, Bowman W D. 1998. Differential influence of plant species on soil nitrogen transformations within moist meadow alpine tundra. Ecosystems, 1: 464-474.

Stevens T P. 1983. Reproduction in an upper elevation population of *Cnemidophorus inornatus* (Reptilia Teiidae). The Southwestern Naturalist, 28(1): 9-20.

Tilman D. 1982. Resource Competition and Community Structure. Princeton: Princeton University Press.

Tilman G D. 1984. Plant dominance along an experimental nutrient gradient. Ecology, 65: 1445-1453.

Tilman G D. 1987. Secondary succession and the pattern of plant dominance along experimental nitrogen gradients. Ecological Monographs, 57(3): 189-214.

Travis J M J, Brooker R W, Dytham C. 2005. The interplay of positive and negative species interactions across an environmental gradient: Insights from an individual-based simulation model. Biological Letters, 1: 5-8.

Vendramini F, Díaz S, Gurvich D E, et al. 2002. Leaf traits as indicators of resource-use strategy in floras with succulent species. New Phytologist, 154(1): 147-157.

Wang L, Niu K C, Yang Y H, et al. 2010. Patterns of above- and belowground biomass allocation in China's grasslands: Evidence from individual-level observations. Science China Life Sciences, 53(7): 851-857.

Weiner J. 2004. Allocation, plasticity and allometry in plants. Perspectives in Plant Ecology, Evolution and Systematics, 6(4): 207-215.

Weiner J, Fishman L. 1994. Competition and allometry in *Kochia scoparia*. Annals of Botany, 3: 263-271.

Wilby A. 2002. Ecosystem engineering: A trivialized concept? Trends in Ecological Evolution, 17: 307-317.

Wilson J B. 1988. A review of evidence on the control of shoot: Root ratio, in relation to models. Annals of Botany, 61(4): 433-446.

Wright J P, Jones C G. 2004. Predicting the effects of ecosystem engineers on patch-scale species richness from primary productivity. Ecology, 85(8): 2071-2081.

Wright J P, Jones C G. 2006. The concept of organisms as ecosystem engineers ten years on: Progress, limitations, and challenges. BioScience, 56(3): 203-209.

Wright J P, Jones C G, Boeken B, et al. 2006. Predictability of ecosystem engineering effects on species richness across environmental variability and spatial scales. Journal of Ecology, 94: 815-824.

Wright S D, Mcconnaughay K D M. 2002. Interpreting phenotypic plasticity: The importance of ontogeny. Plant Species Biology, 17: 119-131.

Xu X L, Ouyang H, Cao G M, et al. 2011a. Dominant plant species shift their nitrogen uptake patterns in response to nutrient enrichment caused by a fungal fairy in an alpine meadow. Plant Soil, 341(1): 495-504.

Xu X L, Ouyang H, Richter A, et al. 2011b. Spatio-temporal variations determine plant-microbe competition for inorganic nitrogen in an alpine meadow. Journal of Ecology, 99: 563-571.

Yang Y, Fang J, Ji C, et al. 2009a. Above- and belowground biomass allocation in Tibetan grasslands. Journal of Vegetation Science, 20(1): 177-184.

Yang Y H, Fang J Y, Ma W H, et al. 2009c. Large-scale pattern of biomass partitioning across China's grasslands. Global Ecology and Biogeography, 19(2): 268-277.

Yang Y H, Fang J Y, Pan Y D, et al. 2009b. Aboveground biomass in Tibetan grasslands. Journal of Arid Environments, 73(1): 91-95.

Yang Y, Niu Y, Cavieres L A, et al. 2010. Positive associations between the cushion plant *Arenaria polytrichoides* (Caryophyllaceae) and other alpine plant species increase with altitude in the Sino-Himalayas. Journal of Vegetation Science, 21(6): 1048-1057.

Zogg G P, Zak D R, Pregitzer K S, et al. 2000. Microbial immobilization and the retention of anthropogenic nitrate in a northern hardwood forest. Ecology, 81: 1858-1866.

Zoller H, Lenzin H. 2004. Survival and recruitment favored by safe site-strategy—the case of the high alpine, non-clonal cushions of *Eritrichium nanum* (Boraginaceae). Flora, 199(5): 398-408.

Zoller H, Lenzin H. 2006. Composed cushions and coexistence with neighbouring species promoting the persistence of *Eritrichium nanum* in high alpine vegetation. Botanica Helvetica, 116(1): 31-40.

第七章 青藏高原生态系统服务功能

第一节 青藏高原生态系统概况

青藏高原平均海拔在 4500m 以上，它巨大的高原陆面和复杂的地貌形态，导致高原及其周边地区形成了独特的高原大气环流体系以及丰富多样的气候条件，从而使高原具备独特的生态环境多样性和生态系统多样性。高原所处的中、低纬度特殊地理位置和巨大的海拔高差，导致高原自然环境具有经向、纬向和垂直方向的地带性分布规律，生态系统也有三个维度的分异规律。从高原东南边缘向西北方向，分布着热带季雨林、亚热带常绿阔叶林、山地针叶林和寒温带暗针叶林等多种森林生态系统，灌丛，以及典型草地、草甸草地、荒漠草地、高寒草甸、高寒草原等各种草地生态系统。

一、青藏高原生态系统构成及其空间分布

2010 年土地覆被数据显示，青藏高原总面积约为 $2.5×10^6 km^2$，其中，森林生态系统面积约为 $2.48×10^5 km^2$，占总面积的 10.17%；草地生态系统面积约为 $1.44×10^6 km^2$，占总面积的 59.20%；农田生态系统面积约为 $2.12×10^4 km^2$，占总面积的比例不到 1%；聚落面积为 1408km²，仅占总面积的 0.06%；湿地和水体面积约为 $1.30×10^5 km^2$，占总面积的 5.31%；荒漠生态系统面积约为 $5.95×10^5 km^2$，占总面积的 24.40%（表7-1）。

表 7-1　青藏高原不同生态系统面积及比例

一级类型	二级类型	面积（km²）	比例（%）
森林	常绿针叶林	99 218	4.07
	常绿阔叶林	9 269	0.38
	落叶针叶林	13 650	0.56
	落叶阔叶林	8 194	0.34
	针阔混交林	20 699	0.85
	灌丛	97 138	3.98
	小计	248 168	10.17
草地	草甸草地	86 825	3.56
	典型草地	41 611	1.71
	荒漠草地	220 966	9.05
	高寒草甸	632 560	25.92
	高寒草原	459 225	18.82
	灌丛草地	3 455	0.14
	小计	1 444 642	59.20

续表

一级类型	二级类型	面积（km^2）	比例（%）
农田	水田	498	0.02
	水浇地	8 617	0.35
	旱地	12 078	0.49
	小计	21 193	0.87
聚落	城镇建设用地	558	0.02
	农村聚落	850	0.03
	小计	1 408	0.06
湿地、水体	沼泽	21 041	0.86
	内陆水体	43 349	1.78
	河湖滩地	15 122	0.62
	冰雪	50 070	2.05
	小计	129 582	5.31
荒漠	裸岩	511 041	20.94
	裸地	38 262	1.57
	沙漠	46 017	1.89
	小计	595 320	24.40
合计		2 440 313	100

在森林生态系统中，常绿针叶林面积最大，约为 $9.92×10^4km^2$，占青藏高原总面积的比例略高于 4%；其次是灌丛，面积约为 $9.71×10^4km^2$，占青藏高原总面积的比例略低于 4%；常绿阔叶林、落叶针叶林、落叶阔叶林和针阔混交林的面积相对较小，占青藏高原总面积的比例都不到 1%（表 7-1）。

在草地生态系统中，高寒草甸面积最大，约为 $6.3×10^5km^2$，占青藏高原总面积的比例接近 26%；其次是高寒草原，面积约为 $4.59×10^5km^2$，占青藏高原总面积的比例不到 19%；荒漠草地次之，面积约为 $2.21×10^5km^2$，占青藏高原总面积的比例略高于 9%；草甸草地、典型草地和灌丛草地面积相对较小，占青藏高原总面积的比例相对较小（表 7-1）。

在农田生态系统中，旱地面积最大，约为 $1.21×10^4km^2$；其次是水浇地，面积为 $8617km^2$；水田面积最小，它们占青藏高原总面积的比例都非常低。在聚落中，农村聚落和城镇建设用地面积都非常小，占青藏高原总面积的比例微乎其微（表 7-1）。

在湿地和水体生态系统中，冰雪面积最大，约为 $5.01×10^4km^2$，占青藏高原总面积的比例略高于 2%；其次是内陆水体，面积约为 $4.33×10^4km^2$，占青藏高原总面积的比例不到 2%；沼泽和河湖滩地面积较小，占青藏高原总面积的比例也非常低（表 7-1）。

在荒漠生态系统中，裸岩面积最大，约为 $5.11×10^5km^2$，占青藏高原总面积的比例略低于 21%；裸地和沙漠的面积相对较小，占青藏高原总面积的比例都不到 2%（表 7-1）。

可见，青藏高原最重要的一级生态系统类型是草地生态系统。森林生态系统中的常绿针叶林、草地生态系统中的高寒草甸、农田生态系统中的旱地、湿地和水体生态系统中的冰雪以及荒漠生态系统中的裸岩是青藏高原比较重要的二级生态系统类型。

从空间分布格局来看，森林生态系统主要分布在青藏高原东南区域，常绿阔叶林、落叶阔叶林、落叶针叶林和针阔混交林分布在热量条件相对较好的东南缘海拔相对较低的区域，常绿针叶林分布在东南部的西藏林芝、昌都，四川甘孜、阿坝和都江堰等区域海拔较高的地区。高寒草原和荒漠草地分布在高原西部的广大地区，高寒草甸主要分布在高原西南部和中部的广大地区，草甸草地主要分布在四川阿坝以及青海湖周边地区，典型草地分布在高原南部海拔较低的区域以及东北部青海湖南侧区域。旱地、水浇地和水田主要分布在西藏日喀则和山南地区、高原东南缘地区以及东北部青海湖东南侧区域。城镇建设用地和农村聚落零星分布在高原南部和东部海拔相对较低的区域。青藏高原水体和湿地分布较多，冰雪主要分布在西北部和西南部海拔较高的区域，内陆水体包括湖泊和河流主要分布在西部羌塘高原及东北部的青海湖地区，沼泽主要分布在青海果洛的三江源区域和甘肃甘南的黄河水源补给区。裸岩和裸地主要分布在北部和西北部的昆仑山、阿尔金山、祁连山的高海拔区域，以及南部唐古拉山和喜马拉雅山脉高海拔区域，沙漠主要分布在青海西北部的柴达木盆地戈壁沙漠。

二、青藏高原生态系统生物量及其空间分布

2010 年模拟结果显示，青藏高原生态系统生物量总量约为 2.77×10^9t，其中，森林生态系统生物量约为 1.50×10^9t，约占高原生物量的 54%；草地生态系统生物量约为 6.48×10^8t，约占高原生物量的 23%；农田生态系统生物量约为 4.94×10^7t，占高原生物量的比例不到 2%；湿地和水体生态系统生物量约为 3.46×10^8t，约占高原生物量的 12%；荒漠生态系统生物量约为 2.30×10^8t，约占高原生物量的 8%（表 7-2）。

表 7-2　青藏高原不同生态系统生物量密度、总生物量及比例

一级类型	二级类型	生物量密度（t/hm²）	总生物量（×10⁶t）	比例（%）
森林	常绿针叶林	82.82	820.01	29.57
	常绿阔叶林	110.04	103.08	3.72
	落叶针叶林	46.12	63.03	2.27
	落叶阔叶林	59.19	48.67	1.76
	针阔混交林	119.05	247.70	8.93
	灌丛	22.18	214.11	7.72
	小计	—	1496.60	53.97
草地	草甸草地	15.67	136.42	4.92
	典型草地	11.06	46.81	1.69
	荒漠草地	2.17	48.31	1.74
	高寒草甸	5.12	325.45	11.74
	高寒草原	1.69	78.04	2.81
	灌丛草地	38.41	13.37	0.48
	小计	—	648.40	23.38
农田	水田	34.64	1.83	0.07
	水浇地	16.18	13.78	0.50
	旱地	27.95	33.83	1.22
	小计	—	49.44	1.78

续表

一级类型	二级类型	生物量密度（t/hm²）	总生物量（×10⁶t）	比例（%）
聚落	城镇建设用地	19.82	1.19	0.04
	农村聚落	14.47	1.24	0.04
	小计	—	2.43	0.09
湿地、水体	沼泽	21.19	44.13	1.59
	内陆水体	32.61	139.44	5.03
	河湖滩地	17.57	26.23	0.95
	冰雪	27.60	136.61	4.93
	小计	—	346.41	12.49
荒漠	裸岩	4.08	206.64	7.45
	裸地	4.28	16.08	0.58
	沙漠	1.55	7.07	0.25
	小计	—	229.79	8.29
合计		—	2773.07	100

　　在森林生态系统中，常绿针叶林生物量最高，约为 $8.20×10^8t$，占高原生物量的比例接近30%；其次是针阔混交林，其生物量约为 $2.48×10^8t$，占高原生物量的比例接近9%；灌丛生物量次之，约为 $2.14×10^8t$，占高原生物量的比例接近8%；常绿阔叶林、落叶针叶林和落叶阔叶林生物量相对较低，占高原生物量的比例都在4%以下（表7-2）。

　　在草地生态系统中，高寒草甸生物量最高，约为 $3.25×10^8t$，占高原生物量的比例接近12%；其次是草甸草地，生物量约为 $1.36×10^8t$，占高原生物量的比例接近5%；高寒草原次之，生物量约为 $7.80×10^7t$，占高原生物量的比例接近3%；典型草地、荒漠草地和灌丛草地的生物量相对较低，占高原生物量的比例都在2%以下（表7-2）。

　　在农田生态系统中，旱地生物量最高，约为 $3.38×10^7t$，占高原生物量的比例略高于1%；水浇地和水田的生物量都比较低，在高原生物量中的比例在0.5%及以下（表7-2）。

　　在湿地和水体生态系统中，内陆水体生物量最高，约为 $1.39×10^8t$，占高原生物量的比例略高于5%；其次是冰雪，生物量约为 $1.37×10^8t$，占高原生物量的比例接近5%；沼泽和河湖滩地的生物量都比较低，占高原生物量的比例都在2%以下（表7-2）。

　　在荒漠生态系统中，裸岩生物量最高，约为 $2.07×10^8t$，约占高原生物量的7%；裸地和沙漠生物量都非常低，占高原生物量的比例在1%以下（表7-2）。

　　森林生态系统单位面积生物量（生物量密度）相对较高，其中生物量密度最高的是针阔混交林，为 $119.05t/hm^2$；其次是常绿阔叶林，其生物量密度为 $110.04t/hm^2$；常绿针叶林次之，为 $82.82t/hm^2$；落叶针叶林、落叶阔叶林和灌丛的生物量密度都较低。草地生态系统生物量密度整体都较低，但灌丛草地生物量密度相对较高，为 $38.41t/hm^2$；其次是草甸草地和典型草地，其生物量密度都超过了 $10t/hm^2$；荒漠草地、高寒草甸和高寒草原的生物量密度都在 $6t/hm^2$ 以下。农田生态系统的生物量密度在 $10\sim35t/hm^2$，其中水田相对较高，而水浇地相对较低。城镇建设用地和农村聚落的生物量密度也大体在 $14\sim20t/hm^2$，其中城镇建设用地相对较高，而农村聚落相对较低。湿地和水体生态系统的生物量密度在 17～33t/hm²，其中内陆水体生物量密度相对较高，而沼泽、河湖滩地和冰雪相对较低。荒漠生态系统生物量密度较低，在 1.5～4.5t/hm²，其中裸地和裸岩相对较高，而沙漠较低（表7-2）。

从空间分布格局来看，生物量密度较高的区域主要分布在东南部和东北部，因为东南部地区的森林分布较多，森林生物量密度明显高于其他生态系统类型，而东北部地区分布着草甸草地和典型草地，其生物量密度也高于一般的草地。高原北部区域荒漠分布较多，生物量密度相对较低。

第二节　森林生态系统服务及其价值

青藏高原森林植被类型多样，几乎包括从寒温带针叶林到热带雨林的所有类型。青藏高原林地均属于高海拔亚高山森林，主要包括横断山区、喜马拉雅山脉南坡、雅鲁藏布江大拐弯等地的林区，森林蓄积量占全国的 1/3。森林生态系统是青藏高原生态屏障的重要组成部分，提供了多种生态系统服务功能，因此，研究青藏高原森林生态系统及其服务具有重要意义。

近十多年来，对青藏高原森林生态系统服务的研究主要从两个方面展开，一是对森林生态系统服务功能进行综合评估；二是对单项生态系统服务功能进行评估。

一、高原尺度森林生态系统服务功能评价

森林生态系统服务包括诸如碳蓄积、水源涵养、水土保持、维持生物多样性、净化空气等多种服务功能。总体来看，对青藏高原生态系统服务的研究相对薄弱。已有的森林生态系统服务综合研究主要在空间尺度上有差异。

谢高地等（2003a）在青藏高原尺度上开展了生态系统服务研究，并对青藏高原不同生态系统的九类生态系统服务功能包括气体调节、气候调节、水源涵养、土壤形成与保护、废物处理、生物多样性维持、食物生产、原材料生产以及休闲娱乐进行价值评估。评估结果表明，尽管森林生态系统占青藏高原总面积的比例大约为 8.6%，但对青藏高原生态系统总服务价值的贡献率高达 31.7%。鲁春霞等（2004a）通过对青藏高原生态系统服务价值的评估，指出森林生态系统固定纯碳量约为 1.06 亿 t/a（表7-3），水源涵养量为 613.19 亿 m³（表7-4），占高原生态系统涵养总量的 23.39%。

表 7-3　青藏高原森林生态系统生物量和固碳量

类型	面积（km²）	生物量（×10⁶t）	总固碳量（×10⁶t）	生物生产量[×10⁶t/(hm²·a)]	固定 CO₂ 量（×10⁶t/a）	折合纯碳量（×10⁶t/a）
温带山地常绿针叶林	4 101.51	95.09	42.79	1.59	2.59	0.71
亚热带、热带常绿针叶林	26 980.47	984.81	443.17	51.23	83.50	22.79
亚热带、热带山地常绿针叶林	136 599.92	6 988.73	3 144.93	105.66	172.23	47.00
温带、亚热带落叶阔叶林	49.59	1.47	0.66	0.04	0.06	0.02
温带、亚热带山地落叶阔叶林	924.78	13.99	6.30	0.39	0.64	0.18
亚热带石灰岩落叶阔叶树-常绿阔叶树混交林	24 697.74	518.65	233.39	46.48	75.76	20.67

续表

类型	面积 （km²）	生物量 （×10⁶t）	总固碳量 （×10⁶t）	生物生产量 [×10⁶t/(hm²·a)]	固定CO₂量 （×10⁶t/a）	折合纯碳 量（×10⁶t/a）
亚热带常绿阔叶林	4 003.94	95.53	43.00	7.86	12.81	3.50
热带雨林性常绿阔叶林	6 088.66	135.39	60.92	11.78	19.20	5.24
亚热带硬叶常绿阔叶林	14 058.44	333.24	149.96	13.42	21.87	5.97
热带常绿阔叶林及次生植被	318.50	2.56	1.15	0.55	0.89	0.24
合计/平均	217 823.55	9 169.46	4 126.27	23.90	38.96	10.63

注：表中不同森林植被类型面积主要依据中国科学院植物研究所编制的 1∶1 000 000 植被图数据进行统计

表 7-4　青藏高原森林生态系统年水源涵养量及其经济价值

生态系统类型	面积（km²）	降水量（mm）	径流系数	水源涵养量（亿 m³）	经济价值（亿元）
针叶林	167 681.90	600	0.45	452.74	303.34
阔叶林	50 141.65	800	0.40	160.45	107.50
合计	217 823.55			613.19	410.84

研究同时对青藏高原针叶林和阔叶林的净化功能进行了量化评估。植物可以吸收 SO_2、HF、Cl_2 等有害气体，其中 SO_2 是危害人类的主要有毒气体。因此，这里主要估算植被净化 SO_2 的功能。植物对 SO_2 吸收净化的机理主要包括两部分，第一，植物表面因附着粉尘固体污染物而吸收一部分 SO_2；第二，植物体吸收的 SO_2 被转化或排出植物体。通过对我国不同森林类型吸收 SO_2 的能力进行估算，得到的青藏高原针叶林和阔叶林吸收 SO_2 总量为 $4.06×10^6$t/a，削减 SO_2 的成本为 600 元/t，则高原森林能够吸纳 SO_2 所产生的经济总价值达 24.36 亿元/a。粉尘是大气污染的主要物质，它不仅会损害人体健康，对农作物也会产生不利影响，森林生态系统具有阻滞、过滤、吸附粉尘、净化空气的功能。我国针叶林和阔叶林的滞尘能力分别为 33.2t/(hm²·a)和 10.11t/(hm²·a)，而削减粉尘的成本为 170 元/t，由此计算的青藏高原森林生态系统滞尘经济价值为 231.03 亿元/a（表 7-5）。

表 7-5　青藏高原森林生态系统年吸收 SO_2 量、滞尘能力及其经济价值

生态系统类型	面积（km²）	吸收 SO_2 量（×10⁶t/a）	经济价值（亿元/a）	滞尘能力（×10⁶t/a）	经济价值（亿元/a）
针叶林	167 681.90	3.61	21.66	72.40	123.08
阔叶林	50 141.65	0.45	2.70	63.50	107.95
合计	217 823.55	4.06	24.36	135.90	231.03

二、典型区域森林生态系统服务价值研究

典型区主要是具有重要生态功能的区域。青藏高原典型区森林生态系统服务及其价值研究主要集中在自然保护区或天然林区。

贡嘎山地区位于青藏高原的东缘，境内 5000m 以上的极高山区面积占全区面积的 1/6，海拔 6000m 以上山峰多达 45 座，因而，贡嘎山地区是我国亚热带自然垂直生态系统最典型、保存最完好的区域，植被以亚高山暗针叶林为主。关文彬等（2002）应用市

场价值、影子价格、机会成本等方法，首次评价了贡嘎山地区涵养水源、保护土壤、固定二氧化碳、净化空气等森林生态系统服务功能的生态经济价值。贡嘎山地区森林生态系统多年平均涵养水源能力为 1108.89mm/(hm^2·a)，涵养水源总量 105.996 亿 m^3/a。生态价值计算结果表明，贡嘎山地区涵养水源价值为 71.0175 亿元/a，保持土壤减少侵蚀价值为 2.1657 亿元/a，固定 CO$_2$ 减轻温室效应的价值为 4.2614 亿元/a，净化空气的价值为 107.0332 亿元/a，4 项合计的价值平均每年为 184.4778 亿元。

林芝地区是我国第三大林区和最大的原始林区，有林地面积 264 万 hm^2，森林覆盖率 46.1%。森林蓄积量 8.82 亿 m^3，占西藏自治区森林蓄积量的 42.3%，占全国的 7.5%。植被类型主要有高山稀疏垫状植被，以云杉、冷杉为主的暗针叶林，以高山松、云南松为主的亮针叶林，以川滇高山栎为主的常绿硬阔叶林，以杨、桦为主的落叶阔叶林等。苏迅帆等（2008）根据西藏林芝地区森林生态系统的特点，构建了青藏高原森林生态系统服务价值评估的指标体系，直接价值部分包括对林木、林副产品以及生态旅游价值的估算。间接价值部分包括对涵养水源、固碳释氧、营养物质循环、净化空气、水土保持和维持生物多样性价值的估算。

白马雪山国家级自然保护区（以下简称白马雪山保护区）处于青藏高原东南缘。行政上属于云南省西北部迪庆藏族自治州德钦县和维西傈僳族自治县。白马雪山保护区处于低纬度高海拔地带，为寒温带山地季风气候，干湿季明显，雨量少而集中，气候随海拔的升高而变化，形成河谷温暖干燥、山地严寒的特点，自然景观垂直带谱十分明显。陈龙等（2011）采用第七次森林资源二类调查成果，对白马雪山保护区森林生态系统的生物量与生产力、水源涵养、营养物质循环等 3 项服务的功能量进行了评估。结果表明，白马雪山保护区森林生态系统总生物量和总生产力分别为 2215.84×10^{4}t 和 171.84×10^{4}t/a，其中针叶林的生物量和生产力分别占总量的 90.23% 和 83.73%，占据绝对优势（表 7-6）。白马雪山保护区的平均生物量不仅高出全国平均水平 2 倍之多，也高出云南省近 30%；平均生产力也比全国平均水平和云南省均高出 20%。这与白马雪山保护区森林生态系统含有大量高生物量、高生产力的冷杉林和云杉林有关。

表 7-6 白马雪山保护区森林生物量与生产力

森林类型	面积 (hm^2)	蓄积 (×10^{4}m^3)	平均生产力 [t/(hm^2·a)]	总生产力 (×10^{4}t/a)	平均生物量 (t/hm^2)	总生物量 (×10^{4}t)	生物量占比 (%)
云杉林	9 430	224	11.28	10.64	157.76	148.77	6.71
冷杉林	74 247	2 313	11.28	83.75	192.11	1 426.36	64.37
大果红杉林	350	3	12.74	0.45	86.06	3.01	0.14
柏类林	150	0	3.23	0.05	46.15	0.69	0.03
华山松林	146	0	8.82	0.13	18.74	0.27	0.01
高山松林	23 218	266	11.74	27.26	92.45	214.64	9.69
云南松林	16 724	264	8.82	14.74	81.57	136.41	6.16
栎类林	5 763	86	8.85	5.10	179.46	103.42	4.67
山杨林	1 067	9	10.43	1.11	70.70	7.54	0.34

续表

森林类型	面积 （hm²）	蓄积 （×10⁴m³）	平均生产力 [t/(hm²·a)]	总生产力 （×10⁴t/a）	平均生物量 （t/hm²）	总生物量 （×10⁴t）	生物量占比 （%）
桦木林	366	7	8.85	0.32	214.63	7.86	0.35
梖木	26	0	14.54	0.04	8.31	0.02	0.00
铁杉	4 852	118	14.16	6.87	142.45	69.12	3.12
其他阔叶林	5 722	73	37.36	21.38	170.80	97.73	4.41
白马雪山保护区	142 061	3 363	12.10	171.84	155.98	2 215.84	100

白马雪山保护区各类森林综合蓄水能力为 78.12mm，其中林冠层、枯落物层和土壤层蓄水能力分别为 0.97mm、5.20mm 和 71.94mm（表 7-7）。估算结果与其他保护区相比偏低（蒋运生等，2004；黄承标等，2009；赵军等，2009），这与森林类型的结构以及土壤结构的差异有关。虽然如此，保护区的森林总蓄水量仍达到 11 964.55×10⁴m³，几乎相当于 120 座库容为 100 万 m³ 小型水库的总储水量，而这一数值仅是 3 个水文层次对一次降雨的蓄水理论值。森林涵养水源的功能是在不断地吸收和输出过程中产生的，其蓄水和补水的作用是动态的而不是静态的（蒋运生等，2004），而白马雪山保护区地处澜沧江和长江上游，一旦森林生态系统遭到破坏，可能引起干旱、水土流失、泥石流和山体滑坡等自然灾害。因此，对森林生态系统的保护对于该区域而言具有重要的生态意义。

表 7-7　白马雪山保护区森林水源涵养量

森林类型	林冠截留		枯落物截留		土壤持水		水源涵养		
	能力 （mm）	总量 （×10⁴m³）	能力 （mm）	总量 （×10⁴m³）	能力 （mm）	总量 （×10⁴m³）	能力 （mm）	总量 （×10⁴m³）	水源涵养总量占比（%）
云杉林	1.43	13.48	8.87	83.64	73.38	691.97	83.68	789.10	6.60
冷杉林	1.40	103.95	7.51	557.59	86.72	6 438.70	95.63	7 100.24	59.34
大果红杉林	1.23	0.43	3.35	1.17	50.28	17.60	54.86	19.20	0.16
柏类林	0.74	0.11	1.72	0.26	69.90	10.49	72.36	10.85	0.09
华山松林	0.86	0.13	5.03	0.73	60.98	8.90	66.87	9.76	0.08
高山松林	0.86	19.97	5.03	116.79	60.98	1 415.83	66.87	1 552.59	12.98
云南松林	0.53	8.86	3.95	66.06	53.47	894.23	57.95	969.16	8.10
栎类林	0.75	4.32	4.08	23.51	70.34	405.37	75.17	433.20	3.62
山杨林	0.85	0.91	4.96	5.29	69.01	73.63	74.82	79.83	0.67
桦木林	1.06	0.39	7.98	2.92	79.80	29.21	88.84	32.52	0.27
梖木	0.94	0.02	3.34	0.09	91.91	2.39	96.19	2.50	0.02
铁杉	1.06	5.14	7.98	38.72	79.80	387.19	88.84	431.05	3.60
其他阔叶林	0.89	5.09	3.82	21.86	88.71	507.60	93.42	534.55	4.47
白马雪山保护区	0.97	162.80	5.20	918.63	71.94	10 883.11	78.12	11 964.55	100

白马雪山保护区森林对 N、P、K 的吸收总量分别为 26 025.93t/a、2638.57t/a 和 12 016.85t/a（表 7-8）。营养物质循环属于支持服务，影响着气体调节、气候调节和水分调节等其他服务，目前采用生态系统对 N、P、K 三种营养元素的年吸收量来表述，而实际上其他痕量元素也是维持生命所必需的元素，甚至是生物生长发育的限制因子，因此该项服务显然被低估了。

表 7-8 白马雪山保护区森林 N、P、K 含量和吸收量及占比

森林类型	N			P			K		
	含量(%)	吸收量(t/a)	占比(%)	含量(%)	吸收量(t/a)	占比(%)	含量(%)	吸收量(t/a)	占比(%)
云杉林	1.69	1 797.66	6.91	0.232	246.78	9.35	1.009	1 073.28	8.93
冷杉林	1.7	14 237.60	54.71	0.15	1 256.26	47.61	0.55	4 606.28	38.33
大果红杉林	2	89.21	0.34	0.1	4.46	0.17	0.75	33.46	0.28
柏类林	0.92	4.45	0.02	0.06	0.29	0.01	0.47	2.27	0.02
华山松林	2.11	27.16	0.10	0.129	1.66	0.06	0.627	8.07	0.07
高山松林	1	2 726.26	10.48	0.066	179.93	6.82	0.618	1 684.83	14.02
云南松林	1.18	1 739.85	6.69	0.024	35.39	1.34	0.483	712.16	5.93
栎类林	1.22	622.23	2.39	0.644	328.46	12.45	1.602	817.06	6.80
山杨林	1.98	220.35	0.85	0.142	15.80	0.60	1.5	166.93	1.39
桦木林	2.4	77.74	0.30	0.06	1.94	0.07	1.421	46.03	0.38
桤木	1.62	6.12	0.02	0.06	0.23	0.01	0.339	1.28	0.01
铁杉	0.9	618.43	2.38	0.121	83.14	3.15	0.388	266.61	2.22
其他阔叶林	1.805	3 858.87	14.83	0.227	484.23	18.35	1.216	2 598.59	21.62
白马雪山保护区	—	26 025.93	100	—	2 638.57	100	—	12 016.85	100

三、森林水源涵养功能研究

青藏高原林地主要分布在河流的上游地区，其水源涵养功能成为许多研究的焦点。长江上游森林的水源涵养功能受到广泛的重视。在对长江上游地区林地水源涵养功能的研究中，邓坤枚等（2002）根据上游地区自然地理环境条件的差别，划分了暗针叶林、其他针叶林、阔叶林、经济林、竹林、灌木林 6 个森林生态系统类型区域，并利用年降雨量、林冠截留量数据以及影子价格等方法，计量和评述了该地区森林生态系统的水源涵养效益。其中青藏高原部分主要划分为江源草甸区和高山峡谷区，其林地类型以暗针叶林、云南松林以及灌木林为主。结果表明，长江上游地区森林生态系统的年水资源涵养量为 1288.5 亿 m^3，主要集中在高山峡谷森林区，即青藏高原的森林生态区涵养水源的经济价值约为 431.6 亿元/a，占总经济价值的 35%左右。

王景升等（2005）采用典型样地实测的方法，对林芝地区色季拉山的林芝云杉、高山松、方枝柏等 6 种不同森林类型土壤的水文生态功能进行了初步研究。对林芝地区不同森林类型凋落物总厚度的调查测定表明，林芝云杉凋落物总厚度最大，达到 8.55cm；川滇高山栎林总厚度最小，只有 2.52cm；其他类型林分凋落物总厚度介于林芝云杉和川滇高山栎之间。凋落物的持水量以高山松林最高，为 82.26t/hm^2，川滇高山栎林最低，仅为 10.81t/hm^2。林芝地区主要林分中林芝云杉的未分解层（A 层）、半分解层（B 层）、已分解层（C 层）最大持水量最大，分别为 52.44t/hm^2、54.50t/hm^2、63.00t/hm^2，未分解层川滇高山栎林最低，为 5.82t/hm^2；半分解层糙皮桦最低，为 9.52t/hm^2，已分解层西藏箭竹最低，为 5.78t/hm^2。方枝柏土壤容重最小，为 0.50g/cm^3，土层最薄（0.70m），但总孔隙度和最大持水量最大。森林土壤蓄水能力大小排序为方枝柏（7987.00t/hm^2）

＞林芝云杉（7291.00t/hm²）＞糙皮桦（6992.00t/hm²）＞川滇高山栎（6347.00t/hm²）＞高山松（5980.00t/hm²）＞西藏箭竹（4696.50t/hm²）。土壤渗透性高山松林最好，林芝云杉最弱；川滇高山栎、方枝柏林 A 层渗透速度远远大于 B 层、C 层；糙皮桦和西藏箭竹林 B 层、C 层渗透速度相差不大，但都稍低于 A 层。

水源涵养量的一般计算方法有土壤蓄水能力法、综合蓄水能力法、水量平衡法和年径流量法等（张彪等，2009）。其中综合蓄水能力法综合考虑了林冠层截留量、枯落物持水量和土壤层蓄水量（郎奎建等，2000）。林冠层截留量可以通过截留率与降水量计算；枯落物持水量通过凋落物存量与最大（或有效）持水能力计算；土壤层蓄水量通过土壤非毛管孔隙度和土壤厚度计算。这种方法全面考虑了森林 3 个作用层对降水的拦蓄作用。

陈龙等（2011）在计算白马雪山保护区森林水源涵养量时，参考了邻近区域的研究成果（郭立群等，1999；石培礼等，2004），分别计算出不同森林类型 3 个作用层的蓄水能力，采用综合蓄水能力法对白马雪山保护区水源涵养总量进行初步估算。其计算公式为

$$Q = 10 \times \sum_{i=1}^{n} A_i \left(P_{1i} + P_{2i} + P_{3i} \right) \tag{7-1}$$

式中，Q 为水源涵养总量（m³）；A_i 为 i 树种的总面积（hm²）；P_{1i} 为 i 树种林冠层截留能力（mm）；P_{2i} 为 i 树种枯落物层持水能力（mm）；P_{3i} 为 i 树种土壤层持水能力（mm）；10 为单位换算系数。

森林水源涵养功能价值主要采用水的影子价格乘以涵养水源总量来计算（关文彬等，2002）。水的影子价格获得方法有 6 种：①根据水库的蓄水成本确定；②根据供用水的价格确定；③根据电能生产成本确定；④根据级差地租确定；⑤根据区域水源运费确定；⑥根据海水淡化费确定。一般较为常用的方法是前两种。

四、森林土壤保持功能研究

森林具有保护土地资源、减少土地资源损失、防止泥沙滞留和淤积、保育土壤肥力、减少风沙灾害和土壤侵蚀的功能。

肖玉等（2003）在地理信息系统（geographic information system，GIS）手段支持下，运用通用土壤流失方程（universal soil loss equation，USLE）研究了青藏高原生态系统土壤保持功能，并评价了其经济价值。运用通用土壤流失方程来估算青藏高原潜在土壤侵蚀量和现实土壤侵蚀量，两者之差即为青藏高原生态系统土壤保持量。

潜在土壤侵蚀量指生态系统在没有植被覆盖和水土保持措施情况下的土壤侵蚀量。在通用土壤流失方程中不考虑地表覆盖因素和水土保持因素，即 $C=1$，$P=1$，此时通用土壤流失方程为

$$\mathrm{Ap} = R \cdot K \cdot \mathrm{LS} \tag{7-2}$$

现实土壤侵蚀量考虑地表覆盖和水土保持因素，通用土壤流失公式为

$$\mathrm{Ar} = R \cdot K \cdot \mathrm{LS} \cdot C \cdot P \tag{7-3}$$

由式（7-2）和式（7-3）可以计算土壤保持量：

$$Ac=Ap-Ar \tag{7-4}$$

式中，Ap 为单位面积潜在土壤侵蚀量 $[t/(hm^2 \cdot a)]$；Ar 为单位面积现实土壤侵蚀量 $[t/(hm^2 \cdot a)]$；Ac 为单位面积土壤保持量 $[t/(hm^2 \cdot a)]$；R 为降雨侵蚀力指标；K 为土壤可蚀性因子；LS 为坡长坡度因子；C 为地表植被覆盖因子；P 为土壤保持措施因子。

在土壤保持功能的价值估算方面，一般运用市场价值法、机会成本法和影子工程法从减少土地废弃、减轻泥沙淤积灾害和保护土壤肥力 3 个方面来评价生态系统土壤保持的经济效益。

肖玉等（2003）对青藏高原森林生态系统土壤保持功能的计算结果表明，高原林地土壤保持功能大约为 19 682 万 t/a，保持土壤养分量为 19 214 万 t/a，产生的生态系统服务价值为 31 081 万元/a。其中，土壤保持总量最高的前三位是亚热带石灰岩落叶阔叶-常绿阔叶混交林（4870 万 t/a）、亚热带热带常绿针叶林（4705 万 t/a）、亚热带硬叶常绿阔叶林（3547 万 t/a）。而温带亚热带落叶阔叶林土壤保持量在森林生态系统中最低，只有 3 万 t/a。生态系统土壤保持量取决于单位土壤保持功能和生态系统面积。

人类活动会导致生态系统功能的减弱。莽错湖流域位于青藏高原东南部，横断山脉中部，地处澜沧江与金沙江之间分水岭（芒康山）的东侧，属金沙江流域。行政区划上，莽错湖流域属于西藏自治区昌都市芒康县。肖玉等（2003）对西藏莽错湖流域 1990 年和 2000 年的生态系统服务变化的研究表明，由于砍伐薪柴、毁林造地，2000 年莽错湖流域森林生态系统服务价值比 1990 年有所下降。林地面积减少对流域生物多样性维持功能、气体调节功能、侵蚀控制功能以及营养物质循环功能等都有不同程度的影响。

第三节　草地生态系统服务及其价值

一、草地生态系统服务研究现状

（一）草地生态系统服务功能的内涵

青藏高原天然草地面积达 12 834.9 万 hm^2，是中国天然草地分布面积最大的地区，占中国草地面积的 1/3，其中，可利用面积 11 187.5 万 hm^2。而且草地类型多样，其中，高寒草甸和高寒草原分别占全区草地面积的 45.4%和 29.1%。青藏高原草地占全区总面积的 59%，是高原最大的生态系统，因而草地对维护高原的生态功能具有无法替代的作用。

随着生态系统服务功能研究成为草地生态学研究的热点领域，研究者对高寒草地生态系统服务功能的内涵进行了探讨和界定。高寒草地生态系统不仅是发展地区畜牧业、提高农牧民生活水平的重要生产资料，而且对于保护生物多样性、保持水土和维护生态平衡有着重大的生态作用和生态价值，鉴于此，谢高地等（2003b）借鉴 Costanza 等（1997）对全球生态资产评估的理论与方法，把青藏高原高寒草地生态系统服务功能划分为气体调节、气候调节、干扰调节、水调节和供应、侵蚀控制、土壤形成、营养循环、废物处理、授粉、生物控制、栖息地、食物生产、原材料、基因资源、娱乐文化共 15 项，进行高寒草地生态系统服务价值评估。

鲁春霞等（2004a）认为青藏高原高寒草地生态系统在维持全球 CO_2/O_2 平衡、吸收温室气体、调控下游水资源量、控制水土流失和减少大风扬沙方面具有重要作用，是全球重要的生物物种基因库和生物多样性保护的重要区域。

刘兴元等（2011）指出高寒草地生态系统的本质特征主要表现为保护生态环境、生产草畜产品和维持牧民生活的功能，即"三生"功能，并对高寒草地的生态功能、生产功能和生活功能进行了较为系统的阐述。①生态功能是对草地生态属性的具体反映，草地生态功能包括气候调节、养分循环与贮存、固定 CO_2、释放 O_2、消减 SO_2、水源涵养、土壤形成、侵蚀控制、废物处理、滞留沙尘和生物多样性维持等方面，这些功能是草地生态系统所固有的难以商品化的功能，具有公益性，可用直接或间接经济价值评估。②生产功能是为生命系统提供各种消费资源，是其生产属性的具体反映，主要包括家畜生产、草产品和药用植物等，这些功能是可以商品化的功能，表现为直接经济价值，对支撑高原特色畜牧业发展具有重要作用。③生活功能主要包括经济保障、文化传承和休闲旅游等功能。这些功能有些是可以商品化的功能，表现为直接经济价值；有些是不能量化的，表现为间接经济价值。

（二）草地生态系统服务功能及其价值评估

迄今为止，对高寒草地生态系统服务功能及其价值的评估主要集中在以下几个方面。

1. 高寒草地生态系统服务功能价值量的评估

受 Costanza 等（1997）对全球生态资产价值评估的成果影响，早期青藏高原高寒草地生态系统服务功能研究主要以生态系统服务价值评估为目标。谢高地等（2003b）根据各类高寒草地生态系统生物量订正了基于当量因子估算的生态价值。肖玉等（2003）和鲁春霞等（2004a）分别评估了高寒草地的土壤保持功能、调节大气成分的功能以及涵养水源功能的生态价值。鲁春霞等（2006）和于格等（2007）以土壤侵蚀率和土壤水分为指标，利用风洞模拟青藏高原高寒草甸和高寒草原的土壤保持功能，并根据设计的情景估算不同草地类型单位面积的土壤保持量及其经济价值。于格等（2006，2007）基于遥感（remote sensing，RS）和 GIS 手段，对高寒草地水土保持生态系统服务价值的动态变化进行了评估。Lai 等（2013）对生态工程实施前后的三江源区草地生态系统服务价值（包括水分调节、空气质量调节、气候调节和土壤保持价值）进行了评估和对比分析，揭示了生态工程对三江源区生态功能的影响。

2. 高寒草地生态系统服务功能物理量的评估

近年来，对高寒草地生态系统服务功能研究的关注点从价值评估转向物理量评估。水源涵养功能是高寒草地的关键生态系统服务功能之一，因而不少学者采用不同的方法对高寒草地水源涵养功能开展了研究。刘兴元等（2011）基于草地生态系统空间异质性，以径流系数和水量平衡为基础估算藏北高寒草地生态系统的水源涵养量；朱文泉等

（2011）应用水量平衡法评估藏西北地区植被的涵养水源功能；鲁春霞等（2007）以降水量与径流系数的乘积表示单位面积的水源涵养量，估算了青藏高原生态系统水源涵养量。此外，也有一些学者应用其他方法对水源涵养功能进行了评估，如蓄水能力法（李双权等，2011）。聂忆黄等（2010）通过降雨和遥感蒸散发的差值来进行量化，研究了1982~2003年青藏高原水源涵养量的变化。潘韬等（2013）采用 InVEST 模型进行了三江源地区水源涵养量的研究。尹云鹤等（2013）基于 SRES A2 和 B2 情景下区域气候模式的气候情景数据，采用改进的伦德-波茨坦-耶拿（Lund-Potsdam-Jena，LPJ）动态植被模型，模拟了青藏高原长江源区、黄河源区、澜沧江源区以及若尔盖区 1981~2100 年水源涵养功能对气候变化的响应。结果表明，未来 SRES 情景下，研究区总体的水源涵养功能在近期以增强为主，主要受降水量增加的影响；未来中期和远期水源涵养功能受水分实际蒸散增加的影响而减弱的可能性更大，并且随着增温幅度增加，减弱程度加强。

二、草地生态系统服务价值及其空间格局

（一）草地生态系统服务价值评估方法构建

谢高地等（2003b）对青藏高原草地生态系统服务价值进行了综合评估。研究根据 1:1 000 000 中国天然草地资源图，将青藏高原草地生态系统一级类型区分为温性草甸草原类、温性草原类等 17 类，对气体调节、气候调节、干扰调节、水调节和供应、侵蚀控制、土壤形成、营养循环、废物处理、授粉、生物控制、栖息地、食物生产、原材料提供、基因资源、娱乐文化共 15 项的生态服务进行评估。

将生态效益评价权重因子定义为生态系统产生生态效益的相对贡献大小，定义"1hm^2 全国标准产量的农田每年粮食自然产量的经济价值"的权重因子等于 1。将 Costanza 等（1997）提出的各生态系统类型的单位价值转化为生态系统生态效益评价权重因子表，求出草地生态系统的生态效益评价权重因子，再根据当年粮食市场价格，将其转换为草地生态系统当年的基准单位价值。

草地生态系统的单位面积服务价值与其生物量成正比，按单价订立公式，根据生物量订正各类草地生态系统服务单位价值。具体公式如下

$$p_{ij}=(b_j/B)P_i \qquad\qquad (7\text{-}5)$$

式中，p_{ij} 为订正后的单位面积生态系统服务价值，i 为生态服务类型，j 为生态系统类型；P_i 为生态系统服务价值参考基准单价；b_j 为 j 类草地的生物量；B 为我国草地单位面积平均生物量。

（二）草地生态系统服务价值及其空间分异

青藏高原草地面积广阔，生态系统类型多样。不同草地类型具有不同的生物群落结构和生物生产量，因而相应的生态系统服务功能亦有差异。基于前述方法（谢高地等，2003b）对草地生态系统服务价值评估的结果显示，不同类型天然草地的生态系统服务价值相差悬殊，最低为 366.20 元/(hm^2·a)，最高可以达到 8272.43 元/(hm^2·a)，平均生态系统服务价值为 6273 元/(hm^2·a)。其中，高寒草原类、高寒荒漠草原类、温性草原化荒漠

类、暖性草丛类的单位面积生态系统服务价值低于 960.9 元/(hm²·a)，其余类型单位面积生态系统服务价值在 960.9 元/(hm²·a)以上（表 7-9）。青藏高原天然草地资源每年提供的总生态系统服务价值为 2551.78×10⁸ 元，受各类草地生物群落分布广度和单位面积生态系统服务功能强弱的综合影响，各类草地的生态系统服务价值贡献率有很大差异，其中高寒草甸、山地草甸、高寒草原对草地生态系统总服务价值的贡献率分别为 63.01%、14.25%和 13.02%，其余类型的草地生态系统服务价值贡献率在 2.10%及以下（表 7-9）。

表 7-9　青藏高原不同类型草地生态系统服务价值

草地类型	面积（×10⁴hm²）	单位面积服务价值[元/(hm²·a)]	服务价值（×10⁸ 元/a）	构成（%）
温性草甸草原	21.1	3 702.72	9.68	0.38
温性草原	171.5	4 585.36	47.72	1.87
温性荒漠草原	43.2	2 782.52	6.15	0.24
高寒草甸草原	558.6	1 424.12	53.68	2.10
高寒草原	3 737.4	960.89	332.22	13.02
高寒荒漠草原	867.9	888.90	52.97	2.08
温性草原化荒漠	10.7	610.34	1.56	0.06
温性荒漠	4.5	1 455.42	0.46	0.02
高寒荒漠	596.8	1 029.75	1.85	0.07
暖性草丛	1	366.20	0.51	0.02
暖性灌草丛	35.4	5 142.49	19.6	0.77
热性草丛	2.7	5 536.87	2.23	0.09
热性灌草丛	27.6	8 272.43	21.83	0.86
低山草甸	7.9	7 909.36	4.28	0.17
山地草甸	705.0	5 414.80	363.65	14.25
高寒草甸	5 824.7	5 158.14	1 607.97	63.01
沼泽	37.2	2 760.61	25.42	1.00
合计	12 653.2	—	2 551.78	100.00

按照青藏高原草地分布及其生物生产的地域分异规律，分亚区对草地生态系统服务价值进行计算。青藏高原草地共分为 5 个亚区，包括藏西北高原高寒草原和高寒荒漠亚区、藏西南山原湖盆高寒草原和温性草原亚区、祁连山山地环湖盆地高寒草原和高寒草甸亚区、青藏高原东部高原山地高寒草甸亚区和喜马拉雅山脉南翼暖性灌草丛和山地草甸亚区。对亚区生态系统服务价值的评估结果表明，5 个亚区的生态价值依次为喜马拉雅山脉南翼暖性灌草丛和山地草甸亚区＞青藏高原东部高原山地高寒草甸亚区＞祁连山山地环湖盆地高寒草原和高寒草甸亚区＞藏西南山原湖盆高寒草原和温性草原亚区＞藏西北高原高寒草原和高寒荒漠亚区（表 7-10），这与亚区沿青藏高原从东南向西北依次分布、气候由温暖湿润转向干旱寒冷的变化规律是一致的。喜马拉雅山脉南翼暖性灌草丛和山地草甸亚区的生态系统服务功能价值最高，该亚区面积为 19 196km²，约占青藏高原天然草地总面积的 10%，其服务功能的经济价值却占草地总价值的 44%，是青藏高原高寒草地区生态系统服务功能最强的区域。显然，在青藏高原天然草地中高寒草甸类提供的生态系统服务功能价值最大，这与高寒草甸在青藏高原分布面积最大是一致的。

表 7-10　草地生态系统单位面积服务价值空间分异

生态系统服务类型	单位面积服务价值[元/(hm²·a)]				
	藏西北高原高寒草原和高寒荒漠亚区	藏西南山原湖盆高寒草原和温性草原亚区	祁连山山地环湖盆地高寒草原和高寒草甸亚区	青藏高原东部高原山地高寒草甸亚区	喜马拉雅山脉南翼暖性灌草丛和山地草甸亚区
气体调节	11.44	13.62	28.42	38.67	72.51
气候调节	78.35	93.22	194.60	264.76	496.43
干扰调节	6.16	7.33	15.31	20.82	39.04
水调节和供应	0.88	1.05	2.19	2.97	5.58
侵蚀控制	48.42	57.61	120.26	163.61	306.78
土壤形成	3.52	4.19	8.75	11.90	22.31
营养循环	119.72	142.45	297.36	404.57	758.59
废物处理	144.37	171.77	358.58	487.87	914.77
授粉	41.37	49.23	102.76	139.82	262.16
生物控制	37.85	45.04	94.02	127.92	239.85
栖息地	205.11	244.04	509.45	693.13	1299.64
食物生产	110.92	131.97	275.49	374.82	702.81
原材料提供	4.40	5.24	10.93	14.87	27.89
基因资源	0.88	1.05	2.19	2.97	5.58
娱乐文化	3.52	4.19	8.75	11.90	22.31
合计	816.91	972.00	2029.06	2760.60	5176.25

（三）自然和人为因素对草地生态系统服务功能及其价值的影响

20 世纪 80 年代以来，随着气候暖干化的变化趋势加剧，风蚀、水蚀、冻蚀、鼠害、虫害等自然灾害频繁发生，加之人类不合理的经济活动如毁草种田、挖沙采石、滥挖药材以及超载过牧，致使青藏高原生态环境退化，直接表现为冰川消退、雪线上升、土地沙漠化等现象，导致高原草地生态系统基本结构和功能的丧失或破坏，草地生产力下降，涵养水源、保持水土、调节气候的生态功能大大降低。据估计，近 20 年来，随着人类活动的逐渐加剧，西藏和青海天然草地生态系统逐渐被耕地侵占，其中西藏估计有 0.05% 的天然草地被耕地替代，每年损失生态系统服务价值 0.87 亿元；青海估计有 0.12% 的天然草地植被被耕地替代，每年损失生态系统服务价值 1.56 亿元。两省区相应的生态效益损失量高达 2.43 亿元，占两省（区）地区生产总值的 0.9%（谢高地等，2003b）。

20 世纪末国家重视西部生态环境建设，三江源生态恢复工程实施后，草地生态系统质量及其生态系统服务价值也发生了变化。对三江源区草地生态系统不同时段水分调节、空气质量调节、气候调节和土壤保持价值的评估显示，2000 年、2005 年和 2008 年三江源区草地生态系统服务总价值分别为 884.97 亿元、1302.06 亿元和 1299.49 亿元；单位面积价值在 2000~2005 年呈迅速增长趋势（18.10 万元/km²），而在 2005~2008 年基本保持不变（-0.31 万元/km²）；2000~2008 年，区域草地生态系统服务价值从东南向西北呈下降趋势，而东部和中部地区的生态价值增长速度明显高于中南部和西部地区（Lai et al.，2013）。

三、草地生态系统关键服务功能及其价值评估

（一）基于大型风洞实验模拟的草地土壤保持功能评估

青藏高原高寒草地主要分布在土壤风化程度低、粗骨性强、土层薄的区域，在大风吹蚀下极易产生沙漠化过程。显然，高寒草地生态系统的土壤保持功能对于保护高原生态环境具有重要的作用。鲁春霞等（2006）采用大型风洞实验定量模拟了青藏高原高寒草甸（QH-1）、草原化草甸（QH-2）和高寒草原（QH-3）的土壤保持功能。

研究以土壤侵蚀率作为指标测度土壤保持功能的强弱。在同样的处理条件下，土壤侵蚀率越高，表明该生态系统的土壤保持功能越低，生态系统脆弱而易受人类活动的影响和干扰。在原生状态、地上植被破坏以及地下根系破坏三种状态下，进行草地土壤保持功能的风洞模拟实验。三类草地的土壤保持功能表现明显不同（图 7-1～图 7-3）。

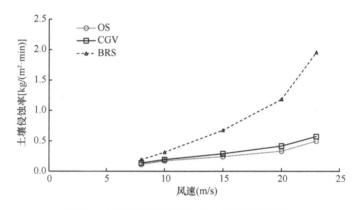

图 7-1　不同处理下 QH-1 的土壤侵蚀率变化

OS，原生状态；CGV，地上植被破坏；BRS，地下根系破坏。图 7-2、图 7-3 同

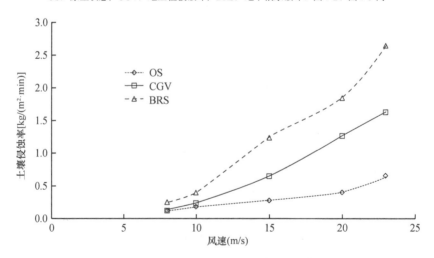

图 7-2　不同处理下 QH-2 的土壤侵蚀率变化

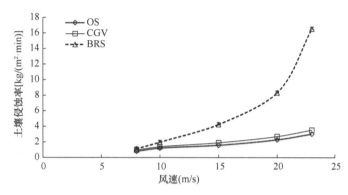

图 7-3　不同处理下 QH-3 的土壤侵蚀率变化

随着风速的增大，三个样品的土壤侵蚀率均呈现增大趋势，但不同处理下侵蚀率的增幅不同。在原生状态下，随风速增大，土壤侵蚀率为 QH-1＜QH-2＜QH-3，以此推断，土壤保持功能的大小依次为高寒草甸＞草原化草甸＞高寒草原。

地表植被破坏后，三个样品的土壤侵蚀率变化幅度不同，QH-1 和 QH-3 的变幅相对较小，分别在 12%～25% 和 16%～20%，而 QH-2 的变幅在 14%～203%，说明 QH-1 和 QH-3 的根系在土壤保持中发挥更重要的作用，相比之下，QH-2 的地表植被对土壤的保护作用要大。当根系也被破坏后，土壤侵蚀率大小为 QH-1＜QH-2＜QH-3，说明高寒草甸土壤的可蚀性低，高寒草原的可蚀性高，极易出现土壤风蚀。

不同干扰程度下土壤侵蚀率依然表现为 QH-1＜QH-2＜QH-3，由此说明无论何种影响方式，三个样品的土壤保持功能均依次为高寒草甸＞草原化草甸＞高寒草原。

经过吹蚀以后，土壤中的有机质和养分含量显著下降，其中速效 K_2O 的含量下降幅度最大。

根据风蚀处理前后单位面积的土壤侵蚀率计算土壤保持量，对三个类型土壤保持的经济价值进行估算，经济价值包括土壤有机碳保持、土壤养分保持和减少淤积三个方面的价值。结果表明，高寒草原化草甸单位面积的土壤保持价值最高，其次为高寒草甸，高寒草原单位面积土壤保持价值最低。

（二）基于 GIS/RS 的土壤水分保持功能评估

青藏高原草地生态系统土壤水分含量是水源涵养功能的关键。草地土壤水分是随着季节以及植被生长状况而随时变化的。以 2003 年 4～9 月的 MODIS 数据为基础，采用计算模型（马霭乃，1997）对青藏高原草地土壤水分保持功能进行评估（于格等，2006），主要结果见如下叙述。

由于不同类型分布面积、单位面积保持量的影响，各种类型草地提供的土壤水分保持功能贡献率也有较大差异。在研究区中，对整个生长季主要草地类型单位面积上土壤水分保持功能物理量的估算表明，不同草地类型提供的土壤水分保持能力差异较大，最高为高寒草原类，达 65kg/km³，最低为温性山地草甸类，仅为 41kg/km³。高寒草甸类、高寒荒漠类和高寒草甸草原类价值大体相近，分别为 62kg/km³、57kg/km³ 和 55kg/km³。因此，单位面积土壤含水量从大到小依次为高寒草原类＞高寒草甸类＞高寒荒漠类＞高寒草甸草原类＞温性山地草甸类。受草地类型分布面积、单位面积保持量的影响，各种类型草地提供的土壤水分保持功能贡献率也有较大差异。其中，高寒草原类贡献率最高，其土壤水分保持量为 2.0144×10^{10}t，然后依次为高寒草甸类和高寒荒漠类。

草地对土壤水分的保持量呈现出较强的阶段性动态变化过程：在生长季（4～9 月）呈现出先下降后上升的趋势。由于各种草地类型所处地理区域不同、草地本身各种自然特点和整体生态功能的不同，青藏高原草地生态系统提供的土壤水分保持功能及其经济价值呈现出明显的地域分布规律，即自西北至东南逐渐降低。

四、草地野生动物生态价值评估

（一）羌塘地区野生动物生态价值评估指标体系及评估方法

羌塘地区生物多样性丰富，并有高原特有物种分布，因而是我国重要的生物栖息地，具有无可替代的生态价值。羌塘保护区野生动物的价值评估主要考虑大型草食性野生动物。价值的构成与藏羚羊价值评估时基本一致，对难以量化评估的生态经济价值用藏羚羊的价值来替代或推断（鲁春霞等，2011）。

将藏羚羊的生态经济价值划分为利用价值和非利用价值（表 7-11）。利用价值评估主要采用直接市场法或替代市场法。非利用价值评估则采用意愿调查法，即通过不同人群的支付意愿问卷调查来确定藏羚羊的非利用价值。

表 7-11　羌塘地区野生动物的价值构成

分类		指标
利用价值	直接利用价值	形象商业价值
		游憩娱乐价值
	间接利用价值	维持生物多样性价值
		教育及美学价值
		科学研究价值
非利用价值		存在价值
		遗产价值
		选择价值

藏羚羊为国家一级保护野生动物，除非经国家法律许可，否则不允许交易。因没有市场，也就没有相应的市场价格。同为草食性动物的绵羊和山羊是有市场价格的。我国草地载畜量评价中设立标准羊单位，其他草食性牲畜（如马、驴和牛）均转换为标准羊单位，以便于评价计算。据此，依据食草量将藏羚羊转换为标准羊单位。

我国载畜量计算中的标准羊单位是按照体重 50kg、日消耗 1.8kg 干草的成年母绵羊确定的。雄性藏羚羊平均体重 40kg，雌性体重 24～28kg。根据体重来看，藏羚羊的食草量应该小于一个标准羊单位的食草量。

因此，将一只藏羚羊折合为 0.8 个标准羊单位，一头藏野驴折合为 6 个标准羊单位，一头野牦牛折合为 8 个标准羊单位。

近年的调查结果表明，西藏有藏羚羊 149 930 只左右[1]，青海约有 43 160 只（青海省林业厅 2004 年冬季和 2005 年夏季调查资料），新疆有 3.5 万～4 万只（新疆维吾尔自治区林业厅调查资料）。资料显示，在 1999～2005 年，我国藏羚羊的年均增长率约为7.9%。以上合计，我国青藏高原藏羚羊的数量为 22.8 万～23.3 万只。

考虑种群数量估算在一定程度上的不确定性和近两年种群数量的增长，我国藏羚羊数量应该在 25 万只左右，其中羌塘地区为 15 万只左右。

综上所述，本次评估中，按照我国藏羚羊数量为 25 万只、羌塘地区 15 万只计算。

根据不完全统计，羌塘地区草食性动物中藏羚羊种群数量为 15 万左右，藏野驴 5 万头，野牦牛 1.5 万头，藏原羚等 10 多万只。把这些草食性动物均折合为标准羊单位计算，共计有近 70 万个标准羊单位。其中，藏羚羊约占 18%，藏野驴约占 44%，野牦牛约占 18%。

（二）羌塘地区藏羚羊生态价值评估结果

1. 藏羚羊的直接利用价值

（1）形象商业价值

藏羚羊的商业价值主要体现为形象价值。藏羚羊作为青藏高原特有的物种，其温良、敏捷的形象深入人心。因此，许多商品从不同的角度表现藏羚羊的形象，或者以藏羚羊作为其产品或企业的名称。在网络上搜索到有藏羚羊商贸公司、藏羚羊文化传播公司，还有包括藏羚羊形象在内的藏饰品生产和销售企业等。因获取的信息有限，考虑北京后奥运时代藏羚羊形象的商业效应，粗略估计藏羚羊形象相关的商业收益额是奥运会期间吉祥物销售额的 1/2，则藏羚羊形象的商业收益额应为 6×10^7 元/a。

按照 25 万只藏羚羊计算，则每只藏羚羊形象的商业价值为 240 元。

羌塘地区藏羚羊共计 15 万只，则其形象的商业价值达 3.6×10^7 元。

（2）游憩娱乐价值

青藏高原珍稀野生动物种类多，数量大，但就旅游者的认知度而言，藏羚羊最高（100%的受访者愿意到可可西里探访藏羚羊）。因而可以认为藏羚羊对青藏高原野生动物旅游收益的贡献最大，这里假定藏羚羊带来的旅游收入占野生动物旅游资源产生的收入的 50%，那么藏羚羊产生的旅游收入为 2.10×10^8 元/a。

青藏高原共有藏羚羊 25 万只，则每只藏羚羊产生的旅游价值为 840 元/a，羌塘地区藏羚羊总数为 15 万只，产生的总游憩价值为 1.26×10^8 元/a。

（3）维持生物多样性价值

维持生物多样性的价值一般采用机会成本法或替代成本法、保护成本法等进行评估。本研究主要基于两个角度进行藏羚羊维持生物多样性的价值评估：第一，为保护藏羚羊栖息地使社会放弃原有的或应有的效益或发展机会；第二，为保护藏羚羊而使社会增加的资源消耗成本，即保护费用的投入。藏羚羊占用草地资源的价值量为 8.400×10^7 元/a，藏羚羊保护投入为 7.560×10^7 元/a，维持生物多样性的总价值约为 1.60×10^8 元/a。

---

[1] 引自：刘务林，西藏自治区林业调查规划研究院.2006. 西藏藏羚羊生物生态学研究报告.

（4）教育及美学价值

以藏羚羊为搜索词在相关网站进行搜索，共搜索到 2002～2009 年出版的涉及藏羚羊名称或形象的图书 375 种。除了图书，影像影视制品也具有教育意义，根据估算，羌塘地区 15 万只藏羚羊所产生的教育价值按平均值计算为 1.318×10^7 元/a。

（5）科学研究价值

根据 1993 年起施行的由林业部、财政部、国家物价局发布的《陆生野生动物资源保护管理费收费办法》，捕捉、猎捕国家一级保护物种藏羚羊的资源保护管理收费标准为 2000 元/只，藏羚羊活体没有市场价格，相关的科研投入目前也很少。因此，本研究将 2000 元直接作为藏羚羊科研价值的代理价格。羌塘地区藏羚羊的科研总价值为 3.0×10^8 元。

2. 藏羚羊的非利用价值

非利用价值由于缺少市场价值，采用支付意愿法来评价。

2008 年在拉萨市和那曲地区针对城镇在职居民（115 份），在尼玛县针对牧民（84 份）进行了生态环境保护问卷调查。共完成调查问卷 199 份，有效问卷 198 份。

调查问卷中专门设计了有关羌塘地区野生动物保护支付意愿的问题。对农牧民的调查意愿统计结果表明，68% 的牧民表示不会为了保护家畜而猎杀野生动物，65% 的牧民表示为了保护野生动物每年可以承受数量不等的羊只损失。

按照不同支付意愿数额（按支付数额范围中间值计算）及其比例进行加权平均，则羌塘地区城镇居民的支付意愿为 172.23 元/a（14.35 元/月）（表 7-12）。

表 7-12　城镇居民野生动物保护支付意愿

调查内容	调查结果
支付意愿	愿意支付人数比例：74%；零支付意愿人数比例：26%
不同支付数额及其人数比例	10～20 元/a 占 15.5%；50～99 元/a 占 19.0%；100～150 元/a 占 21.4%；160～200 元/a 占 10.0%；201～500 元/a 占 15.5%；>500 元/a 占 18.6%

3. 藏羚羊的生态总价值

对藏羚羊利用价值（形象商业价值、游憩娱乐价值、维持生物多样性价值、教育及美学价值和科学研究价值）和非利用价值进行了综合评估。羌塘地区藏羚羊的综合价值=利用价值（形象商业价值+游憩娱乐价值+维持生物多样性价值+教育及美学价值+科学研究价值）+非利用价值（存在价值+选择价值+遗产价值）。

结果表明（表 7-13），羌塘地区藏羚羊的总价值约为 7.51 亿元/a。其中，藏羚羊的利用价值约为 6.35 亿元/a，非利用价值约为 1.16 亿元/a。各类生态经济价值的比例见表 7-13，科学研究价值所占比例最高，维持生物多样性价值和游憩娱乐价值的比例也较高。

表 7-13　羌塘地区藏羚羊的生态经济总价值

一级类别	二级类别	总价值（×10⁴元/a）	比例（%）
利用价值	形象商业价值	3 600	4.79
	游憩娱乐价值	12 618	16.80
	维持生物多样性价值	16 000	21.30
	教育及美学价值	1 318	1.75
	科学研究价值	30 000	39.93
非利用价值	存在价值	5 214.75	6.94
	选择价值	3 360.61	4.47
	遗产价值	3 012.96	4.01
合计		75 124.32	100.00

第四节　湿地生态系统服务及其价值

一、湿地生态系统服务研究现状

（一）青藏高原湿地生态系统现状

青藏高原湿地是世界平均海拔最高的湿地，几乎包括了内陆湿地和人工湿地的所有类型。主要分布在黄河、长江等河流的河源地区，一般都位于地表水和地下水的承泄区，是高原河流上游水源的汇聚地，具有分配、均化河川径流的作用，也是青藏高原水文循环的重要环节。

青藏高原河流众多，湖沼广布，是我国、南亚、东南亚地区主要河流发源地和上游流经地区。长江、黄河、澜沧江发源于青海，青海省内有面积在 $1km^2$ 以上的湖泊 266 个。青海省河流、湖泊总面积共有 168 万 hm^2（不包括水库面积），其中面积达 462 560 hm^2 的青海湖，被列入国际性重要湿地；在西藏自治区内，流域面积大于 1 万 km^2 的河流有 20 多条，金沙江、澜沧江、怒江、雅鲁藏布江、狮泉河等大江大河发源或流经这里，境内有湖泊 1500 多个，湖滨草甸和湿地既为畜牧业发展提供了水草丰茂的草场，也是大批珍禽的栖息地。另外，还有面积巨大的淡水沼泽、咸水沼泽、沼泽林、泥炭藓沼泽、地热湿地等湿地资源。因而，国际湿地公约还特别把"青藏高原湿地"单独列为内陆湿地的一种，这是 36 种湿地中唯一以地域名称冠名的湿地种类，标志着地球第三极的湿地在全球湿地中的独特地位和重要生态价值（王纯德，2001）。

西藏湿地面积达 $6.0365×10^6hm^2$，主要是天然湿地，约占全国湿地面积的 9.5%，约占全区总面积的 4.9%。根据湿地生态系统分类，西藏不同类型湿地生态系统及其面积如下。①河流湿地 23.11 万 hm^2。青藏高原是许多大江大河的发源地，怒江、雅鲁藏布江就发源于西藏，注入印度、尼泊尔、老挝、缅甸等国。②湖泊湿地 253.86 万 hm^2。西藏湖泊多达 778 个，占全国的 33.8%，著名的有纳木错、色林错、羊卓雍错和玛旁雍错，面积超过 $1000km^2$ 的有 3 个。湖泊湿地主要分布在藏北内流湖区、藏南外流-内陆湖区。③沼泽和沼泽化草甸湿地 323.00 万 hm^2。西藏高海拔沼泽湿地主要是沼泽化草甸，分布地区比较广泛，主要集中在那曲、阿里地区，沼泽由念青唐古拉山脉等多个顶峰的冰雪和融水形成，是西藏各类湿地中面积最大的类型。④森林湿地 1.23 万 hm²。森林湿地分布较为局限，主要集中在三江上游、江河两岸及西藏的边境。⑤库塘湿地约 1.00 万 hm²。库塘湿地在各类湿地中面积最小，主要集中在拉萨、山南、日喀则等一江两河地区。⑥地热湿地 1.45 万 hm²。西藏地处我国一个主要地热分布区，因而分布有这一特殊湿地类型（贺桂芹等，2007）。

（二）湿地生态系统生态服务及其价值评估

已有的青藏高原湿地生态系统生态服务及其价值评估主要集中在西藏。研究对象以西藏全区及典型湿地生态系统为主（张天华等，2005；贺桂芹等，2007；李忠魁和洛桑桑旦，2008；王恒颖，2014）。

西藏湿地生态系统每年提供生态服务总价值 6207.83 亿元。计算结果（表 7-14）表明（贺桂芹等，2007），西藏湿地生态系统服务功能具有以下特征：①巨大的降解污染物能力。对流经的污水、污染物有吸附和降解作用，保持了高原环境的洁净。②大气组分调节功能。西藏湿地巨大的生物量使其每年都能固定 12 334.68 万 t CO_2，同时释放 9136.8 万 t O_2，青藏高原空气稀薄，氧含量只有平原地区的 50%～70%，因此相对于较低海拔地区，高原生态系统释放氧气的功能对人类的生存和健康具有更加重要的价值。③重要的生物栖息地功能。西藏湿地的生物栖息地功能已经获得国际上的认可，它是重要的候鸟黑颈鹤的越冬繁殖地，也是众多野生动物的乐园。④气候调节功能。西藏高寒缺氧、干旱多风、空气湿度低，给人们的生活带来极大的困难。研究表明，沼泽地的蒸发量大于水面蒸发量 1～2 倍（陈刚起等，1993）。西藏湿地的存在对调节空气湿度具有重要作用。⑤物质生产能力。西藏湿地每年生产牧草 7614 万 t，为动物提供了丰富的食物。⑥科学研究价值。西藏湿地文化与科研价值巨大，四川大学、西藏大学已经将其作为科研、教学及实习基地。⑦水源涵养功能。高原湿地还可以蓄水、调节河川径流、补给地下水、维护区域水平衡和减少自然灾害，是防洪蓄水的天然"海绵"，高原降水分布不均匀，通过湿地的调节，储存来自降水、河流的过多的水量，避免发生洪涝灾害，保证工农业生产有稳定的水源供给。⑧调蓄洪水功能。西藏湿地洪水期可调蓄洪水 $2.6163×10^6 m^3$，有效地消除了洪水的威胁，还可以补充低水位期的地下水。

表 7-14 青藏高原湿地生态系统服务价值构成

构成	价值（亿元/a）	占总价值的比例（%）
物质生产	304.56	4.91
大气组分调节	1755.96	28.29
水源涵养	25.12	0.40
调蓄洪水	1569.78	25.29
生物栖息	140.76	2.27
气候调节	181.92	2.93
科学研究	149.58	2.41
降解污染	2080.15	33.51
总价值	6207.83	100.00

拉鲁湿地是典型的高寒草甸沼泽湿地，位于拉萨市区。该湿地在维持拉萨市城市生态平衡、保持生物多样性、调蓄洪水、防风固沙、改善环境质量等方面具有不可替代的作用。评估发现，拉鲁湿地生态系统每年的服务功能总价值达到 5481 万元，其中物质生产功能价值仅有 315 万元，占总生态系统服务功能价值的 5.75%；如果将该湿地开发为城市建设用地，平均每年的增值也只有 1391 万元，仅为生态系统功能总价值的 25.38%（张天华等，2005）。因此，湿地的生态价值远远高于湿地直接开发的价值，在拉萨城市发展过程中科学合理地保护和利用湿地资源对于城市健康发展具有重要的作用。

藏北那曲地区嘉黎县境内的麦地卡湿地自然保护区共有湿地 16 580.71hm²，占保护区总面积的 18.83%，湿地斑块数 371 块，涉及湖泊、河流、沼泽 3 个湿地类，5 个湿地型。湿地生态系统在维持生物多样性等方面发挥了重要的功能。王恒颖（2014）基于保护区沼泽化草甸湿地面积计算了鲜草产量，并据此估算直接经济价值为 5847 万元/a；气候调节功能价值约为 2.67 亿元/a；水源涵养价值为 2950 万元/a；调蓄洪水的生态系统服务功能价值为 1.32 亿元/a；固碳释氧价值为 15.64 亿元/a；降解污染物的生态价值为 4.22 亿元/a；生物栖息地价值为 1.80 亿元/a；科研价值为 0.87 亿元/a，湿地生态系统生态服务总价值约为 27.40 亿元/a。藏北地区湿地生态系统的直接经济价值远高于间接生态价值，可以说，生态保护是藏北地区生态文明建设的首要任务。

（三）湿地生态系统退化对生态系统服务功能及其价值的影响

生态系统退化会导致生态系统服务功能的损害及其价值的降低。对西藏湿地生态系统退化对生态系统服务价值影响的定量评估结果表明，西藏湿地生态环境总价值为 4023.8068 亿元/a，以 5%的贴现率计算，湿地价值的现值为 44 261.874 8 亿元，相当于 73.72 万元/hm²。青藏高原湿地退化面积为 60.4272 万 hm²，相当于年退化面积 2.0143 万 hm²。已退化湿地损失价值 4454.69 亿元，年损失价值 148.49 亿元（李忠魁和洛桑桑旦，2008）。青藏高原生态系统敏感脆弱，在全球气候变化影响下，冰川消融加快、雪线逐步上升、湖泊湿地水位有明显的下降趋势，导致泥石流、洪涝、暴雪、冰雹、沙尘暴等突发性自然灾害增加。加之人为活动的影响，青藏高原湿地生态系统退化及其环境问题需要引起足够的重视。

局部地区湿地生态系统退化对生态系统服务价值的影响也颇为突出。西藏芒康县莽错湖支流属于金沙江流域，为典型高山湖泊生态系统。对 1990～2000 年的土地利用变化的分析表明，湿地面积减少导致生态系统服务价值减少 3.52×10^7 元/a。由于气候干旱和不合理利用，水域生态系统面积减少、湖泊蓄水量下降，因此水源涵养功能受到较大影响；加之超载过牧、过度开垦等人类活动的胁迫作用，使得莽错湖流域湿地生态系统面积不断萎缩，结构和功能受到严重破坏，湿地植被种类减少，动物种类和数量也不断下降（肖玉等，2003）。

对青海三江源区选择的 8 个高寒草甸典型样区 4 种不同退化程度样地（原生植被、轻度退化、重度退化、极度退化）的生物量以及土壤有机碳含量变化的分析表明，随着退化程度的加剧，地上生物量和饲草生物量均表现出强烈下降的趋势，但后者的下降幅度更大，在极度退化下损失达 99%。研究区内高寒湿地土壤的表土有机碳含量出现极大的变异，随退化程度的加剧而显著下降。与原生植被下相比，轻度退化、重度退化和极度退化下 0～30cm 土壤有机碳含量分别平均降低了 25%、44% 和 52%。这种损失固然与地上部生物量下降有关，有机碳分层系数显示土壤侵蚀也是重要因素。估计退化下土壤有机碳平均下降 36t C/hm²，累积退化下表土有机碳损失可能在 200Tg C 以上。保护高寒草甸生态系统，对于维持三江源区陆地生态系统碳库具有重要的意义（刘育红等，2009）。

二、青藏高原水塔功能评估

山地对水汽的阻挡作用，容易导致降雨的形成，产生所谓的山地效应。因此，降雨量随着海拔的增加而增大，一般海拔每上升 100m，降雨量增加 5～75mm，降雨的量主要取决于气候带。山地和高原的水塔功能已经引起学者的关注（Bandyopadhyay，1995）。山地和高原具有较高的降水量，具有自然储存和保持水的功能，具有通过人工修建水库保存水的可能性，能够在高海拔地区以冰雪形态储存降水。在湿润地区，山地产生的水量有 30%～60% 提供给低地，在干旱和半干旱地区，山地通常是能产生径流并补给地下水的唯一区域（Bandyopadhyay，1995）。因此，山地和高原作为人类的水塔，在缓解全球淡水资源短缺中发挥着重要作用。青藏高原面积约 250 万 km²，平均海拔在 4000m 以上，与周围地形反差极大。昆仑山与塔里木盆地的高差在 4000m 以上，而喜马拉雅山脉与南侧恒河平原高差达 6000m。同时，青藏高原降水丰沛，冰雪广布，这就使它成为亚洲主要河流的发源地。外流水系如长江、黄河、恒河、狮泉河等，分布在高原的东南部和西南部。其中黄河总水量的 49%、长江水量的 25%、澜沧江水量的 10% 都来自青藏高原。内陆水系主要分布在高原的北部和西部，如喀什河、和田河、克里雅河等。丰富的水资源与巨大的势差一起使得高耸的青藏高原就如同世界上一个最大的水塔，向周边低地区域输送着大量的水资源。鲁春霞等（2004b）对青藏高原的水塔功能进行了探讨，具体研究内容如下。

（一）研究方法

青藏高原作为一个庞大的综合自然体，犹如亚洲中部一座高耸的巨塔，由于热力和地形的抬升作用，降水丰沛，冰雪广布，蕴涵着较丰富的水资源和水能资源。青藏高原的水塔功能主要表现为两个方面。第一，高原有丰富的储水量。青藏高原水资源量占全国水资源总量的 20.23%，高原上单位面积的产水量为 22.55 万 m³/km²，接近全国均值（沈大军和陈传友，1996）。第二，高层势必然产生质量汇。高原与周边地区之间巨大的高差形成了强大的势差，这种势能驱动水体向周边地势较低的方向汇集。因此，青藏高原大大提高了高原面地表水的势能。在重力势能的作用下，这些水体向周边地区输送。由此高原实现了水利工程建设中水塔所具有的功能。因此，可以用两个物理过程共同来构建青藏高原的水塔功能模型。

$$E_i = H_i \times M_i \tag{7-6}$$

式中，E_i 为势能；H_i 为 i 处的海拔；M_i 为 i 处水体的质量。

$$W_p = W_c - W_h \tag{7-7}$$

式中，W_p 为地表潜在输出水量；W_c 为河川年径流量；W_h 为工农业用水量。

从上面的模型可知，海拔 H_i 愈大，水体的质量 M_i 愈大，水体的势能 E_i 愈大。E_i 和 W_p 愈大，高原的水塔功能愈强。

1. 青藏高原地表储水量分析方法与数据

为了便于进行空间分析，本研究应用中国 1∶4 000 000 降水量等值线图和中国 1∶4 000 000 DEM 图，分析计算青藏高原大气降水的空间分布特征，并结合已有的冰川和湖泊分布资料，对高原地表的储水量、输出水量及其势能分布进行评估。计算高原储水量的势能时，取海拔 1000m 高程的势能为高原水塔的零势能。

2. 青藏高原大气降水资源分析方法与数据

青藏高原年降水量一般在 278～1158mm。根据中国 1∶4 000 000 降水量等值线图，应用 GIS 统计了青藏高原的年降水量在不同海拔的分布。

（二）青藏高原蕴涵的潜在输出水量及其分布

1. 青藏高原地表储水量

青藏高原的冰川储水量及其势能：我国现代冰川绝大部分分布在青藏高原，青藏高原发育有现代冰川 36 793 条，冰川面积 49 873.44km²，冰川冰储量 4559.6925km³，分别占我国冰川的 79.4%、84.0% 和 81.6%。冰川折合水量为 39 227.93×10⁸m³，冰川融水是青藏高原河流主要的补给来源。高原冰川主要分布在海拔 5500～6000m，几乎占总冰川储水量的一半（表 7-15）（刘宗香等，2000）。高原每年可提供冰川融水 504.49×10⁸m³ 来补给河流径流（表 7-16）（刘宗香等，2000）。在西北内流区，冰川融水对河流的补给比例较大，如在塔里木盆地的策勒河可达年径流量的 60%（刘宗香等，2000）。青藏高原地区的河流大多靠冰川融水补给，长江和黄河就直接孕育于冰川。因此，青藏高原冰川水资源对于我国主要河流的形成与维持以及区域社会经济发展和生态环境保护具有重要的支撑功能。

表 7-15　青藏高原冰川储水及其势能随海拔的分布

海拔（m）	冰川折合水量（×10⁸m³）	占比（%）	势能（×10⁴J）
3 000～4 000	117.69	0.3	231～346
4 000～4 500	2 981.32	7.6	8 765～10 226
4 500～5 000	9 453.93	24.1	32 427～37 059
5 000～5 500	7 335.62	18.7	28 756～32 350
5 500～6 000	19 339.37	49.3	85 287～94 763
总计	39 227.93	100	

表 7-16　青藏高原冰川融水对不同水系的径流补给

流域	冰川储量		冰川融水径流量	
	储量（km³）	占比（%）	径流量（×10⁸m³）	占比（%）
西北内流水系	2551.3178	56.0	137.60	27.3

续表

流域	冰川储量		冰川融水径流量	
	储量（km³）	占比（%）	径流量（×10⁸m³）	占比（%）
黄河上游	12.2931	0.3	2.86	0.6
长江	147.2648	3.2	32.71	6.5
澜沧江	17.8781	0.4	7.16	1.4
怒江	114.9745	2.5	35.98	7.1
雅鲁藏布江	1622.1766	35.6	280.48	55.6
狮泉河	93.7876	2.1	7.70	1.5
总计	4559.6925	100	504.49	100

青藏高原的湖泊储水量：青藏高原湖泊总面积达 36 889km²，湖泊储水量为 5459.8×10⁸m³，占全国的 73%。高原湖泊主要分布在海拔 4000～5000m 的区域（表 7-17），占高原湖泊总储水量的 75%。高原湖泊中以内陆咸水湖或盐湖为主，淡水湖为外流湖，淡水占湖泊储水量的 12.7%。因此，高原可利用的湖泊水资源量实际上只有 693.39×10⁸m³。

表 7-17　青藏高原湖泊储水随海拔的分布

海拔（m）	湖泊储水量（×10⁸m³）	占青藏高原湖泊总储水量的比例（%）	势能（×10⁴J）
3 000～4 000	1 365	25	2 675～4 031
4 000～4 500	709.8	13	2 087～2 435
4 500～5 000	3 385	62	11 610～13 269
合计	5 459.8	100	

2. 青藏高原大气降水资源

青藏高原平均每年由降水获得的水资源量为 8497.94×10⁸m³。降水量大多集中在 3500～5000mm，其降水量占高原总降水量的 80.17%（表 7-18）。

表 7-18　青藏高原不同海拔的年降水量分布

海拔（m）	年降水量（×10⁸m³）	占青藏高原年降水量的比例（%）	势能（×10⁴J）
4 500～5 000	3 790	44.60	12 999～14 857
3 500～4 000	2 480	29.18	6 076～7 291
2 500～3 000	651	7.66	957～1 276
4 000～4 500	543	6.39	1 596～1 863
3 000～3 500	294	3.46	576～720
5 500～6 000	261	3.07	1 151～1 279
5 000～5 500	222	2.61	870～979
1 500～2 000	120	1.41	59～118
2 000～2 500	101	1.19	99～149
1 000～1 500	33	0.39	0～16
6 000～6 500	1.86	0.02	9.0～10.0
6 500～7 000	1.08	0.01	5.8～6.4
合计	8 497.94	100	

（三）青藏高原水塔的输出水量

青藏高原以及高原内极高山地的地表水主要以冰雪和湖泊形式存在。由于青藏高原的大部分河流主要形成于冰川融水，湖泊对河川径流也有一定的补给。因此，从理论上讲，冰川湖泊储水量愈大，高原的河川径流量愈大，高原水塔的输出水量也愈大。

河川径流量是山地和高原向周围低地输送的出境水量。因此，高原水塔的输出水量取决于大气降水所产生的地表径流量和冰川融水每年对河川径流的补给量。根据估算（王天津，1998），青藏高原河川年径流量 W_c（含境外）约 7000 亿 m^3。

青藏高原现有耕地 112.86 万 hm^2，有效灌溉面积为 42.5 万 hm^2。我国西部地区农田每公顷的平均用水量为 $9450m^3$（孙鸿烈和郑度，1998）。因此，高原农田的灌溉用水总量为 40.2 亿 m^3。

1999 年西藏的工业产值为 7.43 亿元，青海省为 100.52 亿元（1990 年不变价），两省（区）万元工业产值的用水量分别为 $389m^3$ 和 $180m^3$（水利部，2000a，2000b），则两省（区）的工业用水总量为 2.08 亿 m^3。由于缺少位于高原上其他省（区）部分的工业产值资料，且青海和西藏的工业产值应该占高原工业产值的主体，因此，两省（区）的万元产值用水量可以代表高原的工业用水量。青藏高原总人口为 1100 万左右，青海省人均综合用水量为 $540m^3$，西藏为 $1040m^3$，以两省（区）的人均用水量平均值作为高原的人均用水量，则人口的总耗水量为 86.9 亿 m^3。

综上所述，青藏高原工农业用水量 W_h 为 129.2 亿 m^3。青藏高原的地表潜在输出水量约为 6870 亿 m^3。根据径流量的海拔分布，径流量主要产流于海拔 3000～5000m，我国的主要河流长江、黄河、雅鲁藏布江、澜沧江等大都发源于这一海拔区域，这些河流像水塔的输水管道将高原储水输送到周边区域。尤其是高原的太平洋水系和内陆水系，其输送的水量对于我国西部地区和华北地区生态系统的维持与人类的生存具有至关重要的支撑作用。

近年来，由于全球气候干旱化和人为活动的干扰，青藏高原的自然生态环境呈现恶化趋势。冰川快速退缩，河流干涸断流，湖泊自然萎缩，江河源地的地下水位下降，大面积草场正朝荒漠化演退。沙漠、砾漠、泥漠、盐漠的扩展显著地改变着高原陆地的性质，使昔日水草丰茂的草场渐渐失去涵养水源的能力。认识到青藏高原是人类重要的水塔，将有助于我们采取有效的措施，保护高原的生态环境，确保高原水塔的持续利用。

第五节　农田生态系统服务及其价值

一、农田生态系统服务研究现状

农田生态系统服务功能是指农田生态过程和人类活动所形成的人类赖以生存的自然环境条件与效用。农田生态系统是半自然的生态系统类型，其服务功能具有特殊性（赵荣钦等，2003）。有关青藏高原农田生态系统服务的单独研究比较少，主要是对各生态系统类型生态服务进行的价值评估中涉及的农田生态系统及其服务价值。

刘军会等（2009a）对青藏高原生态系统服务价值进行了遥感测算及其动态变化的研

究，指出 1995 年和 2000 年青藏高原生态系统服务总价值分别为 1842.7×10^9 元和 1884.3×10^9 元。从不同生态系统看，农田的土壤天然养分含量低，经长期耕作后日益贫瘠，单位面积价值有所下降，但土地面积增加很快，总价值也在上升（表 7-19）。基于青藏高原地形分级、生态系统类型和 1995~2000 年生态系统服务价值的平均值，构建不同地形条件下的生态系统服务价值。从高程分级看，随着海拔的升高，土地面积比例和生态系统服务价值比例都递增，但海拔>5000m 后，两者均减小（表 7-20）。此外，刘军会等（2009b）对青藏高原植被的固碳释氧价值进行了估算（表 7-21），发现青藏高原植被单位面积服务价值的平均值为 7.6×10^5 元/(km^2·a)，农田和高寒荒漠的单位面积服务价值最小，低于 1.0×10^5 元/(km^2·a)。

表 7-19　1995 年和 2000 年青藏高原农田生态系统服务价值变化

类别	1995 年	2000 年
土地面积（km^2）	19 165	24 810
有机物质生产价值（×10^9 元）	2.9	3.9
气候调节价值（×10^9 元）	17.2	19.6
涵养水源价值（×10^9 元）	0.5	0.4
土壤保持价值（×10^9 元）	1.0	1.3
营养物质循环价值（×10^9 元）	0.8	1.1
合计（×10^9 元）	22.4	26.3
单位面积价值（×10^5 元/km^2）	11.7	10.6

表 7-20　青藏高原不同地形条件下生态系统服务价值

地形		农田	森林	灌丛	草地	荒漠	水域	其他	土地面积比例（%）	服务价值比例（%）
海拔（m）	<2000	4.3	67.9	6.2	10.5	8.2	0.7	2.3	2.1	3.9
	2000~3000	5.2	20.1	6.5	27.9	28.1	6.4	5.8	8.8	9.9
	3000~4000	1.7	16.3	9.3	44.4	8.4	4.5	15.5	17.7	23.0
	4000~5000	0.3	4.2	3.5	68.3	4.2	4.9	14.6	48.5	46.4
	>5000	0.1	0.8	0.7	75.0	1.7	5.0	16.8	22.9	16.8
坡度（°）	<5	0.9	2.7	2.2	66.2	9.7	5.8	12.4	63.2	49.1
	5~10	1.3	10.8	5.9	59.2	1.5	3.2	18.1	20.7	24.2
	10~15	1.7	21.4	8.5	47.4	0.7	3.3	17.1	9.4	13.7
	15~20	1.9	32.2	10.6	36.3	0.3	3.5	15.2	4.2	8.0
	>20	2.0	39.9	12.0	26.7	0.1	4.6	14.7	2.4	5.0
坡向	无坡向	0.2	0.0	0.0	27.7	24.0	45.5	2.6	0.0	0.0
	北坡	0.8	6.5	3.6	61.6	7.0	4.3	16.2	26.8	24.7
	东坡	1.0	9.1	4.6	60.1	4.9	4.4	15.9	24.4	25.9
	南坡	1.3	8.4	3.9	61.1	7.5	5.4	12.3	25.4	24.5
	西坡	1.3	9.3	4.7	60.4	6.5	5.5	12.3	23.3	25.0

生态系统类型比例（%）：农田 森林 灌丛 草地 荒漠 水域 其他

表 7-21　青藏高原农田生态系统固碳释氧经济价值（刘军会等，2009b）

面积（km^2）	总固碳量（×10^{8}t/a）	固碳价值（×10^8 元/a）	总释氧量（×10^{8}t/a）	释氧价值（×10^8 元/a）	总价值（×10^8 元/a）	单位面积服务价值 [×10^5 元/(km^2·a)]
26 709	0.03	7.8	0.02	8.8	16.6	0.6

　　肖玉等（2003）对青藏高原生态系统的土壤保持功能进行了价值计算，其中包括农田生态系统的研究（表7-22），近年来由于人类干扰的加剧，青藏高原生态系统受到很大的影响，特别是高原东南部地区的生态脆弱带更是土壤侵蚀高发区。该研究将农田生态系统划分为水浇地、旱地、稻田3类植被类型，各植被类型土壤保持的数量及其经济价值见表7-22。

表 7-22　青藏高原农田土壤保持的数量及其经济价值（肖玉等，2003）

类别	土壤保持量 （×10⁶ t/a）	经济价值（×10⁶ 元/a）			
		土壤肥力保持	废弃土地减少	土壤沉积减少	总价值
水浇地	12.78	12.48	5.69	6.83	25.00
旱地	10.09	9.85	4.51	5.41	19.77
稻田	0.10	0.10	0.04	0.05	0.19
农田	22.97	22.43	10.24	12.29	44.96

　　谢高地等（2003a）对青藏高原生态资产的价值进行了评估，根据一系列1∶1 000 000自然资源专题图，把青藏高原生态资产划分为森林、草地、农田、湿地、水面、荒漠6个一级类型。农田生态系统的面积为 42 796km²，占青藏高原总面积的1.7%，单位面积农田生态系统服务价值为 4341.2 元/(hm²·a)，总价值为 185.8×10⁸ 元/a，贡献率为 2%。对各生态系统的服务价值构成进行了计算，其中农田生态系统的服务价值构成见表7-23。青藏高原的隆升对于中国乃至亚洲的气候和生态环境产生了重要的影响，因此，其生态系统状况的变化也直接影响着高原周边区域乃至全球的环境变化，相应地，其生态系统服务功能也具有重要作用（表7-24）。

表 7-23　青藏高原农田生态系统服务价值构成

类别	服务价值（×10⁸ 元/a）								
	气体调节	气候调节	水源涵养	土壤保持	废物处理	生物多样性	食物生产	原材料生产	娱乐休闲
农田	13.4	23.9	16.1	39.3	44.1	19.1	26.9	2.7	0.3

表 7-24　青藏高原生态系统服务价值的地位

类别	中国不同陆地生态系统 服务功能价值（×10⁸ 元）	全球不同陆地生态系统 服务功能价值（×10⁸ 元）	青藏高原生态系统占全国 生态系统面积的比例（%）	青藏高原生态系统占全球 生态系统面积的比例（%）
森林	24 850.0	938 665.7	11.8	0.31
草地	16 404.6	249 717.6	27.6	1.81
农田	8 272.8	85 600.2	2.2	0.22
湿地	2 906.2	183 113.4	6.4	0.10
水面	2 920.1	81 353.3	40.6	1.46
荒漠	663.5	7 153.3	53.1	4.93
合计	56 017.2	1 545 603.4	16.7	0.61

　　张宪洲等（2003）回顾了青藏高原拉萨生态试验站建站 10 年的定位观测和试验研究进展，分析了农田群落结构和产量结构特征、高原冬小麦物质生产对未来气候变化的响应、高原农田生态系统的温室气体排放特征等。

二、典型农田生态系统服务研究——以拉萨农田为例

在青藏高原系统研究农田生态系统服务功能及其价值的成果相对较少。赵海珍（2004）以拉萨市达孜县为研究区，对达孜县农田生态系统服务功能及其价值首次进行了较为系统的观测研究。

（一）研究区概况与农田生态系统服务价值评估方法

1. 研究区概况

达孜县位于拉萨河中下游的宽谷地段，全县总面积为 1373.25km^2。达孜县整个地势北高南低，山峦起伏，沟谷纵横，大的地貌特征为高山宽谷地貌。达孜县平均海拔 4100m，属于高原温带半干旱季风气候区，其基本特点是太阳辐射强、日照时间长、气温低、日温差大、年温差小、降水变率大、分布不均、雨热同季、干湿分明。

达孜县的人工植被主要是农田和人工林。农作物中粮食作物主要是青稞、冬小麦，还有少量的春小麦、豌豆、蚕豆等；经济作物以油菜为主，并多与青稞等作物混播；蔬菜作物主要是马铃薯、萝卜、胡萝卜、大白菜和藏葱等，数量很少。达孜县没有天然林，人工林以北京杨、藏川杨、红柳、长蕊柳等树种为主。

2. 农田生态系统服务价值评估方法

（1）旱地生态系统物质生产功能评估方法

生物量是指单位面积上所有植物体的总量，是一个密度概念，其度量单位为 t/hm^2 或 g/m^2。生物量的测定是建立在对植物群落的光合作用产物进行收获的基础上的。

2002 年 7～8 月，进行 3 次测定；根据水肥条件的不同选取 3 块代表性样地，每个样地取 3 个样方，地上部分样方 100cm×100cm，地下部分样方 50cm×50cm。沿地表收割地上部分；枯落物装入另一袋中；把样地根系达到的最大深度的土壤挖出，用水冲洗、浮选，收集所有根系并阴干；地上部分（茎、叶、穗）、地下部分（根）和枯落物于 80℃下烘干至恒重，用电子天平（0.01g）称重。

利用农田生态系统的净初级生产力、播种面积、经济系数（参考麦类的经济系数 0.40）等资料，将其净初级生产量分为经济产量和秸秆产量，以市场价值法评价其农产品的服务价值。

（2）拉萨地区典型生态系统固定 CO_2 功能的评价

利用旱地生态系统的净初级生产量数据，根据光合作用方程式，生态系统每生产 1.00g 植物干物质能固定 1.63g CO_2，使用造林成本法（1990 年不变价 260.90 元/t C）和碳税法（150 美元/t C，以 1 美元折合 8.28 元人民币计算）（肖寒等，2000），估算 3 类典型生态系统固定 CO_2 的价值。

（3）拉萨地区典型生态系统释放 O_2 功能的评价

根据光合作用方程式，生态系统每生产 1.00g 植物干物质能释放 1.20g O_2。利用青稞农田生态系统的净初级生产量，使用造林成本法（1990 年不变价 352.93 元/t）和工业制氧法（制氧工业成本 0.40 元/kg）估算 3 类典型生态系统释放 O_2 的价值（肖寒等，2000）。

（4）拉萨地区典型生态系统涵养水源功能的评价

以非毛管孔隙度、土壤稳渗速度等物理指标的测定为基础，利用土壤非毛管静态蓄水量法、替代工程法，评价 3 类典型生态系统涵养水源的物理量和价值量。

选择 3 块代表性青稞农田生态系统样地，随机取样，去除植被，挖土壤垂直剖面（长、宽均为 1m），土壤剖面深度达到母质层，自上而下，分层描述取样，每层 3 个重复，记录土壤各层的厚度。

土壤物理性质采用常规方法测定（劳家柽，1988）。土壤机械组成采用 SALD3001 激光粒径分析仪测定；土壤容重、孔隙度、饱和含水率、渗透系数采用环刀法测定；自然含水率采用土钻法测定。

考虑土壤对水分的涵养，利用土壤非毛管静态蓄水量法计算山地灌丛草原、农田生态系统土壤水分涵养量，人工林生态系统则在计算土壤蓄水量的同时，考虑了其林木、林下植被对水源的涵养量（周泽福和李昌哲，1995）。

采用替代工程法，以水库的蓄水成本（1990 年不变价 0.67 元/t）来定量评价农田生态系统涵养水源的价值（肖寒等，2000）。

（5）旱地生态系统维持营养物质循环功能的评价

以土壤养分含量、植物养分含量的测定为基础，利用土壤库持留法、生物库持留法两种方法，计算 3 类典型生态系统维持营养物质循环功能的物理量和价值量。

分别选择 3 块青稞农田代表性样地，随机取样，去除植被，挖土壤垂直剖面（长、宽均为 1m），土壤剖面深度达到母质层，自上而下，分层描述取样，每层 3 个重复，记录土壤各层的厚度。

对样品进行重要养分的分析测定，分析方法主要依据中国生态系统研究网络的标准（刘光崧，1996）。对于 pH，用 1∶1 土液比水提，采用酸度计测定；有机质采用重铬酸钾法测定；全氮采用开氏法测定；对于全磷、钾，用酸消解样品，采用等离子体发射光谱法测定；速效氮采用碱解蒸馏法测定；对于速效磷、钾，用碳酸铵浸提，采用等离子体发射光谱法测定。

植物样品的采集均于花期（8：00～10：00）进行，采集方法依据中国生态系统研究网络的标准（董鸣，1996）。所采集的样品先在 105℃烘干 15min，然后在 65℃烘干至恒重。氮采用凯氏定氮法测定；对于磷、钾，用王水消解法处理样品，采用等离子体发射光谱法测定。全株的元素含量是根据植物体各部分的元素含量和生物量计算得出的。

土壤库持留法：利用速效 N、速效 P、速效 K 在土壤各层中的含量，各层土壤的容重、厚度、土壤面积等资料，计算土壤库中速效 N、速效 P、速效 K 的持留量；利用影子价格法（我国化肥的平均价格为 2549 元/t，1990 年不变价）（肖寒等，2000），将山地灌丛草原、农田、人工林等生态系统养分的持留量价值化，以定量评价山地灌丛草原、农田、人工林等生态系统维持营养物质循环的经济价值。

生物库持留法：首先，利用各营养元素在各植物体内的含量、播种面积、净初级生产力等数据，计算植物体内 N、P、K 的积累量。然后，运用影子价格法（我国化肥的平均价格为 2549 元/t，1990 年不变价）（肖寒等，2000），将养分的持留量价值化，从而定量评价农田、山地灌丛草原、人工林等生态系统维持营养物质循环的经济价值。

（二）评估结果

1. 物质生产功能及其价值

根据扬花期、灌浆期、成熟期 3 个时期测定的数据，以它们的平均值作为青稞的生物量，即 1184.63g/m²。作物产量的形成取决于干物质的积累总量及其分配，而且干物质的积累与分配随生长发育阶段的改变而变化，表 7-25 是扬花期青稞农田的生物量积累及其在不同部位的分配。

表 7-25　扬花期青稞农田的生物量积累及其在不同部位的分配

样地号	生物量（g/m²）						
	茎	叶	穗	枯落物	地上	地下（根）	合计
1	331.74	68.18	321.01	60.32	781.25	100.17	881.42
2	383.95	108.98	382.96	125.54	1001.43	153.92	1155.35
3	369.23	90.28	414.64	78.34	952.49	82.33	1034.82
平均值	361.64	89.15	372.87	88.07	911.72	112.14	1023.86

由表 7-25 可知，青稞农田生物量为 1023.86g/m²，其中，地上部分为 911.72g/m²，地下部分（根）为 112.14g/m²，地上、地下之比为 8.13。各部分的生物量大小排序为穗（36.42%）＞茎（35.32%）＞根（10.95%）＞叶（8.71%）＞枯落物（8.60%）。可以看出，此时期生物量的分配主要集中于穗和茎。

对于人类来说，粮食生产是农田生态系统最基本和最主要的服务功能。青稞的播种面积为 19 900hm²（拉萨市统计局，2002）；其经济系数参考麦类的经济系数，取 0.40（李克让，2002）；根据西藏自治区粮食局市场处 2003 年的资料，青稞每千克的价格不低于 1.5 元，秸秆每吨约为 200 元。因此，达孜县青稞农田生态系统每年的物质生产价值为 16 973.38×10⁴ 元（表 7-26）。

表 7-26　农田生态系统的物质生产价值

净初级生产力[g/(m²·a)]	面积（hm²）	净初级生产量（t/a）	经济产量（t/a）	秸秆产量（t/a）	总价值（×10⁴ 元/a）
1 184.63	19 900	235 741.37	94 296.55	141 444.82	16 973.38

2. 固定 CO_2 的功能及其价值

青稞农田生态系统的净初级生产力为 1184.63g/(m²·a)，单位面积固定 CO_2 的量为

19.31t/(hm²·a)，经济价值为 0.40×10⁴ 元/(hm²·a)。达孜县青稞农田生态系统的净初级生产量为 235 741.37t/a，固定 CO_2 的总量为 384 258.43t/a，经济价值为 7875.03×10⁴ 元/a（表 7-27）。

表 7-27 青稞农田生态系统固定 CO_2 的量及其价值

净初级生产力 [g/(m²·a)]	面积 (hm²)	净初级生产量 (t/a)	固定 CO_2 量 (t/a)	价值（×10⁴ 元/a）		
				造林成本法	碳税法	平均值
1 184.63	19 900	235 741.37	384 258.43	2 734.17	13 015.88	7 875.03

3. 释放 O_2 的功能及其价值

青稞农田生态系统的净初级生产力为 1184.63g/(m²·a)，单位面积释放 O_2 的量为 14.22t/(hm²·a)，经济价值为 0.54×10⁴ 元/a。达孜县青稞农田生态系统的净初级生产量为 235 741.37t/a，释放 O_2 的量为 282 889.64t/a，经济价值为 10 649.81×10⁴ 元/a（表 7-28）。

表 7-28 青稞农田生态系统释放 O_2 的量及其价值

净初级生产力 [g/(m²·a)]	面积 (hm²)	净初级生产量 (t/a)	释放 O_2 量 (t/a)	价值（×10⁴ 元/a）		
				造林成本法	工业制氧法	平均值
1 184.63	19 900	235 741.37	282 889.64	9 984.03	11 315.59	10 649.81

4. 生态系统涵养水源的功能及其价值

农田土壤的容重为 1.42~1.59g/cm³，随土层深度的增加而增大；土壤的非毛管孔隙度为 2.54%~6.20%，非毛管孔隙度及其占总孔隙度的比例随土层深度的增加而变大（表 7-29）。

表 7-29 青稞农田生态系统土壤的容重和孔隙度

土层深度 (cm)	容重 (g/cm³)	土壤总孔隙度 (%)	土壤毛管孔隙度 (%)	土壤非毛管孔隙度 (%)	非毛管孔隙占比 (%)
0~10	1.42	46.54	44.00	2.54	5.46
10~20	1.44	45.66	40.10	5.56	12.18
20~40	1.59	40.00	33.80	6.20	15.50

农田土壤的自然含水率为 4.50%~10.84%，随着土层深度的增加而减小；而其饱和含水率为 38.90%~46.70%，随土层深度的增加而增大。农田土壤表层的稳渗速度为 9.60mm/min（表 7-30）。

表 7-30 青稞农田生态系统土壤的水分常数

土层深度（cm）	自然含水率（%）	饱和含水率（%）	稳渗速度（mm/min）
0~10	10.84	38.90	9.60
10~20	7.06	45.20	—
20~40	4.50	46.70	—

根据测定的各层土壤的非毛管孔隙度，计算得到达孜县青稞农田生态系统土壤的涵

养水源量为 4 079 500t/a，其经济价值为 273.32×10⁴ 元/a（表 7-31）。

表 7-31　青稞农田生态系统涵养水源的经济价值

土层深度（cm）	总孔隙度（%）	毛管孔隙度（%）	非毛管孔隙度（%）	土层厚度（m）	涵养水源量（t/a）	价值（×10⁴ 元/a）
0～10	46.54	44.00	2.54	0.10	505 460	33.86
10～20	45.66	40.10	5.56	0.10	1 106 440	74.13
20～40	40.00	33.80	6.20	0.20	2 467 600	165.33
合计	—	—	—	0.40	4 079 500	273.32

5. 生态系统维持营养物质循环的功能及其价值

（1）农田生态系统土壤的养分全量特征

根据农田生态系统土壤养分全量分析结果（表 7-32），其养分全量排序为全钾含量（2.8866%）＞有机质含量（1.17%）＞全氮含量（0.0815%）＞全磷含量（0.0639%）。有研究表明，即使在外部化肥投入水平较高，灌溉条件较好，土壤理化性状较好的农田土壤，土壤有机质仍是控制土地生产力的重要条件。该研究区域农田土壤的有机质含量仅为 1.17%，就青藏高原而言，仍属于低水平，需要进一步提高有机质的含量。

表 7-32　农田生态系统土壤剖面不同层次养分全量的统计值

土层深度（cm）	pH	有机质含量（%）	全氮含量（%）	全磷含量（%）	全钾含量（%）	合计（%）
0～10	7.00	1.52	0.1024	0.0667	2.8586	4.5477
10～20	6.86	1.42	0.0889	0.0771	2.7992	4.3852
20～40	6.95	0.92	0.0686	0.0605	2.8913	3.9404
40～60	7.07	0.81	0.0660	0.0512	2.9972	3.9244
平均值	6.97	1.17	0.0815	0.0639	2.8866	4.1994

土壤中 pH 呈现随着土层深度的增加而先降低后升高的趋势，其平均值为 6.97。有机质、全氮、全磷、全钾含量在整个土壤剖面上的变化较为缓和，剖面各层次间的差别不大。有机质、全氮、全磷、全钾含量的变动范围分别为 0.81%～1.52%、0.0660%～0.1024%、0.0512%～0.0771%、2.7992%～2.9972%。由于土壤表层生物量的富集和强烈的生物作用，作为生物源的有机质和全氮，其含量随着剖面深度的增加而减少。全磷含量呈现随着土壤剖面深度的增加先增加后减少的趋势，其原因除生物的富集外，还有磷素的迁移率较小。全钾含量则表现为表层、底层较高，中间层较低，呈现双向梯度特征。

（2）农田生态系统土壤的速效养分含量特征

农田生态系统速效养分含量大小排序为速效氮含量（0.0085%）＞速效钾含量（0.0045%）＞速效磷含量（0.0021%）。土壤中速效氮、速效磷、速效钾的总量随土层深度的增加而减少，其平均值为 0.0151%。速效氮、速效磷的含量也随着土壤剖面深度的增加而减少，但速效钾的含量在表层、底层含量较高，中间层次含量较低，呈现双向梯度特征（表 7-33）。

表 7-33　农田生态系统土壤剖面不同层次速效养分含量的统计值

土层深度（cm）	速效氮含量（%）	速效磷含量（%）	速效钾含量（%）	合 计（%）
0~10	0.0110	0.0029	0.0050	0.0189
10~20	0.0086	0.0023	0.0040	0.0149
20~40	0.0076	0.0022	0.0042	0.0140
40~60	0.0069	0.0011	0.0046	0.0126
平均值	0.0085	0.0021	0.0045	0.0151

（3）农田生态系统植物的养分含量特征

青稞全株 N、P、K 三种元素总含量为 2.6597%，三种元素含量从大到小排序为 N 含量（1.2405%）＞K 含量（1.1538%）＞P 含量（0.2654%）。就三种元素在各器官的分配而言，三者的含量均以叶子为最高。其中，N 含量的排序为叶子＞花序＞根＞茎；P 含量排序为叶子＞花序＞茎＞根；K 含量排序为叶子＞茎＞花序＞根；就各器官营养元素的总含量而言，其顺序为叶子＞花序＞茎＞根（表 7-34）。

表 7-34　农田生态系统植物的养分含量特征

部 位	N 含量（%）	P 含量（%）	K 含量（%）	合 计（%）
花序	1.4537	0.2941	0.9633	2.7111
叶子	2.0327	0.3916	2.0011	4.4254
茎	0.7037	0.2194	1.2110	2.1341
根	0.7720	0.1564	0.4398	1.3682
平均值	1.2405	0.2654	1.1538	2.6597

（4）农田生态系统维持营养物质循环功能的经济价值

土壤库持留法：土壤养分全量体现了土壤提供营养元素的潜在能力，速效养分含量则直接反映了土壤及时供给营养元素的能力。农田生态系统土壤剖面变化较为缓和，可以利用土壤库持留法和影子价格法，计算农田生态系统维持营养物质循环的物理量及其经济价值。结果显示，达孜县农田生态系统土壤库每年可提供的养分总量为 25 490.70t，经济价值为 $6497.58×10^4$ 元（表 7-35）。

表 7-35　农田生态系统维持营养物质循环功能的经济价值（土壤库持留法）

土层深度（cm）	土壤容重（t/m³）	面积（hm²）	土壤厚度（m）	速效养分总含量（%）	养分总量（t/a）	价值（×10⁴元/a）
0~10	1.42	19 900	0.10	0.018 9	5 340.76	1 361.36
10~20	1.44	19 900	0.10	0.014 9	4 269.74	1 088.36
20~40	1.59	19 900	0.20	0.014 0	8 859.48	2 258.28
40~60	1.40	19 900	0.20	0.012 6	7 020.72	1 789.58
合计	—	—	0.60	—	25 490.70	6 497.58

生物库持留法：该方法是用生态系统植物部分养分持留量的多少来表示生态系统维

持营养物质循环功能的强弱。农田生态系统养分持留总量为 5366.18t/a，其维持营养物质循环的生态经济价值为 1367.84×10⁴ 元/a（表 7-36）。

表 7-36　农田生态系统维持营养物质循环功能的经济价值（生物库持留法）

类型	净初级生产量（t/a）	氮含量（%）	磷含量（%）	钾含量（%）	养分总含量（%）	养分总量（t/a）	价值（×10⁴ 元/a）
农田	235 741.37	1.039 5	0.235 8	1.001 0	2.276 3	5 366.18	1 367.84

6. 综合生态系统服务功能价值

农田生态系统单位面积各项服务功能价值的大小排列为物质生产价值（45.70%）＞释放 O_2 价值（28.68%）＞固定 CO_2 价值（21.20%）＞维持营养物质循环价值（3.68%）（按生物库持留法结果计算）＞涵养水源价值（0.74%）。从达孜县农田生态系统服务功能的价值构成可知，达孜县农田生态系统服务功能的总价值为 37 139.38×10⁴ 元/a，其中以物质生产功能的经济价值最高，为 16 973.38×10⁴ 元/a，占总价值的 45.70%；生命支持功能的经济价值占总价值的 54.30%，是物质生产价值的 1.19 倍。

三、农田生态系统服务价值的综合评价

（一）研究方法

以谢高地等（2003b，2008）提出的生态系统服务价值当量因子法为基础，依据各类文献资料调研和中国净初级生产力的时空分布状况等，对谢高地等（2003b，2008）提出的生态系统服务价值当量因子表进行修订和补充，建立不同生态系统类型、不同生态系统服务功能的时间和空间动态价值评估体系。

1. 年均单位面积生态系统服务价值当量表的确定

以谢高地等（2003b，2008）对生态系统服务价值的评价研究为基础，梳理国内以实物量计算方法为主的生态系统服务价值量评价结果，参考中国统计年鉴、中国林业统计年鉴等各类公开发表的统计文献资料，并结合遥感影像数据对 NPP 和生物量的模拟分析与专家经验，修订得到了新的不同土地覆被类型中国生态系统服务价值当量因子表（谢高地等，2015）。本研究中暂不考虑包括农村聚落和城镇建设用地的生态系统服务，其生态系统服务评价当量因子赋值为 0。

2. 单位面积生态系统服务价值标准当量因子价值量的确定

任何一种自然生态系统的价值，必然首先是指其满足人类生存生活需求的重要性。为了使生态系统价值评估体系很好地反映生态系统满足人类需求的这一重要性，本研究以农业生态系统提供的单位面积粮食价值和林业生态系统提供的单位面积木材等原材料价值为参考，确定生态系统服务价值标准当量因子的单位价值量。具体方法如下。

农田生态系统的粮食供给价值（F_1）主要依据稻谷、小麦和玉米三大粮食主产物计算。其计算公式如下

$$F_1 = s_r \times F_r + s_w \times F_w + s_c \times F_c \tag{7-8}$$

式中，s_r、s_w 和 s_c 分别表示 2010 年稻谷、小麦和玉米的播种面积占三种作物播种总面积的比例（%）；F_r、F_w 和 F_c 分别表示 2010 年稻谷、小麦和玉米的单位面积净利润（元/hm²）。

依据《全国农产品成本收益资料汇编 2011》，扣除生产成本和土地成本后，我国 2010 年稻谷、小麦和玉米的单位面积净利润分别为 4648.0 元/hm²、1981.5 元/hm² 和 3595.5 元/hm²（表 7-37）。依据《中国统计年鉴 2011》，我国 2010 年稻谷、小麦和玉米的播种面积分别为 $29\,873 \times 10^3$ hm²、$24\,257 \times 10^3$ hm² 和 $32\,500 \times 10^3$ hm²，可以计算得到三种作物播种面积比例。从而可以计算得到 F_1 的值，为 3408.5 元/hm²。

表 7-37　2010 年中国三种主要粮食作物每公顷的生产成本效益

项目	单位	稻谷	小麦	玉米	平均
主产品产量	kg	6 717.00	5 550.00	6 790.50	6 352.50
产值合计	元	16 147.50	11 262.00	13 084.50	13 498.00
主产品产值	元	15 850.50	10 990.50	12 717.00	13 186.00
副产品产值	元	297.00	271.50	367.50	312.00
副产品产值/主产品产值	—	0.02	0.02	0.03	0.02
总成本	元	11 499.50	9 280.50	9 489.00	10 089.50
生产成本	元	9 378.00	7 458.00	7 434.00	8 090.00
土地成本	元	2 121.50	1 822.50	2 055.00	1 999.50
净利润	元	4 648.00	1 981.50	3 595.50	3 408.50

注：数据来源于《全国农产品成本收益资料汇编 2011》

（二）估算结果

计算结果显示，2010 年青藏高原农田生态系统服务总价值为 223.81×10^8 元。其中，供给服务价值为 67.91×10^8 元，占农田生态系统服务价值的 30.34%；调节服务价值为 82.09×10^8 元，占 36.68%；支持服务价值为 70.43×10^8 元，占 31.47%；文化服务价值为 3.38×10^8 元，占 1.51%。针对各生态系统服务单项而言，土壤保持价值最高，占农田生态系统服务价值的 25.14%；其次是食物生产，占 21.49%；再次是气体调节，占 16.96%。净化环境、维持养分循环、生物多样性和美学景观的价值相对较低，占青藏高原农田生态系统服务价值的比例均在 4% 以下。水资源供给价值为负值，即 -2.15×10^8 元，表明青藏高原农田生态系统总体而言非但不能提供水资源供给服务，反而消耗当地水资源供给服务（表 7-38）。

水田与旱地和水浇地的各项生态系统服务占该类农田生态系统服务总价值的比例差别较大。水田提供的除水资源供给之外的其他生态服务的价值为 8.04×10^8 元，而消耗水资源供给产生的费用为 3.24×10^8 元。在水田提供的除水资源供给之外的生态系统服务价值中，水文调节、食物生产、气体调节和气候调节占其生态服务总价值比例相对较高。在水浇地和旱地提供的生态服务中，土壤保持、食物生产和气体调节占其生态服务总价值的比例相对较高。总体而言，青藏高原农田生态系统提供的主要生态系统服务是土壤保持、食物生产和气体调节。

表 7-38　2010 年青藏高原农田生态系统服务价值

生态系统服务类型		服务价值（×10^8 元）			
		水田	水浇地	旱地	农田合计
供给服务	食物生产	1.68	20.97	25.45	48.10
	原料生产	0.11	9.87	11.98	21.96
	水资源供给	−3.24	0.49	0.60	−2.15
调节服务	气体调节	1.37	16.53	20.06	37.96
	气候调节	0.70	8.88	10.78	20.36
	净化环境	0.21	2.47	2.99	5.67
	水文调节	3.36	6.66	8.08	18.10
支持服务	土壤保持	0.01	25.41	30.85	56.27
	维持养分循环	0.23	2.96	3.60	6.79
	生物多样性	0.26	3.21	3.90	7.37
文化服务	美学景观	0.11	1.48	1.79	3.38
合计		4.80	98.93	120.08	223.81

青藏高原农田生态系统服务中，旱地生态系统服务价值最高，为 120.08×10^8 元，占青藏高原农田生态服务总价值的 53.65%；其次是水浇地，生态系统服务价值为 98.93×10^8 元，占 44.20%；最后是水田，生态系统服务价值为 4.80×10^8 元，占 2.14%。除水资源供给和水文调节之外，旱地提供的各项生态系统服务价值占青藏高原农田生态系统服务价值的比例在 52% 以上，水浇地为 43% 以上，水田不到 4%。水田提供的水资源供给价值为负值，表明其消耗水资源供给服务，但水田提供水文调节服务，其价值较其他生态服务高（表 7-38，表 7-39）。

表 7-39　青藏高原不同生态服务类型的农田生态系统服务价值构成　　（%）

生态系统服务类型		水田	水浇地	旱地	农田合计
供给服务	食物生产	3.49	43.60	52.91	100
	原料生产	0.50	44.95	54.55	100
	水资源供给	150.70	−22.79	−27.91	100
调节服务	气体调节	3.61	43.55	52.85	100
	气候调节	3.44	43.61	52.95	100
	净化环境	3.70	43.56	52.73	100
	水文调节	18.56	36.80	44.64	100
支持服务	土壤保持	0.02	45.16	54.82	100
	维持养分循环	3.39	43.59	53.02	100
	生物多样性	3.53	43.55	52.92	100
文化服务	美学景观	3.25	43.79	52.96	100
生态系统服务价值合计		2.14	44.20	53.65	100

青藏高原农田分布在东北部青海湖周边，东南部云南迪庆和怒江地区，南部西藏日喀则、拉萨和山南地区。大部分农田零星分布在草地与森林之间，很少有连片大面积分

布。单位面积生态系统服务价值相对较高的农田主要分布在迪庆和怒江地区。而青海海东、海南和黄南，甘肃甘南，西藏日喀则、拉萨和山南地区的农田单位面积生态系统服务价值相对较低。

参 考 文 献

陈刚起, 吕宪国, 杨青, 等. 1993. 三江平原沼泽蒸发研究. 地理科学, 13(3): 220-226.

陈国阶, 何锦峰, 涂建军. 2005. 长江上游生态系统服务功能区域差异研究. 山地学报, 23(4): 406-411.

陈龙, 谢高地, 张昌顺, 等. 2011. 白马雪山国家级自然保护区典型森林生态系统服务. 生态学杂志, 30(8): 1781-1785.

邓坤枚, 石培礼, 谢高地. 2002. 长江上游森林生态系统水资源涵养量与价值的研究. 资源科学, 24(6): 68-73.

董鸣. 1996. 陆地生物群落调查观测与分析. 北京: 中国标准出版社.

关文彬, 王自力, 陈建成, 等. 2002. 贡嘎山地区森林生态系统服务功能价值评估. 北京林业大学学报, 24(4): 80-85.

郭立群, 王庆华, 周洪昌, 等. 1999. 滇中高原区主要森林类型水源涵养功能系统分析与评价. 云南林业科技, (1): 32-40.

贺桂芹, 杨改河, 冯永忠, 等. 2007. 西藏高原湿地生态系统结构及功能分析. 干旱地区农业研究, 25(3): 185-189.

黄承标, 吴仁宏, 何斌, 等. 2009. 三匹虎自然保护区森林土壤理化性质的研究. 西部林业科学, 38(3): 16-21.

蒋运生, 宁世江, 唐润琴. 2004. 九万山自然保护区森林植被涵养水源效益的初步研究. 广西植物, 24(5): 6-11.

拉萨市统计局. 2002. 拉萨市统计年鉴 2001. 拉萨: 拉萨市统计局.

郎奎建, 李长胜, 殷有, 等. 2000. 林业生态工程 10 种森林生态效益计量理论和方法. 东北林业大学学报, 28(1): 1-7.

劳家柽. 1988. 土壤农化分析手册. 北京: 中国农业出版社.

李宏伟. 2003. 白马雪山国家级自然保护区. 昆明: 云南民族出版社.

李宏伟, 赵元藩. 2007. 白马雪山国家级自然保护区植物多样性. 广西植物, 27(1): 71-76.

李克让. 2002. 土地利用变化和温室气体净排放与陆地生态系统碳循环. 北京: 气象出版社.

李双权, 苏德毕力格, 哈斯, 等. 2011. 长江上游森林水源涵养功能及空间分布特征. 水土保持通报, 31(4): 62-67.

李忠魁, 洛桑桑旦. 2008. 西藏湿地资源价值损失评估. 湿地科学与管理, 4(3): 24-29.

刘光崧. 1996. 土壤理化分析与剖面描述. 北京: 中国标准出版社.

刘军会, 高吉喜, 聂亿黄. 2009a. 青藏高原生态系统服务价值的遥感测算及其动态变化. 地理与地理信息科学, 25(3): 81-84.

刘军会, 刘劲松, 冯晓淼, 等. 2009b. 青藏高原植被固定 CO_2 释放 O_2 的经济价值评估. 环境科学研究, 22(8): 977-983.

刘庆, 吴彦, 何海, 等. 2001. 滇西北白马雪山西坡长苞冷杉群落特征的研究. 重庆师范学院学报(自然科学版), 18(3): 9-14.

刘兴元, 龙瑞军, 尚占环. 2011. 草地生态系统服务功能及其价值评估方法研究. 草业学报, 20(1): 167-174.

刘育红, 李希来, 李长慧, 等. 2009. 三江源区高寒草甸湿地植被退化与土壤有机碳损失. 农业环境科学学报, 28(12): 2559-2567.

刘宗香, 苏珍, 姚檀栋, 等. 2000. 青藏高原冰川资源及其分布特征. 资源科学, 22(5): 49-52.

鲁春霞, 刘铭, 冯跃, 等. 2011. 羌塘地区草食性野生动物的生态系统服务价值评估——以藏羚羊为例. 生态学报, 31(24): 7370-7378.

鲁春霞, 谢高地, 成升魁, 等. 2004b. 青藏高原的水塔功能. 山地学报, 22(4): 428-432.

鲁春霞, 谢高地, 肖玉, 等. 2004a. 青藏高原生态系统服务功能的价值评估. 生态学报, 24(12): 2749-2755.

鲁春霞, 于格, 谢高地, 等. 2006. 高寒草地土壤保持功能的风洞模拟及其定量评估. 自然资源学报, 21(2): 319-326.

鲁春霞, 于格, 谢高地, 等. 2007. 风蚀条件下人类活动对高寒草地水分保持功能影响的定量模拟. 生态环境, 16(4): 1289-1293.

马霭乃. 1997. 遥感信息模型. 北京: 北京大学出版社.

聂忆黄, 龚斌, 李忠. 2010. 青藏高原水源涵养能力时空变化规律. 地学前缘, 17(1): 373-377.

潘韬, 吴绍洪, 戴尔阜, 等. 2013. 基于 InVEST 模型的三江源区生态系统水源供给服务时空变化. 应用生态学报, 24(1): 183-189.

沈大军, 陈传友. 1996. 青藏高原水资源及其开发利用. 自然资源学报, 11(1): 8-14.

石培礼, 吴波, 程根伟, 等. 2004. 长江上游地区主要森林植被类型蓄水能力的初步研究. 自然资源学报, 19(3): 351-361.

水利部. 2000a. 中国水利统计年鉴 2000. 北京: 中国水利出版社.

水利部. 2000b. 中国水资源公报 2000. 北京: 中国水利出版社.

苏迅帆, 徐莲珍, 张硕新. 2008. 青藏高原森林生态系统服务价值评估指标的研究——以西藏林芝地区为例. 西北林学院学报, 23(3): 66-70.

孙鸿烈, 郑度. 1998. 青藏高原形成演化与发展. 广州: 广东科技出版社.

王纯德. 2001. 青海旅游经济发展中的几个重要问题. 青海经济研究, (4): 33-35.

王恒颖. 2014. 西藏麦地卡自然保护区湿地生态系统经济价值评估. 林业建设, (4): 26-29.

王景升, 王文波, 普琼. 2005. 西藏色季拉山主要林型土壤的水文功能. 东北林业大学学报, 33(2): 4-9.

王天津. 1998. 青藏高原人口与环境承载力. 北京: 中国藏学出版社.

肖寒, 欧阳志云, 赵景柱, 等. 2000. 森林生态系统服务功能及其生态经济价值评估初探——以海南岛尖峰岭热带森林为例. 应用生态学报, 11(4): 481-484.

肖玉, 谢高地, 安凯. 2003. 青藏高原生态系统土壤保持功能及其价值. 生态学报, 23(11): 2367-2378.

谢高地, 鲁春霞, 冷允法, 等. 2003a. 青藏高原生态资产的价值评估. 自然资源学报, 18(2): 189-196.

谢高地, 鲁春霞, 肖玉, 等. 2003b. 青藏高原高寒草地生态系统服务价值评估. 山地学报, 21(1): 50-55.

谢高地, 张彩霞, 张雷明, 等. 2015. 基于单位面积价值当量因子的生态系统服务价值化方法改进. 自然资源学报, 30(8): 1243-1252.

谢高地, 甄霖, 鲁春霞, 等. 2008. 一个基于专家知识的生态系统服务价值化方法. 自然资源学报, 23(5): 911-919.

杨光梅, 李文华, 闵庆文. 2006. 生态系统服务价值评估研究进展——国外学者观点. 生态学报, 26(1): 205-211.

尹云鹤, 吴绍洪, 李华友, 等. 2013. SRES 情景下青藏高原生态功能保护区水源涵养功能的变化研究. 资源科学, 35(10): 2003-2010.

于格, 鲁春霞, 谢高地. 2007. 青藏高原草地生态系统服务功能的季节动态变化. 应用生态学报, 18(1): 47-51.

于格, 鲁春霞, 谢高地, 等. 2006. 基于 RS 和 GIS 的青藏高原草地生态系统土壤水分保持功能及其经济价值评估——以生长季为例. 山地学报, 24(4): 498-503.

张彪, 李文华, 谢高地, 等. 2009. 森林生态系统的水源涵养功能及其计量方法. 生态学杂志, 28(3): 529-534.

张桥英, 罗鹏, 张运春, 等. 2008. 白马雪山阴坡林线长苞冷杉(Abies georgei)种群结构特征. 生态学报,

28(1): 129-135.

张桥英, 张运春, 罗鹏, 等. 2007. 白马雪山阳坡林线方枝柏种群的生态特征. 植物生态学报, 31(5): 857-864.

张天华, 陈利顶, 普布丹巴. 2005. 西藏拉萨拉鲁湿地生态系统服务功能价值估算. 生态学报, 24(12): 3176-3180.

张宪洲, 刘允芬, 钟华平, 等. 2003. 西藏高原农田生态系统土壤呼吸的日变化和季节变化特征. 资源科学, 25(5): 103-107.

赵海珍. 2004. 西藏高原农田生态系统服务功能研究. 北京: 中国科学院地理科学与资源研究所博士学位论文.

赵军, 陈建伟, 吕刚. 2009. 白石砬子自然保护区主要森林类型土壤水源涵养功能研究. 安徽农业科学, 37(33): 16619-16621.

赵荣钦, 黄爱民, 秦明周, 等. 2003. 农田生态系统服务功能及其评价方法研究. 农业系统科学与综合研究, 19(4): 267-270.

周泽福, 李昌哲. 1995. 北京九龙山不同立地土壤蓄水量及水分有效性的研究. 林业科学研究, 8(2): 182-187.

朱文泉, 高清竹, 段敏捷, 等. 2011. 藏西北高寒草原生态资产价值评估. 自然资源学报, 26(3): 419-428.

Bandyopadhyay J. 1995. The mountains and uplands as water-towers for humanity: Need for a new perspective in the context of the 21st century compulsions. Geneva: International Academy of the Environment: 4.

Costanza R, d'Arge R, de Groot R, et al. 1997. The value of the world's ecosystem services and natural capital. Nature, 387: 253-260.

Lai M, Wu S H, Yin Y H, et al. 2013. Changes in grassland ecosystem service values in the three-river headwaters region, China. Agricultural Science and Technology, 14(4): 654-660.

第八章　青藏高原的生态补偿

第一节　建立青藏高原生态补偿机制的意义

一、生态补偿的理论研究

生态补偿（ecological compensation）一词最早出现在 20 世纪 20 年代，被称为"环境服务付费"（payment for environmental service）或"生态系统服务付费"（payment for ecosystem service）（Zbinden and Lee，2005；Pagiola，2008），其实质是由于土地使用者往往不能因为提供各种生态环境服务而得到补偿，因而对提供这些服务缺乏积极性，通过对提供生态服务的土地使用者支付费用，可以激励保护生态环境的行为（付伟等，2012）。

（一）理论基础

生态补偿的理论基础主要有三个方面：生态环境价值论、公共物品理论和外部性理论。

1. 生态环境价值论

生态系统具有物质转换、能量流动和信息传递等功能，在实现这些功能的过程中，生态系统也为人类提供了许多有形和无形的服务，生态系统服务功能对人类具有复杂而多样化的价值。生态环境价值可分为两类。按第一种划分标准可分为利用价值和非利用价值两类，其中利用价值又包括直接利用价值和间接利用价值；非利用价值包括存在价值、遗产价值和选择价值。按第二种划分标准可分为产品价值和服务价值两类，其中产品价值是有形的、可以看得见的、可以进行交易的；服务价值是无形的、非直接可见但客观存在的、不可进行交易的（刘燕，2010）。许多学者对生态系统服务价值的计量方法进行了探索性研究，由于生态服务不能在市场上进行交易，西方发达国家在评价它们的价值时多采用意愿调查法等方法。其中，Costanza 等（1997）13 位学者在 *Nature* 发表的论文首次系统地测算了全球自然环境为人类所提供服务的价值，他们将生态系统提供给人类的"生态服务"功能分为 17 项生态系统服务，并初步测算出生态系统每年提供的服务价值。该研究产生了轰动效果，并引起了"生态服务"价值定量研究的热潮。生态系统服务价值理论激发了人们对生态环境破坏进行补偿的意识的觉醒，同时为确定生态补偿标准提供了依据（谢维光和陈雄，2008）。

2. 公共物品理论

公共物品的严格定义是萨缪尔森给出的，纯粹的公共物品是指所有成员集体享用的集体消费品，个体消费这种物品不会导致其他个体对该物品消费的减少。弗里德曼认为，公共物品一旦被生产出来，生产者就无法决定由谁来得到它。两位经济学家分别强调了公共物品的非竞争性和非排他性。非竞争性是指一旦公共物品被提供，增加一个人的消费不会减少其他人对该公共物品的消费，也不会增加社会成本；非排他性是指一旦产品被提供就不可能把某一个体从公共物品的消费中排除出去（陈祖海，2008）。公共物品的这两个特征，使每个人相信无论付费与否都可享用公共物品，那么就不会有自愿付费的动机，便产生了"搭便车"现象，即总想让别人提供公共物品给自己免费享用。生态环境是一种公共物品，任何个体都有使用权，又不必付出相应的成本，个体尽情享用，当使用强度超过生态环境的自我调节极限，生态恶化与环境污染产生了，而每个个体又不愿为改善生态环境付出成本，个人理性导致集体的不理性，"公地的悲剧"就难免会发生，为解决这一问题，客观上要求建立生态补偿机制来约束个体行为（谢维光和陈雄，2008）。

3. 外部性理论

外部性是指在没有市场交换的情况下，一个生产单位的生产行为（或消费者的消费行为）影响了其他生产单位（或消费者）的生产过程（或生活标准），即私人收益与社会收益、私人成本与社会成本不一致。马歇尔于1890年首次提出"外部经济"这一概念（马歇尔，1983），随后庇古在其创立的旧福利经济学中分析边际私人产值与社会产值相背离时提出了外部性概念，并以此确立了外部性理论（闵庆文等，2006）。罗杰·珀曼等（2002）在《自然资源与环境经济学》（第二版）中强调了某项决策所产生的外在影响与补偿的关系：当某一个体的生产和消费决策无意识地影响到其他个体的效用或生产可能性，并且产生影响的一方不对被影响的一方进行补偿时，便产生了所谓的外部效应，或简称外部性。外部性可分为外部经济性（正外部性）和外部不经济性（负外部性）。外部经济性是指某一个体因另一个体的存在而受益；外部不经济性则是指某一个体因另一个体的存在而受损。因此，外部性是随着生产或消费活动产生的，产生的影响可能是积极的，也可能是消极的（陈祖海，2008）。

（二）概念定义

尽管国内外学者已经对生态补偿进行了不少研究，但尚未有统一公认的生态补偿的界定。

《环境科学大辞典》将自然生态补偿（natural ecological compensation）单纯从生态学角度定义为"生物有机体、种群、群落或生态系统受到干扰时，所表现出来的缓和干扰、调节自身状态使生存得以维持的能力，或者可以看作生态负荷的还原能力"（《环境科学大辞典》编辑委员会，1991）。但在当前研究中普遍将生态补偿理解为一种资源环境保护的经济手段，将生态补偿机制看成调动生态建设积极性，促进环境保护的利益驱动机制、激励机制和协调机制。20世纪90年代前期的文献中，生态补偿主要是指排污者付出的赔偿；90年代后期，生态补偿更多地指对生态保护者、建设者的财政补偿机制，确切地说就是通过对损害（或保护）生态环境进行收费（或补偿），提高该行为的成本

（或收益），从而激励损害（或保护）行为的主体减少（或增加）因其行为带来的外部不经济性（或外部经济性），达到保护资源的目的（毛显强等，2002）。

生态补偿概念在我国最早是由张诚谦于 1987 年提出的，他认为生态补偿是从利用资源所得到的经济收益中提取一部分资金，以物质和能量的方式归还生态系统，以维持生态系统的物质、能量输入和输出的动态平衡（李文华等，2007）。此后我国学者相继给出了不同的定义：章铮认为狭义的生态补偿费是为控制生态破坏而征收的费用，性质是行为的外部成本，征收目的是使外部成本内部化（国家环境保护局自然保护司，1995）；洪尚群等（2001）认为生态补偿是一种资源环境保护的经济手段，将生态补偿机制看成调动生态建设积极性，促进环境保护的利益驱动机制、激励机制和协调机制；陈祖海（2008）认为生态补偿是通过对参与生态建设的主体所付出的成本与收益之间的偏差进行经济补偿，以弥补其收入损失，或经济活动主体对生态破坏给予修复或进行赔偿，以达到维持和改善生态服务的目的；戴其文和赵雪雁（2010）、孙新章和周海林（2008）认为生态补偿从狭义的角度理解就是对由人类的社会经济活动给生态系统和自然资源造成的破坏及对环境造成的污染的补偿、恢复、综合治理等一系列活动的总称，广义的生态补偿还应包括对因环境保护而丧失发展机会的区域内的居民在资金、技术、实物上的补偿和政策上的优惠，以及为增进环境保护意识，提高环境水平而进行的教育科研费用的支出；刘燕（2010）认为生态补偿具有两层含义，一是政府对集体或私人产权权利主体所造成损失的赔偿，二是对提供具有公共物品性质生态系统服务的正外部效益行为的补贴或补助，以鼓励其提供的生态系统服务达到社会最有效的水平。

生态补偿机制是指在综合考虑生态保护成本、发展机会成本和生态系统服务价值的基础上，对生态保护者给予合理补偿，是明确界定生态保护者与受益者权利义务、使生态保护经济外部性内部化的公共制度安排。生态补偿与生态建设、环境综合治理构成生态环境保护三位一体的工作格局。生态建设是指退耕还林、退牧还草、青海三江源生态环境保护与建设等工程性措施。环境综合治理是指水、大气、土壤污染的防治措施。生态补偿作为保护生态的制度性措施，不包含生态建设和环境综合治理等工程性内容，也不涉及环境污染造成的赔偿问题。

综合国内外学者的研究，可以从以下角度理解生态补偿：从经济学的角度看，生态补偿是防止生态资源配置扭曲和效率低下的一种经济手段，通过一定的政府或市场手段实现外部性生态环境效益内部化，让生态效益的消费者支付相应的费用，让生态效益的生产者获得相应的报酬；通过制度设计解决好生态效益这一特殊公共产品消费中的"搭便车"问题，激励生态效益的足额提供；通过制度创新解决好投资者的合理回报，激励人们从事生态效益投资，并使生态资本增值（李文华，2002；赵同谦和欧阳志云，2004）。从环境经济学意义上看，生态效益补偿是指人类通过资金和技术的投入，建设环境保护的设施和生产符合维持生态平衡要求的产品，控制环境污染和生态破坏的活动（吴水荣和马天乐，2001）。从生态经济学意义上看，生态效益补偿是指因自然环境系统的消纳自净系统容量有限，为了稳定和保持人类赖以生存的生命支持系统，要对生态系统实施人为的补偿活动，通过补偿，修复自然生态系统状况（蒋延玲和周广胜，1999）。从环境经济学方面看，生态效益补偿更强调环境污染损失（生态资产存量减少）的补偿（或赔偿），而生态经济学更强调生态系统服务（生态资产存量增加及其外部性）的补偿（李文华等，2006）。

综合以上研究，生态补偿（ecological compensation）可定义为：以保护生态环境、促进人与自然和谐发展为目的，根据生态保护成本、生态系统服务价值、发展机会成本，综合运用行政和市场手段，调整生态环境保护和建设相关者之间利益关系的环境经济政策（万军等，2005；Engel et al.，2008；李文华和刘某承，2010；黄炜，2013）。

（三）生态补偿机制研究

生态补偿机制涉及的环节较多，过程复杂。生态补偿机制的主要问题涉及补偿的依据，补偿标准的制定，补偿主体和补偿对象的确定，补偿途径和补偿金额等。近年来国内外学者对这些问题与难点进行了大量研究，然而国外与国内学者研究的侧重点明显有所不同。

国外对生态补偿的研究更加侧重于生态系统服务价值、污染转移、补偿意愿和补偿时空配置等方面。早在 20 世纪 50 年代，很多学者便试图用经济手段解决经济发展过程中的资源损耗和生态问题（Norgaard and Jin，2008），如 Costanza 等（1992，1997）从经济学角度开展了生态系统服务功能的价值探索。后来许多国家和地区开展了深入而广泛的研究和实践工作，如美国、加拿大、瑞士、欧盟等国家和地区一直致力于生态补偿，以保护农业生态环境，最著名的是 20 世纪 80 年代美国实施的防止土地荒漠化的保护性储备计划（Loomis，1986；Robles et al.，1997；Macmillan et al.，1998）。还有学者研究了政府通过财政补贴、协调上下游地区的责权和补偿标准等各种方法进行流域生态补偿的案例，代表性的有在墨西哥、哥斯达黎加、厄瓜多尔、哥伦比亚等拉丁美洲国家开展的环境服务支付项目（Pearce and Turner，1991；Dramstad et al.，1996；Bienabe and Hcame，2006）。2002 年，Gamez 对哥斯达黎加的居民和国外游客进行了意愿调查分析，并建立了多项式逻辑斯谛回归模型，结果表明，不同人群都愿意增加环境服务的付费水平，但对自然保护的支付意愿远大于对景观美感的支付意愿；而对于交通工具生态影响的补偿，国外游客更倾向于自愿式补偿。有学者对苏格兰地区居民生态补偿的支付意愿进行了问卷调查，并采取层次分析法（analytic hierarchy process，AHP）和费用效率法（cost efficiency method，CEM）进行了统计分析，结果表明，基于环境和社会福利目标，居民有较强的支付意愿以收入税的模式参与生态付费（Castro et al.，2000；Moran et al.，2007）。Johst 等（2002）则建立了生态经济模型程序，以实现详细设计分功能、分物种的生态补偿，并为补偿政策的实施提供数据支持。

国内生态补偿的研究相对较晚，相关研究主要集中在 20 世纪 80 年代中后期，随着国家改革开放政策的实施，整个经济在高速发展的同时，呈现出地区间的不平衡，区域生态环境不断恶化，生态补偿越来越得到相关部门和研究机构的重视与关注（卢艳丽和丁四保，2009）。自 20 世纪 80 年代以来，我国学者主要从补偿理论（吴水荣等，2001；肖爱和曾炜，2006；孔凡斌，2010；韩艳莉，2011）、补偿办法和补偿范围（宋鹏臣等，2007；赖力等，2008；赵光洲和陈妍竹，2010）、补偿标准（李怀恩等，2009；谭秋成，

2009；辛长爽，2009）和补偿依据（郭广荣等，2005；史晓燕等，2011）等方面对流域补偿、生态系统服务补偿、重要生态功能区补偿和资源开发补偿进行了研究。其中生态补偿标准的确定主要有核算法和协商法（王永生，2012）；如李文华等（2006）对森林生态补偿标准的核算，刘玉龙和胡鹏（2009）对流域生态补偿标准的计算，郑海霞和张陆彪（2006）对流域生态服务补偿支付标准的确定，蔡邦成等（2008）对生态建设工程补偿标准的核算，都属于核算法；如张翼飞等（2007）应用意愿价值评估法制订生态补偿标准，刘玉龙和胡鹏（2009）基于帕累托最优确定新安江流域生态补偿标准，都属于协商法。目前国际上普遍接受的补偿标准仍以机会成本为主（张润昊，2004）。国内对生态补偿范围的界定研究多数为定性描述和理论探讨，宏观领域较多，而微观领域与区域性研究较少（侯元兆，1995；甄霖等，2006）。相应地，国际上对生态补偿对象的空间选择研究已趋向成熟，经历了由单目标单准则发展到多目标多准则的过程。国内对生态补偿的评价研究开始由定性评价发展到定量评估，由总体机制评价发展到具体方面的评价。例如，万军等（2005）对我国现行的生态补偿机制与政策进行了评估；张思锋等（2007）对陕西省森林和草地生态系统服务功能受损量与补偿量进行了评估；徐健等（2009）对我国生态补偿现状进行了模糊综合评价；熊鹰等（2004）以湿地恢复的生态补偿评估为基础，探讨了评估方法与建立补偿机制的重要性。国际上对生态补偿的评价和效应分析是近年的研究热点，主要集中在生态补偿的资源环境效应分析、社会经济效果分析以及补偿效率分析三方面（陈钦和魏远竹，2007；戴其文和赵雪雁，2010）。

二、青藏高原生态补偿研究的意义

青藏高原是世界上海拔最高、面积最广、仍在不断运动变化的高原，其中分布着被称为"世界屋脊"的珠穆朗玛峰和被称为"中华水塔"的三江源自然保护区，生态战略地位极为重要。由于地处高寒地区，生态环境极其脆弱，维持该地区生态系统服务功能对我国乃至全球的气候稳定都至关重要，而生态补偿是保护和维护青藏高原地区生态系统的关键手段，因此在该地区进行合理、有效的生态补偿对于保障我国生态安全、促进区域可持续发展具有重要意义。

（一）生态意义

草地是青藏高原的主要土地利用类型，草地生态系统具有调节气候、涵养水源、保持水土、净化空气等多种生态功能。尤其是位于青海省的三江源区作为我国水资源的主要发源地和涵养区，是长江、黄河、澜沧江及内陆河的重要水源涵养和补给区，是阻挡河西风沙源区沙尘、保护河西绿洲的重要生态屏障。此外，青藏高原的高寒草地发育时间较晚，"高寒、干旱、缺氧"的气候使其生态系统的抵抗能力极为脆弱，自然生态系统的自我调节和修复能力差，尚未发育成熟的生态链极易受人类干扰，出现生态系统失衡，且破坏后不易恢复（付伟等，2012）。人们对草地生态系统所提供的服务功能认识不足，长期以来把畜牧业经济系统凌驾于草地生态系统之上，注重草地的经济价值，而忽视其生态系统服务功能，采取掠夺式的粗放经营管理方式，使草地的放牧压力超过草地生态环境的承载力，导致草地退化，加之气候变化的影响，出现了一系列生态问题。建立完善的生态补偿机制，有助于提高人们对草地的保护意识，实现退化草地的恢复与草地畜牧业的可持续发展。

（二）经济意义

随着我国经济的迅速发展，生态和环境问题已经成为阻碍我国经济社会发展的瓶颈，在生态环境脆弱的青藏高原地区，该现象尤为突出。我国在牧区实行的草地家庭承包责任制，在一定时期内对促进牧区经济发展和提高牧民生活水平起到了关键作用。但这仅仅是把农区土地管理模式简单地照搬、移植到牧区的草地管理中，两个生态系统的本质差别决定了家庭承包责任制在草地生态系统中存在很大的局限性和不适宜性。体制上的弊端对草地资源开发利用产生了极大的误导作用，使人们在开展经济活动的决策过程中，追求经济价值的最大化，而忽略对草地生态系统其他服务功能的保护。由于草地产权制度不明晰，在政策法规上缺乏生态代价的约束和有效的生态补偿机制，对生态经济学的认识与长远的资源保护意识不足，加之牧区经济文化落后，草地建设和改良的投资不足，在草地资源约束条件下，其生态保护与经济发展之间不可避免地存在着对草地资源分配的"争夺现象"。牧民在短期经济利益的驱动下，必然以牺牲生态效益为代价对草地资源进行掠夺式经营。长期的超载过牧势必会破坏草畜良性互动的自然生态经济机制，造成草地退化，水土流失加剧，涵养功能减弱，使资源供给的有限性和人口、经济发展的无限性之间的矛盾十分尖锐（刘兴元等，2006）。虽然自 20 世纪 90 年代末我国开始实施的退牧还草工程、生态移民工程、三江源保护工程以及流域治理与水土保持补助政策已初见成效，但这些政策都是针对单一要素或单一工程项目的补助政策，少量的粮食和经济补偿并不能从根本上解决牧民的收入问题。藏北地区社会经济发展水平相对落后，生态保护方面存在着结构性的政策缺位，特别是有关生态建设的经济政策严重短缺，使生态保护与经济利益关系扭曲。体制上的弊端和机制的不完善成为藏北高寒草地生态系统日趋恶化的根本原因之一（杨凯等，2007；刘兴元等，2010）。由于青藏高原生态屏障的重要性和社会经济发展的特殊性，2005 年通过的《中共中央、国务院关于进一步做好西藏发展稳定工作的意见》中明确指出，将西藏纳入国家生态环境重点治理区域，构建青藏高原生态安全屏障。从国家战略的高度重视高寒草地生态环境的退化问题，深刻认识高寒草地在生态屏障中的重要性，评估西藏高寒草地的生态系统服务价值，能够更加有效地推进对建设生态补偿制度的研究，促进该制度趋向完善（刘兴元，2011）。草原是牧民赖以生存和发展的物质基础，也是牧民重要的经济来源。建立和完善生态补偿制度、落实补助奖励政策，既可以直接增加农牧民收入，又可以改善已退化草地，保护未退化草地，加强饲草基地建设，推进农牧互补，提高草畜业效益，改善农牧民生产生活条件；此外，为了保护生态环境，当地居民可能会丧失很多发展机会、付出机会成本，在这种情况下，必须建立有效的生态补偿机制，平衡地区间的资源配置，统筹区域协调发展。

（三）政治意义

青藏高原地区是少数民族聚居区，通过采取有效措施，增加牧民收入，提高牧民物质文化生活水平，均衡区域间的生态利益，是维持安定和谐的社会秩序的坚实基础。草原放牧是青藏高原牧民的主要收入来源，落实草原补助奖励政策，对于推动牧区经济社会可持续发展，促进各民族共同富裕具有重要意义（尹月香，2013）。建立生态补偿机制是贯彻落实生态文明建设的重要举措，有利于推动环境保护工作实现从以行政手段为主向综合运用法律、经济、技术和行政手段的转变，有利于推进资源的可持续利用，加快环境友好型社会建设，实现不同地区、不同利益群体的和谐发展（周飞，2010）。

第二节　青藏高原生态补偿政策

我国的生态补偿最早的应用领域主要集中在退耕还林（草）、重点生态功能区财政转移支付、天然林资源保护工程（简称天保工程）、草原生态保护补助奖励制度、生态税费制度等方面，其中较为典型的森林生态效益补偿可以分为 3 个阶段：探索阶段、试点阶段和正式实施阶段。1978～1998 年为探索阶段，1978 年改革开放起，由计划经济向市场经济过渡，森林生态效益补偿问题也随之出现。1998～2004 年为试点阶段，其中1998～1999 年为天然林资源保护工程的试点阶段，1999～2001 年为退耕还林工程的试点阶段，2001～2004 年为森林生态效益补助的试点阶段。2001 年起，国家每年拨付 10 亿元作为森林生态效益补助资金，在 11 个省（区）的非天然林资源保护工程范围内开展森林生态效益补助试点工作，补助标准为每年 75 元/hm²，主要用于国家重点公益林的保护和管理。自 2004 年以来为森林生态效益补偿的正式实施阶段。在天然林资源保护工程 2000 年 12 月正式启动、退耕还林工程 2002 年 1 月全面启动的基础上，2004 年 12月 10 日国家林业局召开的森林生态效益补偿基金制度电视电话会议宣布，正式建立中央森林生态效益补偿基金（李文华等，2007）。

青藏高原地区的相关生态补偿政策主要集中在草原生态保护奖励机制、天然林资源保护工程、国家重点生态功能区转移支付等方面。本节以西藏自治区、三江源区等区域为重点进行阐述。

一、西藏自治区生态补偿相关政策

西藏自治区建立和实施的专项补偿机制主要包括天保工程、退耕还林、公益林保护工程等森林生态补偿机制，退牧还草和草原生态保护奖励等草原生态补偿机制，以及野生动物肇事补偿机制等。

（一）森林生态补偿机制方面

西藏借助国家政策和资金投入实施了天保工程和森林生态效益补偿基金制度。天保工程把长江上游的昌都地区（2014 年 10 月之后为昌都市）贡觉、江达、芒康确定为项目实施点，从 2000 年开始实施天保工程至今，昌都市对 130 万 hm²森林资源进行了全面管护，配备了 2700 多名管护人员，异地安置 2500 多户居民，中央财政对工程投入资金近 4.5 亿元。2011 年国家又实施了天保二期工程，全部取消地方配套资金，加强国家投资力度，提高补偿标准，工程每年的投资超过了 1.1 亿元。

（二）草原生态补偿机制方面

2003 年国家启动退牧还草工程，计划 5 年内在西部 11 个省（区）实施，着重治理青藏高原东部江河源草原、蒙甘宁西部荒漠草原、内蒙古东部退化草场以及新疆北部草场等。退牧还草工程的资金补助主要通过设施建设、草种费和饲料费等来补偿。2009 年，我国财政部、农业部决定在西藏率先开展建立草原生态保护奖励机制试点工作，首批试点为西藏那曲地区的聂荣、安多、班戈，阿里地区的措勤，日喀则地区的仲巴等 5 个县。

（三）野生动物肇事补偿机制方面

2006 年，西藏自治区人民政府发布了《西藏自治区重点陆生野生动物造成公民人身伤害和财产损失补偿暂行办法》（以下简称《办法》），旨在解决日益突出的人畜冲突问题。2008 年 7 月起，西藏多个部门联合启动了对《办法》的重新修订工作，形成的《西藏自治区陆生野生动物造成公民人身伤害或者财产损失补偿办法》于 2010 年 7 月 1 日起正式实施。该补偿办法对补偿条件和补偿措施作出了具体明确的规定，这为补偿机制的落实创造了良好的条件。但是，该补偿办法仍存在一些问题：第一，补偿范围小，只是在 10 个试点县实施；第二，补偿经费落实难，补偿资金来源于中央财政和各级地方财政，而每一级资金落实难度都较大（达瓦次仁，2011）。

二、青海省三江源区生态补偿相关政策

三江源区建立和实施的专项补偿机制主要包括国家重点生态功能区转移支付、草原生态保护奖励机制、天然草原退牧还草、三江源自然保护区核心区禁牧移民等方面（陈祖海，2008）。三江源生态保护工作从 2000 年前后开始实施，以 2005 年实施的《青海三江源自然保护区生态保护和建设总体规划》生态工程为主，生态补偿工作以 2008 年实施的生态补偿财政转移支付为重点。

（一）主要生态保护政策与工程

1998 年青海省人民政府发布了停止采伐天然林[①]、禁止开采砂金等政策法规；2000 年启动了天然林资源保护工程[②]，成立了三江源省级自然保护区；2003 年该保护区升级为三江源国家级自然保护区，将生态功能最重要的 15.23 万 km^2 的区域纳入保护范围；2005 年启动实施了《青海三江源自然保护区生态保护和建设总体规划》，投资 75 亿，主要建设内容包括生态保护与建设项目、农牧民生产生活基础建设项目和生态保护支撑项目三大类。2006 年取消了对三江源区州、县两级政府地区生产总值、财政收入、工业化等经济指标的考核。2008 年，国务院出台了《关于支持青海等省藏区经济社会发展的若干意见》（国发〔2008〕34 号），其中明确提出加快建立生态补偿机制。青海省于 2010 年出台《关于探索建立三江源生态补偿机制的若干意见》（青政〔2010〕90 号）、《三江源生

---

①《青海省人民政府关于停止天然林采伐的通告》（青政〔1998〕75 号）。
②《关于请尽快考虑建立青海三江源自然保护区的函》（林护自字〔2000〕31 号）。

态补偿机制试行办法》(青政办〔2010〕238 号),并于 2011 年颁布《青海省草原生态保护补助奖励机制实施意见(试行)》(青政办〔2011〕229 号)、《关于印发完善退牧还草政策的意见的通知》(发改西部〔2011〕1856 号)。2011 年 11 月 16 日,国务院常务会议批准实施了《青海三江源国家生态保护综合试验区总体方案》。三江源区至今已先后出台过近十项相关政策建议,并实施了多项主要生态保护工程(表 8-1)。

表 8-1　三江源生态补偿与生态建设政策及工程实施概况

政策公告/工程名称	发布/实施年度	发布部门
《关于请尽快考虑建立青海三江源自然保护区的函》	2000 年	国家林业局
正式批准三江源自然保护区晋升为国家级	2003 年	国务院
《青海三江源自然保护区生态保护和建设总体规划》	2005 年	国务院
《关于支持青海等省藏区经济社会发展的若干意见》	2008 年	国务院
《关于探索建立三江源生态补偿机制的若干意见》	2010 年	青海省人民政府
《关于印发完善退牧还草政策的意见的通知》	2011 年	农业部、财政部
《青海三江源国家生态保护综合试验区总体方案》	2011 年	国务院
《青海三江源生态保护和建设二期工程规划》	2013 年	国务院
青海省三江源天然林保护工程	2000 年至今	林业部
退牧还草工程	2003～2007 年	国务院西部开发办公室、国家发展计划委员会、农业部、财政部、国家粮食局
草原生态保护补助奖励机制	2011 年至今	农业部、财政部

(二)重点生态功能区财政转移支付

目前已实施的三江源区生态补偿完全属于中央财政的纵向生态补偿,相关的政策文件包括《财政部关于下达 2008 年三江源等生态保护区转移支付资金的通知》(财预〔2008〕495 号)、《国务院关于印发全国主体功能区规划的通知》(国发〔2010〕46 号)、《国家重点生态功能区转移支付办法》(财预〔2011〕428 号)和《2012 年中央对地方国家重点生态功能区转移支付办法》(财预〔2012〕296 号)。2008 年起,中央财政对国家重点生态功能区范围内的数百个县(市、区)开始实施资金转移支付,由财政部直接拨付各地,2008 年中央财政转移支付资金达到 60 亿元,2009 年 120 亿元,2010 年 249 亿元,2011 年 300 亿元[平均每县(市、区)约 6637 元],2012 年 371 亿元,2013 年达到 440 亿元左右。2009 年,全国有 300 多个县(市、区)获得生态转移支付,到 2010 年,扩大到 451 个县(市、区);2012 年,452 个县(市、区)。2013 年生态补偿考核范围扩大到 466 个县(市、区)。资料显示,2011 年生态补偿财政转移支付资金主要用于民生保障与政府基本公共服务、生态建设、环境保护等方面,三者所占比例分别为 43%、32%、25%。从三江源区财政总收入和地方财政收入来看,地方财政收入所占比例很低,剩余部分基本来源于中央财政转移支付,其中三江源区大部分县(市、区)2010 年中央财政的转移支付占总财政收入的 90%以上。

第三节　案例分析——三江源区生态补偿长效机制研究

一、三江源区概况

三江源区位于青藏高原腹地，隶属于青海省，行政上辖玉树、果洛、黄南及海南 4 个藏族自治州的玛多、玛沁、甘德、久治、班玛、达日、称多、杂多、治多、曲麻莱、囊谦、玉树[①]、兴海、同德、泽库和河南 16 县，以及格尔木市的唐古拉山乡[①]，总面积 $36.3 \times 10^4 km^2$，约占青海省总面积的 50.40%。该区平均海拔 3335～6564m（孙发平等，2008；邵全琴和樊江文，2012），主要山脉为东昆仑山及其支脉阿尼玛卿山、巴颜喀拉山和唐古拉山山脉；中西部和北部呈山原状，地形起伏不大，多宽阔而平坦的滩地，因地势平缓、冰冻期较长、排水不畅，形成了大面积沼泽；东南部为高山峡谷地带，河流切割强烈，地形破碎，地势陡峭，坡度多在 30°以上。该区属青藏高原气候区，年均温 −5.6～6.6℃，年平均降水量 262.2～772.8mm，年蒸发量为 730～1700mm，年日照时数 2300～2900 小时。2010 年总人口为 79.64 万人，其中牧业人口占 81%，藏族人口占 89%（青海省统计局和国家统计局青海调查总队，2012）。三江源区经济发展水平很低，2012 年地区生产总值为 77 亿元，仅占全省的 5.70%，产业结构总体上以第一产业为主，第一产业内部以草地畜牧业为主（孙发平等，2008；青海省统计局和国家统计局青海调查总队，2012）。

二、三江源区生态补偿的成效

（一）生态环境治理初见成效

近年来，三江源区生态工程取得了较大成效（表 8-2），植被覆盖和草地承载能力开始恢复和提高，2010 年较 2000 年的水源涵养等生态系统服务功能略有提高，2003～2009 年

表 8-2　三江源区主要生态工程治理成效

治理工程完成情况	工程名称	年限	工程总量	已完成工程量	完成比例（%）
已完成及超额完成	退耕还林	2005～2011	0.65hm²	0.65hm²	100.0
	沙漠化土地防治	2005～2011	4.41hm²	4.41hm²	100.0
	鼠害防治	2005～2011	209.21hm²	785.41hm²	375.4
未完成	退牧还草	2005～2011	643.89hm²	370.27hm²	57.5
	封山育林	2005～2011	30.14hm²	19.33hm²	64.1
	重点湿地保护	2005～2011	10.67hm²	3.87hm²	36.3
	黑土滩综合治理	2005～2011	34.84hm²	9.23hm²	26.5
	水土保持	2005～2011	500km²	150km²	30.0

注：数据来源于三江源办公室

[①] 玉树县在 2013 年撤县设市，唐古拉山乡在 2005 年撤乡设镇，本研究部分相关数据是 2005 年之前调查的，为了与原始数据保持一致，本书在叙述时这两个地名统一使用 2005 年之前的名称。

载畜量降低了 300 万～500 万个羊单位，禁牧面积 3910 万亩，草原鼠害得到有效控制，2000 年以来草地退化趋势得到初步遏制，植被覆盖总体呈显著增加趋势（Li et al., 2015）。

总体来看，三江源区生态治理工程取得了一定的成效，有些工程超额完成。但部分治理工程，如黑土滩综合治理及水土保持急需加大力度和投入。

（二）农牧民生活总体有一定改善

三江源区通过实施生态移民、科技培训、小城镇建设等各类生态保护和建设工程，使得农牧民的生产生活方式发生重大变化。特别是通过开展生态移民，草原牧民生产方式发生重大变革，促进草原牧民从粗放型游牧生产转向规模化、集约型的产业化经营，提高了农牧业生产的效率和效益，也为农牧民从事各种非农产业创造了有利条件，加快了他们从原始散居的游牧生活跨入现代城镇定居生活的进程。总体上，三江源区从 2005 年实施较为全面的生态补偿开始，农牧民生活总体上有一定程度的改善，农牧民人均纯收入总体上有较大幅度的提高，但是相比青海省和全国同期增幅还有一定差距（Li et al., 2015）。

根据青海统计年鉴，2004 年三江源区农牧民人均纯收入 1834.94 元，2010 年提高到 3292.23 元，提高了 1457.29 元，提高了 79.4%（表 8-3）。

表 8-3 三江源区移民前后农牧民收入变化

16 县 1 乡	农牧民人均纯收入（元）		增加情况（%）
	2004 年	2010 年	
玛多	1792	2560.88	42.9
玛沁	3077	4200.84	36.5
甘德	1394	2027.5	45.4
久治	1599	2363.3	47.8
班玛	1660	2424.71	46.1
达日	1269	1860.51	46.6
称多	1439	3892.74	170.5
杂多	1783	2921.42	63.8
治多	1884	3590.58	90.6
曲麻莱	2106	3138.63	49.0
囊谦	1298	2171.72	67.3
玉树	1854	5652.42	204.9
兴海	2427	4796.44	97.6
同德	2307	4744.47	105.7
泽库	1260	2317.41	83.9
河南	2210	4012.03	81.5
唐古拉山乡	—	—	
均值	1834.94	3292.23	79.4

注：数据来源于 2005 年和 2011 年青海统计年鉴。"—"代表尚无具体数据

（三）公共服务能力有所增强

三江源区生态补偿工程开展以来，虽然许多产业的发展受到限制，但根据青海统计年鉴分析，2010 年三江源区财政总收入较 2004 年有较大幅度提高，总体提高水平高于青海省提高水平（表 8-4）。国家财政转移支付有效保障了区内基层各级政权正常运转，维持了区内机关、学校、医院等单位职工工资正常发放和机构稳定运转。

表 8-4　三江源区实施全面生态补偿前后财政总收入变化

区域	财政总收入（万元）		增加比例（%）
	2004 年	2010 年	
三江源区总计	76 987	469 089	509
青海省	1 425 380	5 974 197	319

注：数据来源于 2005 年和 2011 年青海统计年鉴

通过实施补偿项目，截至 2010 年生态移民 7 万余人，饮用水建设惠及 6 万余人，能源建设惠及 4 万余户、61 所学校，技能培训 3 万余人次，三江源区基础设施建设及产业扶持成效见表 8-5。

表 8-5　三江源区基础设施建设及产业扶持成效

项目	饮用水建设	能源建设	产业扶持	技能培训
受益者	6.16 万人	4 万余户、61 所学校	10 县移民	3.70 万人次

（四）教育补偿开始起步

从 2011 年秋季学期起，三江源区的"1+9+3"（1 年学前教育、9 年义务教育、3 年中等职业教育）教育补偿资金开始拨发到县，补偿资金见表 8-6。三江源区"1+9+3"教育经费补偿机制、三江源区异地办学奖补机制及藏区职业免费教育等政策的实施基本保障了三江源区教育的发展（刘红，2013）。

表 8-6　三江源区教育和技能培训及转移就业补偿资金情况 （单位：万元）

16 县 1 乡	合计	教育补偿	技能培训及转移就业补偿
泽库	2087.00	1728.00	359.00
河南	790.50	569.00	221.50
共和	1979.80	1744.00	235.80
同德	1085.55	955.00	130.55
兴海	1037.20	860.00	177.20
玛沁	571.00	435.00	136.00
班玛	567.00	478.00	89.00
甘德	665.30	594.00	71.30
达日	864.35	722.00	142.35
久治	400.07	327.00	73.07
玛多	404.28	316.00	88.28

16县1乡	合计	教育补偿	技能培训及转移就业补偿
玉树	4065.06	3869.00	196.06
杂多	443.08	317.00	126.08
称多	526.62	364.00	162.62
治多	374.08	250.00	124.08
曲麻莱	319.80	206.00	113.80
唐古拉山乡	148.00	37.00	111.00

注：数据来源于三江源办公室

三、三江源区生态补偿的总体战略

为全面贯彻落实生态文明建设，遵循可持续发展理念，坚持"以草定畜、以畜定人"的原则，以提升生态系统服务功能、改善农牧民生产生活条件、提高基本公共服务能力为总目标，建立三江源区生态补偿长效机制，将三江源区建设成为生态良好、经济发展、生活富裕、各民族团结进步、社会稳定的新牧区，引领三江源区未来绿色、循环、低碳、可持续发展。

（一）基本原则

区域统筹，合理布局。将三江源区列入青海省甚至全国区域发展的重点，从政策和资金等方面给予大力支持。通过对三江源区的长期补偿，逐渐缩小三江源区与其他地区的差距，统筹区域发展。依托城镇化、工业化、产业化统筹城乡经济社会发展，加大对牧区基本公共基础设施的投资，大力扶持牧区各类市场，培育牧区专业合作组织，促进农牧民劳动力向二、三产业转移，建立城乡一体的劳动力就业制度、教育制度、社会保障制度等，给农牧民平等的发展机会，构建农牧民与城镇相互联系、相互依赖、相互渗透、相互补充、相互促进的经济社会发展模式。

生态优先，产业转型。三江源区要把生态环境保护与建设、增强提供生态产品的能力作为首要任务，按照"生产发展，生活富裕，生态良好"的要求调整优化空间布局，因地制宜发展生态畜牧业、高原生态旅游业及民族手工业，在保护生态环境的前提下有序开发优势矿产资源，增强自我发展能力。

综合措施，和谐发展。三江源区的生态补偿不能仅靠单一的措施，必须综合实施多种措施，在退牧减畜的同时，大力推进牧区市场化、产业化、城镇化进程，做好移民安置工作，通过教育和技能培训，提高牧区居民文化素质，引导农牧民进行再择业和再就业，转变区域经济增长方式和农牧民的生产生活方式，最终将三江源区构建成"学有所教、劳有所得、病有所医、老有所养、住有所居"的和谐社会。

区别对待，奖励为主。在生态补偿实施过程中，体现区别对待的原则，优先惠及生态移民户、退牧减畜户。在移民生活补贴、牧民生活补助、义务教育补助、创业资助、社会保障筹资补贴等方面实行奖惩措施，依据对移民政策、减畜政策、计划生育政策、产业发展政策等的执行情况来确定补偿标准，起到对居民配合、响应生态保护和产业发展项目的激励作用。

分步实施，阶段考核。三江源区自然条件严酷，生态环境恢复慢，退化高寒草地经封育达到可恢复放牧的时间需 10 年以上，达到原生状态的时间则需要 30 年以上。因此，生态补偿在内容和方式上必须实施近期与长期相结合的措施，既要解决当前的利益问题，更要着眼长远目标。在近期要达到让牧区居民具备适应新环境和自谋出路能力的目标。同时要抓好其下一代子女的教育和培训，提高牧区居民文化素质，培养其基本适应现代产业发展的需求，这至少需要一代人成长的时间。因此，三江源区的生态补偿是一个长期的过程，生态补偿政策需分步实施，逐步推进，制定阶段性目标和考核指标，定期评估成效，不断完善政策措施，资金投入分阶段落实，逐步实现将"输血式"补偿转变为"造血式"补偿，将补偿资金来源单一化转变为多元化。

以人为本，改善民生。生态补偿的最终目标是转变区域经济增长方式和农牧民的生产生活方式，实现人与自然的和谐发展。因此，生态补偿机制的建立要在保护与发展并举中突出以人为本，改善民生。加强基础设施建设，加快发展社会事业，提高基本公共服务能力和社会保障水平；加大民生工作力度，切实改善农牧民生产生活条件，不断提高三江源区农牧民的生活水平，同时充分尊重以藏文化和草原文化为主的当地民族文化，坚持现代化与民族特色相结合，加强文化遗产保护，树立社会主义核心价值观，共创精神家园，促进和谐发展。

（二）总体目标

在生态文明建设理念和青海"生态立省"战略的指导下，结合该区生态补偿的实际情况，争取到 2030 年建立并完善三江源区生态补偿长效机制，将"输血式"补偿转变为"造血式"补偿，将补偿资金来源单一化转变为多元化，健全法律法规，完善监管与保障体系，最终实现三江源区生态持续改善，生态系统服务功能逐渐恢复，城镇化进程提高，特色产业结构逐步形成，农牧民生产生活条件明显改善，公共服务能力明显增强，民族团结、社会和谐稳定的目标。

（三）分阶段目标

三江源区生态补偿长效机制的分阶段具体目标如下（表 8-7）。

表 8-7 三江源区生态补偿长效机制评价指标及分阶段目标

补偿内容	指标	近期目标	中期目标
生态环境改善	植被覆盖度	提高 25~30 个百分点	提高 30~35 个百分点
农牧民生产生活改善	农牧民人均收入	青海省农牧民人均收入水平	全国农牧民人均收入水平
	城镇居民人均可支配收入	青海省城镇居民人均可支配收入平均水平	全国城镇居民人均可支配收入平均水平
公共服务能力提高	义务教育普及率	99.8%	100%
	劳动力人均受教育年限	6 年	9 年
	农牧区社会保险参保率	100%	100%
	基础设施	青海省平均水平	全国平均水平

1. 近期目标（2012～2020 年）

通过 8～10 年的时间，建立、完善以国家投入为主的补偿制度，加大补偿力度，全面开展生态补偿，突出重点针对减畜工程、生态环境治理、移民工程、居民生活水平和基础服务能力改善、后续产业等开展补偿，使该区城乡居民收入接近或达到本省平均水平，基础服务能力接近全国平均水平，生态系统服务功能明显提升，实现草畜平衡，特色优势产业初步发展。

2. 中期目标（2020～2030 年）

再用 10 年时间，逐步建立、完善多元化补偿资金补偿机制，显著增强区域整体经济实力，生态补偿主要针对生态环境治理与维护、环境监测与监管、野生动植物保护、教育工程等开展，实现城乡居民收入接近或达到全国平均水平，基础服务能力达到全国平均水平，生态系统良性循环，后续产业稳定发展，产业结构更趋合理，完善社会保障体系。

3. 远期目标（2030 年以后）

建立、完善多元化补偿资金补偿机制，主要针对生态环境的管护等开展补偿，实现城乡居民收入达到全国平均水平，基础服务能力达到全国平均水平，生态系统良性循环，特色产业稳定发展，完善社会保障制度。从根本上解决三江源区生态保护与区域经济可持续发展问题，实现生产生活绿色化、共同服务均等化、机构运行正常化、社会长治久安。

4. 实施路线

围绕着"以草定畜、以畜定人、人草畜平衡"等核心问题，以提升生态保护与建设、改善农牧民生产生活条件、提升公共服务能力为总目标，构建三江源区生态补偿长效机制，确定要解决的重点任务，具体实施路线见图 8-1。

四、三江源区生态补偿的资金估算

三江源区生态补偿应遵循"以草定畜、以畜定人、人草畜平衡"的原则，补偿范围包括推进生态保护与建设、改善农牧民生产生活条件、提高基本公共服务能力三个方面，具体包括生态治理与维护、禁牧补偿、草畜平衡奖励、移民和牧民生产生活改善、基础设施、社会事业等的花销，围绕这些内容确定具体的补偿项目指标。依据国家和青海省相关生态保护与建设标准、生态补偿政策，结合实地调研信息和财务数据确定各具体指标的标准、保护与治理的面积，以及涉及的人数和户数等。采用费用分析法估算生态环境保护的直接投入成本，将其作为生态补偿的资金额度。

三江源区生态补偿将是一个长期努力的过程，预计还需要 10～20 年时间才能使退化生态系统初步恢复并达到良性循环，因此，本研究以 2010 年为基准年，争取到 2030 年建立并完善三江源区生态补偿长效机制，估算 2010～2030 年所需的生态补偿资金。估算结果以 2010 年的物价为参考，暂未考虑未来物价因通货膨胀的变化以及经济和人口的增长（青海省统计局和国家统计局青海调查总队，2012）；在分区域的补偿资金估算中，以县为基本单元，暂未考虑各乡（镇）的空间异质性和生态恢复过程的动态变化（秦大河，2014）。

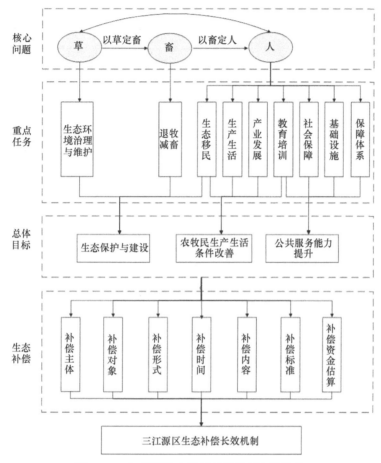

图 8-1　三江源区生态补偿长效机制实施路线

（一）生态补偿标准确定

按照国家相关生态补偿标准、《青海三江源自然保护区生态保护和建设总体规划》等规划方案、青海省各项生态补偿政策、调研信息及相关同类补偿标准的顺序，确定三江源生态补偿各相关指标的标准。三江源区生态保护与建设补偿、农牧民基本生产生活改善补偿、基本公共服务能力提高补偿的资金标准分别见表 8-8、表 8-9、表 8-10，共设定补偿指标 45 项，其中，依据国家标准的有 11 项，依据三江源区规划的有 9 项，依据青海政策的有 7 项，依据实地调研和同类标准对原有标准进行调整或添加的有 18 项。

表 8-8　三江源区生态保护与建设补偿资金标准

序号	补偿项目		补偿标准	涉及范围	标准来源
1	生态治理	黑土滩综合治理	100 元/亩	8 130 万亩	《青海三江源自然保护区生态保护和建设总体规划》
2		鼠害防治	5 元/亩	23 610 万亩	
3		水土保持	200 元/亩	/	
4		人工造林	300 元/亩	315 万亩	《长江上游、黄河上中游地区天然林资源保护工程二期实施方案》
5		封山育林	70 元/亩	540 万亩	
6		中幼林抚育	120 元/亩	89 万亩	

续表

序号		补偿项目	补偿标准	涉及范围	标准来源
7		沙漠化土地防治	300 元/亩	5 340 万亩	实地调研
8		重点湿地保护	70 元/亩	3 300 万亩	《青海三江源自然保护区生态保护和建设总体规划》
9		生态监测	500 万元/a	—	
10	生态维护	保护区管理维护费用	200 万元/a	—	《广东建设自然保护区示范省实施方案》
11		生物多样性保护	500 万元/a	—	实地调研
12		科研课题及应用推广	500 万元/a	—	
13		生态管护公益性岗位	4 600 元/人	5.5 万人	《青海省人民政府关于探索建立三江源生态补偿机制的若干意见》（青政〔2010〕90 号）
14		国有林管护	5 元/(亩·a)	2 970 万亩	《天然林保护工程财政专项资金管理规定》
15		禁牧补偿	6 元/(亩·a)	33 648 万亩	《草原生态保护补助奖励机制政策》（农财发〔2011〕85 号）
16		草畜平衡	1.5 元/(亩·a)	20 801 万亩	

注："/"表示无法提供数据；"—"表示此处可省略

表 8-9　三江源区农牧民基本生产生活改善补偿资金标准

序号		补偿项目	补偿标准	涉及范围	标准来源
1		移民基础设施建设	10 万元/户	6.4 万户	实地调研
2		移民搬迁补助	400 元/人	32 万人	《青海三江源自然保护区生态保护和建设总体规划》
3	移民	移民燃料补助	2 000 元/(a·户)或 3 000 元/(a·户)	7.7 万人/24.3 万人	实地调研
4		移民生活困难补助	3 000 元/(a·人)	16 万人	
5		移民饲料补助	3 000~8 000 元/(a·人)	6.4 万户	《青海三江源自然保护区生态移民困难群众发放生活困难补助管理办法》
6		牧民生产资料综合补贴	500 元/户	6.6 万户	《草原生态保护补助奖励机制政策》（农财发〔2011〕85 号）
7	牧民	建设舍饲棚圈	3 000 元/户	6.6 万户	《关于进一步完善退牧还草政策措施若干意见的通知》（国西办农〔2005〕15 号）
8		围栏建设	20 元/亩	/	
9		补播草种费	20 元/亩	15 480 万亩	
10		草畜平衡奖励	5 000 元/人	33 万人	实地调研

注："/"表示无法提供数据

表 8-10　三江源区基本公共服务能力提高补偿资金标准

序号	补偿项目	补偿标准	涉及范围	标准来源
一、基础设施				
1	能源建设	5 000 元/户	13 万户	《青海三江源自然保护区生态保护和建设总体规划》
2	人畜饮水	1 200 元/人	65 万人	
3	小城镇建设	1 385 万元/城镇	69 个	
4	乡村公路	40 万元/km	2 万 km	实地调研
5	文化娱乐设施	1 亿元/a	—	

续表

	补偿项目	补偿标准	涉及范围	标准来源
二、社会事业				
1	生态补偿政府执行资金	50 万元/(a·县)	16 县 1 乡	实地调研
2	"1+9+3" 义务教育	学前教育 3 700 元/(生·a) 小学生 2 300 元/(生·a) 初中生 2 700 元/(生·a) 中职生 4 200 元/(生·a)	学前幼儿 8 421 人 小学生 99 986 人 中学生 36 965 人 中职生 4 314 人	《三江源地区"1+9+3"教育经费保障补偿机制实施办法》
3	教育配套设施	2 200 元/(生·a)	136 951 人	
4	学校危房维修	2 000 元/m²	18.99 万 m²	《中华人民共和国义务教育法》
5	师资培训	1 万元/人	7 635 人	
6	提高教师补助	3 000 元/人	6 646 人	
7	异地办学奖补	初中生 5 000 元/(生·a)， 高中生 6 000 元/(生·a)， 中职生 7 000 元/(生·a)， 本专科生 10 000 元/(生·a)	初中生 2 000 人，高中生 1 000 人，中职生 1 000 人，本专科生 681 人	《三江源地区异地办学奖补机制实施办法》
8	农牧民职业技能培训	2 500 元/人次	150 009 人次	《关于三江源地区教育及农牧民技能培训和转移就业补偿机制三个实施办法的通知》（青政办〔2011〕91 号）
9	农牧民转移就业	850 元/人	1 500 人	
10	农牧民自主创业	5 300 元/人次	8 000 人次	
11	移民创业扶持项目总投入	1 600 万元/a	—	实地调研
12	新型农牧区合作医疗	280 元/(人·a)	67 万人	《青海省农村牧区新型合作医疗管理办法（试行）》（青政〔2004〕25 号）
13	新型农牧区社会养老保险	400 元/(人·a)	42 万人	《国务院关于开展新型农村社会养老保险试点的指导意见》（国发〔2009〕32 号）
14	农牧区最低生活保障	2 000 元/(人·a)	11 万人	陕西省吴起县农村居民最低生活保障制度

注："—"表示此处可省略

（二）生态补偿资金估算方法

三江源区生态保护投入的直接成本可通过市场直接定价确定，核算方法比较明确。目前主要有静态核算和动态核算两种方法。静态核算是将某一年生态保护的各种投入作为直接成本，或将某一时段内生态保护的各种投入直接累计作为直接成本总额，再平均分配到补偿期的各年度（谭秋成，2009）。本研究采用静态核算方法进行估算。

基于生态保护成本的三江源区生态补偿资金计算公式如下

$$\text{EPR} = \sum_{x=1}^{m} E_x + \sum_{y=1}^{n} P_y + \sum_{z=1}^{q} S_z \tag{8-1}$$

式中，EPR 为生态补偿资金；E_x 为生态保护与建设补偿资金；P_y 为农牧民基本生产生活改善补偿资金；S_z 为基本公共服务能力提高补偿资金；x、y、z 分别为各指标的成本；m、n、q 分别为上述各指标的数量，$m=16$，$n=10$，$q=19$。

（三）生态补偿总资金估算结果

2010～2030 年不同阶段三江源区生态补偿各项目及分阶段资金估算见表 8-11。由此结果可得知三江源区 2010～2030 年基于生态保护成本总投入的补偿总资金为 2949.5 亿元，其中，2010 年为 177.7 亿元，2010～2020 年投入为 1432.4 亿元，2020～2030 年投入为 1339.4 亿元。第二阶段（2020～2030 年）资金投入减少的原因主要是对基本公共服务能力和居民生产生活改善投入的减少。

表 8-11　三江源区生态补偿各项目及分阶段资金估算　（单位：亿元）

补偿内容	补偿项目	2010 年补偿金额	2010～2020 年补偿金额	2020～2030 年补偿金额
生态保护与建设	生态治理	34	268	340
	生态维护	7.1	56.8	71
	禁牧补偿	20	160	200
	草畜平衡	3	18	30
	小计	64.1	502.8	641
居民生产生活改善	生态移民安置	8	64	0
	移民生产生活补偿	15	120	75
	牧民生产生活补偿	50	400	250
	小计	73	584	325
基本公共服务能力	基础设施	13	104.5	0
	公共事业	12.3	100.4	207.4
	产业扶持	12	99.3	0
	社会保障	3.3	41.4	166
	小计	40.6	345.6	373.4
合计	—	177.7	1432.4	1339.4

1. 分类别生态补偿资金估算结果

三江源区 2010～2030 年生态保护与建设、居民生产生活改善、基本公共服务能力这三大类投入的补偿资金情况如下。①生态保护与建设资金投入：至 2030 年总投入 1207.9 亿元，其中，2010 年投入 64.1 亿元，2010～2020 年投入 502.8 亿元，2020～2030 年投入共 641 亿元。②居民生产生活改善投入：至 2030 年总投入 982 亿元，其中，2010 年投入 73 亿元，2010～2020 年投入 584 亿元，2020～2030 年投入 325 亿元，由于该区域整体经济实力将有所增强，因此逐渐减少了该部分投入。③基本公共服务能力投入：至 2030 年总投入 759.6 亿元，其中，2010 年投入 40.6 亿元，2010～2020 年投入 345.6 亿元，2020～2030 年投入 373.4 亿元。第二阶段资金投入在技术设施、文化事业、产业扶持等方面有所减少。具体补偿项目和补偿资金估算详见表 8-11。

2. 分区域生态补偿资金估算结果

根据人口分布差别和生态退化面积等差异，分区域估算资金投入情况。生态保护与建设资金投入主要集中在西南部环境退化较为严重地区，其中，至 2030 年投入杂多县、治多县、曲麻莱县和唐古拉山乡的总资金为 665 亿元，约占全区总投入的 59.5%。居民生产生活改善和基本公共服务能力的资金优先投入到人口相对集中的区域，即三江源区的东部、南部 5 县，其中，至 2030 年投入到东部泽库县、兴海县和南部玉树县、囊谦县、称多县的总资金为 836 亿元，约占全区总投入的 51.2%。具体各地区分项补偿资金投入情况详见表 8-12。

表 8-12　三江源区各地区生态补偿资金估算　　　（单位：亿元）

地区	生态保护与建设		居民生产生活改善		基本公共服务能力		合计
	2020 年	2020~2030 年	2020 年	2020~2030 年	2020 年	2020~2030 年	
兴海	21	7	55	31	33	35	182
同德	7	9	43	24	26	28	137
泽库	8	11	54	30	32	34	169
河南	4	6	26	14	15	16	81
甘德	8	10	24	13	14	15	84
久治	10	13	17	10	10	11	71
班玛	10	12	19	11	11	12	75
达日	25	32	21	12	12	13	115
玛沁	17	21	26	15	16	17	112
玛多	32	41	10	6	6	6	101
曲麻莱	71	91	23	13	14	15	227
称多	22	28	47	26	28	30	181
治多	91	116	24	13	14	15	273
玉树	22	28	72	40	43	46	251
杂多	74	95	44	25	26	28	292
囊谦	21	27	72	40	42	46	248
唐古拉山乡	56	71	8	5	5	5	150
合计	499	618	585	328	347	372	2749

第四节　青藏高原生态补偿存在的问题及其对策

一、青藏高原生态补偿面临的主要问题

生态补偿政策尚处于不断发展完善的过程之中，涉及范围大、情景多样。生态补偿机制研究中涉及补偿主体和对象的确定、补偿标准的确定、补偿方案的制定、补偿资金的筹措、实施途径的选择、补偿效果的评价等方面，呈现出较大的复杂性（尹月香，2013）。目前，在生态补偿政策研究方面以理论探讨和定性分析为主，定量分析和实证研究较少，补偿标准在流域补偿和生态要素补偿方面的实证研究较多，而在区域补偿和重点生态功能区补偿方面的研究较少，在生态补偿效益方面的评价分析也较少（戴其文和赵雪雁，2010）。青藏高原生态补偿政策在实施过程中存在如下问题。

（一）生态补偿缺乏系统、稳定、持续、有序的法律保障

20 世纪 80 年代以来，我国先后制定了多部有关生态环境保护建设的法律、法规，部分省市也先后制定了生态环境及相关的地方性法规，但在青藏高原生态保护和建设问题上未制定统一、专门的法律法规。现行立法没有考虑到该地区特殊的生态环境问题，目前所开展的青藏高原地区生态环境保护及补偿的重大政策、关键举措和紧迫问题，没有对应的明确规定的现行法律，也没有哪一级政府或哪一个行政主管部门有权力、有责任解决或能够解决这些问题。

（二）生态补偿方式不合理

现有的生态补偿多头实施、分散管理，相关配套及运行费用难以归项。国家各个部门均从各自领域以不同的方式支持青藏高原地区的生态保护恢复，如财政部、国家林业局（现国家林业和草原局）联合开展了森林生态效益补偿，财政部通过国家重点生态功能区转移支付，财政部会同农业部（现农业农村部）出台草原生态保护奖励补助政策，地方政府颁布草原生态保护补助奖励政策、退牧还草政策、教育及农牧民技能培训和转移就业补偿政策，给生态移民困难群众发放生活困难补助，落实生态移民燃料补助费和创业扶持资金发放等。这些生态补偿由于多是以工程项目的方式实施，往往需要定期申报，并且只能用于某项或某类具体的生态保护措施。这一方面不利于地方政府总体考虑当地的生态保护需求统筹安排生态补偿经费；另一方面，青藏高原地区其他基础设施和公共服务等相关配套及运行费用难以归项。

从青藏高原的现实状况来看，国家相关补偿相对多，而实际落实到农牧民手中的补偿少；项目配置的物资方面的补偿形式相对较多，而扶持生态保护的相关产业、后续产业以及生产方式转换的补偿相对较少；"输血"型支持和补偿相对较多，而"造血"型支持相对较少，功能弱（周飞，2010）；直接性生态建设补偿多，相应的经济发展补偿少。

（三）生态补偿缺乏稳定的常态化资金渠道

目前生态补偿资金的支付方式以中央财政对地方转移支付为主，地方投入较少（刘弘和刘雨林，2008）。中央财政是青藏高原地区生态保护和建设投入的主要来源。单一的融资渠道使得生态补偿只能在一些重大的生态项目或生态问题上展开，且不能充分体现"受益者付费"的原则（刘弘和刘雨林，2008）。

虽然国家和地方各级人民政府已经投入了大量资金用于青藏高原地区生态保护，但均没有针对生态补偿列出明确的科目和预算，多采用生态保护规划、工程建设项目、居民补助补贴的形式，因此现有生态补偿多是阶段性、临时性的政策措施，存在政策到期后能否延续，如何延续的问题，导致当地政府和老百姓对于生态补偿政策延续性的顾虑较多。

（四）生态补偿标准偏低，生态保护成效难以巩固

近年来，国家通过各种方式对青藏高原地区生态保护投入了大量资金，但是这些补偿大多是依据国家相关规范或标准确定经费数额，没有考虑到青藏高原地处高寒地

区,所参考的标准与该区域的实际情况相比明显偏低,导致生态补偿的资金投入较少,与青藏高原地区空间范围和生态问题的艰巨性相比,远远不足以系统性地解决青藏高原地区的生态保护与恢复问题,也不足以弥补当地农牧民为保护环境而产生的经济损失(周飞,2010)。

青藏高原地区已经相继实施了退耕还林、休牧育草、草原奖补、停止砂金开采和限制中草药采挖等一系列生态保护工程和措施,地方财政大幅减收。国家给予当地农牧民、地方政府的各项补偿经费相对偏少,农牧民长远生计问题尚未根本解决,另外,随着各项工程逐步到期,生态补偿资金投入难以保障,从而难以巩固各项生态环境治理与恢复的成效。

(五)生态补偿成效缺乏有力的监管

青藏高原地区已开展的生态补偿多以规划、工程、项目或补贴等形式实施,在实施过程中有些开展了成效评估工作,但从总体上看,生态补偿资金的使用缺乏系统有力的监管,使生态补偿资金没有最大限度地发挥出应有的成效。

首先,生态补偿资金使用监管政策缺失。目前的相关生态补偿规定并没有制定详细的资金使用办法,也没有提出明确的资金使用监管措施。在资金下拨到省之后,混同其他转移资金一起下拨到各县,各县在使用过程中并没有考虑将这些转移资金更多地用于生态保护恢复,影响了资金的使用效率。同时由于多以项目代补偿,在补偿资金使用方面缺少统筹规划,有些项目难以通过生态补偿资金实施。

其次,生态补偿对象未予以要求和监管。例如,三江源区先后以饲草饲料、燃料、生活困难补助和退牧还草补偿等各种形式对牧民进行了生态补偿,但是没有对牧民提出明确的生态保护(草地质量)、计划生育、接受义务教育等要求。以三江源区的生态移民为例,由于缺乏监管,移民返牧现象普遍存在,未发挥出应有的减牧成效。

二、建立和完善青藏高原生态补偿机制的对策建议

针对青藏高原地区特殊的生态地位,不能简单依靠国家阶段性和暂时性的补偿政策,需要建立系统、稳定、规范的青藏高原地区生态补偿机制。因此,针对青藏高原地区生态补偿机制建设提出以下几点建议。

(一)以立法形式保障青藏高原地区生态补偿

为更好地保护青藏高原地区生态环境,实现地区经济发展,建议在青藏高原地区建立"生态特区",国家需给予青藏高原生态特区优惠的政策和资源输入,保证政策和资源输入的持续性;通过出台青藏高原地区生态保护法律法规,界定青藏高原地区生态补偿内容,建立青藏高原生态特区,确保青藏高原地区居民的主要收入从提供生态系统服务和产品中获得,将青藏高原地区生态保护上升到立法层面;尽快探索出台国家重点生态功能区生态补偿法规,优先将青藏高原的部分区域作为重要的试点区域,推进我国重点生态功能区生态补偿法规的建立与实施(闵庆文等,2006)。

（二）建立青藏高原地区生态补偿专项资金

建立专门的青藏高原地区生态补偿资金投入渠道。改变原有生态补偿投入多头实施、分头管理的现状，整合国家各部委原有各项生态保护投入资金，把青藏高原地区生态补偿纳入到国家财政预算，由财政部设立统一集中的青藏高原地区生态补偿专项基金，国家各部委不再单独以生态保护项目的方式对青藏高原地区开展生态补偿。青藏高原地区生态补偿资金根据生态保护工作的需要，由青藏高原地区生态保护责任部门统筹规划分配使用，统一由专项基金按年度预算下拨补偿资金，逐步实现青藏高原地区补偿资金以专项资金投入替代项目资金补偿，提高生态补偿资金的使用效率。

（三）以生态资产价值核算为基础，提高生态补偿标准

以行政区划为单位开展青藏高原地区生态资产价值核算，将生态资产价值作为生态补偿绩效的衡量指标和依据，建立青藏高原地区合理的生态补偿体系，利用 20 年时间实现城乡居民收入达到全国平均水平，基础服务能力达到全国平均水平，生态系统良性循环，特色产业稳定发展，完善社会保障制度。

（四）调整生态生产关系，促进生态产业发展

依托青藏高原地区的自然资源优势，培育优势产业，将目前单一的草原畜牧业逐渐发展为多元化产业，调整产业结构，促进特色产业发展、传统产业改造升级优化，为农牧民的就业创造更多岗位。为此，政府需增加投入，综合运用财政补贴、税费减免、贷款贴息和价格调节等多种手段，并结合政策补偿、技术补偿、人才补偿等多样化补偿方式（赵青娟，2008），积极扶持青藏高原地区的现代生态畜牧业、高原生态旅游业和民族手工业的发展，增加就业机会，提高农牧民收入。建立"造血型"的生态补偿机制，"通过发展促保护，通过保护促发展"，实现经济和生态的双赢。

（五）建立青藏高原地区生态补偿监管机制

从国家层面建立以生态资产为核心的新型绩效考评机制，制定生态、民生、公共服务等方面的综合考核指标，建立以生态资产为核心的考评体系，使政府树立起绿色执政理念。考核结果要与政府责任以及领导考核联系起来，作为政绩考核、干部提拔任用和奖惩的依据。强化生态补偿绩效监管，对牧民的生态保护成效进行检查验收，生态保护成效由国家进行购买，并提供第三方的生态补偿绩效考核报告。同时，以牧户为单位将草场实行包产到户，围绕退牧减畜、草地保护恢复、计划生育、义务教育普及、文化技能提高等方面，逐年开展检查验收，将牧民实施生态保护的成效与生态补偿挂钩。

建议实施差异化补偿与监管机制。对草场生态改善效果明显的牧户、子女接受义务教育的牧户等加大奖励力度，而对于草场生态改善效果不明显或草场退化的牧户、子女未接受义务教育的牧户则只给予最基本的补贴或扣减相应的补贴。

（六）选择试点地区进行示范推广

在青藏高原地区由省级政府自主支配经费在典型县探索建立生态补偿试点。充分借鉴我国实施天保工程中森林工人由砍树转为栽树的经验，改变原有单纯的移民方式，在试点区域根据草原面积合理设置草原管护岗位，由国家统一发放工资，使原有牧民从放牧人员转变为保护草原的工作人员，从而减小牧业人口规模。

参 考 文 献

蔡邦成, 陆根法, 宋莉娟, 等. 2008. 生态建设补偿的定量标准: 以南水北调东线水源地保护区一期生态建设工程为例. 生态学报, 28(5): 2413-2416.

陈钦, 魏远竹. 2007. 公益林生态补偿标准、范围和方式探讨. 科技导报, 25(10): 64-66.

陈祖海. 2008. 西部生态补偿机制研究. 北京: 民族出版社.

达瓦次仁. 2011. 略论建立和完善西藏生态补偿机制的意义. 西藏研究, (2): 87-95.

戴其文, 赵雪雁. 2010. 生态补偿机制中若干关键科学问题——以甘南藏族自治州草地生态系统为例. 地理学报, 65(4): 494-506.

付伟, 赵俊权, 杜国祯. 2012. 青藏高原高寒草地生态补偿机制研究. 生态经济, (10): 153-157, 168.

郭广荣, 李维长, 王登举. 2005. 不同国家森林生态效益的补偿方案研究. 绿色中国(理论版), 14(7): 14-17.

国家环境保护局自然保护司. 1995. 中国生态环境补偿费的理论与实践. 北京: 中国环境科学出版社.

韩艳莉. 2011. 青海湖流域生态补偿标准研究. 西宁: 青海师范大学硕士学位论文.

洪尚群, 马丕京, 郭慧光. 2001. 生态补偿制度的探索. 环境科学与技术, (5): 40-43.

《环境科学大辞典》编辑委员会. 1991. 环境科学大辞典. 北京: 中国环境科学出版社: 326.

侯元兆. 1995. 中国森林环境价值核算. 北京: 中国林业出版社.

黄炜. 2013. 全流域生态补偿标准设计依据和横向补偿模式. 生态经济, (6): 154-159, 172.

蒋延玲, 周广胜. 1999. 中国主要森林生态系统公益的评估. 植物生态学报, 23(5): 426-432.

孔凡斌. 2010. 中国生态补偿机制: 理论、实践与政策设计. 北京: 中国环境科学出版社.

赖力, 黄贤金, 刘伟良. 2008. 生态补偿理论、方法研究进展. 生态学报, 28(6): 2870-2877.

李怀恩, 尚小英, 王媛. 2009. 流域生态补偿标准计算方法研究进展. 西北大学学报(自然科学版), 39(4): 669.

李穗英, 孙新庆. 2009. 青海省三江源草地生态退化成因分析. 青海草业, 18(2): 19-23.

李文华. 2002. 生态系统服务功能研究. 北京: 气象出版社.

李文华, 李世东, 李芬, 等. 2006. 森林生态效益补偿的研究现状与展望. 自然资源学报, 21(5): 677-688.

李文华, 李世东, 李芬, 等. 2007. 森林生态效益补偿机制与政策研究. 生态经济, (11): 151-153.

李文华, 刘某承. 2010. 关于中国生态补偿机制建设的几点思考. 资源科学, 32(5): 791-796.

刘弘, 刘雨林. 2008. 论在主体功能区建设视角下的西藏生态补偿制度. 乌鲁木齐: 第二届生态补偿机制建设与政策设计高级研讨会: 159-166.

刘红. 2013. 三江源生态移民补偿机制与政策研究. 中南民族大学学报(人文社会科学版), 33(6): 101-105.

刘兴元. 2011. 藏北高寒草地生态系统服务功能及其价值评估与生态补偿机制研究. 兰州: 兰州大学博士学位论文.

刘兴元, 陈全功, 王永宁. 2006. 甘南草地退化对生态安全与经济发展的影响. 草业科学, 23(12): 39-41.

刘兴元, 尚占环, 龙瑞军. 2010. 草地生态补偿机制与补偿方案探讨. 草地学报, 18(1): 126-131.

刘燕. 2010. 西部地区生态建设补偿机制及配套政策研究. 北京: 科学出版社.

刘玉龙, 胡鹏. 2009. 基于帕累托最优的新安江流域生态补偿标准研究. 水利学报, 40(6): 703-708.

卢艳丽, 丁四保. 2009. 国外生态补偿的实践及对我国的借鉴与启示. 世界地理研究, 18(3): 161-168.

罗杰·珀曼, 马越, 詹姆斯·麦吉利夫雷, 等. 2002. 自然资源与环境经济学. 2 版. 北京: 中国经济出版社.

马洪波, 吴天荣. 2008. 建立三江源生态补偿机制试验区的思考. 开发研究, (5): 64-67.

马歇尔. 1983. 经济学原理. 北京: 商务印书馆: 279-280.

毛显强, 钟瑜, 张胜. 2002. 生态补偿的理论探讨. 中国人口·资源与环境, 12(4): 38-41.

闵庆文, 甄霖, 杨光梅, 等. 2006. 自然保护区生态补偿机制与政策研究. 环境保护, (10A): 55-58.

秦大河. 2014. 三江源区生态保护与可持续发展. 北京: 科学出版社: 69-93, 185-196.

青海省第六次人口普查办公室. 2012. 青海省 2010 年人口普查资料. 北京: 中国统计出版社.

青海省统计局, 国家统计局青海调查总队. 2012. 青海统计年鉴 2012. 北京: 中国统计出版社.

邵全琴, 樊江文. 2012. 三江源区生态系统综合监测与评估. 北京: 科学出版社: 1-10.

史晓燕, 胡小华, 邹新, 等. 2011. 基于生态系统服务价值的东江源区生态补偿标准研究. 水利经济, 29(3): 69-73.

宋鹏臣, 姚建, 马训舟, 等. 2007. 我国流域生态补偿研究进展. 资源开发与市场, 23(11): 51-54.

孙发平, 曾贤刚, 等. 2008. 中国三江源区生态价值及补偿机制研究. 北京: 中国环境科学出版社: 4-21.

孙新章, 周海林. 2008. 我国生态补偿制度建设的突出问题与重大战略对策. 中国人口·资源与环境, 18(5): 139-143.

孙钰. 2006. 探索建立中国式生态补偿机制——访中国工程院院士李文华. 环境保护, (10A): 4-8.

谭秋成. 2009. 关于生态补偿标准和机制. 中国人口·资源与环境, 19(6): 1-6.

万军, 张惠远, 王金南, 等. 2005. 中国生态补偿政策评估与框架初探. 环境科学研究, 18(2): 1-8.

王永生. 2012. 青海湖流域乡域尺度生态补偿研究. 西宁: 青海师范大学硕士学位论文.

文秋良, 何纯, 尼玛旺久. 2009. 建立西藏草原生态补偿机制试点若干问题思考——关于日喀则地区草原生态专题调研报告//中国农村财政研究会. 中国"三农"问题研究与探索: 全国财政支农优秀论文选(2008). 北京: 中国财政经济出版社: 698-707.

吴水荣, 马天乐. 2001. 水源涵养林生态补偿经济分析. 林业资源管理, (1): 27-31.

吴水荣, 马天乐, 赵伟. 2001. 森林生态效益补偿政策进展与经济分析. 林业经济, (4): 20-23.

肖爱, 曾炜. 2006. 西部大开发中生态效益补偿的理论探悉. 云南大学学报, 19(6): 15-18.

谢维光, 陈雄. 2008. 国内外生态补偿研究进展述评. 中国人口·资源与环境, 18: 461-465.

辛长爽. 2009. 建立流域生态补偿机制及其对策研究. 海河水利, (4): 8-10.

熊鹰, 王克林, 蓝万炼, 等. 2004. 洞庭湖区湿地恢复的生态补偿效应评估. 地理学报, 59(5): 772-780.

徐健, 崔晓红, 王济干. 2009. 我国生态补偿现状的模糊综合评价. 科技管理研究, 29(4): 44-46.

徐绍史. 2013. 国务院关于生态补偿机制建设工作情况的报告. 中华人民共和国全国人民代表大会常务委员会公报, 2013-05-15.

杨凯, 高清竹, 李玉娥. 2007. 藏北地区草地退化空间特征及其趋势分析. 地球科学进展, 22(4): 410-416.

尹月香. 2013. 青海省草原生态补偿政策实施困境分析. 合作经济与科技, 457: 88-89.

张润昊. 2004. 论生态效益补偿的范围与基本原则. 中南林学院学报, 24(6): 18-22.

张思锋, 余平, 孙博. 2007. 基于 HEA 方法的陕西省受损植被生态系统服务功能补偿评估. 资源科学, 29(6): 61-67.

张翼飞, 陈红敏, 李瑾. 2007. 应用意愿价值评估法, 科学制订生态补偿标准. 生态经济, (9): 28-31.

赵光洲, 陈妍竹. 2010. 我国流域生态补偿机制探讨. 经济问题探索, (1): 32-35.

赵青娟. 2008. 青海生态补偿法律机制探析. 攀登, 27(6): 137-140.

赵同谦, 欧阳志云. 2004. 中国森林生态系统服务功能及其价值评价. 自然资源学报, 18(3): 480-491.

赵雪雁. 2012. 生态补偿效率研究综述. 生态学报, 32(6): 1960-1969.

甄霖, 闵庆文, 李文华, 等. 2006. 海南省自然保护区生态补偿机制初探. 资源科学, 28(6): 10-19.

郑海霞, 张陆彪. 2006. 流域生态服务补偿定量标准研究. 环境保护, (1): 42-46.

中国生态补偿机制与政策研究课题组. 2007. 中国生态补偿机制与政策研究. 北京: 科学出版社.

周飞. 2010. 青海省建立生态补偿机制战略研究. 经济研究导刊, (9): 152-153.

Bienabe E, Hcame R R. 2006. Public preferences for biodiversity conservation and scenic beauty with in a framework of environmental services payments. Forest Policy and Economics, 9: 335-348.

Castro R, Tattenbach F, Gamez L, et al. 2000. The Costa Rican experience with market instruments to mitigate climate change and conserve biodiversity. Environmental Monitoring and Assessment, 61: 75-92.

Costanza R, d'Arge R, de Groot R, et al. 1997. The value of the world's ecosystem services and natural capital. Nature, 387: 253-260.

Costanza R, Norton B, Haskel B. 1992. Ecosystem Health: New Goals for Environmental Management. Washington, D.C.: Island Press.

Dramstad W E, Olson J D, Forman R T. 1996. Landscape Ecology Principles in Landscape Architecture and Land Use Planning. Cambridge: Island Press.

Engel S, Pagiola S, Wunder S. 2008. Designing payments for environmental services in theory and practice: An overview of the issues. Ecological Economics, 65: 663-674.

Johst K, Drechsler M, Watzold E. 2002. An ecological-economic modeling procedure to design compensation payments for the efficient spat ion-temporal allocation of species protection measures. Ecological Economies, 41: 37-49.

Li F, Zhang L B, Li D Q, et al. 2015. Long-term ecological compensation policies and practices in China: Insights from the Three Rivers Headwaters area. Ecological Economy, 11(2): 175-184.

Loomis J B. 1986. Assessing wildlife and environmental values in cost benefit analysis: State of art. Journal of Environmental Management, 2: 129-134.

Macmillan D C, Harley D, Morrison R. 1998. Cost-effectiveness analysis of woodland ecosystem restoration. Ecological Economics, 27: 313-324.

Moran D, McVittie A, Allcrofl D J, et al. 2007. Quantifying public preferences for agri-environmental policy in Scotland: A comparison of methods. Ecological Economics, 63(1): 42-53.

Norgaard R B, Jin L. 2008. Trade and governance of ecosystem services. Ecological Economics, 66(4): 638-652.

Pagiola S. 2008. Payments for environmental services in Costa Rica. Ecological Economics, 65: 712-724.

Pearce D, Turner K. 1991. Economics of natural resources and the environment. Journal of Economic Literature, 37(1): 100-101.

Robles D, Kangas P, Lassioe J P, et al. 1997. Evaluation of potential gross income from non-timber products in a riparian forest for the Chesapeake Bay watershed. Agroforestry Systems, 44(2-3): 215-225.

Zbinden S, Lee D. 2005. Paying for environmental services: An analysis of participation in Costa Rica's PSA Program. World Development, 33(2): 255-272.

第九章 青藏高原退化植被恢复与生态工程效益

青藏高原平均海拔 4000m 以上,处于我国一级台地,是维护我国生态安全的重要屏障,生态战略地位十分重要。随着气候变化和人类活动的加剧,青藏高原草地等生态系统发生了前所未有的变化,局部退化加剧。为了恢复退化的高寒植被,保障生态安全屏障,近年来国家在青藏高原实施了一系列生态保护和建设工程,包括退化草地生态修复、围栏休牧、退牧还草、天然林保护等工程与措施。但是,在高寒环境下如何有效恢复退化的植被,以及如何对生态工程的效益进行监测和评估是青藏高原生态安全屏障保护和建设中面临的重要问题。拉萨站及相关研究团队以高原基地为依托,针对这一问题开展了一系列野外试验和研究,本章内容是对其中部分结果的总结。

第一节 退化草地的施肥恢复效果

一、施肥对高寒草甸盖度、多度的影响

青藏高原草地面积为 1.18 亿 hm^2,占高原植被总覆盖面积的 63.9%,约占全国草原总面积的 32%,主要包括高寒草甸、高寒草原和温性荒漠草原(中国科学院中国植被图编辑委员会,2001),大部分分布于藏北高原和青海的三江源地区。近年来受自然气候变化及人类强烈干扰的影响,青藏高原极为脆弱的高寒草地生态系统也遭到不同程度的干扰和破坏,盐碱化、黑土滩化、植被稀疏化、毒杂草化,特别是以荒漠化为主的各种草地退化过程不断加剧,如何恢复轻度和重度退化的草地植被已成为一个急需解决的问题。

退化草地生态系统恢复的指标是多方面的,其中最主要的是土壤肥力和物种多样性,而最直接有效的恢复措施是施用化肥。2011 年拉萨站研究团队在藏北以退化高寒草甸为代表,采用 N、P、K 肥单独施加和 N、P 混合施加四种施肥措施,五个水平的施加梯度(按每种元素含量 $0.3g/m^2$、$0.6g/m^2$、$1.2g/m^2$、$2.4g/m^2$、$4.8g/m^2$),研究了不同施肥措施对退化高寒草甸的恢复效果。

在高寒典型草甸,施用氮(N)肥、磷(P)肥、钾(K)肥、氮磷混合肥,盖度整体上都随着施肥梯度的增加而增加,但施用钾肥的效果明显弱于施用其他肥料(图 9-1)。总体来讲,单施钾对盖度的影响最小,单施氮、磷和氮磷混施对盖度的影响基本是一致的。单独从提高草地盖度的方面来讲,单施氮或磷即可。由于氮肥尿素中含氮量(≥46.4%)远大于磷肥过磷酸钙中磷的含量(≥5.2%),无论是在经济方面还是工作量方面,施氮都要好于施磷。

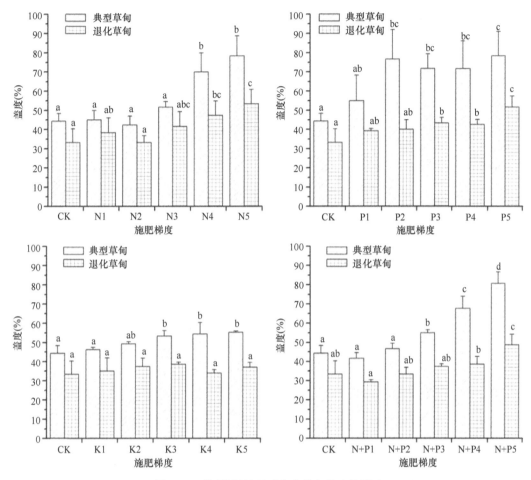

图 9-1 不同施肥处理对高寒草甸盖度的影响

施肥梯度：CK，对照；1，0.3g/m²；2，0.6g/m²；3，1.2g/m²；4，2.4g/m²，5，4.8g/m²；本节余同。同一草甸类型不同小写字母表示不同处理在 0.05 水平差异显著，下同

在典型草甸，随着氮、钾以及氮磷混合施用量的增加，群落总多度值呈减少趋势，但磷的添加对多度并无显著影响（$P > 0.05$）（表 9-1，图 9-2）。

表 9-1　不同施肥处理对高寒草甸多度的影响　　　　（单位：株/m²）

施肥梯度	高寒典型草甸多度				高寒退化草甸多度			
	N	P	K	N+P	N	P	K	N+P
CK	128.33b	128.33a	128.33b	128.33bc	284.67b	284.67a	284.67b	284.67a
1	102.33ab	97.67a	91.67a	145.67c	247.67b	290.33a	221.33ab	202.67a
2	82.67ab	113.67a	102.67ab	132.00bc	199.67ab	276.67a	298.33b	236.67a
3	81.00ab	115.33a	96.33ab	113.67ab	203.33ab	224.00a	172.33a	217.00a
4	93.33ab	127.00a	97.67ab	106.67ab	189.00ab	226.00a	215.67ab	202.67a
5	78.33a	94.00a	88.67a	91.67a	109.67a	213.67a	220.67ab	204.00a

注：同一列不同小写字母表示不同处理在 0.05 水平差异显著，下同

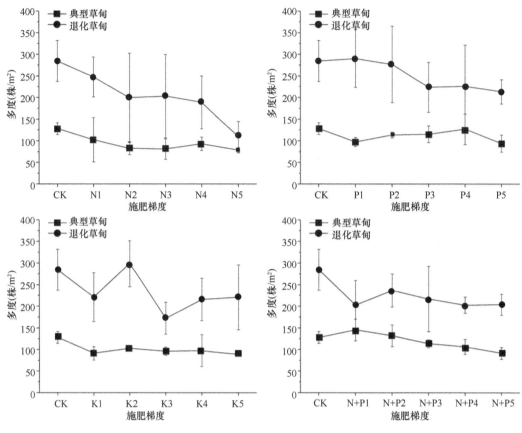

图 9-2 不同施肥处理对高寒草甸多度的影响

二、施肥对高寒草甸生物量的影响

总体而言，不管是典型草甸还是退化草甸，氮磷混合施肥对提高地上生物量都有最佳效果，并显著优于单施氮和磷的处理效果（$P<0.05$）。曲线拟合结果表明：在典型草甸中，随着氮磷混合施加量的增加，地上生物量增加比例（与对照相比）呈波动增加趋势，但增加幅度呈波动减小趋势，原因可能是高寒典型草甸群落盖度逐渐增大，地上生物量也逐渐达到饱和值。在退化草甸中，地上生物量增加比例随氮磷混合施加量的增加也呈波动增加趋势，考虑其原因可能是退化草甸植被稀疏、盖度较小、多度较低，在施肥范围内还没有达到群落生物量最大值（图 9-3）。由表 9-2 可以看出，N+P5 与其他梯度处理相比地上生物量增加比例较高。为了提高草地地上生物量，在高寒典型草甸，氮磷混施施肥量在 2.4g/m² 左右为佳，而在高寒退化草甸，其施肥量推荐超过 4.8g/m²。

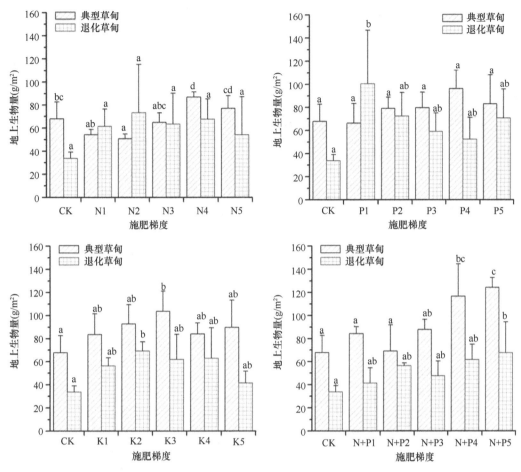

图 9-3　不同施肥处理对高寒草甸地上生物量的影响

表 9-2　高寒草甸不同梯度氮磷混施处理下的地上生物量增加比例

氮磷混施处理	地上生物量的增加比例（%）	
	高寒典型草甸	高寒退化草甸
N+P1	27.15±24.69ab	21.02±29.51a
N+P2	0.39±11.83a	68.64±20.06ab
N+P3	33.86±36.14ab	39.99±21.55ab
N+P4	72.30±30.90b	86.97±54.98ab
N+P5	89.66±48.95b	95.63±46.48b

　　无论是对于高寒典型草甸还是高寒退化草甸，施肥在当年对地下生物量的影响并不大，但第二年后，较高浓度的氮肥添加（高于 2.4g/m²）对提高高寒草地的地下生物量效果明显，且未退化的典型草甸地下生物量的增量大于退化草甸地下生物量的增量，但从增加比例（与对照相比）上看，退化草甸要远大于未退化草甸（图 9-4）。

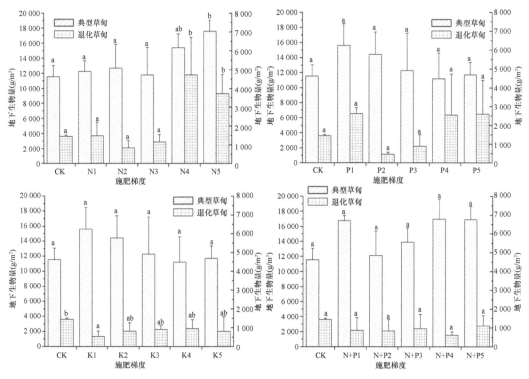

图 9-4　不同施肥处理对高寒草甸地下生物量的影响

主坐标轴对应高寒典型草甸，次坐标轴对应高寒退化草甸

三、施肥对根冠比和功能群生物量的影响

高寒典型草甸的根冠比显著高于退化草甸（图 9-5，表 9-3）。高根冠比是高寒草甸在高寒气候下长期生存产生的一种适应机制，而退化草甸的根冠比则明显减小。

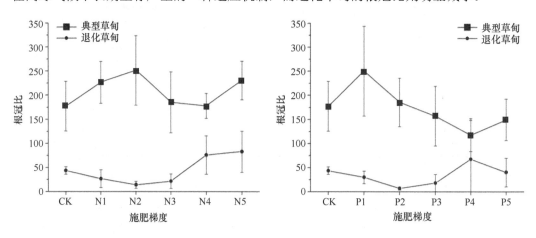

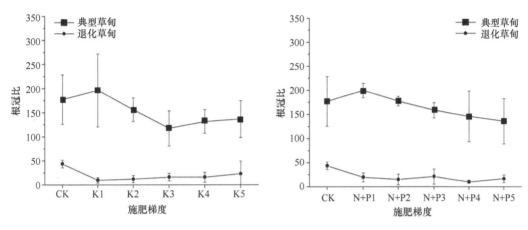

图 9-5 不同施肥处理对高寒草甸根冠比的影响

表 9-3 不同施肥处理对高寒草甸根冠比的影响

施肥梯度	高寒典型草甸根冠比				高寒退化草甸根冠比			
	N	P	K	N+P	N	P	K	N+P
CK	177.29a	177.29ab	177.29a	177.29a	43.75ab	43.75a	43.75b	43.75b
1	226.81a	250.46b	196.41a	199.80a	26.77a	29.82a	9.96a	19.55a
2	251.77a	185.77ab	156.31a	177.50a	14.09a	6.99a	12.08a	15.08a
3	185.21a	157.07ab	117.45a	158.52a	21.63a	18.27a	16.34a	21.05a
4	177.98a	117.91a	131.70a	146.16a	76.04b	67.66a	16.05a	10.06a
5	231.03a	149.64ab	136.69a	136.22a	82.98b	40.29a	23.38ab	16.40a

　　不同施肥处理下群落中各功能群生物量所占比例如图 9-6 所示。在高寒典型草甸，莎草科的高山嵩草作为优势种占了较大的比例，其次是以二裂委陵菜、钉柱委陵菜、风毛菊和火绒草为代表的杂草类，而禾本科和豆科所占比例极小，甚至可以忽略不计。在高寒退化草甸，弱小火绒草作为共存的优势种，使得杂草类占据了很大的比例，其次是莎草科和禾本科。不管是典型草甸还是退化草甸，莎草科和杂草类的变化情况基本一致。在未退化的草甸中，随着添加氮量或氮磷混合量的增加，莎草科的优势进一步加强，杂草类比例则呈减少趋势；而退化草甸样地中禾本科生物量占比随氮和磷添加量的增加呈逐渐减小的趋势。

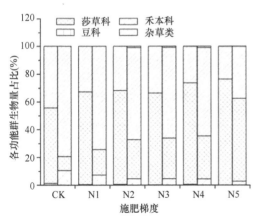

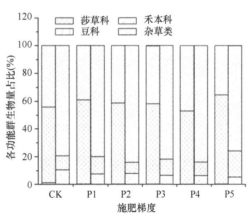

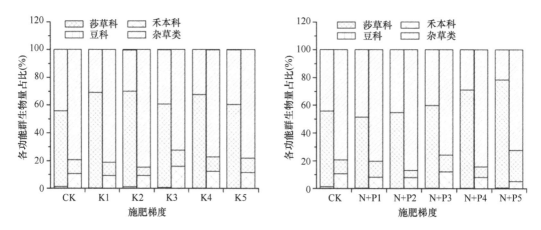

图 9-6　高寒草甸不同施肥处理下各功能群生物量占比

同一施肥处理左列表示高寒典型草甸，右列表示高寒退化草甸

第二节　藏北退化草地恢复模式

　　针对高寒草地退化的现状，必须采取相应的措施进行治理，遏制草地退化。近年来，我们在藏北高原地区进行了多种治理模式的尝试，大体上可以分为封育、施肥、补播等方式，取得了一些初步的结果，以下分别对三种方式在藏北退化草地的治理实践进行总结。

一、"围栏封育"模式

（一）技术要点

　　该方式主要是针对中度和重度退化的草地，采取围栏封育，前两年禁止放牧，随后可有选择地进行轮牧。其技术模式见表 9-4。

表 9-4　"围栏封育"技术模式

项目	内容描述
目标	减少放牧干扰，促进退化草地自然恢复
范围	中、重度退化草地
技术要点	围栏封育，前两年禁止放牧，随后可控制性放牧
技术措施	采用一般网围栏，按 5m 设一立柱，围栏下部可用树枝封挡，防止小牲畜进入
关键点	前两年禁止放牧和樵伐
优势	成本低，效果显著。封育 1~2 年草地盖度增加 5%，生物量增加 1.3 倍
缺点	恢复时段长

（二）围封对草地群落物种组成的影响

　　对西藏那曲措玛乡围封 2 年的样地进行的群落调查结果表明，围封 2 年草地的群落物种数已经明显减少,优势种的优势度增大。同时,随着围封年限的延长,群落总盖度也增加,围封 1 年草地群落总盖度平均增加了 3 个百分点左右,围封 2 年的草地群落总盖度平均增加了 5 个百分点。

如表 9-5 所示,围封 2 年的草地主要由 25 个物种组成,而未围封的草地主要由 29 个物种组成,物种数减少了 13.8%。其中围封 2 年的草地在 7 月初的样方调查时有 20 个物种,7 月下旬调查时有 17 个物种,8 月调查时有 21 个物种;未围封的草地在 7 月初调查时有 22 个物种,7 月下旬调查时有 20 个物种,8 月调查时有 22 个物种。从总的物种数和各次调查的物种数中均可以得出,围封 2 年使群落物种数减少。

表 9-5　不同围封年限草地群落特征值

群落类型	草地类型	调查日期(年-月-日)	丰富度(种)	优势种	优势度(%)	总盖度(%)
杂草类草原	围封一年草地	2008-7-2	19	金露梅、毛香火绒草	30.49、25.22	9±4.03
		2008-7-21	18	棘豆、金露梅	15.94、15.70	23±3.51
		2008-8-31	17	棘豆、羊茅	29.25、16.57	17±3.00
	未围封(与围封一年对照)	2008-7-2	21	金露梅、羊茅	26.34、16.98	10±3.96
		2008-7-21	24	金露梅、毛香火绒草	29.25、17.91	12±1.53
		2008-8-31	21	银莲花	33.42	17±1.15
紫花针茅草原	围封二年草地	2008-7-4	20	紫花针茅	47.72	36±9.18
		2008-7-21	17	紫花针茅	38.92	38±7.21
		2008-8-31	21	紫花针茅	36.07	37±3.06
	未围封(与围封二年对照)	2008-7-4	22	紫花针茅	31.88	30±5.29
		2008-7-21	20	紫花针茅	32.26	34±8.72
		2008-8-31	22	紫花针茅	49.00	32±2.08

而从群落组成的物种优势度可以看出,围封与对照样地中两个群落的优势种为同一物种——紫花针茅,围封 2 年仅使该优势种的优势度增加了 8.46%。围封 2 年的草地优势种优势度上升的同时,群落总盖度平均值也有所增加,由未围封草地的 32%增加至 37%。

(三)围封对产草量的影响

围封 1 年的草地与未围封的草地在植物生长初期产草量的差异很小,7 月,围封 1 年草地的产草量为 12.51g/m²,未围封样地的产草量为 10.97g/m²,相差 1.54g/m²;随着生长季的到来(8 月),围封草地的产草量增长到 38.18g/m²,增加了 205.20%,未围封草地的产草量增长到 24.32g/m²,增加了 121.70%,增长速度远远小于围封草地,这也与动物的啃食有关;到生长季后期(9 月),由于植物的枯黄掉落,产草量有所降低,围封的草地产草量变为 31.90g/m²,减少了 16.45%,未围封的草地产草量变为 22.46g/m²,减少了 7.65%(图 9-7)。从总量上来说,围封草地的产草量大于未围封草地,围封草地产草量的平均值是未围封草地的 1.43 倍。

由图 9-7 可以看出,围封 2 年的草地和围封 1 年草地产草量的变化趋势是不一致的。在 9 月初最后一次取样时,围封 2 年的草地及其未围封草地的产草量并没有减少,反而

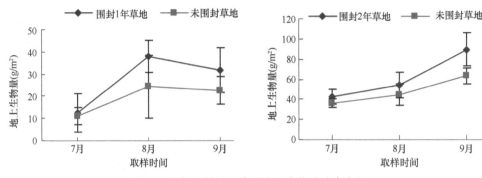

图 9-7　围封及其对照草地地上生物量动态变化

持续增加。围封 2 年草地 8 月的产草量相较于 7 月增加了 27.46%，为 54.08g/m²，未围封的草地增加了 22.84%，为 44.51g/m²；9 月初，与围封 1 年产草量减少相反，围封 2 年草地的产草量增加明显，增加到 89.67g/m²，增加了 65.81%，未围封草地的产草量增加到 63.29g/m²，增加了 42.19%，2 年围封草地的产草量是未围封草地的 1.42 倍。

二、"围栏封育+施肥"模式

（一）技术要点

针对一些退化严重的草地，可以采用"围栏封育+施肥"的模式进行草地治理，其基本要点是在围栏封育的基础上，施入适当比例的氮肥和磷肥，可以促进退化草地快速恢复。其技术模式见表 9-6。

表 9-6　"围栏封育+施肥"技术模式

项目	内容
目标	促进退化草地快速恢复
范围	中、重度退化草地
技术要点	氮磷混合施肥
技术措施	首先采用围栏封育措施，然后采用施磷酸二铵 14kg/亩、尿素 0.7kg/亩等技术措施，选择 6 月进入雨季后撒播施肥，严禁牛羊误食。对于退化为以针茅类为建群种的草地也可单独施尿素 7kg/亩，可取得同样的效果
关键点	施肥时间的选择
优势	效果显著，每亩混合施磷酸二铵 14kg 和尿素 0.7kg 的产草量是各自未施肥空白对照的 2.2～2.3 倍，是既未封育也未施肥的 3.7 倍
缺点	成本高

（二）施肥效果评估

试验结果表明，单纯施氮肥对以小嵩草为优势种的高寒退化草地效果不好，甚至会抑制小嵩草生长，但对以紫花针茅为优势种的高寒草原退化草地效果明显，等量施加氮磷混合肥对于恢复藏北以紫花针茅为优势种的高寒草原化草甸效果最佳。

1. 对草原化草甸的影响

以紫花针茅为优势种的高寒草原化草甸施肥后牧草高度、盖度、产草量（地上生物量）均有明显的变化。在天然放牧地上，单一施加氮肥处理牧草的平均高度和盖度明显降低，产草量有所增加，但 10g N/m² 的产草量（66.8g/m²）低于 5g N/m²（79.6g/m²）；氮磷混合施用后效果明显好于单一施氮，5g N/m²+5g P/m² 牧草平均高度、产草量最大，分别为 51mm、119.6g/m²，5g N/m²+5g P/m² 的产草量是未施肥空白对照的 2.3 倍。

施肥能明显增加牧草平均高度和产草量，以 5g N/m²+5g P/m² 效果最佳，平均高度达 70mm，产草量为 188g/m²，5g N/m²+5g P/m² 的产草量是未施肥空白对照的 2.2 倍。单一施用氮肥量达 10g N/m² 时，牧草的盖度低于施加 5g N/m² 的水平，盖度接近于对照值 30.0%；但施用混合肥后，草地盖度明显增加，由对照的 30% 增加到了 50%。

总体来看，等量施加氮磷混合肥对于恢复藏北以紫花针茅为优势种的高寒草原化草甸效果比较好，模式为 5g N/m²+5g P/m²+围栏封育。无论是在封育地还是未封育地施肥，施 5g N/m²+5g P/m² 的产草量都是各自未施肥空白对照的 2.2~2.3 倍，是既未封育也未施肥的 3.7 倍。

2. 对退化小嵩草草甸的影响

那曲地区安多县帮爱乡试验区是典型的以小嵩草为优势种的高寒退化草甸，单一施用氮肥后总生物量、地上生物量、地下生物量均大幅度减少，施用 5g N/m² 后，总生物量减少 54.9%，其中地上生物量减少 35.4%，地下生物量减少 57.2%；增加施氮量（10g/m²）后，生物量相对于施用 5g N/m² 稍有增长，但效果不明显。氮磷肥混合施用能显著提高小嵩草草甸的生物量，且施肥量与生物量呈正相关关系，10g N/m²+5g P/m² 效果好于 5g N/m²+5g P/m²，总生物量比对照增加 24.1%，其中地上生物量增长了 164.8%，地下生物量减少了 4.7%，说明氮磷肥混合施用能明显提高藏北小嵩草草甸的产草量。

三、"围栏封育+施肥+补播"模式

（一）技术要点

"围栏封育+施肥+补播"模式是针对退化严重的草地，可以在围栏封育的基础之上，加以施肥和补播适宜的草种，快速促进退化草地的恢复。其技术模式见表 9-7。

表 9-7　"围栏封育+施肥+补播"技术模式

项目	内容
目标	促进退化草地快速恢复
范围	中、重度退化草地
技术要点	免耕补播
技术措施	对于重度退化高寒草地的恢复可采用免耕补播技术，草种选择为垂穗披碱草、星星草和冷地早熟禾，每公顷播种 60kg 草种，其配比为垂穗披碱草:星星草:冷地早熟禾=7.5:1:1。播种方式为耙磨—施肥—条播—松耙—镇压。播种时间为 5 月中下旬至 6 月上中旬。底肥为磷酸二氢铵（75kg/hm²）和尿素（30kg/hm²），雨前耙磨后表施
关键点	时间的选择
优势	效果显著，采取"围栏封育+施肥+补播"模式植被恢复效果较好，地上生物量都是空白对照的 2~4.5 倍
缺点	成本高

（二）施肥、补播方法

在那曲地区选择 3 类不同的退化草地，严重退化高寒草甸、人为碾压退化草甸以及河滩砂石严重退化的次生裸地。实施时间为 2007 年、2008 年的 6 月中旬。帮爱乡严重退化高寒草甸原生地带性植被是以小嵩草为优势种的高寒草甸，长期过度放牧造成草场严重退化，土层疏松，草地恢复采用免耕补播技术，底肥为磷酸二氢铵（75kg/hm^2）和尿素（30kg/hm^2），草种选择为垂穗披碱草、星星草和冷地早熟禾，每公顷播种 60kg 草种，其配比为垂穗披碱草：星星草：冷地早熟禾=7.5：1：1。那玛切乡六村退化草甸地表长期受到大型车辆的碾压，原生植被已被破坏，形成的次生裸地面积占 90%以上，草地恢复技术采用翻耕补播，草种选择为星星草、冷地早熟禾、中华羊茅、垂穗披碱草，每公顷播种 24kg 草种，其配比为星星草：冷地早熟禾：中华羊茅：垂穗披碱草=1：1：2：8，底肥为磷酸二氢铵（70kg/hm^2）。那玛切乡十二村严重退化的次生裸地为河流滩地，植被稀疏，植被建植技术为翻耕补播，草种选择为垂穗披碱草、星星草、冷地早熟禾，每公顷播种 52.5kg 草种，配比为垂穗披碱草：星星草：冷地早熟禾=30：5：1，施以磷酸二氢铵（75kg/hm^2）和尿素（30kg/hm^2）作底肥。

（三）施肥、补播效果评估

采用人工补播施肥等植被恢复技术效果明显，三类严重退化草地地上部分生物量都明显增加。对于严重退化高寒草甸采用人工补播施肥技术可使地上部分生物量增加348.6%，是空白对照的 4.5 倍；对于人为碾压退化草甸采用人工补播施肥技术可使地上部分生物量增加 163.2%，是空白对照的 2.6 倍；对于严重退化的次生裸地采用人工补播施肥技术可使地上部分生物量增加 166.7%，是空白对照的 2.7 倍（表 9-8）。总体来看，采取"围栏封育+施肥+补播"模式植被恢复效果较好，地上生物量是空白对照的 2~4.5 倍。

表 9-8　施肥、补播植被恢复效果

指标	（免耕补播第二年）		人为碾压破坏（翻耕补播第三年）		次生裸地（翻耕种草第二年）	
	试验	对照	试验	对照	试验	对照
地上生物量（kg/hm^2）	630.3	140.5	1527.3	580.2	2625.7	984.4
相对增加量（%）	348.6		163.2		166.7	
绝对增加量（kg/hm^2）	489.8		947.1		1641.3	

第三节　退牧还草工程及其效益

一、退牧还草工程对牧草产量的影响

西藏拥有天然草原 12.3 亿亩（合 0.82 亿 hm^2），占全区总面积的 68.4%（武建双，2012）。天然高寒草地是广大藏族农牧民赖以生存和发展的物质基础，高寒草地生态保护与建设对于保障国家生态安全和维护边疆社会稳定具有重要意义。为了有效遏制天然草地的退化趋势、促进已退化草地实现自我生态恢复，2004 年在中央财政支持下，西藏在那曲、改则和比如 3 县开展 130 万亩的"退牧还草"试点工程。截至 2012 年，已在阿里、那曲、日喀则、山南、昌都、林芝、拉萨 7 个地区 34 个县（区）累计建设 8641 万亩"退牧还草"禁休牧围栏工程（李猛，2020）。

　　藏北羌塘地区是西藏最为重要的传统牧区，也是西藏国家级生态安全屏障工程建设的重要区域之一。截至 2012 年，那曲、阿里两个地区的"退牧还草"工程建设面积分别累计达 2945 万亩和 2036 万亩（表 9-9），分别约占西藏自治区工程总面积的 34.08% 和 23.56%。羌塘地区的"退牧还草"工程实施年限相对较长且草地类型具有典型性，是研究气候变化背景下"退牧还草"工程生态效益形成机制的理想地区。

表 9-9　2004～2012 年西藏各地区"退牧还草"建设情况（引自李猛，2020）

地区	退牧还草面积（万亩）									
	2004 年	2005 年	2006 年	2007 年	2008 年	2009 年	2010 年	2011 年	2012 年	合计
山南	—	—	—	—	130	100	120	20	60	430
日喀则	0	155	445	290	240	220	210	225	270	2055
那曲	95	295	500	510	340	280	500	290	135	2945
林芝	—	—	—	—		100	30	10	10	150
拉萨	—	115	285	—	—	—	—	—	—	400
昌都	—	—	—	—	190	120	95	80	140	625
阿里	35	235	470	161	100	200	275	280	280	2036

注："—"表示无数据

　　综合考虑"退牧还草"工程区所属草地类型，以上述藏北羌塘地区典型草地 2009～2015 年逐年平均生态效益为依据（如 2015 年效益，以当年平均牧草增量为依据：高寒草甸 5.31kg/亩、高寒草原 3.83kg/亩、高寒荒漠草原 2.13kg/亩），初步测算了 2004 年试点以来西藏自治区"退牧还草"工程的整体成效。结果显示：截至 2015 年底，西藏在 2004～2015 年实施的 8641 万亩"退牧还草"工程已经累计增加牧草产量约 496 万 t（表 9-10）。

表 9-10　2004～2015 年西藏各县（区）"退牧还草"工程累计增加牧草产量

县（区）	增加的牧草产量（t）								
	2004～2008 年	2009 年	2010 年	2011 年	2012 年	2013 年	2014 年	2015 年	合计
浪卡子	5 080	2 580	3 600	6 285	8 118	9 297	19 611	4 518	59 089
措美	0	5 160	15 840	27 654	19 844	22 726	47 938	11 044	150 206
错那	8 128	4 128	5 760	10 056	7 216	8 264	17 432	4 016	65 000
曲松	0	0	0	2 514	3 608	4 132	8 716	2 008	20 978
仲巴	47 683.5	11 021	18 573	61 687.5	38 429	42 745	14 525	41 666	276 330
昂仁	131 064	29 670	50 760	98 674.5	80 278	91 937	193 931	44 678	720 992.5
谢通门	8 128	4 128	5 760	10 056	7 216	8 264	17 432	4 016	65 000
萨嘎	10 160	5 160	7 200	12 570	9 020	10 330	21 790	5 020	81 250
康马	101.66	3 096	4 320	7 542	5 412	6 198	13 074	3 012	42 755.66
亚东	0	0	0	6 913.5	8 569	9 813.5	20 700.5	4 769	50 765.5

县（区）	增加的牧草产量（t）								
	2004~2008 年	2009 年	2010 年	2011 年	2012 年	2013 年	2014 年	2015 年	合计
班戈	27 193	7 210	13 590	46 375	25 928	28 840	6 328	11 480	166 944
安多	95 052	27 864	55 440	105 588	79 827	91 420.5	192 841.5	44 427	692 460
尼玛	4 596	2 472	3 624	10 500	5 556	6 180	1 356	2 460	36 744
申扎	3 447	1 854	2 718	7 875	4 167	4 635	1 017	1 845	27 558
比如	42 672	4 902	6 840	11 941.5	8 569	9 813.5	20 700.5	4 769	110 207.5
那曲	101 092	18 834	29 160	53 422.5	39 688	45 452	95 876	22 088	405 612.5
聂荣	100 584	19 608	36 720	66 621	47 806	54 749	115 487	26 606	468 181
巴青	8 128	4 128	5 760	10 056	7 216	8 264	17 432	4 016	65 000
嘉黎	0	0	0	12 570	11 275	12 912.5	27 237.5	6 275	70 270
索县	0	0	0	0	1 804	2 066	4 358	1 004	9 232
工布江达	0	5 160	9 360	17 598	13 530	15 495	32 685	7 530	101 358
当雄	93 980	14 706	20 520	35 824.5	25 707	29 440.5	62 101.5	14 307	296 586.5
林周	39 624	5 934	8 280	14 455.5	10 373	11 879.5	25 058.5	5 773	121 377.5
八宿	9 144	4 644	6 480	11 313	8 118	9 297	19 611	4 518	73 125
卡若	0	6 192	15 480	28 282.5	21 648	24 792	52 296	12 048	160 738.5
江达	10 160	5 160	7 200	12 570	9 020	10 330	21 790	5 020	81 250
丁青	0	0	0	8 799	14 432	16 528	34 864	8 032	82 655
察雅	0	0	0	0	3 157	3 615.5	7 626.5	1 757	16 156
改则	37 917	8 343	15 100	50 750	29 169	32 445	7 119	12 915	193 758
革吉	21 228.8	5 000.8	7 524	13 150	9 476.4	10 906.8	22 588.4	13 469.6	103 344.8
日土	18 511	4 256	6 930	11 750	8 109	9 333	19 329	11 526	89 744
措勤	3 830	2 060	3 020	8 750	4 630	5 150	3 790	2 050	33 280
普兰	0	0	0	0	3 241	3 605	2 653	1 435	10 934
札达	0	0	0	2 000	2 067	2 379	1 469	2 938	10 853
合计	827 503.96	213 270.8	365 559	784 144	582 223.4	663 235.3	1 170 763.9	353 035.6	4 959 735.96

二、藏北 2009~2015 年围栏生态效益分析

（一）藏北高原

2009~2015 年藏北高原围栏内外生态工程效益（自 2006 年起已实施 9 年）调查结果如图 9-8 所示。

地上生物量：2015 年围栏内地上生物量为 33.90g/m²，围栏外地上生物量为 29.24g/m²；围栏内比围栏外放牧样地地上产草量增加 4.66g/m²，整体牧草产量增加约 15.94%。

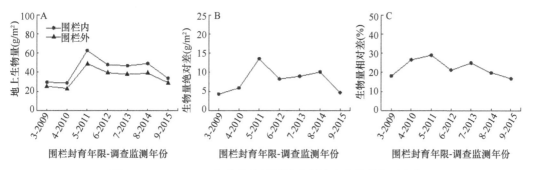

图 9-8　2009～2015 年藏北高原围栏内外地上生物量年际变化

（二）高寒草甸区

2009～2015 年藏北高原高寒草甸区围栏内外生态工程效益（自 2006 年起已实施 9 年）调查结果如图 9-9 所示。

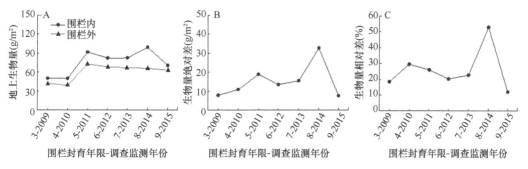

图 9-9　2009～2015 年藏北高原高寒草甸区围栏内外地上生物量年际变化

地上生物量：2015 年围栏内地上生物量为 70.79g/m²，围栏外地上生物量为 63.26g/m²；围栏内比围栏外放牧样地地上产草量增加 7.53g/m²，整体牧草产量增加约 11.90%，这是 2009～2015 年草甸区生态效益最差的一年，牧草产量增加量与 2009 年接近（7.75g/m²）。

（三）高寒草原区

2009～2015 年藏北高原高寒草原区围栏内外生态工程效益（自 2006 年起已实施 9 年）调查结果显示（图 9-10），2015 年围栏内地上生物量为 18.26g/m²，围栏外地上生物量为 15.19g/m²；围栏内比围栏外放牧样地地上产草量增加 3.07g/m²，整体牧草产量增加约 20.21%，牧草产量增加幅度与 2010 年（21.77%）和 2012 年（23.52%）接近，显著低于 2011 年牧草产量增加幅度 36.8%。牧草产量增加幅度自 2013 年后表现为先减小后增大，可能受禁牧围栏内凋落物持续累积影响。凋落物增加，产生光遮蔽，从而对部分牧草生长产生抑制作用。

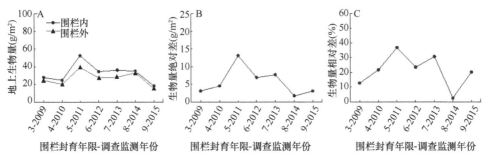

图 9-10　2009～2015 年藏北高原高寒草原区围栏内外地上生物量的年际变化

（四）荒漠草原区

2009～2015 年藏北高原荒漠草原区围栏内外生态工程效益（自 2006 年起已实施 9 年）调查结果显示（图 9-11），2015 年围栏内地上生物量为 12.66g/m²，围栏外地上生物量为 9.28g/m²；围栏内比围栏外放牧样地地上产草量增加 3.38g/m²，整体牧草产量增加约 36.42%，这是 2009～2015 年草甸区生态效益最为明显的一年，是 2010 年荒漠草原区围栏生态效益（28.43%）的 1.28 倍。

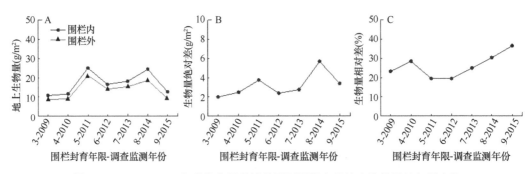

图 9-11　2009～2015 年藏北高原荒漠草原区围栏内外地上生物量的年际变化

三、退牧还草工程围栏内外群落结构变化

（一）群落和功能群植物多样性

高寒草地物种丰富度及其多样性随植被类型变化显著。高寒草甸群落的物种最为丰富，平均约 23.3 种，分别约为高寒草原（11.8 种）和高寒荒漠草原（6.7 种）的 2 倍和 3.5 倍。相似地，高寒草甸群落的香农-维纳多样性指数均值（2.16）分别是高寒草原（1.39）和荒漠草原（0.86）的 1.6 倍和 2.5 倍。与自由放牧样地相比，围栏封育样地的物种丰富度在高寒草甸仅增加 0.72 种，在高寒草原区减少 1.33 种，在高寒荒漠草原区增加 0.95 种。退牧还草工程区内外围栏封育和自由放牧样地相比，高寒草地群落的物种丰富度及其多样性指数并没有发生显著改变（武建双，2012）（图 9-12），且围栏封育对草地群落植物多样性指数随降水梯度的空间变化模式也没有显著影响（Wu et al.，2012）（图 9-13）。

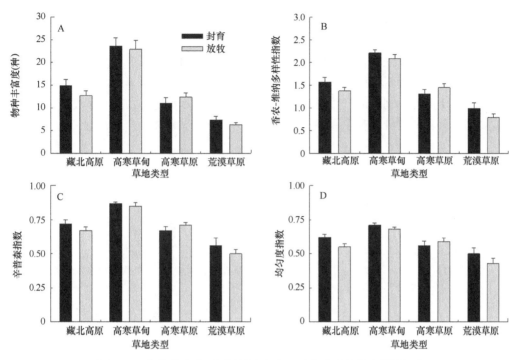

图 9-12 藏北羌塘地区围栏封育与自由放牧草地生物多样性指数

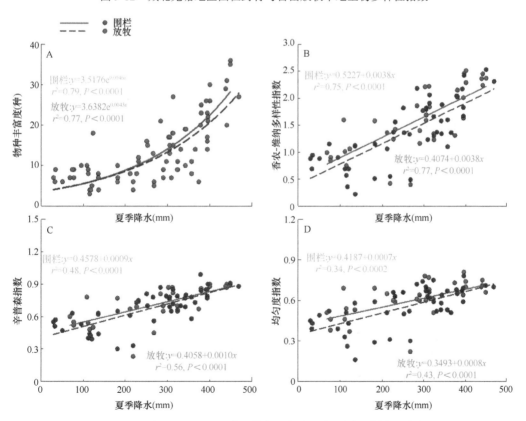

图 9-13 藏北工程区内外草地植物多样性指数随降水梯度的变化

虽然在草地类型尺度上短期"退牧还草"围栏禁休牧管理没有显著改变群落内各功能群植物的物种丰富度及其相对丰度，但在不同高寒草地类型之间相同功能群植物的物种丰富度和相对丰度差异显著（Wu et al., 2014a）（图 9-14）。其中，高寒草甸杂类草植物的物种丰富度和相对频度显著高于高寒草原和荒漠草原；高寒草原区豆科植物的相对丰度显著高于高寒草甸和高寒荒漠草原；禾草植物随降水递减，物种丰富度降低但相对丰度提高；莎草科物种丰富度和相对丰度从高寒草甸至荒漠草原呈递减趋势。

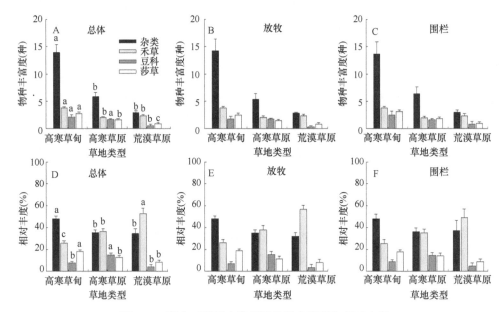

图 9-14　藏北工程区内外草地物种丰富度和相对丰度

同一草地类型不同小写字母代表差异显著（$P < 0.05$）

（二）不同经济类群的生物量变化

在藏北高寒草地样带尺度上，围栏内外地上生物量与生长季降水密切相关，随降水增加均呈现指数型增长趋势（武建双，2012）（图 9-15），且降水丰沛年份围栏内外生物量差额较大，干旱年份围栏内外生物量差额偏小。这意味着围栏封育的生态效益受到当年气候条件的制约。

在一定程度上，围栏封育促进了优良牧草的生长，并且对毒杂草类植物有抑制作用。与围栏外相比，各类型草地地上生物量围栏内优良牧草分别平均提高 10.5g/m²（高寒草甸）、10.2g/m²（高寒草原）、5.3g/m²（荒漠草原）；可食牧草分别平均提高 2.9g/m²（高寒草甸）、2.1g/m²（高寒草原）、0.6g/m²（荒漠草原）；有毒"疯草"地上生物量的变化幅度分别为-1.5g/m²（高寒草甸）、-0.5g/m²（高寒草原）、0.3g/m²（荒漠草原）（Wu et al., 2014b）（图 9-16）。围栏封育对毒杂草植物的抑制作用随封育年限延长而逐渐减弱，但放牧干扰的完全排除可能促进毒杂草类植物的生长。总体而言，围栏封育能够改善退化高寒草地可食牧草占总地上生物量的比例。

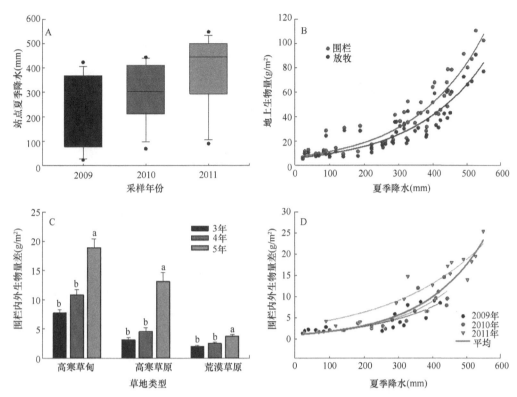

图 9-15 藏北工程区内外草地地上生物量及其差额随年际夏季降水的变化

同一草地类型不同小写字母代表差异显著（$P < 0.05$）

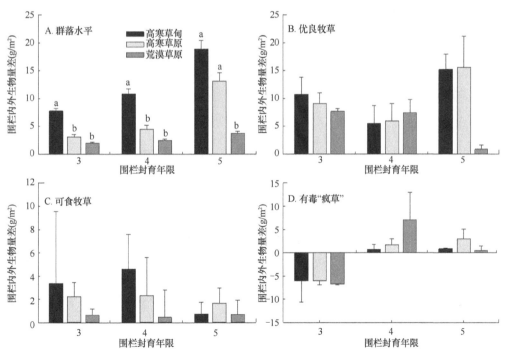

图 9-16 藏北工程区内外草地群落及经济类群生物量差额

每组柱子中不同草地类型不同小写字母代表差异显著（$P < 0.05$）

第四节　天然林资源保护工程及效益

一、西藏天然林资源保护工程概况

（一）工程区自然环境概况

1. 地理位置

西藏天然林资源保护工程实施区域位于西藏自治区昌都市，包括江达、贡觉和芒康三县，工程区总面积 4685.2 万亩，位于北纬 28°41′～32°32′，东经 97°20′～99°06′。

2. 地形地貌

工程区地貌类型属于西南高山峡谷区，西北高东南低，谷底自北向南显著加深。北部江达县山体完整，分水岭地区保存着较宽广的高原面，南部芒康县则岭谷栉比，山势陡峭，河谷深切，河谷海拔 2300～3500m，山脊线高达 4500～5500m，一般相对高差在 2000～2500m，区内基本地貌为高山和高原，并以高山地貌为主。

3. 气候

由于青藏高原大地形的作用和横断山脉南北平行岭谷影响，气候以垂直带谱明显和区域差异大为特征，立体气候居主导地位。高山与河谷海拔高差明显，自山底向上气候带依次呈现为山底亚热带（干热河谷）、山地暖温带、高原温带、高原寒带等。山脉河流南北纵向排列，有利于西南暖湿气流的南北输送，阻挡了东西空间的气体交换，导致山体东西部降雨量存在明显差异。区域气候特点主要表现为日照充足，太阳辐射强烈，年、月温差小，日温差大，干湿季分明，冬春大雪，春与夏初干旱，霜冻、冰雹等灾害性天气频繁。

4. 水文

工程区内江达县北部和芒康县西南部属澜沧江流域，其他区域属长江水系金沙江流域。区内金沙江主要支流有玛曲、藏曲、热曲、宗曲等河流，其中贡觉县境内热曲最长（147km），流域面积最大（5510km^2）。金沙江在工程区内长 509km，干流水面海拔 2300～3350m，平均比降 2.1‰。区内河川水源在上游多为冰雪融水和地下水补给，下游多为雨水补给。一般 5 月以后进入雨季，河水迅速上涨，流量猛增，7 月上旬出现第一次高峰，流量过程曲线为单峰型，年径流深一般在 300～350mm，平均径流模数为 9.5～10.3L/(s·km^2)。地下径流一般占总径流量的 35%左右。

5. 土壤

西藏天保工程区内土壤垂直地带性变化明显，垂直带谱归并情况如下。

江达县：海拔 3300m 以下为山地褐土，3300～4300m 依次为山地棕壤、暗棕壤、灰褐土，4300m 以上为高山草甸草原土。

贡觉县：海拔 3000m 以下为山地褐土，3000～4300m 依次为山地棕壤、暗棕壤、灰褐土，4300m 以上为高山草甸草原土。

芒康县：海拔 2800m 以下为山地褐土，2800～4500m 依次为山地棕壤、暗棕壤、灰褐土，4500m 以上为高山草甸草原土。

6. 植被

工程区植被的分布随地势、气候的差异在海拔、坡向上呈明显变化。海拔 3000m 以下，以干旱河谷灌丛为主，常见灌木有栒子、白刺花、羊蹄甲、蔷薇、野杏、毛桃等，草本有蒿类、蕨类、芍药、禾本科等。海拔 3000～4300m 的地带为亚高山暗针叶林与山地常绿阔叶林带，主要树种包括川西云杉、紫果云杉、大果圆柏、密枝圆柏、川滇高山栎等。云杉主要分布在阴坡、半阴坡，圆柏、高山栎分布在阳坡、半阳坡，分布在阴湿沟谷的高山栎常形成大面积的乔木林，天保工程实施前火烧或者小块采伐的云杉林，由次生的白桦、山杨林替代，红拉山以南有较大面积的高山松分布，海拔 4300m 以上气候严寒，植被为高山灌丛和草甸。

（二）工程区资源概况

1. 森林资源

2010 年底，工程区林地 2015.9 万亩，占工程区总面积的 43%。其中有林地面积 746.3 万亩，占工程区林地面积的 37%，灌木林地面积 1205 万亩，占 59.8%；疏林地面积 29.2 万亩，占 1.4%；无立木林地面积 4.1 万亩，占 0.2%；未成林造林地面积 20.6 万亩，占 1%；宜林地 10.7 万亩，占 0.5%。

林分面积 746.3 万亩，蓄积 10 494 万 m^3。按龄组分，幼龄林面积 102.7 万亩，蓄积 983.8m^3；中龄林面积 192.1 万亩，蓄积 1564.8 万 m^3；近熟林面积 261.4 万亩，蓄积 3381.9 万 m^3；成熟林面积 133.7 万亩，蓄积 2911.9 万 m^3；过熟林面积 56.4 万亩，蓄积 1651.6 万 m^3。按起源分，天然林 739.1 万亩，占林分面积的 99.0%；人工林 7.2 万亩，占林分面积的 1.0%。按林种分，防护林 648.6 万亩，占林分面积的 86.9%；特用林 97.4 万亩，占林分面积的 13.1%；经济林 0.3 万亩，占林分面积的 0.04%。灌木林面积 1205.0 万亩，大部分为天然林，人工林仅 174 亩；按林种分，防护林 1104.9 万亩，占灌木林面积的 91.7%；特用林 100.1 万亩，占灌木林面积的 8.3%。

2. 动物资源

工程区有丰富的野生动物资源，主要包括金钱豹、苏门羚、滇金丝猴、白唇鹿、獐、野猪、猞猁、黑熊、水獭、马鹿、盘羊、藏酋猴、棕熊、草狐狸、豺、岩羊、金雕、黑颈鹤、贝母鸡、高山秃鹫、藏雪鸡、藏马鸡等。

3. 矿产资源

工程区矿产资源丰富，有金、银、铜、铁、铝、煤炭、钼、钨、硫、大理石、花岗石、水晶石、盐等，江达县境内的玉龙铜矿是我国迄今为止发现的最大的铜矿床，储量

650 万 t，还伴生有多种有用成分，其主要伴生组分的金属储量为钼 15 万 t、金 28t、银 3181t、铂族 3t、硫 178 万 t、钴 2 万 t、钨 6 万 t、铋 8 万 t，均达大型规模。

4. 旅游资源

工程区位于西藏自治区最东部，是四川和云南进藏的必经之地。区域内森林茂密，空气清新，雪山林立，江河纵横，高原风光无限好。此外，高原湖泊、温泉、茶马古道、独特的民族风情、神秘的宗教文化等，使工程区的旅游业更具吸引力，随着西藏、四川、云南对大香格里拉旅游区的共同打造，目前已有大批次的游客前往游览。

（三）工程区社会经济状况

工程区行政区域包括江达县、贡觉县和芒康县，各县所辖乡镇数分别为江达县 13 个乡镇，贡觉县 1 个办事处 12 个乡镇，芒康县 16 个乡镇。至 2010 年底，区域内总人口 196 332 人，其中农牧业人口 186 279 人，占总人口的 94.9%；单位就业人员 10 053 人，占总人口的 5.1%。区内人口密度 6.3 人/km²。总户数 31 556 户，其中农牧业 26 677 户，占总户数的 84.5%。

工程区内有国道 317（川藏北线）线、318（川藏南线）线以及 214（滇藏公路）线通过，总里程 536km。三县 41 个乡镇均通汽车，在 305 个村中，280 个村通车，168 个村通电话，130 个村通电，170 个村通自来水。

至 2010 年末，工程区三县地区生产总值 17.3 亿元，其中第一产业产值 5.9 亿元，第二产业产值 5.2 亿元，第三产业产值 6.2 亿元。2010 年农牧民人均纯收入分别为江达县 3925 元、贡觉县 2532 元、芒康县 3775 元。

二、西藏天然林资源保护工程主要措施

（一）主要管理措施

1. 停止天然林商品性采伐

按照国务院有关长江上游、黄河中上游地区全面停止天然林商品性采伐的通知精神，从 1999 年 1 月起，西藏自治区在天保工程区内全面停止了天然林的商品性采伐。同时，对工程区内的森林资源实行分类经营。

2. 森林资源管护模式

西藏自治区林业局、昌都地区林业局于 1996 年分别设立了天然林保护办公室，江达县、贡觉县和芒康县（简称天保三县）林业局分别设立了相应的天然林保护办公室，各县根据工程区内的森林资源分布情况、人为活动以及自然地理等因素，实行远山封山设卡、近山巡护的森林管护模式，落实专职、兼职管护人员 2715 人，实行森林管护责任制，签订了管护责任书，使工程区内的森林资源得到了有效保护。

3. 生态搬迁与社会保障

天保一期工程对工程区内自然条件恶劣地带和居住分散的林区农牧民,按照"搬得出,留得住,富得起"的原则,结合本地扶贫、农业综合开发和农村小城镇建设等项目进行了生态搬迁安置,共搬迁 2508 户,15 183 人。

天保一期实施过程中,共分流安置富余人员 129 人,其中正式职工 14 人,混岗职工 115 人,通过森林管护和种苗建设两种渠道实施。天保工程实施后,工程区各实施单位为正式职工办理了养老、医疗、失业、生育四项保险。

4. 站、卡、碑、牌综合管理

天保工程区共设立了 84 个森林资源管护站卡,建立护林宣传碑牌 32 个,各管护站、卡配备了通信工具、扑火机具、护林设备等,为森林资源的有效保护提供了后勤保障。

5. 资金管理

西藏天保一期工程中,国家共投入工程建设资金 4.5 亿元,资金管理和使用严格按照财政部、国家林业局颁布的有关天然林资源保护工程资金管理办法执行,实行"专户存储、专账管理、专款专用、单独建账、独立核算、封闭运行",不截留、不挤占、不挪用天保资金,使资金管理更加规范,保证了资金的运行安全及使用效率。

(二)主要技术措施

1. 公益林建设

西藏天保一期(截至 2010 年)共完成公益林建设 33.0 万亩,其中封山育林 24.0 万亩,模拟飞播 2.0 万亩,人工造林 7.0 万亩,工程区内森林面积有效增加。

2. 种苗建设

为了满足天保工程公益林建设需要,工程区内建设苗圃 4 个,总面积 265.0 亩,其中新建 215.0 亩,改扩建苗圃 50.0 亩;建立川西云杉、高山松、白桦等乡土树种采集基地 3000.0 亩。

三、西藏天然林资源保护工程的效益分析

(一)社会效益

1. 建立健全管护体系

为了管护好森林资源,各工程县加大管理力度,建立了强有力的管护体系。在工程区全面停止天然林商品性采伐,实施封山育林管护,关闭木材加工厂 18 家、木材交易市场 3 个,捣毁通往林区的桥梁 12 处,堵卡 18 处;设立森林资源管护站、卡 84 个,

落实专职、兼职管护人员 2715 人，对工程区内的森林资源按照远山设卡、近山划分责任区的管护模式进行有效管护。10 年来，天保工程区内森林资源消耗累计减少 1303.0×10⁴m³，森林资源得到了有效保护，森林生态功能显著增强，生态环境明显改善。

各工程县按照县、乡、村层层签订管护责任书，采取"定范围、定面积、定责任、定报酬、定奖惩"的五定办法，把管护任务落实到山头地块，并对管护人员核发"森林管护人员上岗证"，做到持证上岗。

2. 生态搬迁改善了群众的生活条件

根据西藏天保工程对森林资源管理的要求，对生活在工程区内自然条件恶劣、居住分散的林区农牧民，本着有利于改善搬迁户生产生活条件，有利于社会经济全面发展的原则，结合扶贫项目、农业综合开发项目以及农村小城镇建设等项目，按照"搬得出，留得住，富得起"的要求实施了生态搬迁。天保工程一期共搬迁 2508 户 15 183 人，其中本地区内搬迁安置 1958 户 11 648 人，跨地区搬迁安置 550 户 3535 人。生态搬迁项目中配以扶贫、农业综合开发等项目，大力推广小水电、太阳灶、沼气池等新能源项目。目前，生态搬迁群众人心稳定，生活条件较搬迁前明显改善，生活水平有较大提高。

（二）经济效益

1. 林区农牧民收入提高

根据调研数据，西藏天保工程区 2000 年第一、第二、第三产业产值占地区生产总值的比例分别为 77.3%、2.6%、20.1%，农牧民人均纯收入为 1504.2 元；2010 年第一、第二、第三产业产值占地区生产总值的比例分别为 34.3%、29.8%、35.9%，农牧民人均纯收入达 3410.7 元。可见天保工程实施以后，产业结构已经调整，林下经济、优势特色林果产业、生态旅游业得到发展，经济效益明显提高，农牧民收入显著提高。

2. 新经济增长点开发

天保工程实施以后，天保三县政府根据当地的实际情况，积极引导群众调整产业结构，大力发展非木质产业，培植发展新的经济增长点。在林业部门的指导和帮助下，芒康县在全县范围内涌现了部分个体苗圃 15 个，面积达 40 多亩；芒康县科技局和林业局联合举办培训班，让农牧民群众掌握多种致富技术，大量种植核桃、花椒、苹果等干果、鲜果；贡觉县三岩片区沿江地区，农牧民种植的桃、梨、苹果等经济林木已经初见效益。

（三）生态效益

1. 生产（供给）功能

林木是生长于林地上的立木产品，它是依靠其生态系统的生物生产力，在水、肥等物质的作用下生成的人工和自然相结合的产品。从狭义上来讲，林价是林地上活立木价值的货币表现，即立木价格；从广义上来讲，林价包括森林主产品立木价值，森林副产品（森林动物、植物、微生物等产品）的价值，森林多种效益价值。

西藏天保一期工程共完成公益林建设 33 万亩，但经本次调研核实，模拟飞播实验全部失败，故模拟飞播造林面积 2 万亩应剔除，实际完成公益林建设 31 万亩，达到了预期目标。森林蓄积量增加了 465.3 万 m^3，森林覆盖率由 38.7%增加到 39.4%，净增加了 0.7 个百分点，见表 9-11。

表 9-11 天然林资源保护工程一期生态公益林建设数据

项目	封山育林（万亩）	人工造林（万亩）	模拟飞播（万亩）	合计（万亩）	蓄积增量（万 m^3）	覆盖率增量（个百分点）
建设数据	24.0	7.0	2.0	33	465.3	0.7

2. 调节功能

（1）固碳释氧

森林在全球的碳循环和氧气平衡中起到重要作用，在调节气候、改善环境方面具有重要意义。在所有的生态系统类型中，除海洋外，森林对全球碳循环的影响最大。据研究，全球有森林面积约 41 亿 hm^2，森林碳储量为 1055 亿 t。其中森林地上部分的碳储量为 510 亿 t，占全球陆地植物地上部分总碳储量的 86%；森林土壤碳储量为 545 亿 t，占全球陆地土壤碳储量的 38%（马学威等，2019）。因此，森林是全球碳循环的一个重要组成部分。

在森林固碳中，因为不同地区森林类型不同，其生物量有差别，所以光合作用固碳释氧量也不同，故在森林固碳释氧效益评价时一般要把不同地区、不同森林类型分开。

据中国森林生态系统定位研究网络资料汇总成果：我国东北三省、内蒙古林区森林的 CO_2 净固定率为 63%～66%，说明在光合作用过程中，森林吸收的 CO_2 中有 34%～37%通过自身消耗返回到环境中。平均每立方米森林净生长量 CO_2 的净固定量为 0.75t，O_2 净释放量为 0.63t。在我国南方广东、广西、湖南、湖北、贵州、江西、浙江等 10 个省（区），平均每年每立方米森林净生长量中净固定 CO_2 的量、释放 O_2 的量与东北林区相同。在新疆天山、阿尔泰山、祁连山、白龙江、子午岭、秦岭、巴山等西北高山林区，平均每立方米森林净生长量中净固定 CO_2 的量为 1.25t，O_2 净释放量为 1.06t。在海南、广东、云南的热带雨林、季雨林地区，平均每立方米森林净生长量中固定 4.33t CO_2，释放 3.02t O_2。详细数据见表 9-12。

表 9-12 不同林区森林每立方米净生长量平均固碳释氧量

地区	主要森林类型	平均每立方米净生长固碳量（t）	平均每立方米净生长量释氧量（t）
东北三省、内蒙古林区	寒温性针叶林、温带针阔混交林	0.75	0.63
南方林区（西南高山林区、东南低山丘陵林区）	北亚热带常绿落叶阔叶林、中亚热带常绿阔叶林、南亚热带季风常绿阔叶林	0.75	0.63
西北高山林区	温带针叶林、温带针阔混交林	1.25	1.06
热带林区	热带季雨林、热带雨林	4.33	3.02

注：资料引自周晓峰，1999

另据研究，不同生态系统土地覆盖类型不同，地上部分和土壤的碳储量也有差异（表 9-13），森林生态系统碳储量为 204～296t/hm^2，农田和草原生态系统碳储量为 60～176t/hm^2；森林地上部分碳储量远远大于农田和草原生态系统。在释氧功能上，据有关资料，森林每生产 1t 干物质可释放 1393～1423kg 的氧气。

表 9-13 不同生态系统地上部分和土壤的平均碳储量 （单位：t/hm^2）

生态系统与土地覆盖类型	地上部分平均碳储量	土壤平均碳储量
热带常绿林	177	104
热带季雨林	118	86
温带针叶林	161	134
温带阔叶林	131	134
寒温带森林	90	206
热带草原	16	48
温带草原	7	169
热带农田	7	53
温带农田	4	128

2000 年实施天保工程前，天保工程区年均森林资源总消耗量为 150.52 万 m^3，目前已全面停止商品用材林的采伐，群众自用材（安居工程）和生活用材（薪炭用材）缩减到年均 69.39 万 m^3，10 年间减少的森林资源消耗量为（150.52-69.39）×10=811.3×10^{4}m^3。10 年来人工造林、天然林自然生长增加的森林蓄积量为 465.3×10^{4}m^3，则西藏天保工程一期发挥固碳释氧功能的森林蓄积量为：811.3×10^{4}m^3+465.3×10^{4}m^3=1276.6×10^{4}m^3。

根据方精云等（1996）推算的生物量地上部分与地下部分的比值，云冷杉地上/地下（T/R）=3.94，生物量/蓄积量（B/V）=0.91t/m^3。因西藏天然林资源保护工程区以川西云杉为主，符合上述参数使用要求。

西藏天保一期（10 年）累积的地上生物量（B）=蓄积量（V）×0.91t/m^3
=12 766 000m^3×0.91t/m^3
=11 617 060t

西藏天保一期（10 年）累积的地下生物量=地上部分生物量÷3.94
=11 617 060t÷3.94
≈2 948 492.4t

西藏天保一期（10 年）累积的总生物量=地上部分累积生物量+地下部分累积生物量
=11 617 060t+2 948 492.4t
=14 565 552.4t

西藏天保一期（10 年）蓄积量[①]=10 年累积总生物量÷0.91t/m^3
=14 565 552.4t÷0.91t/m^3
=16 006 101.5m^3

西藏虽然在地理位置上处于南方，但因为所处海拔高，森林类型以寒温性针叶林、温带针叶林、温带针阔混交林为主；在树种类型和气候、土壤特点等方面与我国东北三

---

① 蓄积量在本研究中由生物量推算得出，包含了枝、叶、秆、根、果等的累积生物量。

省、内蒙古和西北高山林区的相近，所以本研究中西藏森林固碳释氧量采用了东北三省、内蒙古林区和西北高山林区的平均单位净生长量固碳释氧平均值；固碳平均值为 $1.0t/m^3$，释氧量平均为 $0.85t/m^3$。

$$西藏天保一期（10年）固碳量=10年累积生物量×单位增长量的固碳值$$
$$=16\ 006\ 101.5m^3×1.0t/m^3$$
$$=16\ 006\ 101.5t$$
$$西藏森林年均释氧量=10年累积生物量×单位增长量的释氧值$$
$$=16\ 006\ 101.5m^3×0.85t/m^3$$
$$=13\ 605\ 186.3t$$

（2）土壤持水能力

森林的生长发育及其代谢产物不断对土壤产生物理及化学影响，参与土壤内部的物质循环和能量流动。过度利用或破坏天然植被，裸露的地表暴露在水和风的外力作用下，会造成土壤的流失。森林庞大的根系能够固持土壤，林冠层和枯枝落叶层能够削减侵蚀性降雨雨滴动能，并能拦截、分散、滞留和过滤地表径流，从而稳定土壤结构，减少因土壤侵蚀造成的水土流失。

森林保护土壤的强大功能可以消减侵蚀作用，尤其是减少地表侵蚀。林地枯枝落叶层具有对地表径流的分散、滞留和过滤作用，防止了径流的进一步集中，过滤了细小颗粒泥沙，防止表层土壤孔隙堵塞，减小径流速度和流量，从而削弱径流的蚀力，减少了地表径流冲刷性侵蚀的作用，遏制面蚀及沟蚀的发展。

林木具有的强大根系分布在一定的土壤、岩石内，增强了土壤的抗剪强度，同时林木生理蒸腾的排水功能能减少滑塌界面层的水分，起到减少各种重力侵蚀的作用。森林土壤粗孔隙较多，渗透性强，加之枯枝落叶层的阻挡，降雨时很难形成地表径流，减少了水蚀；树木根系能防止土壤崩塌泻溜，减小土壤重力侵蚀；森林可以防风固沙，减少风蚀，还可以缓和林内温差的剧烈变化，减少冻融蚀。

森林一旦遭到破坏，其水土保持功能便减弱甚至消失，并由此产生一系列严重后果，其中主要表现之一为水利工程受泥沙淤积之害，使用寿命缩短。我国由于水土流失，河流湖泊淤积，内河通航里程由 20 世纪 60 年代的 17.2 万 km 减少到现在的 10.8 万 km，减少了 37%。此外，淤积使河床抬高，湖泊水库容积减少，调蓄功能下降，加大了洪涝灾害的风险。

森林保持水土的价值主要包括森林减少土壤侵蚀、减少泥沙淤积的价值等。根据森林减少土壤侵蚀的总量和全国土地耕作层的平均厚度，计算出森林减少土地资源损失量，再计算出这些土地能够生产的农作物产值。泥沙淤积在天然和人工的水道、水库和挡水建筑物前，会减少过水量，从而影响工农业等部门的用水；另外，淤积泥沙还会使江、河、湖、库的蓄水量减少，使水利工程设施的有效使用期缩短。

森林减少土壤侵蚀的价值评估方法主要有农作物产值替代法、林地经济效益替代法、土地价格差法；森林减少泥沙淤积的价值评估方法主要有水土保持法、水文法、清除费用法。

在西藏的天保工程实施区域，经测定，其不同植被类型的土壤物理性质见表 9-14，裸地的土壤容重最大，为 2.47g/cm^3，灌丛、云杉林、草甸等各植被类型的土壤容重值均为 1.93～2.22g/cm^3。一般情况下，含矿物质多而结构差的砂土容重在 1.4～1.7g/cm^3，含有机质多而结构好的农业土壤容重在 1.1～1.4g/cm^3，相对贫瘠的黄土高原土壤容重在 1.12～1.42g/cm^3，以山西省中部天然林为代表的森林土壤容重为 0.71～1.26g/cm^3，西藏林芝原始森林的土壤容重为 0.58～1.47g/cm^3，与西藏天然林保护实施区域相邻的川西北不同沙化程度的草地土壤容重为 0.87～1.62g/cm^3。与我国其他地区相比较，西藏天然林保护区域的土壤容重较大，通气透水功能较弱，有机质含量低，土壤非常贫瘠，可见西藏实施天保工程的必要性和难度。这可能与当地的成土母质、干旱的气候等自然条件有关。

表 9-14 不同植被类型土壤容重及持水性能

植被类型	容重 (g/cm^3)	最大持水率(%)	最大持水量(mm)	毛管持水率(%)	最小持水率(%)	最小持水量(mm)	非毛管孔隙(%)	毛管孔隙(%)	总孔隙度(%)	排水能力(mm)	土层深度(cm)
蔷薇-绣线菊灌丛	1.93	23.10	266.94	22.37	16.66	187.26	12.20	43.10	55.30	79.68	60
藏柏-云杉林	2.03	25.69	410.85	24.73	20.91	324.65	9.83	49.93	59.77	86.20	80
云杉-杜鹃林	2.08	26.16	255.42	25.02	19.95	191.88	12.95	51.75	64.70	63.54	48
高山嵩草草甸	2.09	24.24	128.77	23.92	21.09	115.28	6.95	49.45	56.40	13.49	25
白刺花-绣线菊灌丛	2.11	24.30	200.60	24.01	19.14	153.20	10.90	50.60	61.50	47.40	40
川西云杉-人工林	2.12	20.97	180.56	19.48	11.70	104.18	19.20	41.15	60.35	76.38	41
云杉-杜鹃林	2.13	24.21	215.96	22.47	16.86	129.62	15.95	46.60	62.55	86.34	47
川滇高山栎林	2.19	22.25	277.18	21.26	17.35	217.32	10.70	46.53	57.23	59.86	57
薹草-莎草草甸	2.19	20.69	227.46	19.61	16.27	172.28	9.67	43.00	52.67	55.18	50
川西云杉-次生林	2.22	22.60	216.87	22.01	18.31	174.17	9.53	48.90	58.43	42.70	43
裸地	2.47	15.47	173.75	15.08	11.24	127.00	10.45	37.25	47.70	46.75	45

经成组数据平均数比较的 t 检验，不同植被类型的土壤容重之间无明显差异，而裸地土壤容重与川西云杉-次生林、川滇高山栎林、以白刺花-绣线菊为优势群落的灌丛、薹草-莎草草甸等的土壤容重之间存在显著或极显著差异（表 9-15）。天保工程人工造林区土壤容重与造林前的裸地（或杂草地）土壤容重之间并无显著差别。表 9-14、表 9-15 数据说明：土壤结构和质地的改变是长期过程，短期内如无大范围的人工强力扰动（如翻耕等），土壤的容重、质地等理化性质不会有较大波动。所以天保工程效果的评估，短期内应注重植被盖度、生产力、固碳释氧等功能的变化。

另外，西藏天保工程区乔木、灌木、草甸的总孔隙度均大于裸地（表 9-14），但经 t 检验结果分析，川西云杉-人工林与高山嵩草草甸、白刺花-绣线菊灌丛与高山嵩草草甸的总孔隙度差异显著，其余各种植被类型土壤总孔隙度差异不明显。川滇高山栎林和薹草-莎草草甸的土壤最大持水率分别为 22.25% 和 20.69%（表 9-14），分别比裸地（15.47%）高 6.78 个百分点和 5.22 个百分点，经 t 检验分析，差异显著；其余各植被类型最大持水率虽然也比裸地高 5.5～10.69 个百分点，但经 t 检验分析，差异不显著。

表 9-15　不同植被类型土壤容重差异显著性 *t* 检验

植被类型	藏柏-云杉林	蔷薇-绣线菊灌丛	藁草-莎草草甸	川西云杉-次生林	川西云杉-人工林	高山嵩草草甸	川滇高山栎林	云杉-杜鹃林	裸地	白刺花-绣线菊灌丛	云杉-杜鹃林
藏柏-云杉林	1	0.618	0.058	0.039*	0.746	0.671	0.069	0.663	0.011*	0.402	0.555
蔷薇-绣线菊灌丛		1	0.201	0.165	0.536	0.559	0.207	0.566	0.092	0.482	0.492
藁草-莎草草甸			1	0.262	0.811	0.613	0.912	0.439	0.000**	0.043*	0.795
川西云杉-次生林				1	0.737	0.533	0.327	0.364	0.002**	0.034*	0.707
川西云杉-人工林					1	0.917	0.819	0.879	0.366	0.955	0.979
高山嵩草草甸						1	0.621	0.952	0.233	0.930	0.878
川滇高山栎林							1	0.443	0.002**	0.098	0.805
云杉-杜鹃林								1	0.150	0.816	0.827
裸地									1	0.044*	0.313
白刺花-绣线菊灌丛										1	0.914
云杉-杜鹃林											1

注：*和**分别代表在 0.05 和 0.01 水平差异显著

参 考 文 献

方精云, 刘国华, 徐嵩龄. 1996. 我国森林植被的生物量和净生产量. 生态学报, 16(5): 497-508.

李猛. 2020. 气候变化和人类活动对青藏高原草地植被动态的影响研究. 北京: 中国科学院地理科学与资源研究所博士学位论文.

马学威, 熊康宁, 张俞, 等. 2019. 森林生态系统碳储量研究进展与展望. 西北林学院学报, 34(5): 62-72.

武建双. 2012. 藏北高原高寒草地群落结构、功能的空间格局及其驱动机制. 北京: 中国科学院地理科学与资源研究所博士学位论文.

中国科学院中国植被图编辑委员会. 2001. 中国植被图集(1∶1 000 000). 北京: 科学出版社: 105-108.

周晓峰. 1999. 中国森林与生态环境. 北京: 中国林业出版社.

Chen B X, Zhang X Z, Tao J, et al. 2014. The impact of climate change and anthropogenic activities on alpine grassland over the Qinghai-Tibet Plateau. Agricultural and Forest Meteorology, 189-190: 11-18.

Wu J S, Shen Z X, Shi P L, et al. 2014a. Effects of grazing exclusion on plant functional group diversity of alpine grasslands along a precipitation gradient on the northern Tibetan Plateau. Arctic, Antarctic and Alpine Research, 46(2): 419-429.

Wu J S, Zhang X Z, Shen Z X, et al. 2012. Species richness and diversity of alpine grasslands on the northern Tibetan Plateau: Effects of grazing exclusion and growing season precipitation. Journal of Resources and Ecology, 3(3): 236-242.

Wu J S, Zhang X Z, Shen Z X, et al. 2014b. Effects of livestock exclusion and climate change on aboveground biomass accumulation in alpine pastures across the northern Tibetan Plateau. Chinese Science Bulletin, 59(32): 4332-4340.

第十章　青藏高原区域可持续发展

第一节　面临的问题

一、可持续发展的含义

随着工业的发展和人民生活需求的提高，资源的短缺和生态环境问题已经成为经济继续增长的重大约束。资本在满足社会消费需求创造利润，实现自身不断增值的同时，其对资源的无序开发导致抛回自然界的废弃物呈指数形式上升，造成人类赖以生存和发展的自然环境不断恶化。因此，社会、经济和生态三大发展如何有机统一、如何协调，是人类社会发展以及区域发展所面临的主要问题。

关于可持续发展的含义问题，1980 年世界自然保护联盟发表了《世界自然保护战略》，首先提出了可持续发展的概念，认为"可持续发展强调人类利用生物圈的管理，使生物圈既能满足当代人的最大持续利益，又能保护其后代人需求与欲望的潜力"（李光玉和宋子良，2000）。1989 年联合国环境规划署理事会在《关于可持续发展的声明》中给可持续发展下了定义：指满足当前需要而又不削弱子孙后代满足其需要之能力的发展，而且绝不包含侵犯国家主权的含义。自可持续发展概念提出后，经济学家、社会学家和自然科学家分别从各自学科的角度对可持续发展进行了阐述，形成了 4 个主要的研究方向（牛文元，2015），即经济学方向、社会学方向、生态学方向和系统学方向。

可持续发展的核心是发展。区域可持续发展主要表现为经济增长，因为经济增长是促进经济发展，促使社会物质财富日益丰富、人类文化技术能力提高，扩大个人和社会的选择范围的原动力（刘同德，2009）。可持续发展思想就是通过资源替代、技术进步、结构调整、制度创新等手段，使有限的资源得到公平、合理、有效、循环利用。可持续发展的基本要求是保护资源基础和环境承载力。可持续发展质量反映的是自然平衡、承载能力、生态服务、环境容量与幸福感应等要素的匹配程度和优化程度。发展的同时必须保护环境，包括控制环境污染、改善环境质量、保护生命支持系统、保护生物多样性，保证以可持续的方式使用可再生资源，使人类的发展保持在地球的承载能力之内。可持续发展的目标是提高人类生活质量。可持续发展不仅意味着实现对资源和生态环境的永续利用，而且要实现贫困、失业、收入不均等社会问题的不断改善和解决。只有消除贫困，才能构筑起保护和建设环境的能力。因此，可持续发展的目标是改善人类生活质量，提高人类健康水平，并创造一个保障人们平等、民主、自由、教育、人权和免受暴力的社会。

二、区域可持续发展面临的问题

青藏高原雄踞亚洲大陆中部，是世界屋脊，有地球第三极之称，具有地质活动频繁、气候高寒、太阳辐射强、生态脆弱等特点，青藏高原同时也是全球气候变化的敏感区，被称为北半球气候变化的调节区，区域经济以草地畜牧业为主，可持续发展过程中面临着一系列突出的问题。

（一）自然资源丰富但生态环境脆弱

青藏高原森林、草原、湿地、荒漠等生态系统类型多样、物种丰富、高寒景观独特（李林等，2010；马耀明等，2014）。1.5 亿 hm^2 天然草地主要分布在海拔高、气候寒冷的高原面上和山体的中上部，其次是海拔较低的山前丘陵地带，其特点是类型繁多、优良牧草种类繁多、营养丰富、生物量较低、土壤类型繁多、分布规律复杂、既有水平地带性分布又有垂直地带性分布（王启基等，1997）。但由于特殊的地形地貌、高寒气候，青藏高原中、重度以上脆弱区的面积占 74.79%，微度、轻度脆弱区仅分布在雅鲁藏布江大拐弯处、藏东南海拔 3000m 以下的山地、祁连山南坡的西北段和昆仑山北坡、塔里木盆地南缘少数地带（智颖飙等，2010）。近几十年来，随着人口增加、资源过度开发，以及全球变化加剧，脆弱的生态环境遭到破坏，自然灾害日益严重。干旱、大风、雷电、冰雹、雪灾、洪涝、崩塌、滑坡、泥石流发生次数多、影响范围大（马丽娟等，2010）。

（二）草地畜牧业结构单一，农牧民生活水平较低

草地畜牧业是土地-植物-动物三个主要环节之间能量传递的以动态平衡为基础的草业生态系统，包括四个层次三个界面，其中四个层次由前初级生产、初级生产、次级生产和后次级生产组成，三个界面即草丛-地境界面（界面 A）、草地-动物界面（界面 B）和草地-经营管理界面（界面 C），各环节相互关联形成完整的草业系统（任继周和万长贵，1994）。草地畜牧业是青藏高原各族人民赖以生存、发展的主导产业，草地面积为 150 万 km^2，占青藏高原土地总面积的 61.81%，占全国草地面积的 37.64%，高原牧业产值占农业总产值的比例平均为 53.68%（王启基等，1997）。然而，由于产业结构单一，农牧民生活水平较低，对草地畜牧业的依赖程度高，多年以来形成了"人口增长—牲畜数量增加—草地过载—草地退化—生态失衡"的恶性循环，打乱了三个界面的耦合规律。在严酷的自然环境中，藏族人民以其生态智慧，保持着质朴的人与自然的和谐关系（贾秀兰和唐剑，2011；李景隆，2012）。长期以来藏族形成了"逐水草而居"的游牧业，这属于传统生存维持型畜牧业，采用"放生""淘汰瘦弱""维持最低需求"等措施控制家畜数量，较好地实现了人对高寒生态环境的适应（汪玺等，2011）。

（三）生态保护取得长足进展，但人地关系依然紧张

近 30 年来，随着对产业和资源开发活动的有效控制、生态建设与环境治理的有序推进（张惠远，2011），尤其是在退牧还草、游牧民定居、生态安全屏障保护与建设、草原生态保护补贴与奖励机制等一系列项目和政策密集出台的情况下，青藏高原的生态退化趋势有望扭转，可持续发展能力逐步提升（刘锋，2011）。但必须看到，在气候变化的情景下，青藏高原自身的社会经济不断发展，与外界的交流日渐增多，脆弱敏感的生态系统仍然面临着较大压力，可持续发展面临诸多挑战。①气候变化影响。气候变暖

引起雪线上升、冰川退缩、冻土融化，对湿地、草地、森林等生态系统影响的不确定性增大。②人地矛盾加剧。对铜、铅、锌等矿产资源，地热资源，藏药材、林木等生物资源的大规模开发，引起局部生态退化；旅游也会给脆弱的生态环境带来较大冲击。③人畜冲突显现。青藏高原农牧业稳步增长，同时自然保护事业也取得长足进展，家畜和野生动物都有所增加，在资源环境承载力约束下，自然保护区内农牧业生产与生态保护的矛盾尖锐：大部分自然保护区内都有一定数量的农牧民，扩大种植面积和提高单产依然是当地农业主要的生产方式，与自然保护的矛盾突出。此外，草场承包、退牧还草及围栏建设挤压了野生动物的生存空间，切断了藏羚羊等野生动物的迁徙路径，对野生动物的生存造成了不利的影响（达瓦次仁，2012）。

第二节　区域可持续发展对策

青藏高原的发展包含了经济发展、社会发展和生态发展，其中经济增长是中心，社会稳定是保障，生态健康是基础，人口、资源、环境、经济是因子。青藏高原可持续发展应以人与自然和谐为目标，将资源、环境、经济统筹考虑，以人为本，以生态保育和环境保护为前提，以高原特色经济发展为基础，以生态文明建设为抓手，严格保护生态环境，提高资源利用效率，调整经济发展方式，优化产业结构，保障生态安全（徐增让等，2017）。

一、区域可持续发展的定位

（一）中国乃至亚洲重要的生态安全屏障

青藏高原是中国乃至亚洲的重要生态屏障区，也是中国与周边有关国家交流的陆上通道。青藏高原独特的自然地域格局和丰富多样的生态系统对中国及亚洲的生态安全具有重要的屏障作用，主要表现在水源涵养、生物多样性保护、水土保持、碳汇等方面。青藏高原生态屏障作用是高原特殊地形屏障作用与生态系统屏障作用的叠加。地形屏障作用主要表现为对物流和能流的阻挡与分流，产生大空间尺度的环境效应，给中国乃至亚洲的生态环境安全带来影响。高原生态系统的屏障作用主要表现为对物流和能流的储存、缓冲、过滤等，给高原及其周边生态环境安全带来重要影响。近几十年来，青藏高原水源涵养等生态屏障功能的时空变异较大，生态安全屏障功能保护日益迫切（徐增让等，2017）。

（二）传承高原特色文化，建立历史悠久、文化多样的民族聚居区

长期以来，藏族人民过着传统的游牧生活，创造了独特的游牧文化。正确处理藏族社会经济发展、自然环境保护和传统文化传承之间的关系，是实现社会、经济与环境可持续发展的必由之路（苏永杰，2011）。青藏高原从东向西，分布着河谷农业景观（东部）、山原半农半牧景观（中部）、高原草地畜牧业景观（西部）等。青藏高原地理差异是自然景观多样性的基础，多民族交融是文化景观多样性的基础，各民族大杂居、小聚

居分布是社会景观多样性的基础（王锋等，2011）。传承和创新民族传统文化既是区域可持续发展的目标，也是其动力。

（三）有序发展高原生态特色产业

青藏高原特色优势产业主要有3种。①特色农林牧业。青藏高原特色种植业有青稞、油菜、豆类和马铃薯，特色畜牧业有牦牛、本种绵羊和改良绵羊，要坚持以草定畜，调整畜群结构，加快畜群周转，提高产品质量和经济效益。高原林业资源丰富，但森林资源利用效率低，应坚持以森林生态环境保育为主，经济效益为辅的原则，坚持以短养长，长短结合，资源永续利用的原则；加大科技创新力度，着力发展高科技含量和高附加值的藏医药业。②新能源产业。因地制宜、多能互补，发展分布式、不同规模的太阳能、风能、地热和可燃冰等新能源产业。③生态旅游。青藏高原旅游与藏传佛教文化、藏族民族风情融于一体，构成独特的自然人文旅游景观，生态旅游资源品位高，具有世界级吸引力。随着进藏铁路和航空港等对外联系通道的打通，青藏旅游将迎来大发展，生态旅游发展中的主要问题是生态容量有限、旅游季节性强、旅游产品开发深度不够等（马多尚和卿雪华，2012）。

二、区域可持续发展的途径

（一）推进科技创新，驱动生态保护

根据青藏高原特色和面临的生态学问题，构建区域科技创新体系。在应用基础研究方面，针对生物多样性维持机制及生态系统功能演变机理科学问题，深入揭示青藏高原生物多样性维持和演变机制、区域生态格局时空演变规律、气候变化适应机制等重大科学问题，显著提升对生态系统演变机制、生态演替机理和生态安全格局以及气候变化影响等关键科学问题的认知能力。在技术研发上，针对生态环境保护与可持续发展技术体系研发问题，发展面向典型功能区域退化生态恢复和区域问题的生态综合治理技术，重点研发群落配置与多样性优化、生态系统服务提升、生物多样性保护与维持、气候变化生态适应与调控等关键共性技术，研发区域、流域大尺度生态修复与生态调控技术，大幅提升退化生态系统的生态修复技术水平。在科学管理上，针对生态适应性综合管理与系统调控问题，开展区域生态承载力评估，突破生态监测、评估与预警技术，构建青藏高原生态监测网络体系，实施对生态安全格局动态变化的跟踪监测，加强生态安全调控和管理技术的研发，有效提升生态建设和生态安全的决策与管理支撑能力，为青藏高原生态工程的布局和国家生态安全屏障的构建，维护青藏高原生态安全，实现国家生态文明战略提供科技支撑。

（二）增强区域间协同能力，优化草地生态产业结构

农牧结合包括农区与牧区一体化以及农区种植业与畜牧业一体化两个方面。改变传统的粮食安全保障观念，充分利用市场调节因素，全面实施农牧业宏观发展战略，强调农牧结合，逐步实现农牧业生产的一体化，加速农牧业产业化，促进多种农牧业方式的

综合发展。改变传统观念，加快畜种畜群结构调整，促进草地畜牧业发展（王启基等，1997；赵新全等，2000）；实行退耕还草，保障恶劣气候条件下的饲草料供应；充分利用大多数地处冷季草场、自然条件相对较好的"黑土滩"优势，把"黑土滩"建设成为大规模、集约化的草产业基地；逐步实现农牧业经济发展与生态环境保育的良性循环（赵新全，2011；徐增让等，2017）。

（三）加强生态文明建设，严格生态保护

树立尊重自然、顺应自然、保护自然的生态文明理念，推进受损生态系统修复（徐增让等，2017）。提高资源利用效率，落实最严格水资源管理制度，控制能源资源消费总量，优化能源利用结构。建立生态文明制度体系，构建自然资源资产产权制度，健全生态环境损害评估和赔偿制度。将政府纵向补偿与区域横向补偿相结合，构建以政府为主导，市场交易为基础，生态评估为参考，社区牧民参与，监督机构监督反馈，补偿主体和补偿方式多样的生态补偿机制，实现生态保护与社会经济的协调发展。划定生态功能保护空间红线，确定自然资源利用上限，设定环境保护底线，实施最严格的生态环境保护制度，深入开展荒漠化治理、水土流失综合整治、环境污染防治，形成政府、企业、公众共治的环境治理体系，实现环境质量总体改善。

三、区域可持续发展的协调机制

（一）人口与资源的协调

对于区域人口，从数量看，高原人口增长缓慢，但发展较快；从质量看，高原人口的文化程度偏低；从动态看，在未来一定时期内因家庭规模不断扩大和资源开发强度日益增强，高原人口还将呈持续增长态势；从人才看，区内现代经济对劳动力知识与技能的要求不断提高，而区内自身供给能力不足，必将形成人力资本资源的长期缺陷。从资源供给看，一方面高原资源消耗量均有不同程度的增长趋势，另一方面区内资源产出不足。现阶段高原优势资源（如水电、矿产等）开发力度不大，草地资源虽拥有数量优势，但产草量低，超载问题突出；而劣势资源（如土地资源）产出水平有限。然而，随着资金投入的加大、交通条件的改善和技术水平的提高等，高原的资源供给状况必将有较大改观。因此，要解决人口与资源之间不协调的矛盾，关键是从寻求人的全面发展着手。人的发展应包括提高人口素质、转移劳动力和调整人口布局。高度重视和加强宣传教育，提高文化知识水平，是提高人口质量的关键。合理调整人口布局，适度进行人口迁移。区内人口迁移应综合考虑资源、投资、生态及经济等多种因素，内部迁移可以吸收具有相同或类似特质的人口，生存能力和适应性变化不大，但必须采取政府诱导、个人自愿或经济杠杆等多种手段。外部迁移的对象主要是外地干部和技术工人等，要与外地产业和技术转移结合起来（成升魁和沈镭，2000）。

（二）资源与环境的协调

高原草场退化和沙化，草畜矛盾突出，已严重影响了畜牧业的发展和草地生态系统

的良性循环。因此，必须合理利用草场资源，建立优化放牧系统。其基本途径是，在确定最强采食强度的基础上，以草定畜，发展季节性畜牧业，力求达到草畜平衡。同时，应着力抓好草场建设。对天然草场应坚持保护、建设和合理利用相结合的原则，实行草场利用和建设的科学管理；对集中连片、植被较好的天然草场，可采取封育措施，以恢复并提高其再生能力；对退化严重、植被较差的草场，可进行全垦或补播等人工改良；对鼠害严重的草场，可采取打、套、杀和化学药饵诱杀等多种措施。在加强草地建设的同时，从发展看，建立高原商品性畜牧业是区域可持续发展的必然选择，必须及早从技术、资金、管理、制度上综合考虑（成升魁和沈镭，2000）。

（三）环境与发展的协调

青藏高原对我国、东南亚乃至世界环境影响大，生态区位优势明显，环境价值巨大。高原自然环境恶劣，地域广阔，交通条件差，投资收益率低，致使高原经济发展远远落后于全国其他地区，区域"造血"功能不足，发展乏力。因此，只有把高原发展与环境建设置于同等地位，才能确保两者有机的协调和统一。现阶段高原环境质量并未直接威胁到经济社会健康、快速、持续发展，因此发展是第一位的。必须在高原发展的同时，保持环境建设与保护的同步，从而达到环境与发展的相互协调（成升魁和沈镭，2000）。

第三节 高原草地可持续利用

一、高原草地生态系统退化的原因

草地退化是指以草为主要植被类型的生态系统出现逆向演替的变化过程，其中包含两种演替，即"草"的演替和"地"的演替。演替的原因是气候变化或人为干扰超过了草地生态系统自我调节能力的阈值（杨汝荣，2002）。近几十年的研究表明，冻土及水热过程与该地区生态环境关系密切，冻土及水热过程不仅控制着地表状态的变化，还影响着植被的发育程度。一旦地表条件被破坏，冻土水热过程与地表植被生长间的平衡关系就会被打破，将进一步引起地表植被退化（曹文炳等，2003；吴青柏等，2003）。多年冻土的退化使植被根层土壤水分减少，表土干燥，另外，夏季降水多为阵性降水，连续性差，且多以固态形式出现。虽然气候变化对草地退化的影响在理论推导上似乎是存在的，但长期增温实验没有验证草地退化，目前没有有力证据证明气候变化直接导致草地退化。

同样，过度放牧使高寒草地立地条件恶化，使草甸植被生物量极大减少，严重影响草甸植被枯落物归还给土壤，草甸植被再生能力严重降低，进而导致土壤氨化作用、硝化作用、固氮作用减弱，微生物多样性下降，土壤肥力严重降低（Dong et al.，2013）。这些因素导致该系统的能量流动、物质循环减弱，长期下去必然使生态系统结构紊乱、功能失调，导致草地生态系统生态、生产功能退化。同时，过度放牧不仅会使草地群落、土壤、土壤微生物发生变化，而且会使草毡层发生融冻、剥离，加之害鼠迁入，还会导致生草层破坏、土质疏松（赵新全，2011），冬季这些地方土层发生风蚀或水蚀，土壤逐渐变薄，最终导致草地退化，形成"黑土滩"（尚占环和龙瑞军，2005）。

总之，气候变化引起草地群落演替是不争的事实。在气候变暖区，人类过度干扰，鼠虫害的入侵加速了草地退化。周华坤等（2005）通过层次分析发现，高寒草甸退化的自然因素占 32%，人类经济活动因素占到 68%，其中过度放牧占 39%。

二、高原草地生态系统碳失汇的原因

草地生态系统固碳功能大小受人类活动和气候变化两个因子的影响。由于植被类型及其群落结构和叶面积指数的综合调节作用，不同高寒草甸生态系统的植物光合能力和光合效率存在差异，因此不同生态系统的碳吸收能力也存在差异（Zhao et al.，2005；赵亮等，2007）。在时间尺度上有短期控制（包括光、昼夜温差、降雨、季节长度和叶面积）和长期控制（包括生态区、时间和人类活动）两条途径；在空间尺度上，由自下而上的气候因子（温度、降雨）和自上而下的生物因子（叶面积和放牧）两条途径控制（赵亮等，2007；赵新全，2009）。

长期控制实验表明，增温并没有改变高寒草甸生态系统物种多样性，也没有提高高寒草甸生态系统对速效氮的利用率，但是增加了高寒草甸生态系统的初级生产力，增加了禾本科和豆科植物的盖度，降低了杂类草的盖度（Wang et al.，2012）。另外，已有研究表明，以禾本科植物为建群种的草地，禾本科植物株丛在扩展过程中，生长在株丛中间的分株会自然死亡，发生"株丛中部死亡"现象，植物繁殖能力降低，出现退化状态。综合这两方面原因，在长期尺度上，气候变化会导致草地群落结构的改变，引起草场退化。然而，通过适度控制实验发现，适度放牧增加了杂类草的盖度，降低了禾本科和豆科植物的盖度（Hafner et al.，2012；Zou et al.，2014）。显然，适度放牧抵消了增温改变不同功能群盖度及初级生产力的效应。尽管放牧有利于高寒草甸生态系统功能的维持，但过度放牧显著影响了高寒草地生态系统的发展和生态功能，改变了植被群落结构（Dong et al.，2013）。因此，增温并没有改变高寒草地生态系统土壤含碳量，适度放牧是高寒草甸应对全球变化的"调节器"，过度放牧是引起高寒草地碳流失的主要原因（赵亮等，2014）。

三、高原草地可持续利用管理依据

（一）较高的地上生物量比例未必有较高的固碳潜力

通过比较不同土地利用方式对净生态系统 CO_2 交换量（NEE）的影响，研究者发现一年生燕麦人工草地的 NEE 低于天然草地，而多年生人工草地与天然草地之间没有差异。建植人工草地年限达 6 年的总有机碳达最大值，土壤有机碳密度和土壤呼吸呈线性正相关关系。将恢复草地转变为多年生垂穗披碱草比一年生燕麦更利于饲草生产和碳汇潜力的提高。草地生态系统固碳差别主要取决于生态系统呼吸和地上部分往地下转移的速率，地下生物量比例越高，其碳库越大。建植多年人工草地有利于草地生态功能恢复和生态系统固碳，而一年生人工草地可获取较高地上生物量，导致土壤碳储量下降约

10.5%（Luo et al.，2015）。

（二）物种丰度和根茎比是土壤碳库的主要控制因子

围封下植物光合作用合成的 ^{13}C 在植物-土壤系统中的转移速率显著低于中度放牧地 ^{13}C 的转移速率；围封下土壤呼吸中 ^{13}C 的转移速率显著低于中度放牧地。示踪 32 天后，^{13}C 在植物与土壤系统中的分配在围封后发生了变化，^{13}C 在植物地上部分与土壤部分的分配比例显著减少，在植物根中的分配比例变化不显著，^{13}C 在植物与土壤系统中分配模式的变化可能与 ^{13}C 在植物和土壤系统中转移速率的变化有关。通过对生长旺季围封与中度放牧下草地植被多样性和结构的调查研究发现，光合作用合成的 ^{13}C 在植物与土壤系统中转移和分配模式的变化可能是围封下植被群落结构变化的结果（Zou et al.，2014）。另外，高海拔草地生态系统中物种丰度和根茎比是土壤碳库的主要控制因子。在青藏高原将原生草地转变为单一栽培作物可能会使土壤有机碳快速流失而使土壤状况恶化，土地利用方式转变后碳转移下降的主要原因是物种丰度和根茎比的降低（Zhao et al.，2015）。

（三）草地生态系统管理理论依据

首先，需要明确的是草地生态系统是一个放牧生态系统。草甸草原和温性草原广泛用于放牧及动物产品生产等相关经济活动（Kang et al.，2007）。例如，青藏高原的放牧历史可追溯到全新世早期（Miehe et al.，2014），已有 10 000 多年（Guo et al.，2006），造就了具有较高生物多样性（Zhao and Zhou，1999）、植物性状多样化（Cui et al.，2003）、层次性较高的原生植被，这是协同进化的结果。所以，草地生态系统需要进行合理的放牧活动。

其次，草地的碳汇能力大小主要受生态系统叶面积指数（LAI）、净初级生产力（NPP）和土壤有机碳含量（SOC）调节（Zhao et al.，2005；赵亮等，2007）。气候变化对净初级生产力影响显著，对其他两个因素影响不显著（Wang et al.，2012），而且放牧抵消了增温对净初级生产力的影响。放牧对这三个因素影响显著（陈懂懂等，2011；Dong et al.，2012；Shi et al.，2012），其影响程度与放牧强度有关，过度放牧会引起生态系统功能退化（Dong et al.，2013）。因此，草地生态系统需要控制放牧强度。

最后，草地生态系统的碳转移和固定过程实验显示，地上生物量比例较高，NEE 反而较低，比例较低时，系统具有较高的 NEE（Luo et al.，2015），并且地下生物量越高，其碳库越大（Dong et al.，2012；Zou et al.，2014）。单一的多年生和一年生人工草地的 NEE 低于多样性较高植被的 NEE，生物多样性越高，其群落光合能力越强（Zhao et al.，2005）。因此，草地生态系统固碳能力取决于根冠比，也取决于系统的物种多样性（Zhao et al.，2015）。已有研究表明，适度放牧改变了群落物种组成和植物光合产物的分配，使地下生物量的分配比例增大（仁青吉等，2009；Dong et al.，2012；Zou et al.，2014；崔树娟等，2014），增加了地下生物量，增强了生态系统固碳能力（Zou et al.，2014）。因此，在退化草地恢复过程中，需要注意物种的多样性和生活型，同时进行适度的放牧利用。

四、高原草地可持续利用管理途径

草地生态系统机能的恢复和提升可以增强草地的生态功能，如固碳潜力，增强生态功能可以通过优化草地管理方式和改进土地利用方式来实现。优化草地管理方式是增强草地生态功能最有效的方法，具体措施主要有禁牧、降低放牧压力、围栏封育、补播和建植人工草地等（庄洋等，2013），而生态功能如草地固碳潜力的变化则需依据草地群落结构、土壤及碳变化的特征进行分析。

（一）天然草地

放牧是草地生态系统最主要的干扰因素。在放牧生态系统中，放牧强度和频率直接影响草地植物群落结构和植物多样性，进而影响家畜生产力、草地恢复力和稳定性。很多研究表明，随着放牧强度的增加，物种丰富度表现为单峰变化（即适度放牧最大），当放牧强度处于中等水平（轻度或中度）时，物种丰富度最高，此时地上生物量最大，生态系统处于稳定状态。适度放牧可维持物种丰富度，这也是目前很多研究提倡适度（轻度或中度）放牧的原因所在（Zhao et al.，2015；刘哲等，2015）。因此，对于未退化天然草地要进行适度放牧，遵循"取半留半"的放牧原理，一般采取分区轮牧管理措施，将草地利用率控制在45%～50%，保持物种多样性，维持碳汇功能。

（二）轻中度退化草地

过度放牧、气候变化、鼠害和其他人类活动干扰会引起草地的退化（Dong et al.，2013）。研究表明，通过围封、灭鼠等措施限制放牧和鼠类活动，可以有效地改善草地群落组成，提高草地生产力和土壤质量。另外，建立退化草地土壤种子库或者补播可作为退化草地恢复的可能途径，可通过围封禁牧促进种子的萌发，从而加速草地的自然恢复（Dong et al.，2013）。因此，对于轻、中度退化草地应遵循"保原增多"的治理原理，一般采取围封和补播措施，即保持原有物种，增加牧用型物种，提高其物种多样性，增强生态系统的光利用效率。

（三）"黑土滩"重度退化草地

由于黑土滩退化草地属于极度退化草地，不仅经济利用价值和生态系统服务功能很差，而且丧失了自我修复和更新的能力（赵新全，2009，2011；秦大河，2014），因此，必须采取人工干预措施才能实现植被的恢复和碳汇能力的增加，一般采取建植人工草地措施。根据草地和土壤退化程度以及当地气候和地形等条件，遵循"分类治理"原则：①在土层厚度15cm以上且坡度小于25°的黑土滩退化草地上建植"放牧型"人工植被；②在土层厚度15cm以下且坡度小于25°的黑土滩退化草地和坡度大于25°的黑土滩退化草地上建植"保育型"人工植被；③在冬季草场土层厚度在20cm以上，坡度小于7°的黑土滩退化草地上建植"刈用型"人工草地（赵新全，2011）。发展人工草地，对减缓天然草地退化趋势、增加畜牧业产量均有重要意义。建植人工草地更应该注意其多样性，增强草地稳定性，增加生产功能，同时也增强生态功能。

第四节 区域可持续发展模式

生态经济是青藏高原区域可持续发展的重要模式，但不同于其他地区，这里是一个区域经济容量十分有限、生态阈值很低的生态极度脆弱区，普遍的低收入是发展生态经济的重要障碍，也是引起生态退化的原因。所以，在青藏高原地区，生态经济本质上是一种生存替代模式，综合开发、自然保护及生态移民应是生态经济重要的实现形式。具体来讲，青藏高原生态经济模式主要体现在生态畜牧业、生态旅游业和生态农业这三个方面。

一、生态畜牧业模式

草地资源不仅是畜牧业的生产基地，而且是重要的生态屏障和草原文化传承的基础。对草地资源的利用是人类为了生态、经济和社会目的而进行的一系列生物和技术活动，是一个涉及生态、经济和社会系统的周期性经营过程，本质是在不同尺度上、不同等级层次中社会、经济、生态等众多相互冲突目标之间的权衡与取舍。牧民在短期经济利益的驱动下以牺牲生态效益为代价对草地资源进行掠夺式经营，使牧草生产与家畜生产结构失衡，部分草原生产功能逐步丧失，生态环境恶化，草原退化、沙化、盐渍化、石漠化现象严重。通过创新管理理念和机制，国家和地方人民政府开展了一系列维系草地生态系统碳增汇的生态保护和建设工程，通过保护草地、划区轮牧、适度放牧、人工种草等低成本、易操作的草地管理措施来增加草地生态系统的碳储量（王文，2010）。

（一）区域耦合生态畜牧业模式

系统耦合是指两个或者两个以上具有耦合潜力的系统，在人为调控下，通过能流、物流、信息流在系统中的输入和输出，形成新的、高一级的结构功能体，即耦合系统。它的一般功能是完善生态系统结构、释放生产潜力、放大生态系统的生态和经济效益。针对草原地区的生态-生产-生活承载力，尊重自然规律和科学发展观。

青藏高原畜牧业的可持续发展新范式通过对典型草地牧业区、河谷农业区和农牧交错区物质、能量、信息及其转化规律的研究，以草地牧业区生态功能恢复、河谷农业区的产业结构调整、农牧交错区舍饲畜牧业的发展，达到草地资源的合理利用和饲草资源的合理配置，确保畜牧资源的低价消耗、高效转化和循环利用，大力发展无公害饲料基地建设及持续利用技术、饲料及饲料清洁生产技术、家畜健康养殖技术、有机肥和有机无机复合肥制备技术、太阳能利用技术等技术，建立"资源—产品—废弃物—资源"循环式经济系统。

从保护生态的可持续发展角度出发，对天然草地区域开展草地资源的合理利用，以饲草料生产基地为依托，在河谷农业区中耕种农作物的区域，把部分粮田改为饲草料种植基地，种植优良牧草，既可以减少水土流失，还能调整种植业结构，提高草畜平衡点，草畜平衡的背后是人与草的平衡，当牧区人口密度发展到较高水平，牧民生活水平提高到一定阶段后，草畜平衡问题就转变成人与草的问题，草地可持续管理的关键不仅是管理载畜量，也是管理载人量。

通过生态移民政策降低天然草地的放牧压力是切合实际的措施，在农牧交错区建设移民定居点是草地农牧耦合的生产新范式，可以实现经营方式由粗放向集约转变、饲养方式由自然放牧向舍饲半舍饲转变。基于系统耦合理论的草地农牧耦合模式，实质上是种植业和畜牧业的结合，大力推广"农牧耦合"的模式，"牧区繁育、农区育肥"，能扬长避短，充分利用地域优势，是实现农牧业生产系统中时空互补、资源互补、信息与资金互补的耦合，以及种植业和畜牧业协调发展的根本途径。

现代农牧结合型生态畜牧业的经营，利用种植业与牧业之间存在的相互依赖、相互促进、相互交流的关系，将种植业与畜牧业结合经营，走农牧并重的道路。农牧交错区经济可持续发展的关键是饲草料基地建设和草地资源合理利用。通过牧草的纽带作用，在农牧交错区建设稳产高产的人工草地，实现饲草料加工产品的商品化，使得广大牧民逐渐接受冷季以舍饲圈养为主的生产方式，形成以饲草料基地建设、草产品加工、牲畜的舍饲育肥、粪便无公害归田处理、太阳能利用、畜产品加工及销售为基础的完整生产体系和产业链，增加农业系统的多样性、丰产性和稳定性，推进草地农牧耦合是目前促进农牧民增收、农牧业经济发展和农村社会进步，构建和谐社会的重要环节，是牧区社会经济持续发展的关键切入点，是实现资源永续利用和区域经济可持续发展的重要途径，也是实现生态环境建设和畜牧业发展、生态移民的后续产业发展的重要保证。

基于生态系统耦合理论的三生耦合模式，以发展生态畜牧业为目的，以资源置换模式、以地养地模式、季节性畜牧业生产模式、加速出栏模式、畜牧业生态补偿的组织管理模式为依托，建立一个在生态上依靠自我维持、在经济上有生命力的草地农牧耦合经济生态系统，不仅能够治理和恢复生态环境，还能持续发展农业生产和畜牧业生产，获得显著的经济效益，提高农牧民生活水平。

（二）优质高产规模化饲草料基地建设

为了从传统的"生态恢复"转变为"生态恢复与经济建设"两者的有机结合与协调发展，要充分运用生态系统的生态位原理、食物链原理和生物共生原理，强调生态系统营养物质多级利用、循环再生，达到提高资源利用率的目的。对于农牧交错区、退耕还草及严重退化且难以自然恢复的草地，利用现代生物技术筛选和培育固碳能力强的草品种资源构建碳汇功能强的人工草地。

据 IPCC 报告，人工草地的固碳速率为 $0.54t$ C/(hm^2·a)（Watson et al.，1989）。建植多年生或一年生人工草地，可提供给家畜的可食牧草产量相当于天然草地的 $20\sim30$ 倍，即所谓的"120"资源置换模式，可有效地缓解枯黄期牧草的供需矛盾。另外，在农牧交错区进行大规模的饲草料基地建设和加工配套技术集成，将部分饲草料输送到草地牧业区，可以扩大草产品加工产业，提升牧草资源价值，延伸畜牧业产业链，减轻天然草地的放牧压力，有效遏制草场恶化，同时为越冬家畜实施冷季补饲和抵御雪灾提供饲料储备，减少由自然灾害或冬季营养不足给牧民带来的损失，同时加快草产品技术的研发和引进，提高产品附加值，还能提供更多的就业渠道，最终带动区域经济的发展。这种以地养地的模式是解决草畜之间季节不平衡矛盾的重要措施，也是保证冷季放牧家畜营养需求和维持平衡饲养的必需措施。

通过建立饲草料生产基地，为畜牧业舍饲、半舍饲和短期育肥提供了大量的饲草料来源，为发展优质高效的畜牧业创造了条件。把种草与养畜、养地结合起来，把土地和家畜结合起来，以建立稳产高产的人工草地为媒介，发展畜牧业和保护草地生态环境，促进草地生态系统和畜牧业的共赢发展（赵新全等，2000）。

牧草是发展草地畜牧业的物质基础，除天然草地提供部分牧草外，要千方百计地扩大饲草饲料来源，维护草业畜牧业的可持续发展，这就要求牧草产业化。牧草产业化是一项系统工程，包括优良牧草种质资源的调查、选育和引种，优质高产高效人工草地的建立，栽培管理技术体系、饲草料加工体系、农牧耦合体系以及牧草产供销一体化的形成和建立。通过建植和利用人工草地，提高植物光能利用率和物质转化率，减少牧草资源的损失和浪费，将部分严重退化的"黑土滩型"冬春草场建设成为优质、高效、稳产的饲草料基地，开展种草养畜，通过人工草地补饲不仅能提高畜产品的产量和品质以及抗灾保畜能力，而且也是解决江河源区域草畜季节不平衡问题、减轻天然草场压力的重要手段，以及保证冷季放牧家畜营养需求和维持营养平衡的必要途径。

目前一些畜牧业发达国家，人工草地在草地畜牧业中所占的比例非常大，基本已经形成了专业化、集约化的一体化产业链。美国人工草地占草地面积的56%，澳大利亚占60%，新西兰占80%以上，然而我国仅占2.3%。我国的这种布局和现状与畜牧业的现代化发展极不相称。目前基于"120"饲草资源置换模式的推广和建立，在青藏高原区域因地制宜地建植一年生和多年生人工草地生产基地，其可食牧草产量相当于天然草地的27.5倍，相当于重度退化草地的15.27倍，即每0.07hm²人工草地的建植平均可以使1.33hm²以上的天然草场得以休养生息。通过"120"饲草资源置换模式的推广，在青海省海南藏族自治州部分地区应用推广人工草地1.53万hm²，使得30.67万hm²以上的天然草地得到保护。

（三）高原"暖牧冷饲"的生态畜牧业发展模式

草畜平衡是草原生态和草原畜牧业发展中的关键控制点。合理的放牧利用有利于草原的更新和植物物种多样性的维系，动物和植物在长期的进化中已经形成了各自的防卫模式，使得各自适应对方而形成了极为巧妙的协同进化，选择最优放牧策略将提高草地初级生产力，维护草地生态平衡，有效防止草地退化。所以科学地利用草地资源、平衡草畜关系、转变生产方式成为草地生态畜牧业的最根本问题。

牧草生产和家畜营养需求的季节性不平衡，降低了物质和能量的转化效率，浪费了大量的牧草资源。家畜的饲养周期长和牲畜出栏率低是制约草地畜牧业生产的最大瓶颈。在草地饲草资源量、家畜需求量、季节性变化以及季节性差异等参数的基础上，推行畜群优化管理，实行暖季放牧+冷季短期育肥的两段式季节畜牧业生产新模式，加强良种培育和良种改良，在入冬前出售大批牲畜到农牧交错区和河谷农业区，可以转移冬春草场放牧压力，充分利用农业区的饲草料资源进行育肥，实现饲草资源和家畜资源在时空上的补偿。

以退化生态系统恢复更新和资源循环利用为目标的生态畜牧业发展模式，是生态畜牧业的较高级生产模式，作为一种新的生产模式，能否实现生态上合理、经济上可行、社会上可接受是决定畜牧业生产新模式成败的关键。确定草地的合理放牧利用强度以及舍饲圈养的时间，建立以休牧时间为主要指标的可持续牧草生产的管理制度，改变传统的畜牧业经营方式，由自然放牧向舍饲半舍饲的饲养方式转变，推行标准化的集约舍饲畜牧业，为转移天然草场的放牧压力提供强大的物质保障，保护草原生态环境，是解决草畜矛盾和季节不平衡问题，提高草地资源的利用效率、畜牧业的经济效益和实现草地畜牧业可持续发展的主要方法。

以饲草料建设为重点，切实加强畜牧业基础设施建设，大力推广舍饲半舍饲方式，加快推进畜牧业科技创新和应用，加大结构调整力度，促进产业优化升级，推进畜牧业产业化，提高畜牧业的综合效益。基于饲草料加工技术和藏系绵羊冬季补饲技术的集成示范，凝练出暖季放牧+冷季育肥的"放牧家畜饲养两段"模式，仅就2012~2014年在贵南地区累计完成的冷季健康育肥牛羊规模达8.0万只羊单位以上，通过冷季舍饲育肥，缩短出栏周期，按每只羊单位需求的高寒草甸草地面积平均为 1.11hm^2，可有效保护三江源8.67万多公顷天然草地冷季草场，同时舍饲育肥新增经济利润达到4000万元；提高生态效益的同时，经济效益也大幅提高。

二、生态旅游业模式

青藏高原旅游资源具有品位高、分布广、类型丰富多样、原始神秘等特点，具有很强的不可替代性，如藏族民俗、饮食、历史文化旅游，高寒沼泽、草甸湿地观光旅游，高原湖泊、河流湿地观光、休闲旅游，盐场、盐湖自然观光旅游及高原生物多样性观光旅游等。对青藏高原这个急需发展、资金紧缺的高寒区来说，发展旅游业就更为合理。生态旅游是一种保护性的旅游资源开发方式。

坚持"保护为开发，开发促保护"的理念。紧密结合生态保护建设和后续产业的培育，在科学规划的基础上，积极开发符合高原特色、吸引海内外游客的生态旅游产品；尽快建设一批旅游度假区、生态旅游示范区和旅游娱乐、休闲设施以及体育俱乐部；开发建设一批具有旅游功能的茶园、菜园、花园、果园、峡谷、森林等，开展多种形式的农家游和牧家游，吸引更多的普通游客参与其中。加快对"定期到高原适度调理对健康影响"的研究，宣传高原旅游给人身健康带来的积极影响，尽快开发出高原健康旅游的系列产品，推进高原运动训练、观光疗养等设施建设，推动健康旅游的发展。

注重区域和谐发展。分布于青、甘、川、滇等省的藏族自治州，不仅连成一片，且与西藏自治区相邻，正好形成一个旅游经济圈。可开发康巴和滇藏风情、滇川藏大三角、三江并流等旅游线路。区域旅游资源的全面开发以及区域旅游业的大发展，需要依托多个旅游品牌的支撑。通过组建跨区域的企业集团，打造"香格里拉、茶马古道、青藏铁路旅游带"以及"雪域、民族、传统文化"等品牌，以共同的资源优势，取得市场上的竞争优势，从而形成区域整体竞争优势。通过区域合作，开发世界屋脊汽车游、登山、宗教朝觐、文物考古、探险等具有浓郁地方和民族特色的旅游产品，以及藏族、土族、撒拉族等民族多姿多彩的民俗风情观光游，使青藏高原旅游"四季花开"。以青藏铁路为依托，建设青藏铁路沿线旅游带乃至"世界屋脊"旅游网，在国家指导下，联合开发跨省区、跨国家的旅游线路。例如，可由青藏两省区牵头与陕西、甘肃、宁夏、新疆、四川、云南等省（区）联合，制定不同的国内外旅游线路，尤其是青海、西藏两省（区）要走资源共享、利益均沾、互惠互利、协调发展、向外辐射的旅游发展之路。

三、生态农业模式

生态农业主要是指运用生态学和生态经济学原理指导农村生产和再生产，利用人、生物与环境之间的能量转换定律和生物之间的共生、共养规律，促进物质的多次重复和循环利用，充分合理地利用本地的自然资源；同时，也利用现代科学技术，实行无废物生产和无污染生产，建立起多业并举、综合发展、多级转换、良性循环的立体网状农村生态系统。发展以产业化为基础的生态农业，达到生态与经济两个系统的良性循环，是青藏高原生态农业及可持续发展的有效途径。

（一）生态农业区布局

根据高原区域生态规划，农业开发只能限定在一定的区域内，这既是保护整体高原环境的需要，也是经济发展的必然要求，即只能在自然地理条件好、开发成本与难度较低的地区进行。具体来说，农业与加工工业经济开发区只能限于江河流域与盆地，即西藏的"一江两河"流域与青海的"两河一盆"（黄河流域、湟水流域与柴达木盆地）。这些地区是海拔最低、气候最好、交通最便利，水资源、矿产资源、土地资源最丰富的地区，最适宜农业发展，集中了青藏高原地区种植业总面积的 96%。从面积上计算，"一江两河"流域约 6.6 万 km^2，"两河一盆"中湟水流域为 5.5 万 km^2，柴达木盆地农业开发则只能在小片范围内进行，可有效地保护大片高原环境。

（二）生态农业资源的综合开发利用

依据农业资源地域分布的规律性和垂直分异的复杂性，高原地区应加强农业资源的综合开发利用，促进农业资源开发利用的多样化、多元化和立体化，扩大土地资源利用深度，逐步形成具有高原特色的名、特、优产品及特色优势农业，并注重"一江两河"地区的大农业开发、"两河一盆"地区的农业综合开发以及高原边缘地区的牧业生态开发。"一江两河"地区大农业开发是在提高水利灌溉效率的基础上，促进粮食生产发展，增强粮食自给能力，减少对荒地的开垦需求，且通过人工草场建设、防护林体系建设，减轻对天然植被的破坏，从而遏制荒漠化和水土流失。"两河一盆"地区农业综合开发，除重视加强中低产田改造，强化农林牧结合，发展农村二、三产业外，特殊的生态环境客观决定了其开发利用必须与荒漠化土地综合整治、草原退化治理以及水土保持生态工程建设相结合，争取经济效益与生态效益的统一。高原边缘牧区草场超载过牧退化严重，除合理确定载畜量外，必须加强草场建设，积极推进实施农牧结合或农牧区结合共同发展的方针，以充分利用农区饲料、减轻牧区饲草来源压力，从而恢复改善草场生态环境。

（三）生态农业开发目标取向

充分利用青藏高原得天独厚的无污染环境、丰富而独特的生物资源，发展绿色产业，提供无污染、高营养的绿色产品，将是青藏高原生态农业创新的方向。青海在生态农业体系建立方面可立足其独特农业资源优势的发挥，如利用冷凉气候优势生产反季节蔬菜、冷凉花卉、冷凉虹鳟等绿色产品；利用无污染环境优势发展系列绿色、保健的农产品加工业，如青稞酒、乳制品、藏毯等。同时充分利用特有的动植物资源，以促进种养业走向高产、优质、高效的新途径，带动特色生态农业形成。另外，根据市场需求建立一些区域稀有经济作物基地，如青南大黄和麻黄等生产基地，以及野生稀有资源（虫草、发菜和其他药用植物等）的人工培育基地。

（四）生态农业可持续发展

解决青藏高原农业可持续发展问题，一方面要考虑到全国粮食统一市场的形成，以及流通渠道多元化，运输成本的下降；另一方面，要认识到国内、国际对食品卫生和安全的要求越来越高，而基本没有污染的高原环境是生产绿色、无公害、有机食品的最佳区域，要及时对粮食政策和种植业结构进行战略调整。一是对部分不适宜耕作的土地实行退耕还林还草，集中经营条件较好的基本农田。二是对已确定的基本农田进一步加强建设，提高单位面积的生产力水平，既可以稳定粮食产量，又可以为种植结构调整建立良好的生产平台。三是根据市场需求和发展前景调整种植业结构，扩大优质粮食、饲草、饲料、蔬菜、油料等的播种面积，从追求粮食产量的最大化转向追求单位农田收益的最大化。四是将种植业的目标从实现本区域粮食自给转变为在基本满足本区域主粮品种自给的基础上，针对国内、国际食品消费的新趋势，生产可以进入外部市场的高原无污染的绿色、无公害、有机食品以及高附加值的保健食品，使青藏高原地区农业从自给型向市场型转变，从传统型向现代化转变。

第五节　区域可持续发展保障机制

青藏高原生态环境可持续发展是一个系统工程。区域经济发展系统、社会支持系统、资源与环境支持系统对可持续发展有着非常重要的影响。在生态环境可持续发展能力建设中，实施科学的人口发展战略，发展生态经济、循环经济、生态移民等都是保持青藏高原区域生态可持续发展的重要举措，是区域生态可持续发展的内生因素，也是可持续发展的重点。但是它们对可持续发展的影响无一不是以一定的制度环境为前提。制度是重要的、关键性的。依靠制度，将诸种因素整合起来，形成合力，才能确保青藏高原区域可持续发展的顺利实现。

一、法律保障体系

青藏高原作为一个大的地理单元，占我国国土面积的 1/4，具有独特的生态环境、巨大的生态价值和特殊的生态地位，使其具有单独立法的巨大价值。我国现已制定了种类繁多的专门性环保法律法规，如《中华人民共和国水法》《中华人民共和国水土保持法》《中华人民共和国防洪法》《中华人民共和国水污染防治法》《中华人民共和国节约能源法》《中华人民共和国清洁生产促进法》《中华人民共和国循环经济促进法》《中华人民共和国可再生能源法》《中华人民共和国固体废物污染环境防治法》《中华人民共和国森林法》《中华人民共和国草原法》《中华人民共和国防沙治沙法》《中华人民共和国土地管理法》等。通过这些法律法规鼓励人们合理开发利用自然资源，维护资源再生和生态平衡。但这些法律法规对于青藏高原来说，难以满足环境与发展保护的需要（刘同德，2009）。因此，2023 年 4 月 26 日第十四届全国人民代表大会常务委员会第二次会议通过了《中华人民共和国青藏高原生态保护法》，以保护青藏高原区域生态环境，促进可持续发展。

二、生态产业发展政策

青藏高原地区要以生态产业的构建为突破口，在产业层面构建生态经济体系，以生态型产业体系替代原有的生态破坏型产业结构，以产业转型保证青藏高原区域可持续发展总体目标的实现。因此，制定有利于产业结构优化升级，有利于生态经济、循环经济发展和青藏高原生态环境保护的青藏高原区域生态产业发展指导目录，具有导向性、时效性、指导性，是引导投资方向，政府管理投资项目，制定和实施财税、信贷、土地、环保等政策的重要依据。同时，要完善产业政策体系，加强政策引导。一是市场准入政策，对鼓励类投资项目，简化审批程序；二是财税政策，设立省（区）级财政性专项资金，重点支持《产业结构调整指导目录》中鼓励类的技术、装备和产品项目，着重投向生态产业、循环经济建设；三是投融资政策，引导金融机构对鼓励类投资项目按照信贷原则提供信贷资金支持，对限制类的项目不予信贷支持，对淘汰类项目停止信贷资金发放（刘同德，2009）。

三、生态保护政策

（一）制定国家青藏高原生态保护、恢复和建设整体规划

现行的生态保护与建设的管理体制导致我国的生态保护与建设总体上表现为"分部门规划、分部门实施"的基本格局。这种格局不仅影响了我国生态综合治理的整体效果，而且导致了资源的浪费。因此，无论是从我国财力相对有限，应极力提高财政有效性方面考虑，还是从应用尽可能少的资源去保证国家生态安全和改善生态环境的角度考虑，当前这样一种"全面开花"的生态保护与建设局面值得反思。因此，建议在总结既有生态保护与建设工程及政策经验的基础上，制定国家青藏高原生态保护、恢复和建设整体规划。

（二）进一步完善退耕（牧）还林（草）政策

为了进一步推进退耕还林还草和相关生态保护与建设工程，应对退耕还林工程进行战略性调整，明确政策目标，应该重点突出对国家生态安全有重要影响的青藏高原生态脆弱地区的退耕还林还草工作，遵循因地制宜、综合治理的方针，推进和完善退耕还林还草工程（刘同德，2009）。

1）建立解决退耕户出路和发展问题的长效机制：退耕还林成果巩固的根本途径是解决退耕户长远替代生计问题。即便是新的退耕还林政策，其重点还是延长退耕补助年限和解决退耕农户基本口粮问题，仍然缺少实质性相关配套措施，以提升退耕农民转变就业、从事非种植业活动的能力。在新一轮补贴期限结束后，退耕农户复垦的风险依然存在。因此，应进一步完善新的退耕还林政策在农村牧区能力培训、社区发展和替代产业建设等方面的措施，建立起解决退耕户出路和发展问题的长效机制。

2）对退牧还草工程要延长补贴期限，提高补贴标准：根据青藏高原区域天然草原植被恢复的特点，考虑饲料价格上涨的因素，建议退牧还草补贴年限延长至 15 年，并适当提高补贴标准。除了财政补贴外，还要采取切实措施，发展替代产业，改善农牧民的生计，提高工程的可持续性。第二轮补助到期后，建议对仍然没有解决生计的青藏高原地区继续采取补助和发展替代生计等综合配套措施，继续巩固退耕还林成果。

3）工程建设应以草原自然恢复为主：草原生态保护与建设工程在继续加大投入的同时，还应注意工程建设要以草原自然恢复为主。根据草原具有较强的自我修复能力的特点，草原生态建设工程应重点推广禁牧和草畜平衡制度，促使草原植被自然恢复。

（三）完善草地产权，建立草地流转市场

草地产权制度安排不当会危及草地资源的可持续利用。可以通过以下途径来解决这一问题：一是明晰草地产权制度，把牲畜、草场的双承包责任制改为草地资源使用的单一责任制；二是在单一责任制的基础上延长牧民的承包期限；三是建立草地流转市场，使牧民的草地保护投资能够实现其价值；四是规范集体组织的行为，以避免其不良行为影响牧民对草地资源的使用预期。

（四）加强科技创新

区域科技创新是青藏高原区域实现经济增长、提高资源利用效率、保护生态环境、保障民众健康的重要手段，是青藏高原区域可持续发展的重要保障。因此，必须重视和加强青藏高原区域科技创新工作力度，营造良好的发展支持氛围，推动科技进步与科技创新。

1. 生物多样性维持机制及生态系统功能演变机理

针对青藏高原典型生态系统生物多样性维持机制及生态系统功能演变机理这一关键科学问题，开展特殊生境下生物多样性维持机制、典型生态系统演变规律及机制与典型生态系统功能对气候变化与人类活动的响应和反馈等应用基础研究，支撑青藏高原生态建设和可持续管理。

1）特殊生境下生物多样性维持机制：开展特有动物、植物、微生物本地调查、鉴别与编目基础性研究工作，探明物种受威胁的情况、种群现状、分布与栖息地现状、致危原因，确定物种濒危的等级，分析重要生态系统和物种多样性形成、分布、维持和动植物协同演化的机理，识别重要区域环境变化的主要类型、分布格局和时空变化特征，建立青藏高原生物多样性数据库。评估人类主要活动和气候变化对生物多样性的影响机制与生态过程，揭示特殊生境下生物多样性的维持机制。

2）典型生态系统演变规律及机制：研究生态系统结构和功能的演变规律与响应机制，阐明生态系统演变的基本过程，明确生态系统演替的关键驱动因子，揭示植被-土壤系统反馈与稳定性维持机制及其变异范围，构建退化生态系统不同驱动因子影响生态系统结构功能的过程模型，为区域草地畜牧业生产结构及方式优化的适应性管理原理及途径提供科学依据。

3）典型生态系统功能对气候变化与人类活动的响应和反馈：研究区域内草地、湿地、沙地等典型生态系统功能对气候变化与人类活动的非线性响应和反馈，揭示典型生态系统功能衰退的关键生态学过程、驱动机制及生态阈值，构建生态系统功能的定量响应模块，在区域尺度和长时间尺度上对功能演替过程进行模拟和预警，为退化生态系统的生态恢复提供理论依据。

2. 生态环境保护与可持续发展技术体系研发

针对青藏高原不同类型生态系统的生态环境保护与可持续发展的关键技术问题，开展特殊生境下生物多样性保育研究、高寒退化生态系统恢复技术和草地资源合理利用技术研究，支撑青藏高原草地生态系统可持续管理。

1）特殊生境下生物多样性保育研究：评估人类主要活动和气候变化对生物多样性的影响机制与生态过程；挖掘特有物种遗传资源，探索极小种群物种的生态保育和关键栖息地保护与生态保护恢复之间的关系，研发就地保护技术；优化特有生物物种驯养繁殖及传染病的预防与控制技术；研发生物多样性识别技术和保护地差距分析技术，提出生物多样性就地保护体系优化技术与方法，集成生物多样性就地保护技术体系；开展景观保护及设计研究，实现兼顾生物多样性保护与可持续经济发展的协调关系。

2）高寒退化生态系统恢复技术：研发近自然生态系统恢复及维持技术；退化生态系统土壤修复及固碳保水功能提升技术；退化植被分级分类治理恢复技术；优质高效人工、半人工草地生产力和稳定性维持的集成技术。筛选出适合不同公园区域的退化系统恢复治理模式，提出植被恢复后的后续维持方案，并在类似区域开展技术示范和推广。

3）草地资源合理利用技术：明晰草畜互作的高寒生态系统变化机理，解决区域季节性草畜不平衡问题；研发天然草地与人工草地资源时空配置利用的关键技术、高寒草地草畜营养平衡及时空耦合利用技术和高寒草地精准休牧与放牧制度优化技术，建立高寒草地精准管理决策支持系统，构建生态、生产双赢的草地畜牧业发展模式。

3. 生态适应性综合管理模式与调控

针对典型生态系统生态适应性综合管理模式与调控这一关键管理问题，开展区域生态承载力和生态安全评估预警理论与方法、区域生态资产评估技术及生态补偿机制优化、生态适应性综合管理模式与调控等管理及系统调控研究，提出青藏高原草地生态系统综合管理和系统解决方案，支撑生态建设和可持续管理。

1）区域生态承载力和生态安全评估预警理论与方法：阐明典型生态系统的演变趋势，剖析经济社会发展导致的生态环境压力及成因；建立区域生态承载力评价指标体系，确定不同类型区域生态承载力评价模型与方法；研究生态承载力与生态安全范围内适宜的主导产业类型、适度的产业发展规模、合理的资源开发利用配置、科学的产业空间布局，建立与区域生态承载力及生态安全水平相适应的产业一致性评价技术体系；研究主导生态功能区域生态安全评估指标体系与方法，建立区域生态安全监测预警技术体系。

2）区域生态资产评估技术及生态补偿机制优化：开展青藏高原生态资产理论框架研究，建立可计量、可比较、可重复的生态资产监测统计核算业务化技术体系；制定经济发展、生态功能、生态环境损害成本和修复效益的综合生态资产定价标准与方法；构建综合经济发展和生态资产保护的政绩考核评价技术方法。确定补偿对象与补偿内容，以及进行生态补偿成效考核的关键性指标与评估技术；制定有关生态补偿标准确定、成效考核、补偿方式的实用管理办法和方案。

3）生态适应性综合管理模式与调控：研发提升生态系统生态和生产功能的普适性区域生态系统综合管理模式；建立综合管理模式可持续性的评价指标体系，评估其有效性、区域适应性、生态-经济效益；从技术、政策、制度方面构建生态衍生产业与生态系统管理技术体系及其政策保障；建立基于大数据的信息平台，研发区域生态安全格局评估技术、生态安全保障技术，构建区域环境系统模拟与预警系统。

参 考 文 献

曹文炳, 万力, 周训, 等. 2003. 黄河源区冻结层上水地质环境影响研究. 水文地质工程地质, 30(6): 6-10.

陈懂懂, 孙大帅, 张世虎, 等. 2011. 放牧对青藏高原东缘高寒草甸土壤微生物特征的影响. 兰州大学学报(自然科学版), 47(1): 73-77.

成升魁, 沈镭. 2000. 青藏高原区域可持续发展战略探讨. 资源科学, 22(4): 2-11.

崔树娟, 布仁巴音, 朱小雪, 等. 2014. 不同季节适度放牧对高寒草甸植物群落特征的影响. 西北植物学报, 34(2): 349-357.

达瓦次仁. 2012. 西藏自然保护区概况以及保护区面临的挑战. 西藏研究, 11(6): 103-113.

贾秀兰, 唐剑. 2011. 藏族传统文化与四川藏区生态和谐发展研究. 西南民族大学学报(人文社会科学版), 4(6): 55-58.

李光玉, 宋子良. 2000. 经济·环境·法律. 北京: 科学出版社.

李景隆. 2012. 论藏族的自然生态审美意识. 青海民族研究, 5(2): 92-96.

李林, 陈晓光, 王振宇, 等. 2010. 青藏高原区域气候变化及其差异性研究. 气候变化研究进展, 6(3): 181-186.

刘锋. 2011. 以"生态足迹"的方法衡量青藏高原可持续发展能力. 中国环境管理干部学院学报, 21(1): 32-36.

刘同德. 2009. 青藏高原区域可持续发展研究. 天津: 天津大学博士学位论文.

刘哲, 李奇, 陈懂懂, 等. 2015. 青藏高原高寒草甸物种多样性的海拔梯度分布格局及对地上生物量的影响. 生物多样性, 23(4): 451-462.

马多尚, 卿雪华. 2012. 青藏高原生态旅游发展的现状及对策建议. 西藏大学学报(社会科学版), 9(1): 26-33.

马丽娟, 秦大河, 卞林根, 等. 2010. 青藏高原积雪的脆弱性评估. 气候变化研究进展, 6(5): 325-331.

马耀明, 胡泽勇, 田立德, 等. 2014. 青藏高原气候系统变化及其对东亚区域的影响与机制研究进展. 地球科学进展, 29(2): 207-215.

牛文元. 2015. 2015 年世界可持续发展年度报告. 北京: 科学出版社.

秦大河. 2014. 三江源区生态保护与可持续发展. 北京: 科学出版社.

仁青吉, 武高林, 任国华. 2009. 放牧强度对青藏高原东部高寒草甸植物群落特征的影响. 草业学报, 18(5): 256-261.

任继周, 万长贵. 1994. 系统耦合与荒漠—绿洲草地农业系统——以祁连山—临泽剖面为例. 草业学报, 3(3): 1-8.

尚占环, 龙瑞军. 2005. 青藏高原"黑土型"退化草地成因与恢复. 生态学杂志, 24(6): 652-656.

苏永杰. 2011. 试论藏族传统文化与青藏高原游牧经济的相互影响. 西南民族大学学报(人文社会科学版), 4(6): 162-165.

汪玺, 师尚礼, 张德罡. 2011. 藏族的草原游牧文化(Ⅱ)——藏区的草原和生产文化. 草原与草坪, 31(3): 1-4.

王锋, 马灿, 刘峰贵. 2011. 青海高原文化景观的地域差异性分析. 青海社会科学, 11(5): 69-73.

王启基, 景增春, 王文颖, 等. 1997. 青藏高原高寒草甸草地资源环境及可持续发展研究. 青海草业, 11(3): 1-11.

王文. 2010. 草地对碳汇的作用. 青海草业, 19(4): 16-19.

吴青柏, 沈永平, 施斌. 2003. 青藏高原冻土及水热过程与寒区生态环境的关系. 冰川冻土, 25(3): 250-255.

徐增让, 张镱锂, 成升魁, 等. 2017. 青藏高原区域可持续发展战略思考. 科技导报, 35(6): 108-114.

杨汝荣. 2002. 我国西部草地退化原因及可持续发展分析. 草业科学, 19(1): 23-27.

张惠远. 2011. 青藏高原区域生态环境面临的问题与保护进展. 环境保护, (17): 20-22.

赵亮, 古松, 徐世晓, 等. 2007. 青藏高原高寒草甸生态系统碳通量特征及其控制因子. 西北植物学报, 27(5): 1054-1060.

赵亮, 李奇, 陈懂懂, 等. 2014. 三江源区高寒草地碳流失原因、增汇原理及管理实践. 第四纪研究, 34(4): 795-802.

赵新全. 2009. 高寒草甸生态系统与全球变化. 北京: 科学出版社.

赵新全. 2011. 三江源区退化草地生态系统恢复与可持续管理. 北京: 科学出版社.

赵新全, 张耀生, 周兴民. 2000. 高寒草甸畜牧业可持续发展: 理论与实践. 资源科学, 22(4): 50-61.

智颖飙, 陶文辉, 王再岚, 等. 2010. 西藏生态整体性水平测度. 生态环境学报, 19(11): 2600-2606.

周华坤, 赵新全, 周立, 等. 2005. 层次分析法在江河源区高寒草地退化研究中的应用. 资源科学, 27(4): 63-70.

庄洋, 赵娜, 赵吉. 2013. 内蒙古草地碳汇潜力估测及其发展对策. 草业科学, 30(9): 1469-1474.

Cui X Y, Tang Y H, Gu S, et al. 2003. Photosynthetic depression in relation to plant architecture in two alpine herbaceous species. Environmental and Experimental Botany, 50(2): 125-135.

Dong Q M, Zhao X Q, Wu G L, et al. 2012. Response of soil properties to yak grazing intensity in a *Kobresia parva*-meadow on the Qinghai-Tibetan Plateau, China. Journal of Soil Science and Plant Nutrition, 12(3): 535-546.

Dong Q M, Zhao X Q, Wu G L, et al. 2013. A review of formation mechanism and restoration measures of "black-soil-type" degraded grassland in the Qinghai-Tibetan Plateau. Environmental Earth Sciences, 70(5): 2359-2370.

Guo S C, Savolainen P, Su J P, et al. 2006. Origin of mitochondrial DNA diversity of domestic yaks. BMC

Evolutionary Biology, 6(1): 73-82.

Hafner S, Unteregelsbacher S, Seeber E, et al. 2012. Effect of grazing on carbon stocks and assimilate partitioning in a Tibetan montane pasture revealed by $^{13}CO_2$ pulse labeling. Global Change Biology, 18(2): 528-538.

Kang L, Han X G, Zhang Z B, et al. 2007. Grassland ecosystems in China: Review of current knowledge and research advancement. Philosophical Transactions of the Royal Society B: Biological Sciences, 362(1482): 997-1008.

Luo C Y, Zhu X X, Wang S P, et al. 2015. Ecosystem carbon exchange under different land use on the Qinghai-Tibetan Plateau. Photosynthetica, 53(4): 527-536.

Miehe G, Miehe S, Böhner J, et al. 2014. How old is the human footprint in the world's largest alpine ecosystem? A review of multiproxy records from the Tibetan Plateau from the ecologists' viewpoint. Quaternary Science Reviews, 86: 190-209.

Shi Y, Baumann F, Ma Y, et al. 2012. Organic and inorganic carbon in the topsoil of the Mongolian and Tibetan grasslands: Pattern, control and implications. Biogeosciences, 9(6): 2287-2299.

Wang S P, Duan J C, Xu G P, et al. 2012. Effects of warming and grazing on soil N availability, species composition, and ANPP in an alpine meadow. Ecology, 93(11): 2365-2376.

Watson A, Payne S, Rae R. 1989. Golden eagles *Aquila chrysaetos*: Land use and food in northeast Scotland. Ibis, 131(3): 336-348.

Zhao L, Chen D D, Zhao N, et al. 2015. Responses of carbon transfer, partitioning, and residence time to land use in the plant-soil system of an alpine meadow on the Qinghai-Tibetan Plateau. Biology and Fertility of Soils, 51(7): 781-790.

Zhao L, Li Y N, Zhao X Q, et al. 2005. Comparative study of the net exchange of CO_2 in 3 types of vegetation ecosystems on the Qinghai-Tibetan Plateau. Chinese Science Bulletin, 50(16): 1767-1774.

Zhao X Q, Zhou X M. 1999. Ecological basis of alpine meadow ecosystem management in Tibet: Haibei Alpine Meadow Ecosystem Research Station. Ambio, 28(8): 642-647.

Zou J, Zhao L, Xu S, et al. 2014. Field $^{13}CO_2$ pulse labeling reveals differential partitioning patterns of photoassimilated carbon in response to livestock exclosure in a *Kobresia* meadow. Biogeosciences, 11(16): 4381-4391.